Dieter Liedtke
und 6 Mitautoren

Wärmebehandlung
von Eisenwerkstoffen II

Wärmebehandlung von Eisenwerkstoffen II

Nitrieren und Nitrocarburieren

Dr.-Ing. Dieter Liedtke

Dr. Ulrich Baudis
Dr. Joachim Boßlet
Dr.-Ing. Uwe Huchel
Dr.-Ing. Heinrich Klümper-Westkamp
Dr.-Ing. Wolfgang Lerche
Prof. Dr.-Ing. Heinz-Joachim Spies

7., neu bearbeitete Auflage

Kontakt & Studium

Band 686

Herausgeber:Prof. Dr.-Ing. Dr. h.c. Wilfried J. Bartz
Dipl.-Ing. Hans-Joachim Mesenholl

Bibliografische Information Der Deutschen Bibliothek

Die Deutsche Bibliothek verzeichnet diese Publikation in der Deutschen Nationalbibliografie; detaillierte bibliografische Daten sind im Internet über http://www.dnb.de abrufbar.

Bibliographic Information published by Die Deutsche Bibliothek

Die Deutsche Bibliothek lists this publication in the Deutsche Nationalbibliografie; detailed bibliographic data are available on the internet at http://www.dnb.de

ISBN 978-3-8169-3402-8

7., neu bearbeitete Auflage 2018
6., durchgesehene Auflage 2014
5. Auflage 2010
4., durchgesehene Auflage 2007
3., völlig neu bearbeitete Auflage 2006
2., völlig neu bearbeitete Auflage 2005
1. Auflage 1986

Printed in Germany
Covergestaltung: r² - röger & röttenbacher, büro für gestaltung, Leonberg /
Ludwig-Kirn Layout, Ludwigsburg

Herausgeber-Vorwort

Bei der Bewältigung der Zukunftsaufgaben kommt der beruflichen Weiterbildung eine Schlüsselstellung zu. Im Zuge des technischen Fortschritts und angesichts der zunehmenden Konkurrenz müssen wir nicht nur ständig neue Erkenntnisse aufnehmen, sondern auch Anregungen schneller als die Wettbewerber zu marktfähigen Produkten entwickeln.

Erstausbildung oder Studium genügen nicht mehr – lebenslanges Lernen ist gefordert! Berufliche und persönliche Weiterbildung ist eine Investition in die Zukunft:

- Sie dient dazu, Fachkenntnisse zu erweitern und auf den neuesten Stand zu bringen
- sie entwickelt die Fähigkeit, wissenschaftliche Ergebnisse in praktische Problemlösungen umzusetzen
- sie fördert die Persönlichkeitsentwicklung und die Teamfähigkeit.

Diese Ziele lassen sich am besten durch die Teilnahme an Seminaren und durch das Studium geeigneter Fachbücher erreichen.

Die Fachbuchreihe *Kontakt & Studium* wird in Zusammenarbeit zwischen der Technischen Akademie Esslingen und dem expert verlag herausgegeben.

Mit über 700 Themenbänden, verfasst von über 2.800 Experten, erfüllt sie nicht nur eine seminarbegleitende Funktion. Ihre eigenständige Bedeutung als eines der kompetentesten und umfangreichsten deutschsprachigen technischen Nachschlagewerke für Studium und Praxis wird von der Fachpresse und der großen Leserschaft gleichermaßen bestätigt. Herausgeber und Verlag freuen sich über weitere kritisch-konstruktive Anregungen aus dem Leserkreis.

Möge dieser Themenband vielen Interessenten helfen und nützen.

Dipl.-Ing.Hans-Joachim Mesenholl

Vorwort zur 7. Auflage

Seit der 1. Auflage, die 1986 von R. Chatterjee-Fischer und 7 Mitautoren herausgegeben wurde und 1995 als 2. überarbeitete Auflage erschienen ist, haben sich sowohl die Verfahrenstechnik als auch die Anlagen- und die Mess- und Regeltechnik deutlich weiterentwickelt. Eine Vielzahl von Fachaufsätzen wurde in den letzten zehn Jahren veröffentlicht und hat dazu beigetragen, den Kenntnisstand wesentlich zu verbessern.

Nachdem auch die 2. bis 6. Auflage vergriffen sind, die Nachfrage nach einem Kompendium zum Thema Nitrieren und Nitrocarburieren aber ungebrochen groß ist und auch in Japan eine Übersetzung vorgenommen wurde, war eine 7. Auflage notwendig, wozu das Buch neu durchgesehen wurde.

Die an der Überarbeitung und Aktualisierung beteiligten Autoren sind aktive Mitarbeiter im AWT-Fachausschuss 5/Arbeitskreis 3: „Nitrieren und Nitrocarburieren" und als Wärmebehandlungsfachleute in Industrie, Lehre und Forschung tätig.

Bei der Durchsicht für die Neuauflage wurde der Tatsache Rechnung getragen, dass seit der letzten Auflage im Jahr 2014 einige Normen zurückgezogen und neue herausgegeben wurden. Der grundsätzliche Aufbau der vorangegangenen Auflagen blieb unverändert, einige Bilder wurden aktualisiert und die Liste der Dissertationen wurde bis 2017 ergänzt.

Auch mit dieser Auflage verfolgen die Autoren die Absicht, Text und Bilder in verständlicher Form zu halten, so dass die mit den Verfahren in der industriellen Anwendung befassten Praktiker, Techniker, Konstrukteure und Ingenieure wie auch interessierte Studierende sich über das Nitrieren und Nitrocarburieren leicht informieren können. Die Autoren hoffen auf einen erfolgreichen Gebrauch der im Buch enthaltenen Informationen.

Ludwigsburg, im August 2018 Dieter Liedtke

Inhaltsverzeichnis

Einleitung

Dieter Liedtke

Bereits im 19. Jahrhundert war bekannt, dass glühendes Eisen Ammoniak zersetzt und Stickstoff aufnimmt, wobei es hart, spröde und brüchig wird. Die Stickstoffaufnahme kann bis zu 11,5 Massenanteile Stickstoff in % betragen und es kann das Eisennitrid Fe_2N entstehen. Beobachtet wurde außerdem, dass Nitride atmosphärischer Korrosion oder dem Angriff neutraler Medien widerstehen und dass Eisen Stickstoff auch aus geschmolzenem Kaliumcyanid aufnimmt [1 bis 6].

Anfangs des 20. Jahrhunderts wurde damit begonnen, das Nitrieren von Eisenwerkstoffen, den Einfluss von Legierungselementen auf das Nitrieren und die daraus resultierenden Eigenschaften systematisch zu untersuchen [5, 6, 8 bis 10]. Dabei wurde u. a. festgestellt, dass Eisennitride gegenüber der Korrosion durch Luft, Dämpfe, Salzlösungen und alkalische Lösungen beständiger sind und eine entsprechende technische Anwendung wurde durch Patente geschützt [11, 12].

Ein besonderes Interesse fand die Wechselwirkung zwischen Eisen und Ammoniak aufgrund anlagentechnischer Probleme bei der Ammoniaksynthese nach dem Haber-Bosch-Verfahren, wodurch weitere Untersuchungen ausgelöst wurden. Deren Ergebnisse [13, 14] waren der Ausgangspunkt der grundlegenden Arbeiten von A. Fry [15 bis 17], mit denen er das Nitrieren als neues „verziehungsfreies Oberflächenhärtungsverfahren“ alternativ zum Einsatzhärten vorstellte und empfahl, mit Aluminium, Chrom und Molybdän legierte „Sonderstähle“, die Nitrierstähle, zu verwenden. Damit schuf er die Voraussetzungen für eine allgemeine technische Nutzung.

Im Jahr 1930 erstellte E. Lehrer ein Diagramm über die Temperaturabhängigkeit der Gleichgewichtsphasen des Systems Eisen-Stickstoff in Ammoniak-Wasserstoff-Gemischen. Es wird heute dazu herangezogen, um über das Verhältnis der Partialdrucke von Wasserstoff und Ammoniak im Ofengas, die so bezeichnete Nitrierkennzahl, einen vorgegebenen Phasenaufbau der Verbindungsschicht zu erreichen [18].

Das Nitrieren breitete sich in den Industriestaaten rasch aus und schon 1929 wurden auch erste Ergebnisse eines Nitrocarburierens von Stahl in Salzschmelzen auf Cyanidbasis bekannt [19]. In der Folgezeit wurde es üblich, neben den Nitrierstählen auch Einsatz- und Vergütungsstähle, nichtrostende Stähle und Werkzeugstähle aufzusticken [20 bis 23].

Das konventionelle Nitrieren im Ammoniakgas wurde meist im Temperaturbereich zwischen 480 °C und 520 °C durchgeführt, was einen erheblichen Zeitaufwand von 30, 60 oder gar 90 Stunden, bedeutet. Verschiedene untersuchte Möglichkeiten, um die Stickstoffdiffusion zu beschleunigen, waren nicht erfolgreich oder haben sich in der Praxis nicht durchgesetzt [24]. Auch das so bezeichnete Zweistufen- oder Doppel-Nitrieren, bei dem in zwei aufeinanderfolgenden Schritten mit unterschiedlicher Temperatur und mit unterschiedlichem Stickstoffangebot gearbeitet wird [25, 26], oder ein Gasnitrieren mit Unterstützung durch eine Glimmentladung, konnte dieses prinzipielle Problem nicht grundsätzlich lösen [27].

Dagegen zeigte sich, dass sich mit Salzschmelzen anstelle von Ammoniak und einer höheren Temperatur von 550 °C bis 570 °C auch bei unlegierten oder niedrig legierten Stählen, Gusseisen und Sinterstählen mit wesentlich kürzerer Behandlungsdauer das Verschleiß- und Korrosionsverhaltens sowie die Schwingfestigkeit erheblich verbessern ließen. Allerdings ergab sich bei diesen Werkstoffen eine geringere Härte als mit Nitrierstählen, so dass diese Verfahrenstechnik, um sie vom Gasnitrieren zu unterscheiden, die werkstofftechnisch unzutreffende Bezeichnung „Weichnitrieren" erhielt. Mit dem Salzbadnitrieren gelang es, die Anwendung ganz erheblich zu erweitern [28 bis 32].

Die Salzschmelzen bieten zusätzlich zum Stickstoff auch Kohlenstoff zur Eindiffusion an, wodurch die Bildung einer sehr stickstoffreichen Verbindungsschicht begünstigt wird. Die damit erzielten Erfolge gaben den Anstoß für Versuche, gleiches auch mit Gasen zu erreichen. So wurde dem Ammoniakgas ein Kohlenstoff spendendes Gas zugegeben und die Temperatur auf 570 °C bis 580 °C heraufgesetzt [33 bis 41]. Im Unterschied zum konventionellen Gasnitrieren wurde dies als „Kurzzeitgasnitrieren" bezeichnet. Es erwies sich außerdem als vorteilhaft, der Behandlungsatmosphäre noch ein sauerstoffhaltiges Gas zuzugeben, um die Phasengrenzreaktionen zu aktivieren [42 bis 44].

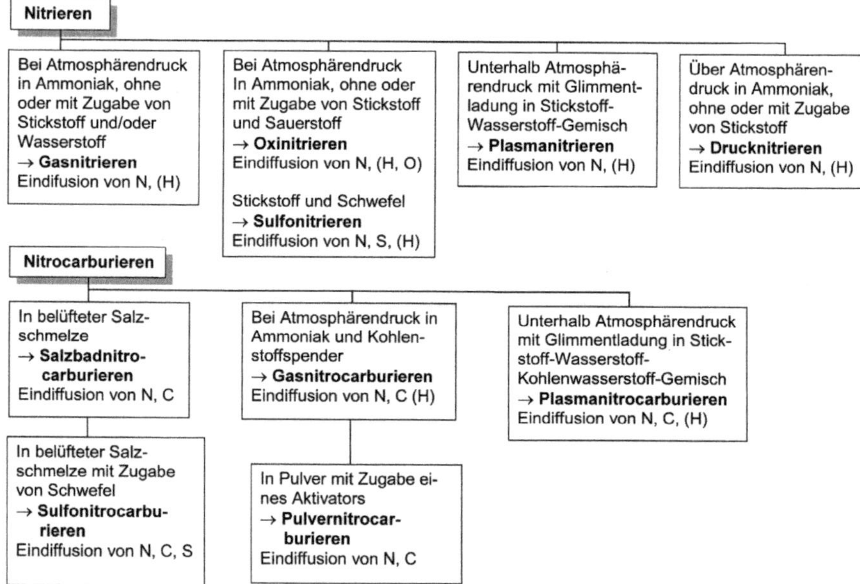

Bild 0-1: Übersicht über die derzeit industriell angewendeten Verfahren zum Nitrieren und Nitrocarburieren

Im Bild 0-1 sind die derzeit industriell gebräuchlichen Verfahrensvarianten gegenübergestellt.

Wegen der Vielfalt der heute angewendeten Verfahren und Verfahrensbezeichnungen, ist es aus werkstofftechnischen Gründen zweckmäßig, die DIN EN 10052 „Begriffe der Wärmebehandlung von Eisenwerkstoffen“ zu beachten. Dort ist festgelegt, Behandlungen, mit denen die Randschicht von Werkstücken aus Eisenwerkstoffen mit Stickstoff angereichert wird, als ***Nitrieren*** und beim Anreichern mit Stickstoff ***und*** Kohlenstoff als ***Nitrocarburieren*** zu bezeichnen[1].

Nach dem bis heute erreichten Wissensstand über die mit dem Nitrieren und Nitrocarburieren erreichbaren Werkstoffeigenschaften ergibt sich, dass es angebracht ist, die Nitrierschicht nicht allein hinsichtlich ihrer Dicke, sondern auch in ihrem Stickstoffgehalt, ihrem Phasenaufbau sowie ihrem Härteprofil definiert einzustellen. Dazu ist es notwendig, die Nitrierwirkung sowohl generell als auch in zeitlicher Abhängigkeit zu steuern, so dass der Behandlungsprozess kontrolliert abläuft. Von den im Übersichtsbild enthaltenen Verfahren eignen sich dazu nur das Gasnitrieren und -nitrocarburieren, sowie die Plasmaverfahren. In den letzten Jahren wurden hierfür Sonden entwickelt, mit denen beim Gasnitrieren und -nitrocarburieren kontinuierlich die Zusammensetzung der Ofenatmosphäre gemessen und daraus Kennzahlen für das Stickstoff-, Kohlenstoff- und Sauerstoffangebot ermittelt werden können. Mit Hilfe des Diagramms von Lehrer lässt sich damit z. B. der Phasenaufbau der Verbindungsschicht korrelieren und mit Hilfe der Nitrierkennzahl die Nitrierwirkung zeitabhängig regeln [45 bis 48]. Ergänzend zu dieser indirekten Messmethode wurde auch eine Sonde zum direkten Messen der Änderungen in der Werkstoffrandschicht entwickelt [49, 50]. Die Notwendigkeit, für neue Anwendungsfälle die optimalen Prozessparameter ohne aufwendige Versuche zu ermitteln und auch den Anforderungen der heutigen Qualitätssicherung entsprechend den Nitrier-/Nitrocarburier-Prozess zu regeln, wird dazu beitragen, die Basis für das Anwenden der Sondentechnik in der industriellen Praxis zu verbreitern.

Das Nitrieren und Nitrocarburieren hat gegenüber anderen Wärmebehandlungsverfahren wie Härten oder Einsatzhärten zur Verbesserung des Verschleiß- und Festigkeitsverhaltens, eine Reihe spezieller Vorzüge. Zum einen ist es die relativ niedrige Prozesstemperatur. Diese bewirkt keine Gefügeumwandlungen mit den damit verbundenen Änderungen des spezifischen Volumens. Auch die rein thermisch bedingten Formänderungen sind äußerst gering, so dass eine Nachbearbeitung meist entfallen kann. Dazu kommt ferner die Möglichkeit, vergütete Werkstoffe zu verwenden, die zweckmäßigerweise oberhalb der Prozesstemperatur angelassen werden. Dies ermöglicht höhere Grundfestigkeiten. Außerdem verbessert die aufgestickte Randschicht das Korrosionsverhalten. Diese Vorteile haben dem Nitrieren und Nitrocarburieren von Bauteilen und Werkzeugen einen hohen Stellenwert unter den Wärmebehandlungsverfahren verschafft und für eine große Verbreitung in fast allen industriellen Anwendungsbereichen gesorgt.

Das Nitrieren wird heute im Temperaturbereich vorzugsweise zwischen 500 °C und 550 °C durchgeführt, jedoch sind auch niedrigere und höhere Temperaturen in man-

---

[1] In den folgenden Kapiteln wird der Begriff Nitrierschicht auch für das Ergebnis von Behandlungen angewendet, die nach der Definition eigentlich ein Nitrocarburieren sind. Streng genommen müsste dann der Begriff Nitrocarburierschicht verwendet werden. Aus Gründen der Vereinfachung wurde dies jedoch nicht immer konsequent eingehalten.

chen Anwendungsfällen üblich. Das Nitrocarburieren erfolgt dagegen meist bei 570 °C bis 590 °C, dicht unterhalb der Schwelle zur Austenitbildung bei unlegierten Stählen. Die mit Stickstoff bzw. Stickstoff und Kohlenstoff angereicherte Randschicht ist durch die äußere ***Verbindungsschicht*** und den daran anschließenden Bereich, die so bezeichnete ***Diffusionsschicht*** gekennzeichnet.

Die Bezeichnung Verbindungsschicht rührt daher, dass sie hauptsächlich aus Nitriden des Eisens und gegebenenfalls der metallischen Legierungselemente sowie Carbonitriden besteht. Sie enthält außerdem die vom Ausgangszustand stammenden Oxide, Sulfide – beim Gusseisen: die Graphitausscheidungen – und größere Primär- und Sekundärcarbidausscheidungen. Die Härte reicht von rd. 700 HV bis über 1000 HV. Die Verbindungsschicht besitzt keramischen Charakter und bestimmt im Wesentlichen das Korrosions- und Verschleißverhalten.

In der Diffusionsschicht befindet sich der Stickstoff bei den unlegierten Werkstoffen zunächst auf den Eisengitter-Zwischenplätzen und in Nitriden. Dieser interstitiell gelöste Stickstoff scheidet sich, beim langsamen Abkühlen oder nach raschem Abkühlen auf Raumtemperatur gefolgt von einem Auslagern, in Form von Eisennitriden aus. Dagegen entstehen bei den mit nitridbildenden Elementen legierten Werkstoffen während des Aufstickens feindispers verteilte Nitridausscheidungen, welche die Härte nach dem Mechanismus einer Ausscheidungshärtung erhöhen und Druckeigenspannungen hervorrufen. Die Diffusionsschicht bestimmt das Festigkeitsverhalten (Schwingfestigkeit) und erhöht den Widerstand gegen Wälzverschleiß und Abrasion; in geringem Maße auch gegen Korrosion. In Bild 0-2 ist das lichtmikroskopische Aussehen der Nitrierschicht am Beispiel des unlegierten Stahls C15 wiedergegeben.

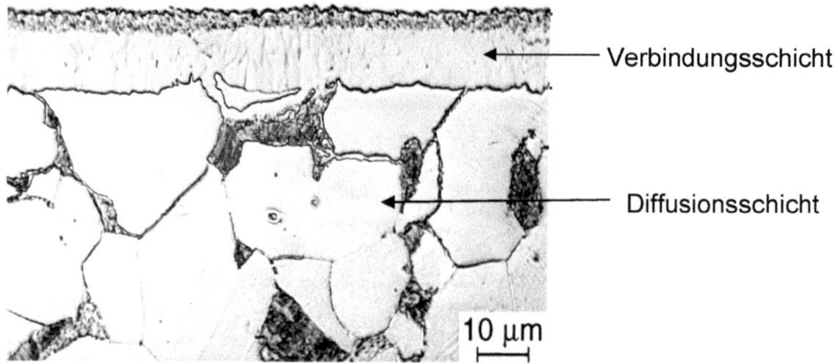

Bild 0-2: Lichtmikroskopisches Aussehen der Randschicht des Stahls C15 nach einem Salzbadnitrocarburieren (570 °C 90 min/Salzwasser)

In den folgenden Kapiteln werden nun die Entstehung, der Aufbau und das Gefüge der Nitrier- und Nitrocarburierschichten, die Grundlagen für Bildung und Wachstum, die für eine erfolgreiche Behandlung notwendigen Vor- und Nachbehandlungen, die verschiedenen Verfahren, Hinweise zur Werkstoff- und Verfahrensauswahl mit charakteristischen Anwendungsbeispielen, die Angaben für den nitrierten und nitrocarburierten Zustands in Zeichnungen und schließlich die Prüfmethoden für die Ermittlung der Eigenschaften nitrierter und nitrocarburierter Werkstücke beschrieben.

Literatur

[1] Thenard, J. — Über das Gas Ammoniak
Ann. de Chimie (1813), S. 61-64

[2] Despretz, C. M. — Über die Veränderungen, welche Metalle bei Erhitzung in Ammoniakgas erleiden
Poggendorffs Ann. der Physik und Chemie 91/15 (1829), S.572 und Ann. de Chim. et de Phys. 42 (1829), S. 122 ff

[3] Percy, J./ Wedding, H. — Die Metallurgie, Band 2, 1. Abteilung, Braunschweig 1864, S. 64-77

[4] Baur, E./ Voermann, G.L. — Über Eisen- und Chromnitrid
Z. phys. Chemie 52 (1905), S. 467-478

[5] Braune, H. — Über die Bedeutung des Stickstoffs im Eisen
Jernk. Ann. (1906), S. 656-762 und
Stahl u. Eisen 26 (1906), S. 1357-1364, 1431-1437, 1496-1499

[6] Braune, H. — Über die Stickstoffaufnahme beim Zementieren
Bihang til Jernk. Ann. 8 (1907), S. 191-204, vgl. Stahl und Eisen 27 (1907), S. 1395-1398

[7] Tholander, H. — Über Stickstoffgehalt im Fließeisen und darauf begründete Vergleichungen zwischen Bessemer- und Herdfließeisen
Jernk. Ann. (1888), S. 429-450
und Stahl u. Eisen 9 (1889), S. 115-121

[8] Cizevskij, N.P. — Stickstoff im Eisen
Stahl und Eisen 28 (1908), S. 397-399

[9] Cizevskij, N.P. — Eisen und Stickstoff
Mitteilungen des technologischen Instituts Tomsk 1913, Nr. 3, S. 1-91

[10] Andrew, H.J. — Iron and Nitrogen
J. Iron Steel Inst. 86 (1912), S. 210-226

[11] Hanemann, H./ Hanaman, F. — Patentschrift Nr. 271568, Rostschutz für Eisengegenstände, erteilt 2.6.1912

[12] N.N. — Patentschrift Nr. 314686, Rostsichere Leit- und Laufradschaufel, MAN AG, erteilt 25.7.1918

[13] Mittasch, A. — Geschichte der Ammoniaksynthese
Verlag Chemie GmbH, Weinheim 1951, S. 124

[14] Strauß, B. — Mikroskopische Stahluntersuchung
Stahl u. Eisen 34 (1914), S. 1055-1056

[15] Fry, A. — Stickstoff in Eisen, Stahl und Sonderstahl. Ein neues Oberflächenhärtungsverfahren
Stahl u. Eisen 43 (1923), 40, S. 1271-1279

[16] Fry, A. — Verziehungsfreie Oberflächenhärtung von Sonderstahl durch Nitrieren
Kruppsche Monatshefte 5 (1924), S. 266-269

[17] Fry, A. — Über Nitrierhärtung
Werkstofftagung Berlin 1927, Verlag Stahleisen Düsseldorf, 1928, S. 68-72

[18] Lehrer, E. — Über das Eisen-Wasserstoff-Ammoniak-Gleichgewicht
Z. f. Elektrochem. 36 (1930) 6, S. 383-392

[19] Kinzel, A. B./ Egan, J. J. — Nitriding in molten Cyanides
Trans Amer. Soc. Steel Treat. 16 (1929) Sonderheft, S. 175-182

[20] Kontorovic, I. E. — Stickstoffhärtung aluminiumfreier Baustähle
Vestnik Metalloprom. 11 (1931) 5, S. 5-21, 7 S. 12-22 und Chem. Abstr. 26 (1932), S. 2950

[21] Morrison, J. G./ Gill, J. P. — Introductory Study of the Nitriding of Hardened High Speed Steel by the Use of molten Cyanides
Trans. ASM 27 (1939), S. 935-1014

[22] Baerlecken, E. F. — Verstickung von gehärtetem Schnellarbeitsstahl in Zyansalzbädern
Stahl u. Eisen 60 (1940), S. 1190-1192

[23] Albrecht, C. — Leistungssteigerung von Schnellstahlwerkzeugen durch Nitrieren
T.Z. f. prakt. Metallbearb. 52 (1942) , S. 252-254

[24] Eckstein, H.-J./ Lerche, W. — Untersuchungen zur Beschleunigung der Nitrierung in der Gasphase
Neue Hütte 13 (1968), S. 210-215

[25] Hengstenberg, O./ Naumann, F. — Doppelnitrierung
Arch. Eisenhüttenwes. 7 (1933), S. 61-66

[26] Floe, C. F. — The Nitriding of Steel
Metal Progress 46 (1944) August, S. 231-234

[27] Bennek, H./ Rüdiger, O. — Beschleunigung der Nitrierhärtung von Stahl durch eine Gasentladung
Arch. Eisenhüttenwesen 18 (1944), S. 61-67

[28] Schrader, H. — Vergleich von Gas- und Badnitrierung
Stahl u. Eisen 71 (1951), S. 681-686

[29] Müller, J. — Das Nitrieren von Eisenlegierungen und seine Auswirkung auf den Verschleißwiderstand
HTM Härterei-Techn. Mitt. 9 (1955) 3, S. 25-44

[30] Müller, J. — Nitrieren von Stahl im Salzbad
Industrieblatt (1954) 9, S. 366-370

[31] Müller, J. — Über das Weichnitrieren, ein Verfahren zur Verbesserung der Verschleißfestigkeit von Stahloberflächen
Metalloberfläche 9 (1955) 4, S. 52-55

[32] Finnern, B. — Bad- und Gasnitrieren
Betriebsbücher Nr. 18
Carl Hanser-Verlag, München, 1965

[33] Wiegand, H./ Koch, M. — Das Verhalten gas- und salzbadnitrierter Stähle bei Wechselbeanspruchung
HTM Härterei-Techn. Mitt. 13 (1959) 2, S. 77-101

[34] Naumann, F. K./ Langenscheid, G. — Das Aufstickungs- und Aufkohlungsvermögen von Ammoniak-Kohlenoxid-Wasserstoff-Gemischen
Archiv f. d. Eisenhüttenwesen 36 (1965) 8, S. 583-590

[35] Bell, T./ Lee, S.Y. — Gaseous atmosphere nitrocarburising
Heat Treatment '73, Metals Society, London 1973, S. 99-107

[36] Wünning, J. — Neues Verfahren und Anlagen zum Nitrieren mit ε-Verbindungsschicht
HTM Härterei-Techn. Mitt. 29 (1974) 1, S. 42-49

[37] Smith, C.G. — Nitrocarburizing
Heat Treatment of Metals 4 (1977) 1, S. 9-10

[38] Lerche, W./ Böhmer, S. — Kurzzeitgasnitrieren und seine Möglichkeiten zur Beeinflussung der Stahloberfläche
Neue Hütte 21 (1976), S. 397-402

[39] Hoffmann, R. Aspekte des Kurzzeitnitrierens
HTM Härterei-Tech. Mitt. 31 (1976) 2, S. 152-157

[40] Eysell, F. W. Verfahrensvarianten und Anlagen zum Nitrocarburieren im Gas
Z. f. wirtschaftl. Fertig. 77 (1982), S. 292-299

[41] Lerche, W./ Böhmer S. Kurzzeitgasnitrieren und seine Möglichkeiten zur Beeinflussung der Stahloberfläche
Neue Hütte 21 (1976) 7, S. 397-401

[42] Rogalski, Z. Thermochemische Behandlung von Werkzeugen aus Schnellarbeitsstählen durch Oxinitrieren
VDI-Z. 117 (1975) 6, S. 6-11

[43] Dawes, C./ Tranter, D.F. Low pressure oxinitrocarburizing at 570 °C
Metal Forming 40 (1973) 2, S. 58-60

[44] Grabke, H.J. Die Nitrierung von Eisen in Gegenwart von Sauerstoff und Kohlenstoff
Scripta metallurg. Elmsford 8 (1974) 2, S. 121-123

[45] Spies, H.-J. Stand und Entwicklung des kontrollierten Gasnitrierens
Neue Hütte 36 (1991), S. 255-262

[46] Möbius, H.-H./ Hartung, R. Potentiometrische Gassensoren mit Zirkoniumdioxid-Festelektrolyten zum Gasnitrieren und –nitrocarburieren
HTM Härterei-Techn. Mitt. 54 (1998) 4, S. 245-254

[47] Lohrmann, M. Überwachung und Regelung von Nitrier- und Nitrocarburieratmosphären mit dem HydroNit-Sensor
HTM Härterei-Techn. Mitt. 54 (1999) 5, S. 271-277

[48] Weissohn, K.-H. Steuerung und Regelung von Nitrierprozessen unter Einsatz von Sauerstoffmesszellen
HTM Härterei-Techn. Mitt. 53 (1998) 3, S. 164-171

[49] Hoffmann, F./ Klümper-Westkamp, H./ Lotter, E./Mayr, P. Regelung und Sensoreinsatz beim Gasnitrieren
HTM Härterei-Techn. Mitt. 43 (1988) 4, S. 253-265

[50] Liedtke, D./ Altena, H. Prozessregelung zum Optimieren der Zielgrößen beim Nitrieren und Nitrocarburieren
Härterei-Techn. Mitt. 58 (2003) 3, S. 162-169

1 Entstehung, Aufbau und Gefüge von Nitrierschichten

Dieter Liedtke

1.1 Begriffsbestimmungen

Das thermochemische Behandeln zum Anreichern der Randschicht eines Werkstückes mit *Stickstoff* wird nach DIN EN 10 052 als ***Nitrieren*** bezeichnet. In der industriellen Praxis wird daneben gelegentlich auch – analog zum Aufkohlen – der Begriff *Aufsticken* verwendet. Erfolgt im Unterschied dazu die Behandlung unter Bedingungen, unter denen die Randschicht neben Stickstoff gleichzeitig mit Kohlenstoff angereichert wird, ist der Begriff ***Nitrocarburieren*** zu benutzen.

Diese Festlegung trägt der Tatsache Rechnung, dass zum Nitrieren Behandlungsmittel verwendet werden, die der Werkstückrandschicht *nur* Stickstoff anbieten, dagegen zum Nitrocarburieren Stickstoff *und* Kohlenstoff. Beiden Fällen gemeinsam ist der Aufbau der erzeugten ***Nitrierschicht*** aus einem äußeren Bereich, der als ***Verbindungsschicht*** und einem sich daran anschließenden, der als ***Diffusionsschicht*** bezeichnet wird.

Erfolgt das Nitrieren in einem Mittel, aus dem neben Stickstoff auch Schwefel aufgenommen wird, ist der Begriff ***Sulfonitrieren***[1] zu verwenden. Entsprechendes gilt für das Nitrocarburieren.

Wird das Nitrieren oder Nitrocarburieren unterhalb Atmosphärendruck mit einer Glimmentladung durchgeführt, handelt es sich um ein ***Plasmanitrieren*** *bzw.* ***Plasmanitrocarburieren.***

In manchen Anwendungsfällen wird beim Nitrieren oder Nitrocarburieren im Gas der Ofenatmosphäre ein Sauerstoff enthaltendes Gas zugegeben, um die Phasengrenzreaktionen für die Stickstoffaufnahme zu aktivieren und das Regeln der Aufstickungswirkung mit Hilfe einer Sauerstoffsonde zu erleichtern. In diesem Fall wird der Begriff Oxinitrieren bzw. -nitrocarburieren benutzt, obwohl eine Eindiffusion von Sauerstoff nicht beabsichtigt ist.

Darüber hinaus kann es zweckmäßig sein, auch den Aggregatzustand des Behandlungsmittels in die Verfahrensbezeichnung einzubringen, worauf die Bezeichnungen ***Gasnitrieren, Gasnitrocarburieren, Salzbadnitrocarburieren, Pulvernitrocarburieren,*** zurückzuführen sind.

Es sei noch angemerkt, dass in den nachfolgenden Texten häufig der Begriff Nitrierschicht sowohl für das Nitrieren als auch das Nitrocarburieren benutzt wird.

---

[1] Das Sulfonitrieren wird vorzugsweise in Frankreich angewendet

1.2 Zweck des Nitrierens und Nitrocarburierens

Das Nitrieren und Nitrocarburieren von Werkstücken und Werkzeugen aus Eisenwerkstoffen wird industriell angewendet, um das

- Verschleißverhalten
- Festigkeitsverhalten
- Korrosionsverhalten

zu verbessern. In Tabelle 1.2-1 sind die am häufigsten auftretenden Verschleißmechanismen, die Schwingfestigkeit und die Korrosion den jeweils erforderlichen Zielgrößen, nämlich Verbindungsschicht oder Nitrierhärtetiefe NHD[2] sowie den hierfür zweckmäßigerweise zu verwendenden Werkstoffen und Verfahren gegenübergestellt. Daraus ist zu entnehmen, dass im Fall von Verschleiß und Korrosion eine Verbindungsschicht prinzipiell für nahezu alle Eisenwerkstoffe zweckmäßig ist und dann vorzugsweise das Nitrocarburieren angewendet werden sollte.

Erfordert die Beanspruchung eine hohe Härte an der Oberfläche, im Rand, bzw. auch noch in bestimmtem Abstand von der Oberfläche, sollten bevorzugt speziell legierte Stähle, die ***Nitrierstähle***[3], benutzt und *nitriert* werden. Die Nitrierstähle sind legierte Stähle mit Kohlenstoffgehalten zwischen rd. 0,30 und 0,40 Masse-%, analog zu den Vergütungsstählen, aber im Hinblick auf die angestrebten spezifischen Eigenschaften speziell mit metallischen Elementen wie Aluminium, Chrom, Molybdän, Vanadium und Titan, den so bezeichneten Nitridbildnern, legiert. Mit diesen lassen sich ähnliche Härteprofile wie nach dem Einsatzhärten erreichen, vgl. Kapitel 2.1.

Tabelle 1.2-1: Gegenüberstellung von Beanspruchungsart, Zielgröße, Werkstoff und Verfahren

Beanspruchungsart	Zielgröße	Werkstoff	Verfahren
Adhäsions-Verschleiß („Fressen“)	VS	Stähle, Gusseisen, Sinterstähle	Nitrocarburieren (Nitrieren)
Abrasions-Verschleiß (Furchungsverschleiß)	VS	Stähle, Gusseisen, Sinterstähle	Nitrocarburieren
	NHD	Nitrierstähle	Nitrieren
Wälzverschleiß	NHD	Nitrierstähle	Nitrieren
		legierte Vergütungsstähle	Nitrieren (Nitrocarburieren)
Tribooxidation („Passungsrost“)	VS	Stähle, Gusseisen, Sinterstähle	Nitrocarburieren
Korrosion			
Dauerschwingfestigkeit	NHD	Nitrierstähle	Nitrieren
		Stähle, Gusseisen, Sinterstähle	Nitrocarburieren

[2] Kriterium für die wirksame Nitriertiefe, vgl. Kapitel 2 und DIN 50190-3, dort wird als Kurz Zeichen „Nht“ verwendet. In Vorbereitung ist eine ISO zur Ermittlung von Härtetiefen

[3] Gütevorschrift siehe DIN EN 10 085

Beim *Nitrocarburieren* steht demgegenüber die Erzeugung der sehr harten, stickstoffreichen und kohlenstoffhaltigen *Verbindungsschicht* im Vordergrund. Mit dieser lassen sich der Reibungskoeffizient und die Adhäsionsneigung verringern, so dass der Widerstand gegenüber Adhäsion und Abrasion höher ist. Das günstigere Verhalten gegenüber Korrosionsangriffen ergibt sich aus dem spezifischen strukturellen Aufbau und dem hohen Stickstoffgehalt der Verbindungsschicht.

1.3 Die Wechselwirkung zwischen Eisen und Stickstoff bzw. zwischen Eisen, Stickstoff und Kohlenstoff

Die Stickstoffatome sind etwa halb so groß wie die Eisenatome. Das ermöglicht ein Einlagern auf Zwischenplätzen des Eisengitters. Aus energetischen Gründen kommen hierfür hauptsächlich die Oktaederlücken in Frage. Die Menge des interstitiell lösbaren Stickstoffs ist nicht beliebig, sondern ergibt sich aus dem Lösungsvermögen der jeweils vorliegenden Gefügebestandteile und der Temperatur. Im Ferrit sind beispielsweise bei 590 °C höchstens 0,115 Masse-% und im Austenit bei 650 °C höchstens 2,8 Masse-% Stickstoff[4]. Auch die Carbide können Stickstoff aufnehmen. Die Löslichkeit ändert sich mit der Temperatur: bei Raumtemperatur beträgt sie im Ferrit nur noch 0,001 Masse-%. Anwesende Legierungselemente beeinflussen das Lösungsvermögen.

Außerdem ist Stickstoff aber auch dazu fähig, mit dem Eisen und einer ganzen Reihe seiner Legierungselemente wie z.B. Aluminium, Chrom, Titan, Vanadin, Molybdän u. a. Verbindungskristalle zu bilden, die ***Nitride***. Bei den Eisennitriden ist zwischen den stabilen γ'- und ε-Nitriden und dem metastabilen α"-Nitrid zu unterscheiden. In der Zweistofflegierung Eisen-Stickstoff besitzt das γ'-Nitrid bei ca. 680 °C einen stöchiometrischen Stickstoffgehalt von 5,88 Masse-%, entsprechend Fe_4N. Es weist

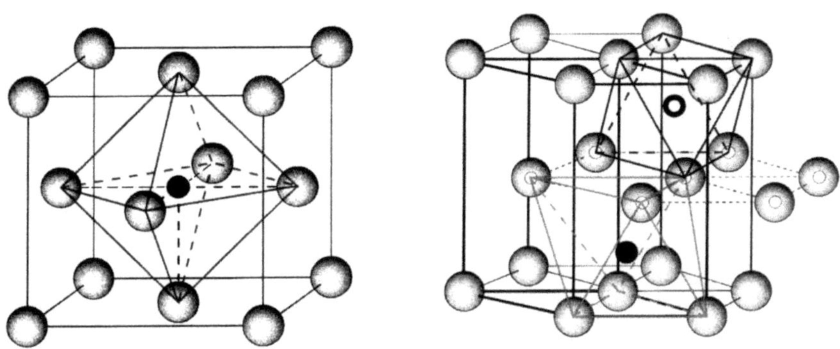

Bild 1.3-1: Gitterstrukturen des γ'-Nitrids (links) und des ε-Nitrids (rechts) (schwarz: Stickstoffatom) [1]

[4] Im Vergleich dazu sind im Ferrit bei 723 °C nur 0,02 Masse-% und im Austenit bei 1146 °C nur 2,08 Massenanteile Kohlenstoff in % löslich

eine kubisch flächenzentrierte Gitterstruktur auf, ähnlich dem Austenit. Das ε-Nitrid hat einen Stickstoffgehalt von 7,7 Masse-% bis 11,1 Masse %, entsprechend $Fe_{2-3}N$ oder Fe_2N_{1-x}. Die Struktur ist hexagonal, vgl. Bild 1.3-1.

Für das α"-Nitrid gilt ein stöchiometrischer Stickstoffgehalt von 2,95 Masse-% und die Zusammensetzung wird mit $Fe_{16}N_2$ bzw. Fe_8N angegeben.

Unterhalb von 500 °C und bei einem Stickstoff-Massenanteil von mehr als 11,1 % kann auch ein ζ-Nitrid mit der Summenformel Fe_2N existieren. Die Existenzbereiche der Eisen-Stickstoff-Mischkristalle und der Nitride in Abhängigkeit von Temperatur und Zusammensetzung lassen sich im Eisen-Stickstoff-Zustandsschaubild darstellen, siehe Bild 1.3-2.

Aus diesem ist abzulesen, dass bei einer Temperatur von 592 °C und einem Stickstoffgehalt von rd. 2,36 Masse-% ein Eutektoid existiert; es wird als *Braunit* bezeichnet, adäquat zum Perlit im Zustandsdiagramm Eisen-Kohlenstoff. Bei Temperaturen über 592 °C liegt bei binären Eisen-Stickstoff-Legierungen Austenit vor.

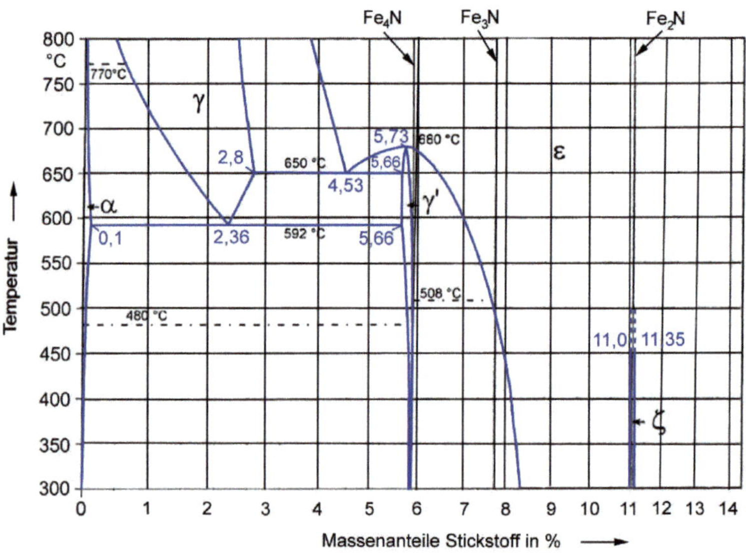

Bild 1.3-2: Zweistoff-Zustands-Schaubild Eisen-Stickstoff nach Wriedt [2]

Technische Eisenwerkstoffe und Stähle enthalten jedoch auch Kohlenstoff und weitere Legierungselemente und das Gefüge besteht aus Ferrit und Carbiden. Die Carbide können ebenfalls Stickstoff aufnehmen. Für den Zementit wurde beispielsweise eine

Löslichkeit von 0,1 Massenanteilen Stickstoff in % nachgewiesen. Die Existenzbereiche der verschiedenen Phasen müssen dann zweckmäßigerweise in Mehrstoff-Zustandsdiagrammen betrachtet werden.

Als Beispiel ist in Bild 1.3-3 ein Schnitt des Schaubilds Eisen-Kohlenstoff-Stickstoff bei 575 °C [2] wiedergegeben. Hieraus ist ersichtlich, dass der Existenzbereich des ε-Nitrids durch die Anwesenheit von Kohlenstoff deutlich zu Stickstoffgehalten nahe 7,2 Masse-% erweitert wird, Daraus resultiert, dass das Wachstum der Verbindungsschicht in Anwesenheit von Kohlenstoff oder durch eine Eindiffusion von Kohlenstoff simultan zu der des Stickstoffs (→ Nitrocarburieren), gefördert wird.

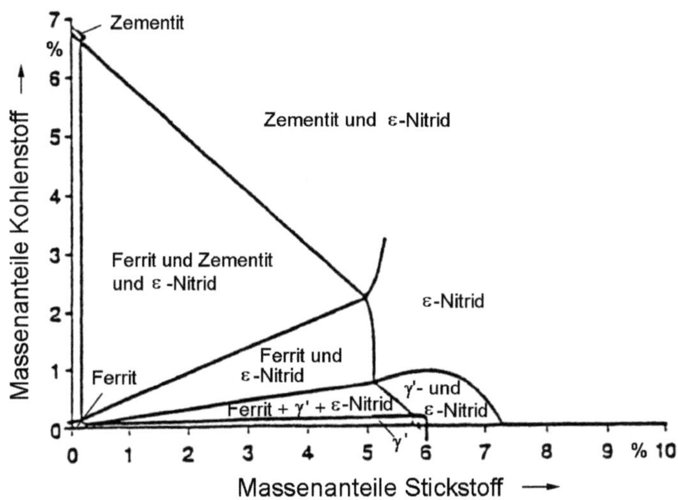

Bild 1.3-3: Dreistoff-Zustands-Schaubild Fe-C-N, Schnitt bei 575°C nach Slycke [3]

1.4 Bildung und Gefüge der Nitrier-/Nitrocarburierschichten

1.4.1 Allgemeines

Das Nitrieren/Nitrocarburieren wird üblicherweise im Temperaturbereich zwischen 400 °C und 630 °C, vorzugsweise jedoch zwischen 500 °C und 550 °C und das Nitrocarburieren vorzugsweise bei 570 °C bis 590 °C durchgeführt. In diesen Temperaturbereichen bleibt der Ausgangsgefügezustand – Ferrit und Carbide[5] – erhalten, soweit er hier thermisch stabil ist. Bei Eisen-Stickstoff-Legierungen bildet sich, ab 592 °C, wie aus dem Zustandsschaubild in Bild 1.3-2 zu entnehmen ist, Austenit; bei legierten Stählen erst bei noch höherer Temperatur.

[5] Beim Gusseisen kommen hierzu noch die Graphitausscheidungen

Das Übertragen des Stickstoffs vollzieht sich in mehreren Teilschritten:

- Hinführen des Stickstoffspenders an die Werkstückoberfläche
- Adsorption des Stickstoffspenders und Freisetzen von Stickstoffatomen an der Werkstückoberfläche
- Durchdringen (Absorption) der Werkstückoberfläche durch Stickstoffatome
- Diffusion von Stickstoffatomen entlang der Korngrenzen und durch die Körner hindurch weiter in das Werkstückinnere.

Die absorbierten Stickstoffatome, sie sind etwa halb so groß wie die Eisenatome, werden bei den unlegierten Eisenwerkstoffen interstitiell gelöst, d. h. auf Eisengitter-Zwischenplätzen eingelagert. Die im Ferrit aufgenommene Stickstoffmenge ist größer als das Lösungsvermögen, so dass bei langsamer Abkühlung auf Raumtemperatur α"- bzw. γ'-Nitride ausgeschieden werden. Auch der anwesende Zementit vermag Stickstoff aufzunehmen, der bei längerer Nitrierdauer allmählich den Kohlenstoff mehr oder weniger vollständig verdrängt, so dass Carbonitride oder Nitrocarbide der Form $Fe_2(N,C)_{1-x}$ entstehen. Frei werdende Kohlenstoffatome bilden Zementit bzw. wandern zur Werkstückoberfläche und können beim Gas- und Plasmanitrieren, wegen eines fehlenden Kohlenstoffspenders, effundieren.

Bei legierten Werkstoffen entstehen mit den Nitrid bildenden Legierungselementen Aluminium, Chrom, Vanadium, Titan, Molybdän usw., kubisch flächenzentrierte Nitride, die in der Matrix submikroskopisch fein ausgeschieden werden.

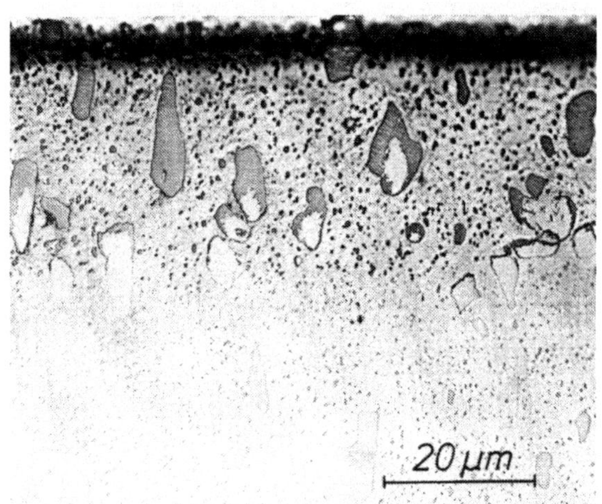

Bild 1.4-2: Randschicht des Stahls X165CrV12 nach dem Nitrocarburieren 570 °C 90 min (Lichtmikroskop, ungeätzt, Vergrößerung:1000:1) nach [6]

In den Nitriden können die Elemente Chrom, Vanadium und Molybdän gemischt vorhanden sein. Vorhandener „legierter" Zementit und Carbide der Legierungselemente nehmen ebenfalls Stickstoff auf, wodurch sie zu Carbonitriden, bei langer Nitrierdauer, infolge einer Effusion von Kohlenstoff, auch zu Nitriden werden. Die Veränderung der Primärcarbide ist in Bild 1.4-2 am Beispiel eines ledeburitischen Chromstahls bereits im ungeätzten Zustand an Hand einer Grautönung deutlich zu erkennen.

An der Werkstückoberfläche entstehen, ausgehend von Keimpunkten, das sind die Korngrenzen und Knotenpunkte, an denen mehrere Körner zusammenstoßen, nach kurzer Dauer, sobald eine Stickstoffkonzentration von ca. 6 Masse-% erreicht ist, erste γ'-Nitride. In Bild 1.4-3 ist eine charakteristische Oberflächenaufnahme einer Reineisenprobe wiedergegeben und in Bild 1.4-4a ein dazugehöriger Querschliff, in Bild 1.4-4b ein Schemabild. Im weiteren Verlauf vergrößern sich dann die Nitridkristalle, sie werden von ε-Nitriden bedeckt und breiten sich in die Tiefe und lateral aus,

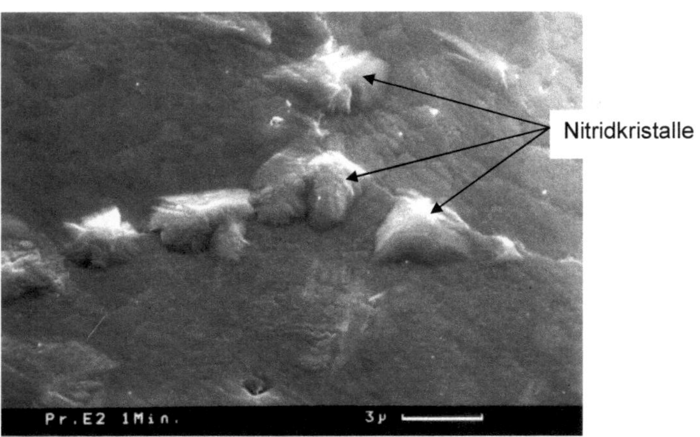

Bild 1.4-3: Oberfläche einer Probe aus Reineisen nach einer Nitrierdauer von 30 min bei 575 °C mit einzelnen Nitridkristallen

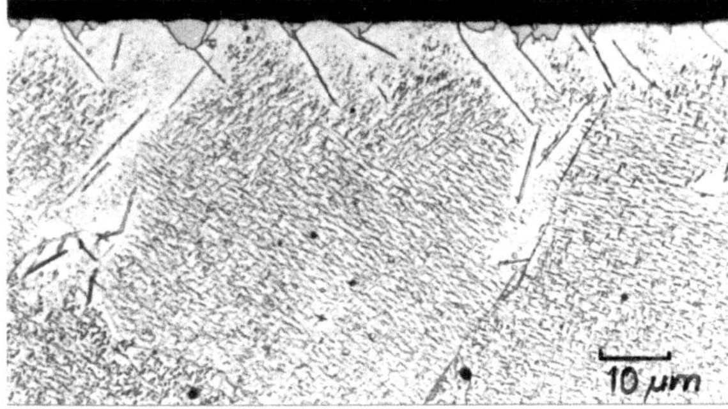

Bild 1.4-4a: Querschliff durch die nitrierte Randschicht von Bild 1.4-3

bis schließlich eine geschlossene Schicht entstanden ist. In dieser werden ab einer Konzentration von ca. 7,7 Masse-% Stickstoff auch ε-Nitride gebildet. Dann verringert sich die Geschwindigkeit des Stickstoff-Massestroms etwas: der Stickstoff wird beim Durchdringen dieser Schicht behindert; dies gilt auch für effundierenden Kohlenstoff [1, 3 bis 5]. Im Verlauf der weiteren Stickstoffaufnahme nehmen Stickstoffkonzentration und Dicke der Nitrierschicht zu.

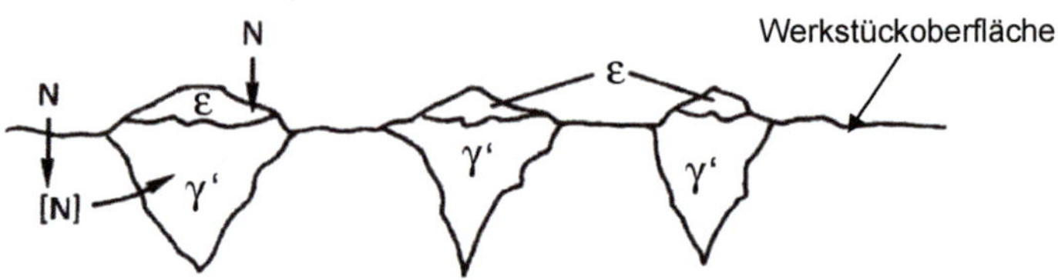

Bild 1.4-4b: Schemabild zu Bild 1.4-4a nach [4]

Bei Reineisen entstehen die beiden Nitridschichten ε und γ' zeitlich nacheinander, so wie es in Bild 1.4-5 schematisch dargestellt ist und die γ'-Nitridschicht wird sandwichartig von einer ε-Nitridschicht bedeckt. Bei technischen Werkstoffen dagegen liegen bei Raumtemperatur die beiden Nitridphasen vermischt nebeneinander vor. Über den Querschnitt der Nitrierschicht betrachtet, nimmt die Menge der ε-Nitride von außen nach innen ab und die der γ'-Nitride zu, vgl. Bild 1.5-11.

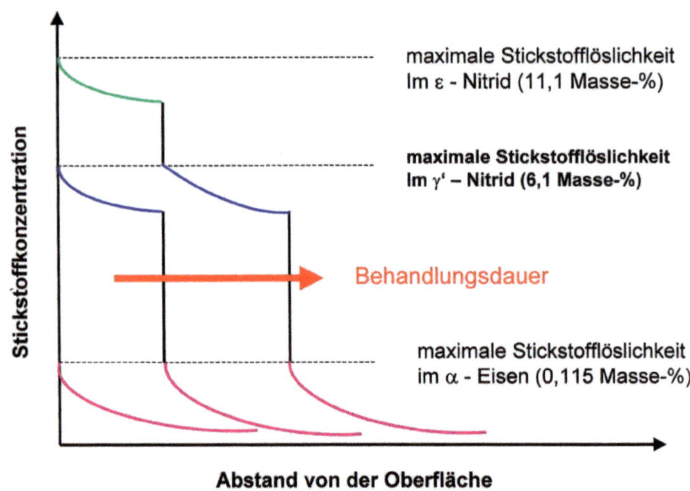

Bild 1.4-5: Schematischer Verlauf des Schichtwachstums beim Nitrieren/Nitrocarburieren von Reineisen

1.4.2 Die Verbindungsschicht

Der Aufbau des äußeren Randschichtbereichs aus Nitriden, den bei Kohlenstoffstählen vorhandenen Carbonitriden, Nitrocarbiden sowie Primärcarbiden bei den übereutektoidischen Stählen, hat zu der Bezeichnung ***Verbindungsschicht***, im englischen Sprachraum: *compound layer*, geführt. Diese ist je nach den Behandlungsbedingungen und je nach Werkstoffzusammensetzung einige µm dick. In Bild 1.4-6 ist das lichtmikroskopische Aussehen der Randschicht des Stahls C15 nach einem Nitrocarburieren wiedergegeben.

Die Verbindungsschicht erscheint in dieser Aufnahme hell und strukturlos[6] und es ist eine deutlich ausgeprägte Grenze, die *Phasengrenze,* zwischen der Verbindungsschicht und dem darunter liegenden Bereich zu sehen, der hier aus Ferrit und Perlit („Normalglühgefüge") besteht und sich gegenüber dem Ausgangszustand sichtbar nicht verändert hat. Das Aussehen des Übergangs hängt vom Gefügezustand ab, bei Vergütungsgefügen ist der Übergang meistens weniger deutlich zu erkennen.

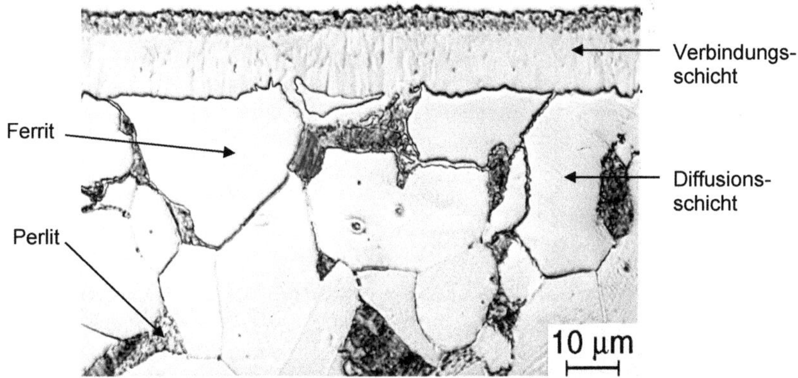

Bild 1.4-6: Lichtmikroskopisches Aussehen der Randschicht des Stahls C15 nach einem Nitrocarburieren (geätzt mit Nital)

Werden anstelle des üblichen Ätzmittels Nital[7] andere Ätzmittel wie z. B. Pikrinsäure oder das Ätzmittel nach Murakami benutzt, bleibt die Verbindungsschicht nicht mehr hell, sondern es wird eine Strukturierung sichtbar. Dies geht auf die Anwesenheit der beiden Phasen ε- und γ'-Nitrid zurück, vgl. Bild 1.4-7. In dieser Randschichtaufnahme ist außerdem ein ehemaliges Perlitkorn zu erkennen. Der äußere dunkle Bereich ist eine Ansammlung von Mikrohohlräumen, die miteinander und mit der Außenumgebung in Verbindung stehen, es handelt sich dabei um Poren.

---

[6] Daher rührt die früher benutzte Bezeichnung „weiße Schicht" oder „white layer"

[7] Nital ist eine schwache Lösung von Salpetersäure in Alkohol

Bild 1.4-7: Verbindungsschicht des gasnitrocarburierten Stahls C15. Geätzt mit 1 %-Nital (7 s), danach mit 0,1 %-iger Salzsäure mit $FeCl_3$ und Jodzugabe bis zur Gelbfärbung (60 s), 1000:1

Bild 1.4-8 zeigt das Ergebnis einer GDOES-Mikroanalyse der Verbindungsschicht des unlegierten Vergütungsstahls C45 nach einem Nitrocarburieren. Ausgehend von einer Stickstoffkonzentration entsprechend dem ε-Nitrid unmittelbar unter der Oberfläche, durchläuft die Kurve ein Plateau bei etwa 5 Masse-% und fällt dann am Ende

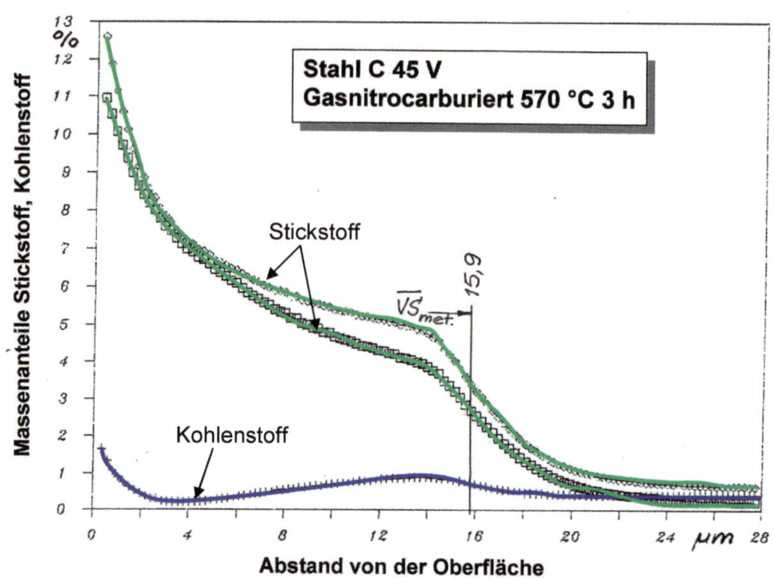

Bild 1.4-8: GDOES-Konzentrationsprofile von Stickstoff und Kohlenstoff einer bei 570 °C 3 h lang gasnitrocarburierten Probe des Stahls C45

der Verbindungsschicht – die metallographisch bestimmte Dicke ist als VS_{met} eingetragen – rasch auf Gehalte unter 1 Masse-% ab. Unterhalb dieser Kurven ist im Kohlenstoffprofil ein Höchstwert von ca. 1 Masse-% vorhanden, Folge des durch den Stickstoff aus dem Zementit vertriebenen Kohlenstoffs.

Die Verbindungsschicht kommt durch die Veränderungen des in die Randschicht eindiffundierten Stickstoffs zustande, entsteht also nicht durch Abscheiden von Nitriden wie bei einem Beschichtungsprozess. Im Ausgangsgefüge vorhandene Ausscheidungspartikel wie z. B. Oxide, Mangansulfide, Graphit und größere Primär- und Sekundärcarbide sowie die Poren beim Sintereisen, werden in der Verbindungsschicht abgebildet. Dies wird in den Bildern 1.4-9 bis 1.4-12 dokumentiert.

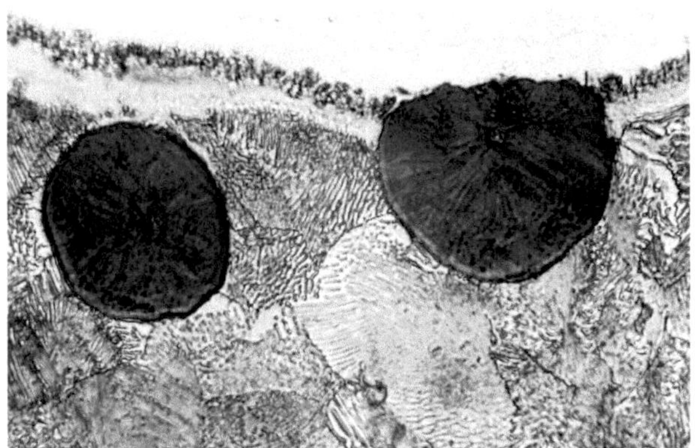

Bild 1.4-9: Lichtmikroskopische Aufnahme der Randschicht von Gusseisen mit Kugelgraphit nach einem Nitrocarburieren (geätzt mit Nital, Vergrößerung: 1000:1)

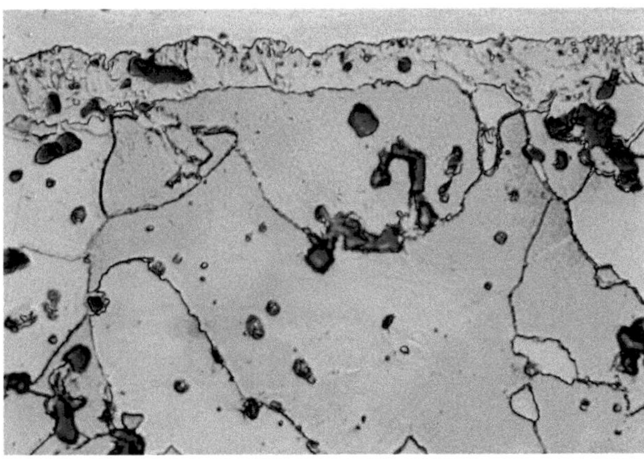

Bild 1.4-10: Lichtmikroskopische Aufnahme der Randschicht eines unlegierten Sinterstahls nach einem Nitrocarburieren (geätzt mit Nital, 1000:1)

Die Aufnahme vom Kugelgraphitguss gibt eine Stelle wider, an der ein Graphitsphärolith direkt an der Oberfläche liegt. Er ist nicht von Verbindungsschicht bedeckt, da diese nur dort entstehen kann, wo Eisen vorhanden ist. Beim Sinterstahl sind in der Verbindungsschicht die Poren des Ausgangszustands wiederzufinden, siehe Bild 1.4-10. Bei einem Automatenstahl sind die Mangansulfid-Ausscheidungen auch in der Verbindungsschicht vorhanden, wie in Bild 1.4-11 zu sehen ist. Bei den im Ferrit auftretenden nadelförmigen Ausscheidungen handelt es sich um γ'-Nitride, was weiter unten erklärt wird.

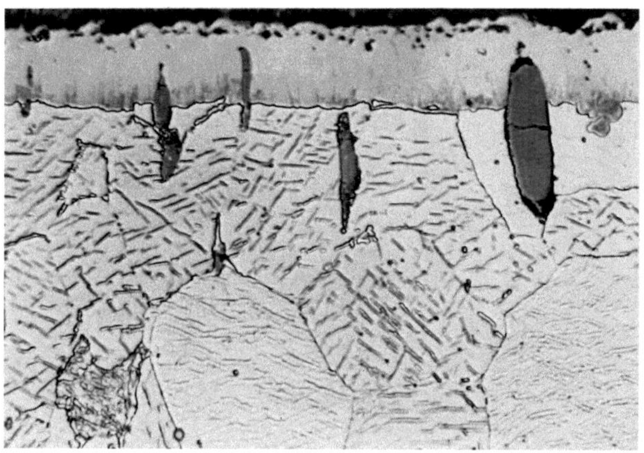

Bild 1.4-11: Lichtmikroskopische Aufnahme eines Automatenstahls nach einem Nitrocarburieren, Abschrecken in Wasser und Auslagern bei 300 °C (geätzt mit Nital, 1000:1)

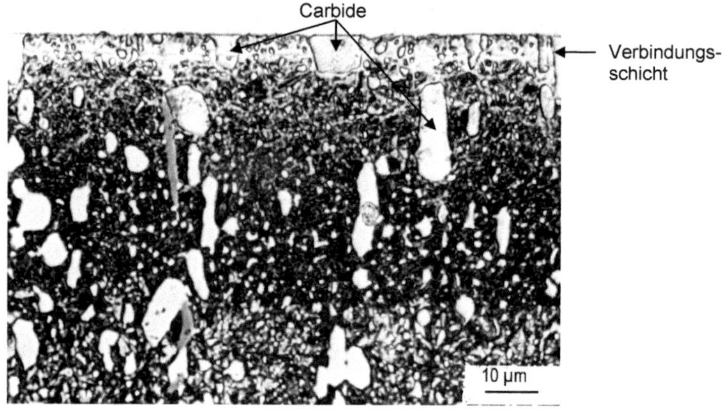

Bild 1.4-12: Randschicht des Stahls X165CrMoV12, salzbadnitrocarburiert 570 °C 2 h/Öl (Ätzung: Nital, Vergrößerung 1000:1)

Das Randgefüge des nitrocarburierten ledeburitischen Stahls X165CrMoV12 ist in Bild 1.4-12 abgebildet. Im Ausgangszustand enthält der Stahl wegen seines hohen Chromgehaltes zahlreiche Primärcarbide. Diese erscheinen auch in der Verbindungsschicht wieder.

1.4.3 Die Porosität der Verbindungsschicht

Die in der Verbindungsschicht vorhandene Porosität ist im Prinzip unvermeidbar. Nach dem derzeitigen Wissensstand ist als wahrscheinlichste Ursache ihres Entstehens die Metastabilität der Fe-N(-C)-Carbonitridphasen anzunehmen [7 bis 11]. Dies führt zum Ausscheiden von Stickstoff, der zu Molekülen rekombiniert und dadurch entstehen, bevorzugt an energetisch begünstigten Stellen wie z. B. Korngrenzen, Mikrohohlräume oder Poren innerhalb der Verbindungsschicht.

Die an den Korngrenzen „angekeimten" Poren wachsen zusammen und bilden Kanäle, meist senkrecht zur Oberfläche. Die Poren können zur Oberfläche hin offen sein, so dass Kontakt mit der Nitrier-/Nitrocarburieratmosphäre besteht. In Bild 1.4-13 ist dies schematisch dargestellt.

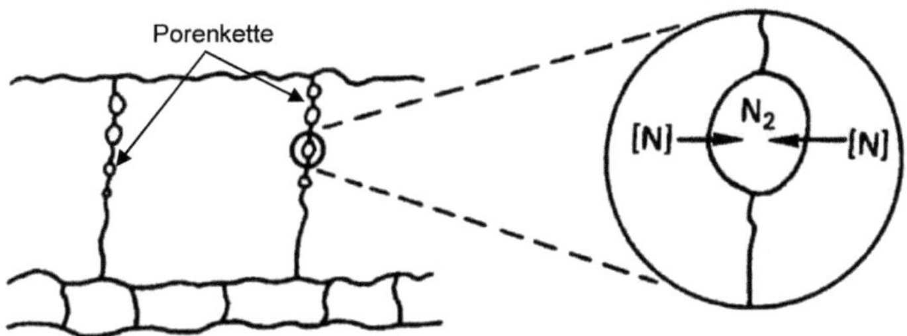

Bild 1.4-13: Vorgang der Bildung von Poren und Porenketten [5]

Dadurch ist es möglich, dass sowohl Stickstoff nach außen effundieren als auch – beim Nitrocarburieren – Kohlenstoff über die Kanäle eindiffundieren kann. Etwas anders ist das beim Salzbadnitrocarburieren, da das flüssige Salz nur schwer in die Kanäle eindringen kann. Des Weiteren wandeln sich in den ε-Nitrid reichen Bereichen ε-Nitride in Zementit um, wodurch weitere Poren entstehen [7].

Die Poren können unterschiedlich angeordnet sein. Meist säumen sie gehäuft den äußeren Rand der Verbindungsschicht, so dass von einem Porensaum gesprochen wird, vgl. die Bilder 1.4-6, -7, -9 und -11. Sie können sehr fein oder relativ grob ausgebildet sein, gehäuft oder vereinzelt auftreten, einen mehr oder minder breiten Bereich der Verbindungsschicht einnehmen sowie perlschnurartig oder schlauchförmig (Porenkanal) senkrecht zur Oberfläche angeordnet sein. Im folgenden Bild 1.4-14 ist dies schematisch dargestellt, in den Bildern 1.4-15 bis 1.4-17 sind Beispiele für die mögliche Porenausbildung in der Verbindungsschicht gezeigt [10 bis 12].

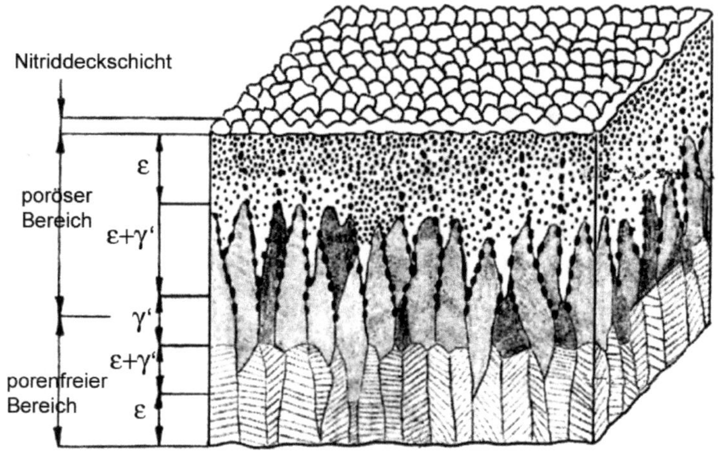

Bild 1.4-14: Aufbau der Verbindungsschicht, schematisch nach [11]

Der in Bild 1.4-15 gezeigte Typ 1 stammt von einem unlegierten Stahl mit normalgeglühtem Ausgangsgefüge nach einem Gasnitrocarburieren bei 570 °C mit einer Haltedauer von 120 min und langsamer Abkühlung.

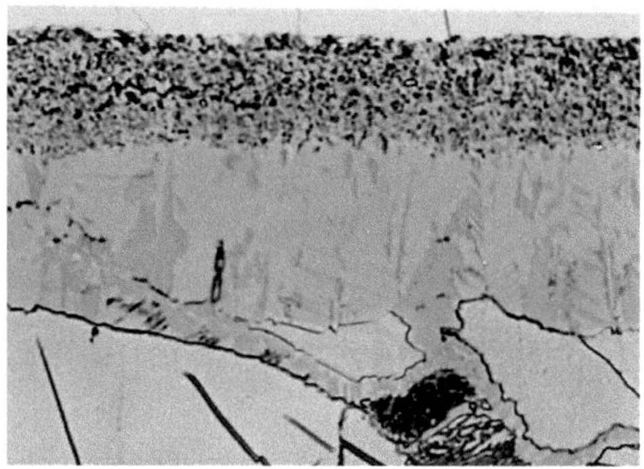

Bild 1.4-15: Typ1: feine Streuporen, am Außenrand der Verbindungsschicht saumartig konzentriert (geätzt mit Nital)

Der Typ 2 in Bild 1.4-16 ergab sich beim Gasnitrieren von Reineisen. Offenbar korreliert der relativ geringe Porengehalt mit dem fehlenden Kohlenstoffgehalt. Dafür ist umso deutlicher die Ausbildung von Porenkanälen zu erkennen.

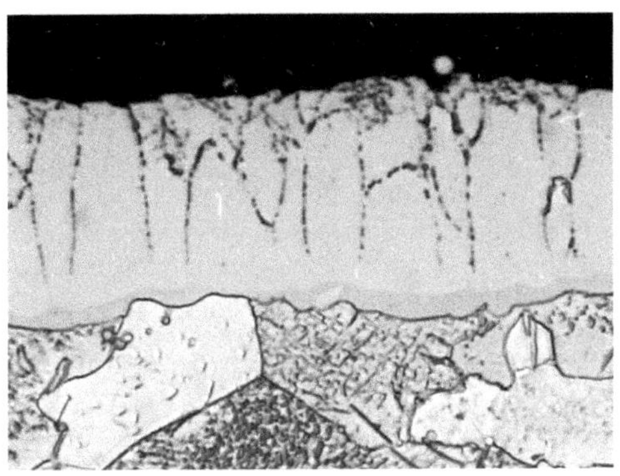

Bild 1.4-16: Typ 2: feine Poren, perlschnurartig senkrecht zur Oberfläche angeordnet (Reineisen, geätzt mit Nital)

Der Typ 3 wurde mehrfach bei Werkstücken gefunden, die aus einem Automateneinsatzstahl hergestellt wurden, einsatzgehärtet und angelassen und danach bei 570 °C 120 min salzbadnitrocarburiert worden sind. Hier sind wenige, relativ große Poren vorhanden und z. T. in Reihe parallel zur Oberfläche angeordnet.

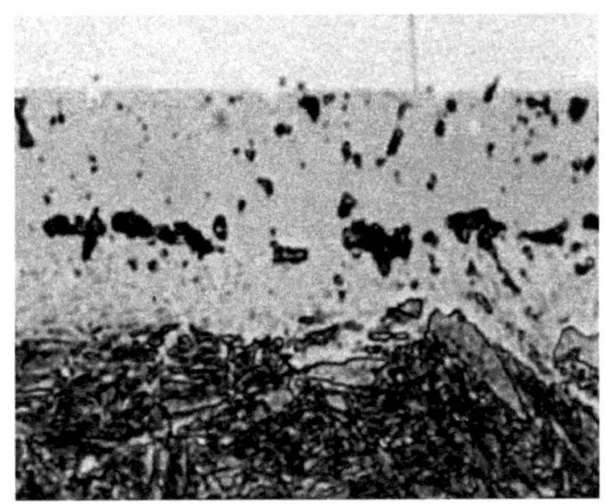

Bild 1.4-17: Typ 3: grobe Streuporen, teilweise parallel zur Oberfläche aufgereiht (geätzt mit Nital)

Das Auftreten von Poren ist grundsätzlich nicht zu vermeiden, auch nicht bei stickstoffarmen, überwiegend aus γ'-Nitriden bestehenden Verbindungsschichten. Über die Wirkung der Porosität auf die Gebrauchseigenschaften gehen die Meinungen der Fachwelt auseinander. Einerseits ist davon auszugehen, dass der Porensaum ein hartes, hohles Skelett darstellt, so dass das Risiko besteht, dass je nach Art und Höhe der Belastung der Oberfläche Partikel aus der Verbindungsschicht ausbrechen. In geschlossenen Tribosystemen kann dies den Verschleiß eskalieren lassen. In offenen Tribosystemen wurde in manchen Anwendungsfällen demgegenüber ein günstigeres Einlaufverhalten beobachtet. Andererseits ist aber auch nicht auszuschließen, dass, je nach Art der Porosität, der Größe und Menge der Poren sowie dem Vorhandensein von Porenkanälen, die Porosität ein potentielles Schmierstoffdepot darstellt, das dem Verschleiß entgegenwirkt.

Untersuchungen zum Wachstum der Verbindungsschicht haben ergeben, dass das Quadrat ihrer Dicke der Behandlungsdauer proportional ist. Dieser Zusammenhang ist in Bild 1.4-18 für die mittlere Schichtdicke zu erkennen. Offenbar gilt dies aber nicht für den porösen Bereich. Am Beispiel von je zwei gas- und salzbadnitrocarburierten unlegierten und legierten Einsatz- und Vergütungsstählen ist zu sehen, dass der poröse Bereich mit der Behandlungsdauer linear, also schneller wächst. Dabei erweisen sich legierte Stähle günstiger als unlegierte. Die Absicht, eine dickere Verbindungsschicht herzustellen und den porösen Bereich abzuarbeiten, lässt sich nur realisieren, wenn eine Feinstbearbeitung mit einer Abtragsrate im Bereich weniger µm durchgeführt werden kann. Für die Anwendungspraxis ist statt dessen zu empfehlen, bei Adhäsionsverschleiß eine im Mittel 15 µm bis 20 µm dicke Verbindungsschicht anzustreben und damit den porösen Bereich bei den unlegierten Stählen auf ca. 7 µm, bei den legierten Stählen auf ca. 5 µm im Mittel zu begrenzen und auf eine Nachbearbeitung zu verzichten.

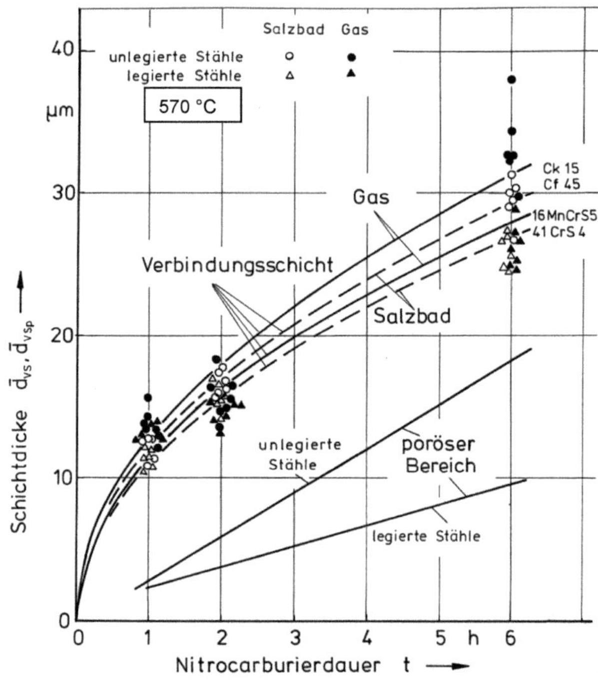

Bild 1.4-18: Zusammenhang zwischen der Dicke der Verbindungsschicht und der Dauer beim Nitrocarburieren [13].

Nach den Ergebnissen in Bild 1.4-18, kann der Grad der Porosität offenbar durch bevorzugte Verwendung legierter anstelle unlegierter Stähle minimiert werden. Generell wird dies durch ein geringeres Stickstoffangebot bewirkt.

Die Abhängigkeit des Verbindungsschichtwachstums für weitere Stähle beim Salzbadnitrocarburieren bei 570 °C zeigt Bild 1.4-19.

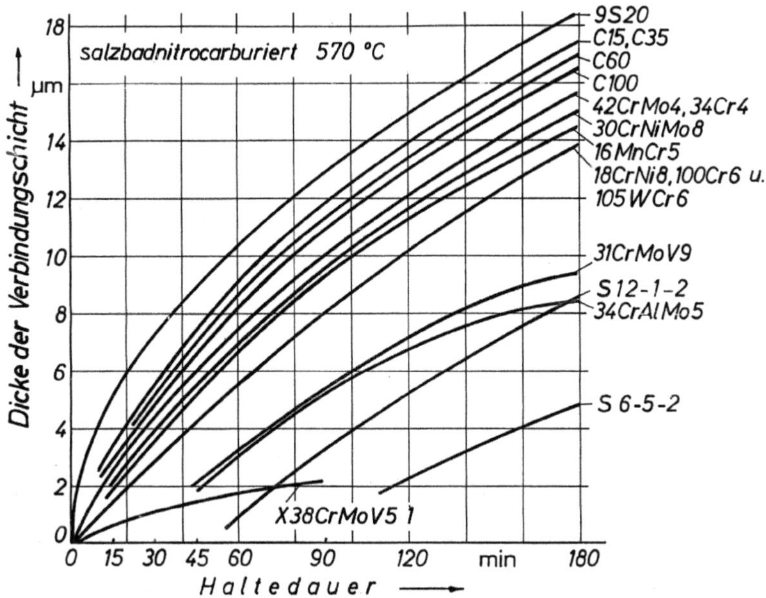

Bild 1.4-19: Wachstum der Verbindungsschichtdicke (Mittelwerte) verschiedener Stähle beim Salzbadnitrocarburieren in Abhängigkeit von der Halte-Dauer bei 570 °C

Aus der Gegenüberstellung ist ersichtlich, wie der steigende Gehalt an nitridbildenden Legierungselementen die Wachstumsrate der Verbindungsschichtdicke verringert.

Das Eindiffundieren von Stickstoff bzw. Stickstoff und Kohlenstoff, die Bildung und das Wachstum der Nitridkristalle sowie das Entstehen von Poren und Porenkanälen verändert auch die Oberflächenmorphologie der nitrierten und nitrocarburierten Werkstücke. In Bild 1.4-20 ist die rasterelektronische Aufnahme der Oberfläche nach einem Salzbadnitrocarburieren und in Bild 1.4-21 nach einem Gasnitrocarburieren wiedergegeben. Die Oberfläche der im Salzbad erzeugten Verbindungsschicht erscheint aufgelockert und es sind deutlich Porenöffnungen zu erkennen. Demgegenüber ist die Oberfläche nach dem Gasnitrocarburieren viel geschlossener und in der abgebildeten Vergrößerung sind keine Porenöffnungen zu erkennen.

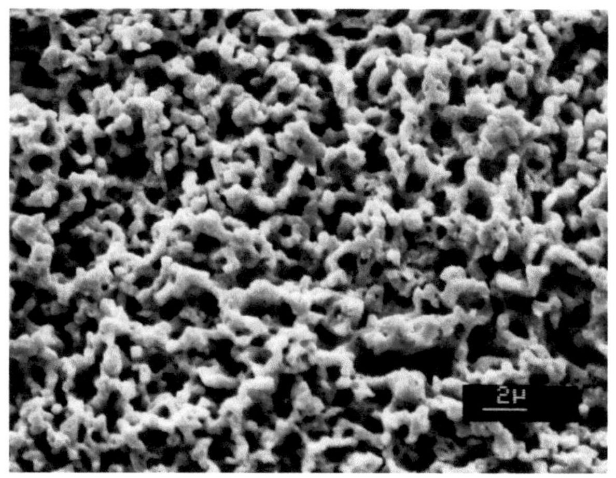

Bild 1.4-20: Rasterelektronenmikroskopische Aufnahme der Oberfläche des Stahls C45 nach dem Salzbadnitrocarburieren

Bild 1.4-21: Rasterelektronenmikroskopische Aufnahme der Oberfläche des Stahls C45 nach dem Gasnitrocarburieren

Der Unterschied ergibt sich offenbar daraus, dass in der Salzschmelze einzelne Partikel aus der Verbindungsschicht herausgelöst werden.

1.4.4 Die Diffusionsschicht

Der Randschichtbereich unterhalb der Verbindungsschicht wird als ***Diffusionsschicht***[8], manchmal auch als *Ausscheidungs-* oder *Mischkristallschicht* bezeichnet. Im Unterschied zur Dicke der Verbindungsschicht reicht die gesamte Nitrierschicht bis in eine Tiefe von einigen Zehntel Millimetern.

Bei den unlegierten Stählen befindet sich der eindiffundierte Stickstoff auf Zwischenplätzen (Oktaederlücken) des Ferritgitters. Die zunächst beim Nitrieren/Nitrocarburieren aufgenommene Menge übersteigt bei Raumtemperatur das Lösungsvermögen des Ferrits. Bei langsamem Abkühlen scheiden sich daher im Ferrit γ'-Nitride mit einer Länge bis zur Ferritkorngröße aus, vgl. Bild 1.4-22.

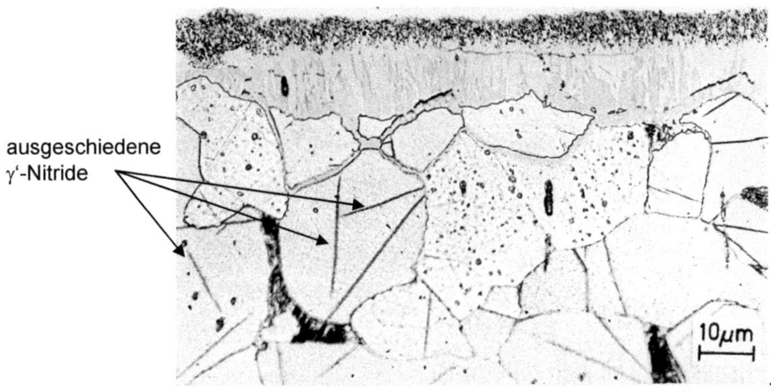

Bild 1.4-22: Lichtmikroskopische Aufnahme der Randschicht des Stahls C15, nach dem Nitrocarburieren langsam abgekühlt (Ätzung: Nital)

Durch rasches Abkühlen, z. B. Abschrecken in Wasser, wird der übersättigte Zustand quasi eingefroren, so dass dann ein übersättigter (Ferrit-)Mischkristall vorliegt. Im Zeitraum von 8 bis 10 Tagen werden bei Raumtemperatur dann metastabile α''-Nitride, die lichtmikroskopisch nicht sichtbar sind, in der Matrix ausgeschieden. Durch Warmauslagern bei Temperaturen über 100 °C, lässt sich dies beschleunigen. Dabei entstehen aber anstatt feiner α''-Nitride größere und dadurch lichtmikroskopisch sichtbare γ'-Nitride. In Bild 1.4-23 ist dieser Zustand in 200-facher und in Bild 1.4-24 in 5000-facher (REM) Vergrößerung zu sehen. Aus der Breite des auch als „Nadelzone" bezeichneten Bereichs kann näherungsweise die Eindringtiefe des Stickstoffs abgelesen werden.

Nadelförmig sehen die Nitridausscheidungen allerdings nur in der zweidimensionalen Darstellung im Lichtmikroskop aus. In Wirklichkeit handelt es sich um mehr oder weniger stark gekrümmte, plättchenförmige Teilchen, ähnlich dem Zementit des Perlits, wie aus Bild 1.4-24 zu entnehmen ist.

---

[8] Diese Bezeichnung ist irreführend, auch die Verbindungsschicht ist durch Diffusion entstanden

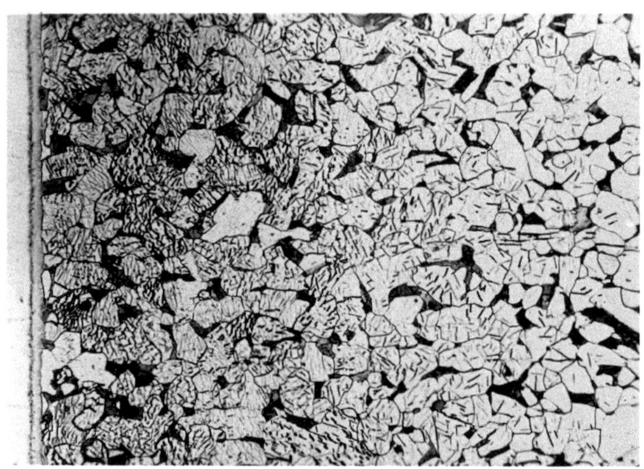

Bild 1.4-23: Stahl C15, normalgeglühter Ausgangszustand, nitrocarburiert, abgeschreckt in Wasser und bei 300 °C 30 min ausgelagert (geätzt mit Nital, Vergrößerung 200:1)

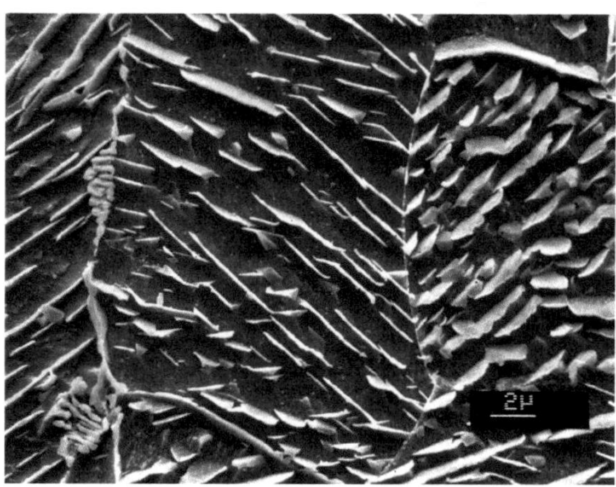

Bild 1.4-24: Rasterelektronenmikroskopische Aufnahme des mit Nital geätzten Stahls C15 nach einem Nitrocarburieren, Abschrecken in Wasser und Auslagern 250 °C 2 h

Der Zusammenhang zwischen Temperatur, Dauer und ausgeschiedenen Nitridphasen in unlegierten Stählen ist aus Bild 1.4-25 zu entnehmen [14]. Durch Auslagern lässt sich die Zähigkeit unlegierter nitrierter und abgeschreckter Stähle erhöhen.

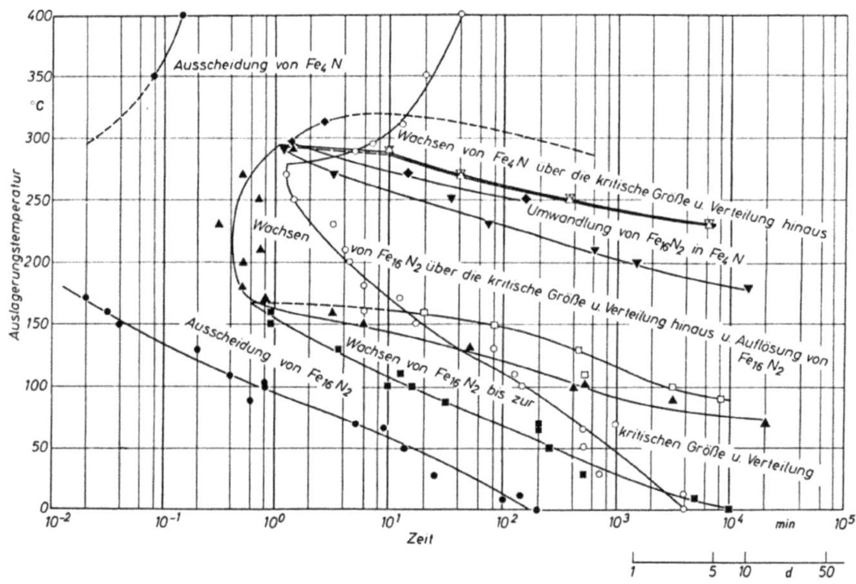

Bild 1.4-25: Zeit-Temperatur-Entmischungs-Schaubild für das Auslagern aufgestickter unlegierter Eisenwerkstoffe nach [14]

Bei legierten Stählen entstehen bereits während des Aufstickens und unabhängig von der Abkühlgeschwindigkeit submikroskopisch feine Nitridausscheidungen. Weil dadurch die Legierungselemente abgebunden werden, verringert sich die Korrosionsbeständigkeit der Matrix, die dadurch stärker angeätzt wird, vgl. Bild 1.4-26.

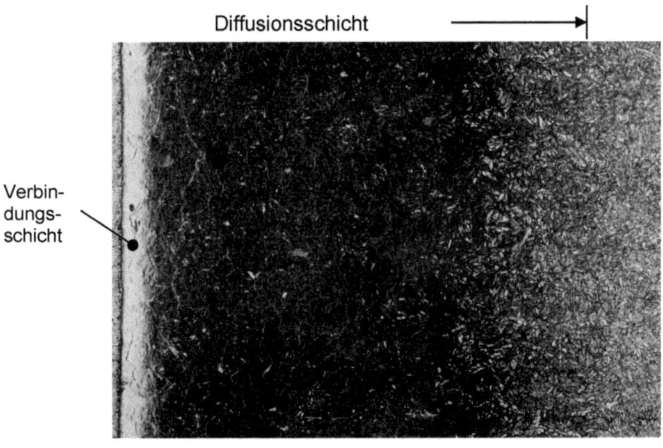

Bild 1.4-26: Lichtmikroskopische Aufnahme der Randschicht des vergüteten Nitrierstahls 34CrAlMo5 nach einem Nitrocarburieren (geätzt mit Nital, Vergrößerung 500:1)

Aus dem dunkler erscheinenden Bereich unterhalb der Verbindungsschicht kann die Dicke der Diffusionsschicht abgelesen werden. Die gesamte Nitrierschicht reicht allerdings noch darüber hinaus.

In Bild 1.4-27 sind einige charakteristische Stickstoffkonzentrationsprofile verschiedener, unterschiedlich aufgestickter Stähle, gegenübergestellt. Der Stickstoffgehalt wurde mittels Spanfraktionsanalyse ermittelt und mit dem ersten analysierten Span wurde die Verbindungsschicht mit erfasst. Dies erklärt die relativ hohen Anfangswerte. Der Kurvenverlauf verdeutlicht die Wirkung der Legierungselemente: Aluminium, Chrom und Molybdän behindern die Eindiffusion des Stickstoffs, so dass z. B. beim Nitrierstahl 34CrAlMo5 (Kurve 4) die Nitriertiefe deutlich geringer ausfällt als bei den unlegierten Stählen C15 (Kurve 3) und St60 (Kurve 5).

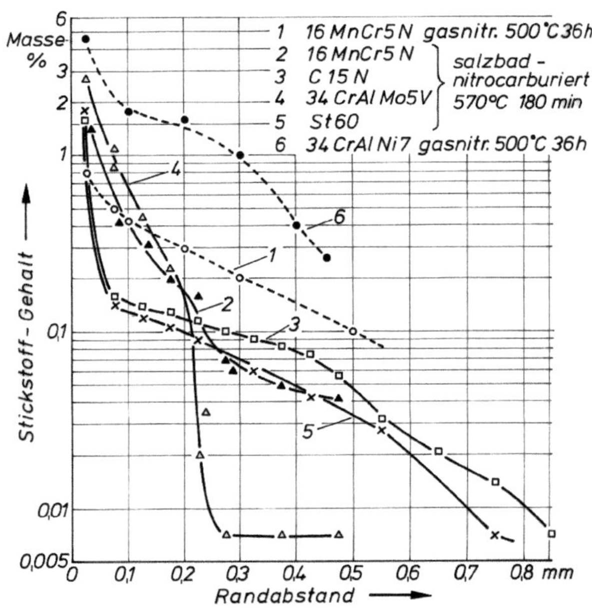

Bild 1.4-27: Charakteristische Stickstoffkonzentrationsprofile verschiedener Stähle nach unterschiedlichem Nitrieren bzw. Nitrocarburieren

Der an den Stickstoff-Konzentrationsprofilen abzulesende Einfluss der Legierungselemente wirkt sich auch auf das Wachstum der Diffusionsschicht aus, wie aus den Bildern 1.4-28 und 1.4-29 zu entnehmen ist: mit zunehmendem Legierungsgehalt nimmt unter sonst gleichen Bedingungen die erreichbare Nitriertiefe ab. Dies hängt damit zusammen, dass nur derjenige Anteil Stickstoff weiter diffundieren kann, der lokal zur Bildung von Nitriden nicht benötigt wird. Die Nitrierschichtdicke/Nitriertiefe nimmt andererseits linear mit der Quadratwurzel aus der Nitrier-/Nitrocarburierdauer zu. Ein Einfluss des Behandlungsmittels ist in dem Zusammenhang, sobald eine geschlossene

Verbindungsschicht vorhanden ist, nicht feststellbar. Wohl aber ein Einfluss der Temperatur, welche die Wachstumsrate erhöht. Die Werte der Nitriertiefe in den Bildern 1.4-28 und 1.4-29 entsprechen dem Abstand von der Oberfläche bis zum Schnittpunkt der Kernhärte mit den ermittelten Härteprofilen. Die Abnahme der Schichtdicke geht darauf zurück, dass bei gleichem Stickstoffstrom mit zunehmendem Legierungsgehalt eine größere Stickstoffmenge für die Nitridbildung erforderlich ist. Eine höhere Nitriertemperatur beschleunigt die Diffusion und erhöht damit die Nitriertiefe.

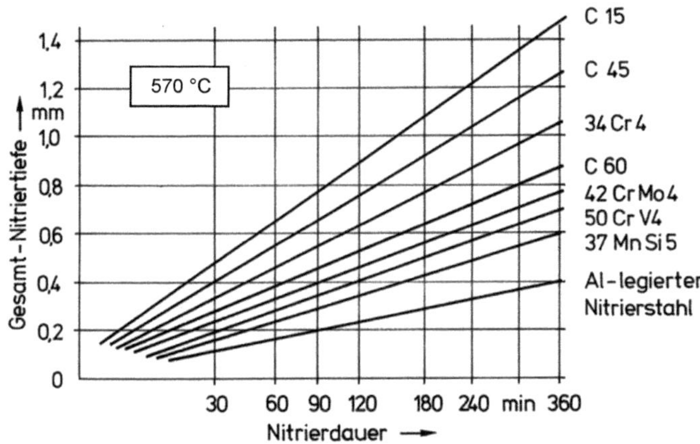

Bild 1.4-28: Zusammenhang zwischen Nitrierdauer und Gesamt-Nitriertiefe

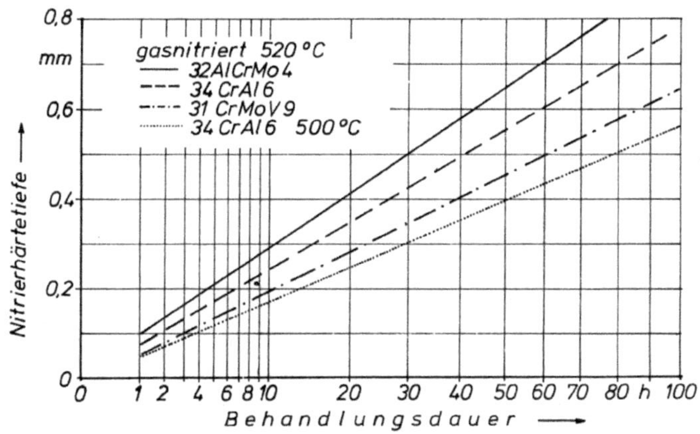

Bild 1.4-29: Zusammenhang zwischen Nitrierhärtetiefe und Nitrierdauer für Nitrierstähle

Werden unlegierte Stähle bei Temperaturen über 590 °C[9] nitriert oder nitrocarburiert, dann entsteht Austenit, vgl. das Eisen-Stickstoff-Zustandsschaubild in Bild 1.4-2. Bei legierten Stählen geschieht dies erst bei höheren Temperaturen.
Dadurch lässt sich zwar das Wachstum der Verbindungsschicht beschleunigen, jedoch entsteht an der Phasengrenze stabiler Austenit. Dieser wandelt sich bei langsamer Abkühlung in das perlitähnliche Gefüge Braunit um, siehe die lichtmikroskopische Aufnahme in Bild 1.4-30.

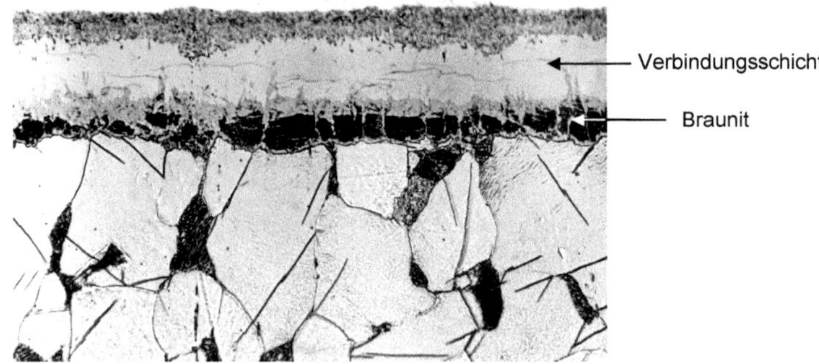

Bild 1.4-30: Braunit unter der Verbindungsschicht des Stahls C15 (gasnitrocarburiert bei 650 °C, langsam abgekühlt; geätzt: Nital, Vergrößerung:1000:1)

Wird dagegen rasch abgekühlt, entsteht Martensit, aber ein Teil des Austenits bleibt als Restaustenit übrig. Das lichtmikroskopische Aussehen zeigt Bild 1.4-31. Der Restaustenit lässt sich durch ein nachträgliches Auslagern bei Temperaturen über 300 °C in Bainit umwandeln.

Bild 1.4-31: Austenit und Martensit unter der Verbindungsschicht des Stahls C15 gasnitrocarburiert bei 650 °C, in Wasser abgeschreckt (geätzt: Nital, Vergrößerung:1000:1)

---

[9] Im angelsächsischen Schrifttum wird dies als „austenitic nitrocarburizing“ bezeichnet.

Für eine technische Anwendung können beide Gefügeausbildungen genutzt werden. Eine Austenit enthaltende Schicht unter der Verbindungsschicht würde z. B. in der Einlaufphase von Zahnradpaarungen bei entsprechender Belastung durch plastische Verformung des Austenits zu einer besseren Formschlüssigkeit führen. Andererseits erhöht eine martensitische Schicht unterhalb der Verbindungsschicht deren Tragfähigkeit, was bei unlegierten Stählen bei entsprechend hoher spezifischer Flächenbelastung notwendig sein kann.

Eine besondere Art der Ausbildung des Übergangsbereichs von der Verbindungsschicht zur Diffusionsschicht ist in Bild 1.4-32 wiedergegeben, siehe auch [15]. Im Übergangsbereich zwischen Verbindungsschicht und Diffusionsschicht weist der Ferrit von den Korngrenzen ausgehende, in den Ferrit ragende, faserförmige Nitridschichten auf, so dass die Diffusionsfront zwischen den beiden Schichtbereichen stellenweise nicht mehr geschlossen ist. Diese Ausbildung ist häufig bei mit Aluminium legierten Nitrierstählen zu sehen, und zwar am Rand von durch das Walzen entkohlten Rundstäben, die am Außendurchmesser nicht bearbeitet wurden oder am Rand von Werkstücken, die vor dem Nitrieren vergütet und dabei entkohlt wurden. Im vorliegenden Fall handelt es sich um einen mit Aluminium legierten Einsatzstahl 16MnCr5, der bei 570 °C 90 min lang gasnitrocarburiert wurde. Als Ursache für diese Erscheinungen wird von [15] angegeben, dass wegen der Übersättigung mit Stickstoff im aluminiumhaltigen Ferrit besonders günstige Bedingungen für das plattenförmige Wachsen der Nitridphasen existiert oder dass Scherprozesse wie bei der Martensitbildung stattfinden.

Bild 1.4-32: Randschicht des Stahls 16MnCr5, gasnitriert 570 °C 90 min (geätzt: Nital)

1.4.5 Literatur

[1] Hoffmann, R./ Mittemeijer, E.I./ Somers, M.A.J. — Verbindungsschichtbildung beim Nitrieren und Nitrocarburieren
HTM Härterei-Techn. Mitt. 51 (1996) 3, S. 162 - 169

[2] Wriedt, H.A./ Gokcen, N.A./ Nafziger, R.H. — The Fe-N(Iron-Nitrogen)-System
Bulletin of Alloy Phase Diagrams, 1987, Vol. 8, No. 4, S. 355 - 377

[3] Slycke, Jan — Thermodynamics of Carbonitriding and Nitrocarburising Atmospheres and the Fe-N-C Phase Diagram
Tagungsband AWT-VWT-Tagung Nitrieren und Nitrocarburieren, Weimar 24.-26.4.1996, S. 19 - 28

[4] Somers, M. A. J./ Mittemeijer, E. J. — Verbindungsschichtbildung während des Gasnitrierens, und des Gas- und Salzbadnitrocarburierens
HTM Härterei-Techn. Mitt. 47 (1992) 1, S. 5 - 13

[5] Hong Du — Gaseous Nitriding and Nitrocarburizing – Thermodynamics and Kinetics
Dissertation 1994, Technische Hochschule Stockholm

[6] Jonck, R./ Kunze, G. — Gefügeausbildung und Härte von Verbindungs- und Diffu-sionsschichten bad- und gasnitrierter Werkzeugstähle
Z.f.wirtsch. Fertigung 73 (1978) 4, S. 213 - 220

[7] Somers, M. A. J./ Mittemeijer, E. J. — Porenbildung und Kohlenstoffaufnahme beim Nitrocarburieren
HTM Härterei-Techn. Mitt. 42 (1987) 6, S. 321 - 329

[8] Somers, M.A.J./ Mittemeijer, E.J. — Modeling the Kinetics of the Nitriding and Nitrocarburizing of Iron
ASM Heat Treating Society Conference, 15.-18.9.1997, Indianapolis

[9] Hoffmann, R./ Mittemeijer, E. J./ Somers, M. A. J. — Verbindungsschichtbildung beim Nitrieren und Nitrocarbu-rieren
HTM Härterei-Techn. Mitt. 51 (1996) 3, S. 162 - 169

[10] Pietzsch, S./ Böhmer, S. — Nitridische Verbindungsschichten
HTM Härterei-Techn. Mitt. 51 (1996) 6, S. 364 - 371

[11] Pietzsch, S. — Beitrag zu den Einflussgrößen beim Gasnitrieren auf den Aufbau der Verbindungsschicht unter besonderer Berücksichtigung ihrer Porosität
Dissertation TU Bergakademie Freiberg, 1996

[12] Liedtke, D. Bedeutung poröser Verbindungsschichten für die technische Anwendung
Tagungsband der AWT-VWT-Tagung Nitrieren,
Weimar, 24.-26.4. 1996

[13] Liedtke, D. Beitrag zum technisch-wirtschaftlichen Optimieren des Nitrocarburierens von Bauteilen
Dissertation 1986, TU Berlin

[14] Kubalek, E. Isothermisches Zeit-Temperatur-Entmischungsschaubild
HTM Härterei-Techn. Mitt. 23 (1968) 3, S. 198 - 207

[15] Wiedemann, R./ Oettel, H./ Bergner, D. Ungewöhnliche Verbindungsschichtbildung beim Nitrieren Al-legierter Stähle und ihre Ursachen, Teil 1
HTM Härterei-Techn. Mitt. 46 (1991) 5, S. 301 - 307

1.5 Bildung und Wachstum von Nitrierschichten – Grundlagen

Heinz-Joachim Spies

Die Reaktionen an der Grenzfläche Nitriermedium/Werkstoffoberfläche sind verfahrensspezifisch und deshalb Gegenstand der Kapitel 4 bis 7. Allen Verfahren ist gemeinsam, dass bei genügend hohem Stickstoffangebot des Nitriermediums zunächst Stickstoff in der ferritischen Matrix interstitiell auf Oktaederlücken gelöst wird und in das Innere des Eisenwerkstoffes diffundiert. Nach einer von den Nitrierbedingungen (Stickstoffangebot und Temperatur) abhängigen mehr oder weniger kurzen Zeit wird im oberflächennahen Bereich die Sättigung der Matrix mit Stickstoff erreicht, es bilden sich Keime des γ'-Nitrids (Fe_4N). Bei einem hinreichend hohem Stickstoffangebot bildet sich auf den γ′-Nitrid-Keimen das ε-Nitrid Fe_2N_{1-x}. Mit zunehmender Nitrierdauer entsteht durch das Zusammenwachsen der Keime schließlich wie in Bild 1.5-1a dargestellt, eine geschlossene zweiphasige Verbindungsschicht. Dabei besteht Gleichgewicht zwischen der ε- und der γ′-Phase der Verbindungsschicht sowie zwischen der γ′-Phase und dem bis zur Sättigung aufgestickten α-Eisen-Mischkristall. Das gilt auch für die zugehörigen Stickstoffkonzentrationen an den Grenzflächen dieser Phasen ($C^{\varepsilon}_{N\varepsilon/\gamma'}/C^{\gamma'}_{N\varepsilon/\gamma'}$; $C^{\gamma'}_{N\gamma'/\alpha}/C^{\alpha}_{N\gamma'/\alpha}$). Die Stickstoffkonzentration $C^{\alpha}_{N\gamma'/\alpha}$ entspricht der maximalen Löslichkeit von Stickstoff im Ferrit im Gleichgewicht mit der γ′-Phase. Die sich an der Oberfläche einstellende maximale Stickstoffkonzentration im ε-Nitrid $C^{\varepsilon}_{N,max}$ ist abhängig vom Stickstoffangebot des Wirkmediums, das z.B. beim Gasnitrieren durch die Nitrierkennzahl K_N beschrieben wird.

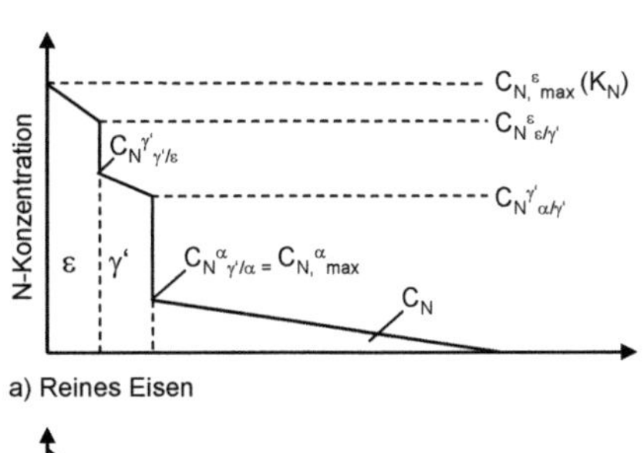

a) Reines Eisen

b) Binäre Legierungen des Eisens mit Nitridbildnern (M)

Bild 1.5-1:
Schematischer Aufbau nitrierter Randschichten-Konzentrationsverteilung des Stickstoffs

a. Reineisen

$C^{\varepsilon}_N, C^{\gamma'}_N, C^{\alpha}_N$: Konzentrationen des Stickstoffs in der ε-,γ′- bzw. α- Phase

b. Binäre Legierungen des Eisens mit Nitridbildnern (M);

N_y: stöchiometrisch als MN_x gebundener und an den Grenzflächen der Ausscheidungen angelagerter Stickstoff

$C_{M,gel}$: Konzentration des Nitridbildners M, in der Matrix gelöst

Der sandwichartige Aufbau der Verbindungsschicht kann bei der Abkühlung durch die lokale Bildung von sekundärem γ'-Nitrid aus dem ε-Nitrid verloren gehen.

Die Keimbildung der Eisennitride wird durch eine vorangegangene Oxidation sowie ein Oxinitrieren erleichtert. Das äußert sich in einer gleichmäßigeren Nitridbedeckung sowie einer etwas größeren Dicke und einem höheren ε-Nitridgehalt der Verbindungsschicht. Ein Beispiel dafür zeigt Tabelle 1.5-1. Analoge Ergebnisse wurden beim Plasmanitrieren unlegierter und niedriglegierter Stähle beobachtet. Auch beim Salzbadnitrocarburieren führen geringe Sauerstoffgehalte in der Salzschmelze zu einem beschleunigten Wachstum der Verbindungsschicht. Eine thermodynamisch begründete Steuerung des Phasenaufbaus der Verbindungsschicht über die Regelung der chemischen Potenziale des Stickstoffs und des Kohlenstoffs im Wirkmedium gestatten das Gasnitrieren und -nitrocarburieren.

Tabelle 1.5-1: Einfluss von Sauerstoff beim Gasnitrieren auf den Aufbau von Verbindungsschichten; T_N = 550 °C, t_N = 30 min

Stahlmarke	**Nitrierbedingungen**		**Schichtdicke**	**Stickstoffkonzentration**[1]	**Phasenanteile in %**			
	K_N	K_O	µm		ε	γ'	α-Fe	Fe_3O_4
C10	6,0	0	1,5-2,0	10,4	34	47	19	-
	6,0	0[2]	2,9-3,5	10,3	67	25	8	-
	6,0	0,28	2,5-3,5	11,3	67	25	5	3
31CrMoV9	6,0	0	0-2,5	3,2-10,7	n.b.			
	6,0	0,28	3,9-5,5	11,3	n.b.			

[1] Oberflächenabstand 0,5 µm, [2] voroxidiert: 1 h/350 °C

Die unter der Verbindungsschicht liegende innere Nitrierschicht, die Diffusionsschicht, stellt einen vielphasigen Bereich dar, dessen Aufbau durch den Stickstoffmischkristall, vor allem aber durch Nitridausscheidungen des Eisens und seiner Legierungselemente, bestimmt wird. Ihr Wachstum ist charakterisiert durch die Überlagerung von Diffusions- und Ausscheidungsprozessen. Zum besseren Verständnis der bei Nitrierung von technischen Eisenwerkstoffen ablaufenden Vorgänge ist es zweckmäßig, zunächst die Vorgänge in reinem Eisen und in binären Eisenlegierungen kurz zu betrachten.

In reinem Eisen liegt der Stickstoff in der Diffusionsschicht bei Nitriertemperatur im gelösten Zustand vor. Das Schichtwachstum wird wie für Diffusionsvorgänge charakteristisch von der Nitriertemperatur und -dauer bestimmt. Der gelöste Stickstoff scheidet sich bei langsamer Abkühlung in Form des metastabilen α''-Nitrids ($Fe_{16}N_2$) bzw. des γ'-Nitrids (Fe_4N) aus.

In binären Legierungen des Eisens mit den Nitridbildnern Titan, Chrom, Aluminium, Molybdän u. a. führt der von der Matrix aufgenommene Stickstoff schon bei der Behandlungstemperatur zur Bildung kleiner, wenige Atomlagen dicker, plättchenförmiger, fein verteilter Nitridausscheidungen. Wegen der geringen Löslichkeitsprodukte dieser Nitride werden die Legierungselemente nahezu vollständig als Nitrid abgebunden. Da die Volumina von Nitrid und Matrix sich unterscheiden, entstehen um die Ausscheidungen lokale Gitterverzerrungen. Diese Verzerrungen bewirken eine relativ hohe Verfestigung der Eisenmatrix und eine erhöhte Löslichkeit für Stickstoff. Man bezeichnet den Stickstoff, der zusätzlich zu dem stöchiometrisch im Nitrid gebundenen und dem in reinem Eisen bei gegebenen Bedingungen löslichen interstitiellen Stickstoff aufgenommen wird, als Überschussstickstoff. Dieser kann sowohl direkt an den Phasengrenzen zwischen Ausscheidung und Matrix als auch interstitiell gelöst in der isotrop verspannten Matrix vorliegen. Mit zunehmender Nitrierdauer und -temperatur kann eine Vergröberung der ausgeschiedenen Nitride eintreten, die an einem Härteabfall erkennbar ist. Die beim Nitrieren entstehende Struktur ist jedoch vor allem bei den binären Legierungen des Eisens mit Aluminium und Titan gegenüber einer thermischen Alterung relativ widerstandsfähig. Ein Teilchenwachstum und der damit verbundene Festigkeitsabfall treten legierungselementspezifisch erst bei höherer Temperatur und mehrstündiger Behandlung auf.

Die Höhe der Festigkeitssteigerung ist der Quadratwurzel der Konzentration des Nitridbildners direkt proportional. Der Einfluss der Nitridbildner Titan, Vanadium und Chrom auf die Verfestigung liegt in der gleichen Größenordnung. Aluminium bewirkt bei gleichem Stoffmengengehalt (Konzentration in Atom-%) eine deutlich höhere Härtesteigerung. Die Wirkung der Ausscheidungshärtung erreicht unabhängig davon für alle Legierungselemente bei einer Randhärte von 1300-1400 HV 0,3 einen Sättigungswert [1-3]. Nach dem Erreichen dieses Wertes ändert sich die Randhärte bei einer weiteren Erhöhung der Konzentration nicht mehr. Daraus ergeben sich Hinweise auf einen optimalen Legierungsgehalt aus der Sicht der Härtesteigerung. Bei Fe-Ti- und Fe-V-Legierungen wird der Sättigungswert z. B. bei einem Stoffmengengehalt von etwa 3,2 At % erreicht [2, 3].

Beim Nitrieren binärer Legierungen mit einem hinreichend hohen Stickstoffangebot erhält man nach entsprechenden Zeiten wieder eine Sandwichkonfiguration, die aus einer aus ε- und/oder γ'-Nitrid aufgebauten Verbindungsschicht und einer Diffusionsschicht besteht (Bild 1.5-1b). Der sich in der Diffusionsschicht einstellende Konzentrationsverlauf des Stickstoffs wird von der Keimbildungsgeschwindigkeit der Nitride bestimmt. Der in Bild 1.5-1b gezeigte Verlauf gilt für eine vollständige Ausscheidung der Nitride der Legierungselemente an der Diffusionsfront des Stickstoffs. Die Diffusionsfront wird damit zu einer Ausscheidungsfront.

Nicht in allen Fällen werden die Legierungselemente an der Diffusionsfront vollständig ausgeschieden. In Abhängigkeit von der „Stärke" der Wechselwirkung zwischen Stickstoff und Legierungselement, dem Legierungsgehalt und der Nitriertemperatur (Diffusionsgeschwindigkeit; Temperaturabhängigkeit des Löslichkeitsproduktes) kann die Diffusion der Legierungselemente die Bildung und das Wachstum der Nitridausscheidungen bestimmen. Die Ausscheidungsfront wird dadurch zu einem Ausscheidungsbereich aufgelöst, der sich über die gesamte Dicke der Schicht erstrecken kann. Eine analoge Wirkung hat eine, sich aus einer starken Fehlpassung mit der ferritischen Matrix ergebende, gehemmte Keimbildung, das ist z. B. bei Fe-Al-,Fe-Mo- und Fe-Si-Legierungen der Fall.

Das für Nitrierstähle wichtige Chrom ist, wie die Beispiele in Bild 1.5-2 zeigen, ein Legierungselement mit einer „schwachen" bis „starken" Wechselwirkung. Der steile Abfall des Stickstoffgehaltes bei einem Chromgehalt von 4,5 % ist ein Hinweis darauf, dass die Ausscheidung des Chromnitrids nahezu vollständig an der Diffusionsfront des

Stickstoffs erfolgt. Der Einfluss der Diffusion des Chroms auf den Ausscheidungsvorgang ist bei diesem Chromgehalt vernachlässigbar.

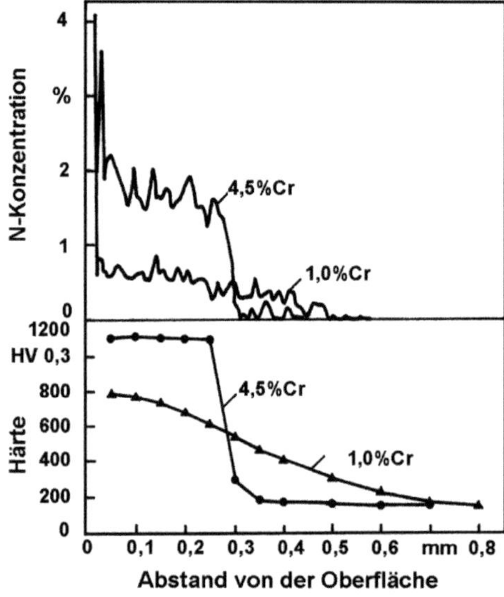

Bild 1.5-2: Konzentrationsverlauf des Stickstoffs und Härteverlauf in der Randschicht von Cr-Stählen (0,05%C); gasoxinitriert: 550 °C/ 30 h [5]

Es liegt eine starke Wechselwirkung vor, sie führt zu einem Härteplateau in der nitrierten Randschicht. Die Härte fällt an der Grenze zwischen dem nitrierten und dem nicht nitrierten Bereich steil auf das Niveau der Kernhärte ab.

Bei einem niedrigen Chromgehalt (1,0 %) werden der maximale Stickstoffgehalt und die maximale Härte erst unmittelbar am Übergang von der Diffusionsschicht zur Verbindungsschicht erreicht. Der Ausscheidungsvorgang wird durch die Diffusion des Chroms kontrolliert. Die bei hohen Chromgehalten mit der Diffusionsfront zusammenfallende Ausscheidungsfront hat sich aufgelöst und erstreckt sich diffus als Ausscheidungsbereich über nahezu die gesamte Tiefe der Diffusionsschicht. Bei einem Chromgehalt von 2,5 % liegt eine „mittlere“ Wechselwirkung vor.

Das Wachstum der Diffusionsschicht wird bei gegebener Temperatur durch die Nitrierdauer und die Konzentration des Nitridbildners bestimmt. Wie Bild 1.5-3 am Beispiel binärer Fe-Cr-Legierungen zeigt, nimmt das Quadrat der Nitriertiefe linear mit der Zeit zu und mit wachsendem Legierungsgehalt ab. Gradienten in den durch die Nitridausscheidungen bewirkten Gitterverzerrungen führen zu Härte- und Eigenspannungsgradienten Der Härte- und Eigenspannungsverlauf beeinflusst maßgeblich das Verhalten von Nitrierschichten bei mechanischen Beanspruchungen. Die Entstehung von Eigenspannungsprofilen wird ausführlich im Abschnitt 2.4 Eigenspannungen erläutert.

Den unterschiedlichen Härteverlauf in der Diffusionsschicht technischer Eisenlegierungen erklärt die vorstehend erläuterte unterschiedliche Wechselwirkung der Legierungselemente mit dem Stickstoff. Sie eröffnet Möglichkeiten zu seiner Beeinflussung im Übergangsbereich zwischen Nitrierschicht und Grundwerkstoff durch die chemische Zusammensetzung des Grundwerkstoffes und die Nitriertemperatur (siehe auch Kapitel 9.2 Nitrierbarkeit).

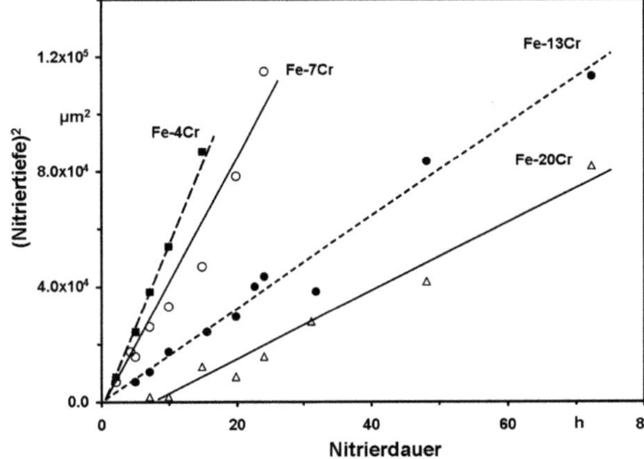

Bild 1.5-3: Wachstum von Nitrierschichten in Fe-Cr-Legierungen in Abhängigkeit von der Nitrierdauer und dem Stoffmengengehalt (At-%) des Chroms; T_N = 580 °C [4]

Technische Eisenlegierungen enthalten im Gegensatz zu den vorstehend beschriebenen binären Legierungen definierte Anteile von Kohlenstoff. Ihr Nitrierverhalten unterscheidet sich von dem der binären Legierungen vor allem durch die sich aus der Wechselwirkung von Stickstoff mit Carbiden sowie der entkohlenden Wirkung des Nitriermediums ergebenden Folgen. Ferner ist zu berücksichtigen, dass technische Legierungen häufig mehrere nitridbildende Legierungselemente enthalten.

Die Anwesenheit von Kohlenstoff führt bei den technischen Eisenlegierungen zu einer Veränderung des Aufbaues der Verbindungsschicht. Der in Form von Lamellen oder Teilchen in der ferritisch-perlitischen Matrix vorliegende Zementit wird schon bei einem vergleichsweise niedrigen Stickstoffangebot in das ε-Nitrid $Fe_2(N)_{1-x}$ bzw. ε-Carbonitrid $Fe_2(N,C)_{1-x}$ umgewandelt. Die Aktivität des Kohlenstoffs ist in den Eisencarbonitriden der Verbindungsschicht erheblich geringer als in der ferritischen Matrix der Diffusionsschicht. Die ε-Nitrid-Verbindungsschichten haben gegenüber der ferritischen Matrix eine um Größenordnungen höhere Löslichkeit für den Kohlenstoff (bei 550°C – α-Eisen: 0,003%, ε-Nitrid: 3,8%). Daraus ergibt sich eine der Stickstoffdiffusion entgegen gerichtete Diffusion des bei der Nitridbildung frei werdenden Kohlenstoffs zur Oberfläche. Sie wird vor allem beim Plasma- und Gasnitrieren unterstützt durch die entkohlende Wirkung des Nitriermediums. Die um Größenordnungen geringere Diffusionsgeschwindigkeit des Kohlenstoffs in der Verbindungsschicht verzögert seinen Transport an die Oberfläche. In Abhängigkeit vom Aufbau und der Dicke der Verbindungsschicht sowie der Kohlenstoffdiffusion in der Diffusionsschicht kann eine Kohlenstoffanreicherung in der Verbindungsschicht an der Phasengrenze zur Diffusionsschicht auftreten (innere Aufkohlung). Die sprunghafte Änderung der Konzentration des Kohlenstoffs an der Grenzfläche Diffusionsschicht/ Verbindungsschicht ergibt sich aus den oben genannten extremen Unterschieden in seiner Löslichkeit.

Die Kohlenstoffanreicherung und das Auftreten von Perlit begünstigen die Bildung von ε-Carbonitrid. In Abhängigkeit vom Kohlenstoffgehalt des Stahles und der durch die Nitriertemperatur beeinflussten Kohlenstoffdiffusion liegt deshalb an der Grenzfläche Verbindungsschicht/Diffusionsschicht neben dem γ'-Nitrid auch ε-Carbonitrid im Gleichgewicht mit dem Ferrit vor. Der für das reine Eisen und die kohlenstofffreien Eisenlegierungen charakteristische sandwichartige Aufbau der Verbindungsschicht geht damit verloren. Die immer wieder gemachte Beobachtung, dass beim Nitrieren und Nitrocarburieren ein unmittelbarer Übergang von einer ε-Carbonitridphase in den Ferrit möglich ist, wurde auch durch thermodynamische Berechnungen bestätigt [6].

Die innere Aufkohlung der Verbindungsschicht ist bei den legierten Stählen auf Grund der höheren Diffusionsgeschwindigkeit des Kohlenstoffs ausgeprägter und damit deutlicher nachweisbar als bei unlegierten Stählen. Beispiele dafür zeigen die Bilder 1.5-4 und -5. Bei einer Ätzung nach Oberhoffer wird das γ'-Nitrid grau gefärbt, das ε -Nitrid bleibt weiß [7, 8]. Ein Nachweis von Kohlenstoff in der ε-Phase ist mit alkalischer Natriumpikratlösung möglich, die ε-Carbonitrid ebenso wie Zementit dunkel färbt. Wie aus Bild 1.5-4 hervorgeht, liegen in der Verbindungsschicht an der Phasengrenze zur Diffusionsschicht γ'- und ε-Phase nebeneinander vor. Die ε-Phase besteht an der Phasengrenze aus Carbonitrid (Bild 1.5-4b).

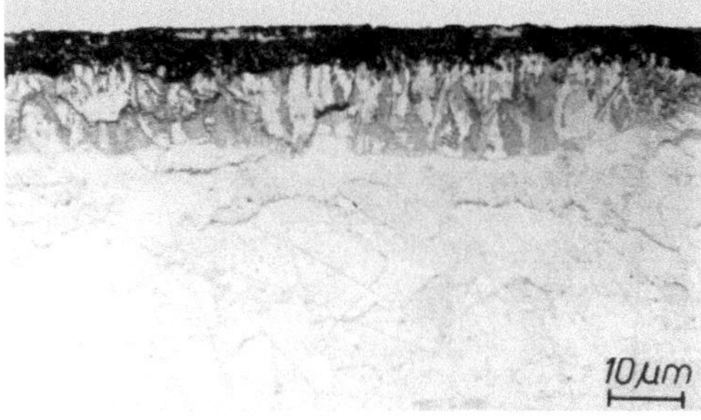

a. Ätzung nach Oberhoffer

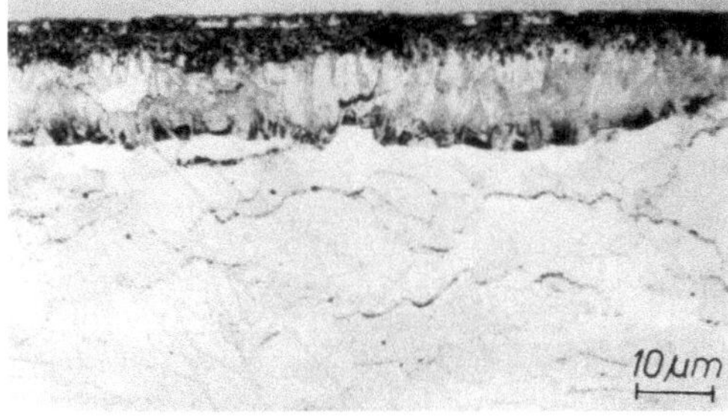

b. Ätzung: Oberhoffer und alkalische Natriumpikratlösung

Bild 1.5-4:
Gefüge einer gasoxinitrierten Verbindungsschicht, Stahlmarke: 20MnCr5, normalgeglüht

Auch beim Salzbadnitrocarburieren liegt an der Phasengrenze zur Diffusionsschicht Carbonitrid vor, sein Kohlenstoffgehalt nimmt in Richtung auf die Oberfläche ab (Bild 1.5-5). In der nahezu reinen ε-Phase treten vor allem an Korngrenzen dunkelgrau (Bild 1.5-5a) bzw. weiß gefärbte (Bild 1.5-5b) sekundäre γ′-Nitride auf.

Die Situation in der Diffusionsschicht der unlegierten Stähle entspricht im Wesentlichen der des reinen Eisens. Die Löslichkeit von Stickstoff in Eisen wird durch die bei Nitriertemperatur relativ niedrigen gelösten Anteile an Kohlenstoff im Ferrit nur wenig beeinflusst. Im Gegensatz dazu ergeben sich bei der Anwesenheit von Nitridbildnern deutliche Unterschiede. Zum Nitrieren werden vorrangig chrom- und aluminiumlegierte Stähle verwendet. In Abhängigkeit von ihrem Einsatzgebiet können diese Stähle auch weitere Nitridbildner, z. B. Molybdän, Vanadium und Wolfram, enthalten. Bis auf das Aluminium sind alle nitridbildenden Legierungselemente auch Carbidbildner.

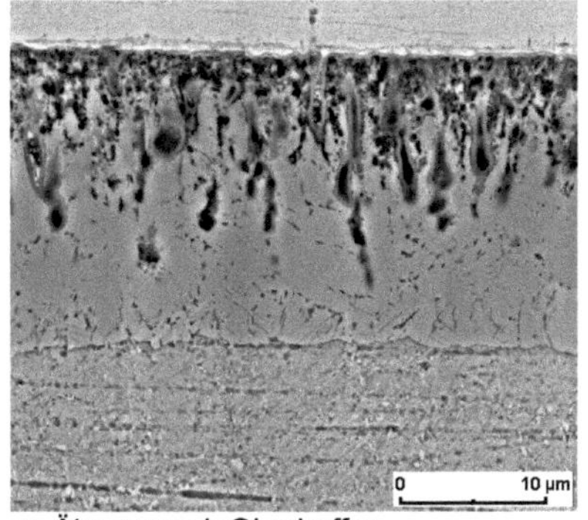

a. Ätzung nach Oberhoffer

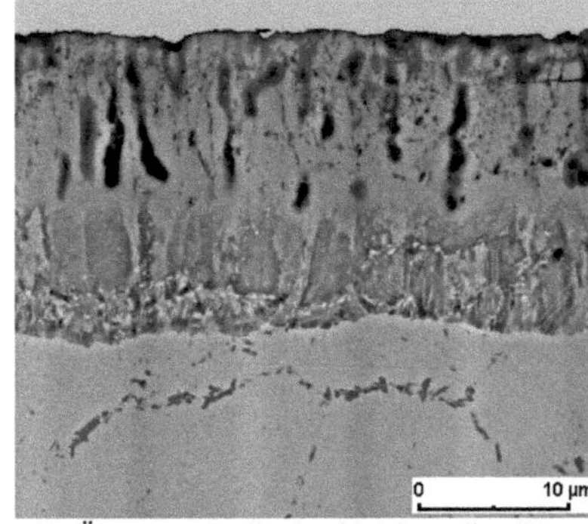

b. Ätzung: alkalische Natriumpikratlösung

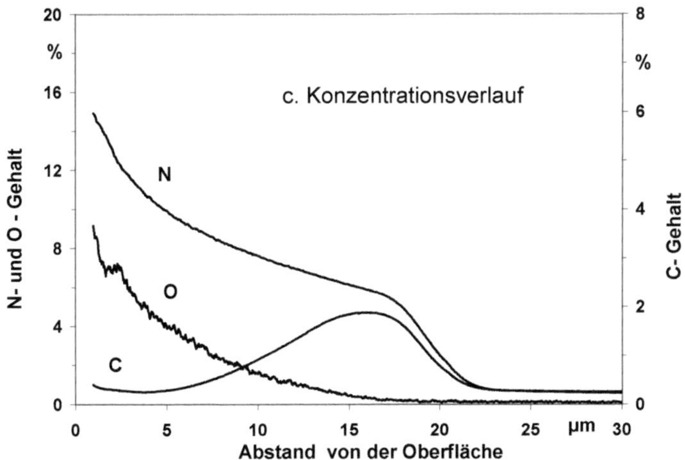

Bild 1.5-5: Gefüge einer badnitrocarburierten Verbindungsschicht und Konzentrationsverlauf, Stahlmarke: 20MnCr5

Sie können deshalb beim Nitrieren sowohl im Ferrit gelöst als auch als Sondercarbid bzw. legierter Zementit vorliegen. Die im Ferrit gelösten Legierungselemente bilden, wie für die binären Eisenlegierungen beschrieben, mit dem eindiffundierenden Stickstoff Nitride, die zu einer starken Verzerrung der Matrix und damit zu einer vom Legierungsgehalt abhängigen Härtesteigerung führen. Die kubisch flächenzentrierten Nitride des Chroms, des Vanadiums und des Molybdäns sind vollkommen miteinander mischbar. In den vorrangig mit Chrom legierten Vergütungsstählen können deshalb Chromnitride entstehen, die auch Vanadium und Molybdän enthalten.

Der Grad der Abbindung der Nitridbildner als Carbid wird durch den Kohlenstoffgehalt und den Wärmebehandlungszustand des Stahles bestimmt. Beim Anlassen legierter Stähle wird zunächst ein legierungsarmer Zementit $(Fe,M)_3C$ gebildet, in dem das Verhältnis der Eisenatome zu den Atomen der Carbidbildnern M annähernd dem Verhältnis in der Matrix entspricht. Erst bei Anlasstemperaturen oberhalb von 450 bis 500 °C erfolgt eine Neuverteilung der Legierungselemente. Die Carbidbildner reichern sich in der Carbidphase an, ihr Gehalt in der ferritischen Matrix nimmt ab. Der Zementit kann erhebliche Mengen an Legierungselementen, vor allem Chrom, aber auch Molybdän und Vanadium, aufnehmen. Man kann deshalb davon ausgehen, dass in den üblichen Vergütungsstählen mit Chromgehalten bis zu 3 % sowie geringen Gehalten an Molybdän und Vanadium, sowohl im normalgeglühten als auch im vergüteten Zustand, neben dem im Ferrit gelösten Anteil die nitridbildenden Legierungselemente überwiegend als legierter Zementit $(Fe,M)_3C$ vorliegen. Vergleichbare Verhältnisse liegen auch bei den niedriglegierten Kalt- und Warmarbeitsstählen vor. Hochlegierte ledeburitische Stähle enthalten dagegen neben den sekundären Carbiden noch zahlreiche primäre Carbide.

Der legierte Zementit und die sekundären Sondercarbide der Vergütungsstähle und der niedriglegierten Werkzeugstähle werden durch den eindiffundierenden Stickstoff destabilisiert und in Nitride umgewandelt. In Abhängigkeit von der Zusammensetzung der Carbide entstehen dabei mehr oder weniger komplexe Mischnitride. Die „in situ“ Umwandlung der Anlasscarbide erfolgt unter Beibehaltung der äußeren Form und führt deshalb nicht zu einer Festigkeitssteigerung [6]. Mit zunehmender Abbindung der Nitridbildner als Carbid, d.h. mit zunehmendem Kohlenstoffgehalt des Stahles und steigender Anlasstemperatur verringert sich deshalb die Härtesteigerung.

Die Primärcarbide der ledeburitischen Stähle verhalten sich gegenüber dem eindiffundierenden Stickstoff sehr unterschiedlich. Die primären $(Cr,M)_7C_3$-Carbide der ledeburitischen Chromstähle werden auf Grund der erheblich höheren Affinität des Chroms zum Stickstoff bei hinreichender Nitrierdauer in Nitride umgewandelt. Das wird zum Beispiel an dem in Bild 1.5-6 gezeigten Konzentrationsverlauf deutlich. Im Grundwerkstoff ist der Verlauf der Kohlenstoffkonzentration ein Spiegelbild des Verlaufs der Chromkonzentration, in der Nitrierschicht hat der Stickstoff die Rolle des Kohlenstoffs übernommen. Auch hier erfolgt die Umwandlung ohne erkennbare Änderung der Morphologie. An die Stelle des ursprünglich durch den $(Cr,M)_7C_3$-Kristallit eingenommenen Volumens tritt ein polykristallines Aggregat aus (Cr,M)N und Ferrit.

Im Gegensatz zu den ledeburitischen Chromstählen ergeben sich in der Ausscheidungsschicht der Schnellarbeitsstähle keine Hinweise auf eine lokale Stickstoffanreicherung. Die vanadiumreichen primären ledeburitischen MC-Carbide werden nur sehr langsam in Nitride umgewandelt. Das ist vor allem auf kinetische Ursachen zurückzuführen. Der Diffusionskoeffizient des Stickstoffs ist in Carbiden bzw. Nitriden dieses Typs sehr niedrig, bei 550 °C ist er z. B. im Vanadiumnitrid nach Lachtin und Kogan um den Faktor 10^{16} geringer als im Ferrit [10].

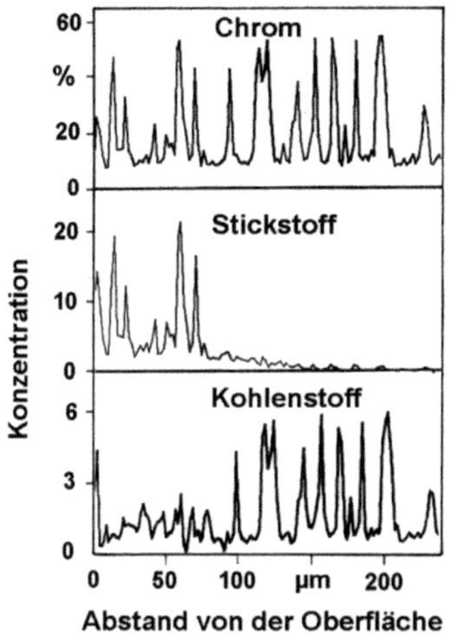

Bild 1.5-6:
Konzentrationsverlauf des Stickstoffs, des Kohlenstoffs und des Chroms in einer Nitrierschicht des Stahles X210Cr12; gasoxinitriert: 500 °C / 72 h, K_N = 9

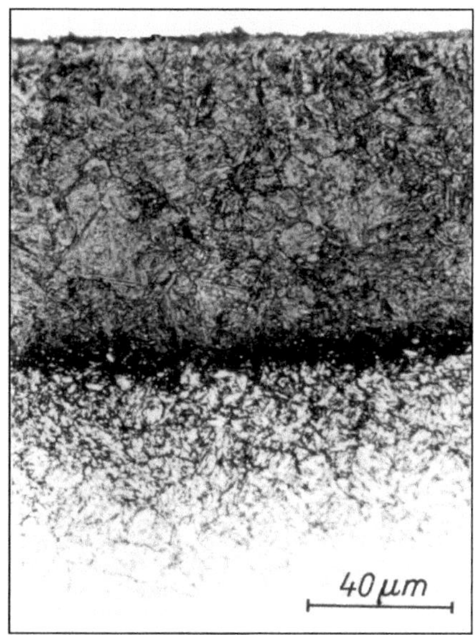

Bild 1.5-7:
Gefüge einer Nitrierschicht, Stahlmarke: X38CrMoV5-1; gasoxinitriert ohne Verbindungsschicht;
Ätzung: alkoholische Salpetersäure

Die Freisetzung des Kohlenstoffs an der Ausscheidungsfront beeinflusst seine oben erwähnte Umverteilung während des Nitrierens. Die durch die Ausscheidung von Nitriden ausgelöste Verzerrung des Matrixgitters führt auch zu einer erhöhten Löslichkeit des Kohlenstoffs (Überschusskohlenstoff) und begünstigt seine Diffusion in das Zugspannungsfeld vor die Diffusionsfront des Stickstoffes. Er scheidet sich dort in Abhängigkeit von der Stahlzusammensetzung als Zementit bzw. Sondercarbid aus. Die Kohlenstoffanreicherung vor der Diffusionsfront ist bei metallographischen Untersuchungen durch eine erhöhte Anätzbarkeit zu erkennen (Bild 1.5-7). Sie wird vor allem bei chromlegierten Vergütungs- und Warmarbeitsstählen beobachtet. Bei höheren Kohlenstoff- und Chromgehalten ist die Kohlenstoffanreicherung deutlicher ausgeprägt. Sie erreicht, wie Bild 1.5-8 zeigt, bei dem Stahl X38CrMoV5-1 etwa das 1,5-fache des Nenngehaltes.

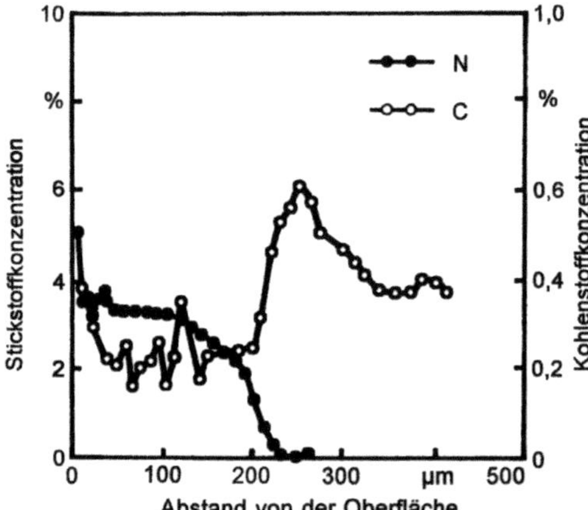

Bild 1.5-8: Stickstoff- und Kohlenstoffverlauf in der Randschicht von Proben der Stahlmarke X38CrMoV 5.1; gasoxinitriert: 570 °C/16 h, $K_N = 0,8$

Unabhängig von der für die chromlegierten Stähle charakteristischen Anreicherung des Kohlenstoffs vor der Diffusionsfront diffundiert die Hauptmenge des durch die Nitridbildung frei werdenden Kohlenstoffs auf Grund der stark entkohlenden Wirkung des Nitriermediums und der durch die Gitterverzerrung bedingten höheren Diffusionsgeschwindigkeit in Richtung Oberfläche. Der Grad der Kohlenstoffumverteilung ist abhängig vom Legierungsgehalt des Grundwerkstoffs und den Nitrierbedingungen. Er nimmt mit steigendem Gehalt an Nitridbildnern zu. So ist z. B. die Entkohlung bei gleichen Nitrierbedingungen bei der Stahlmarke X38CrMoV5-1 deutlicher ausgeprägt als bei der Stahlmarke 31CrMoV9. Analoge Ergebnisse wurden bei der Untersuchung der klassischen Cr-Al-legierten Stähle gefunden. Die Nitriertemperatur beeinflusst die Kohlenstoffumverteilung über die Diffusionsgeschwindigkeit auf gleiche Weise. Die hohe Diffusionsgeschwindigkeit des Kohlenstoffs in der Ausscheidungsschicht dieser Stähle führt in Verbindung mit günstigen Keimbildungsbedingungen bei normalgeglühtem Ausgangsgefüge zu einem beschleunigten Wachstum der Verbindungsschicht und zu Verbindungsschichten mit einem hohen Gehalt an ε-Carbonitrid, auch bei einem niedrigen Stickstoffangebot des Nitriermediums [11]. Durch die innere Aufkohlung sind deshalb der Erzeugung einphasiger γ'- Verbindungsschichten bei legierten Stählen Grenzen gesetzt.

Einen großen Einfluss auf die Entkohlung hat das Nitrierpotenzial. Dicke ε-Verbindungsschichten hemmen auf Grund der niedrigen Diffusionsgeschwindigkeit des Kohlenstoffs im ε-Mischkristall eine wirksame Entkohlung. Der Kohlenstoff scheidet sich in der Diffusionsschicht spannungsinduziert als Zementit parallel zur Oberfläche an Korngrenzen aus [9,12]. Der Diffusionskoeffizient des Kohlenstoffs ist im γ'-Nitrid um das 6- bis 15-fache größer als im ε-Nitrid. Dünne γ'-Nitrid-Verbindungsschichten ermöglichen damit eine wirksame Entkohlung und folglich auch die Unterdrückung von Zementitausscheidungen an Korngrenzen im oberflächennahen Bereich. Das wurde für das Plasmanitrieren mehrfach bestätigt. Die Bilder 1.5-9 und 1.5-10 zeigen, dass auch beim Gasoxinitrieren der Anteil der Korngrenzenausscheidungen durch eine Steuerung des Phasenaufbaues der Verbindungsschicht mit Hilfe der Nitrierkennzahl beeinflusst werden kann.

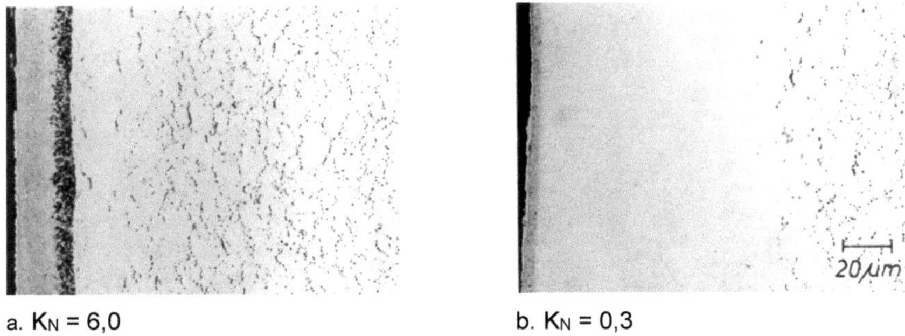

a. K_N = 6,0 b. K_N = 0,3

Bild 1.5-9: Zementitverteilung in der Randschicht von Proben des Stahls 31CrMV9 Gasoxinitriert: 570 °C, Ätzung: alkalische Natriumpikratlösung

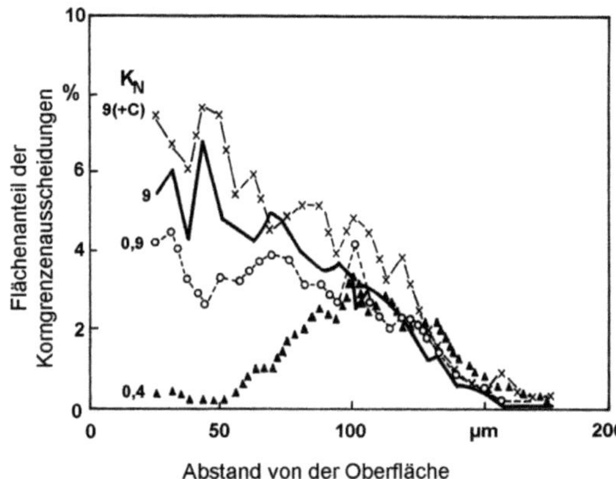

Bild 1.5-10: Anteil von Zementitausscheidungen an Korngrenzen in der Randschicht von Proben des Stahls X38CrMoV5-1; gasoxinitriert: 550 °C/24 h in Abhängigkeit von der Nitrierkennzahl K_N

Der sich aus den vorstehend beschriebenen Zusammenhängen ergebende Aufbau der Randschicht nitrierter legierter Stähle ist in Bild 1.5-11 schematisch dargestellt. Die Abmessungen der verschiedenen Bereiche (Dicke der Verbindungs- und der Diffusionsschicht, entkohlte Zone) werden durch den Legierungsgehalt sowie die Nitrierbedingungen bestimmt. Die Härtesteigerung und die Menge an Überschussstickstoff hängen von Art, Stabilität und Menge der entstehenden Nitridausscheidungen ab. Bei einem Teilchenwachstum durch Umlösung verringern sich die Härte, die inneren Spannungen und damit auch der Gehalt an Stickstoff. Dank des niedrigen Löslichkeitsprodukts der meisten Nitride und der geringen Diffusionsgeschwindigkeit der Nitridbildner ist jedoch die Stabilität der Nitridausscheidungen relativ groß. Nitrierschichten zeichnen sich deshalb gegenüber anderen Randschichten, z.B. einsatzgehärteten Schichten, durch eine hohe Stabilität gegenüber thermischen Beanspruchungen aus, siehe Abschnitt 2.1 „Eigenschaften“.

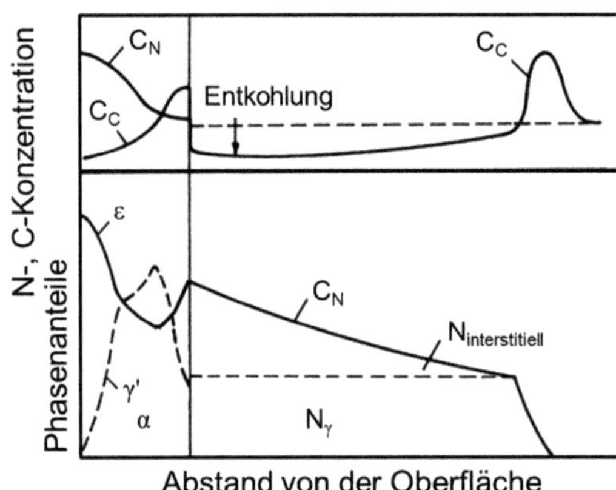

Bild 1.5-11:
Schematischer Aufbau der Randschicht nitrierter technischer Eisenwerkstoffe;
N_γ: stöchiometrisch gebundener und an Grenzflächen der Ausscheidungen angelagerter Stickstoff
C_C: Kohlenstoffkonzentration
C_N: Stickstoffkonzentration

Literatur

[1] Fry, A.: The theory and practice of nitrogen case hardening. J. Iron Steel Inst. 135 (1932), S. 191 - 222

[2] Kirkwood, D. H.; Atasoy,Ö. E.; Keown, S. R. : The structure of annealed iron-titanium alloys. Metal Sci.J. 8 (1974), S. 49 - 55

[3] Bor, S.; Atasoy,Ö. E.: The nitriding of Fe-V alloys. Metalurg. Trans. 8 A (1977), S. 2514 - 2518

[4] Schacherl, R. E.; Graat, P. C. J.; Mittemeijer, E. J.: The Nitriding Kinetics of Iron-Chromium Alloys; The Role of Excess Nitrogen: Experiments and Modelling. Metallurg. a. Mater. Trans. 35A (2004), S. 3387 - 3398

[5] Heger, D.; Bergner, D.: Berechnung der Stickstoffverteilung in gasnitrierten Eisenlegierungen.
HTM Härterei-Tech. Mitt. 46 (1991) 6, S. 331 - 338

[6] Kunze, J.: Nitrogen and Carbon in Iron and Steel. Akademie-Verlag Berlin, 1990

[7] Mridha, S.; Jack, D. H.: Etching Techniques for Nitrided Iron and Steels. Metallography 15 (1982), S. 163 - 175

[8] Schubert,Th. u.a.: Kombination von Methoden zur Verbindungsschichtuntersuchung an gasnitrierten Stählen.
Neue Hütte 30 (1985),S. 455 - 460

[9] Spies, H.-J.; Bergner, D.: Innere Nitrierung von Eisenwerkstoffen.
HTM Härterei-Tech. Mitt. 47 (1992) 6, S. 346 - 356

[10] Lachtin, Ju. M.; Kogan, Ja. D.: Struktur und Festigkeit nitrierter Legierungen.
Metallurgija, 1982

[11] Wiedemann, R.; Oettel, H.; Bergner, D.: Ungewöhnliche Verbindungsschichtbildung beim Nitrieren Al-legierter Stähle und ihre Ursachen
HTM Härterei-Tech. Mitt. 46 (1991) 5, S. 301 - 307 u. 47 (1992) 1, S. 14 - 20

[12] Mridha, S.; Jack, D. H.: Characterization of nitrided 3 % chromium steel.
Metall Sci. 16 (1982), S. 398 - 404

2 Eigenschaften

2.1 Allgemeines

Heinz-Joachim Spies

Die Veränderung des stofflichen und strukturellen Aufbaus der Randschicht durch das Nitrieren führt zu einer Veränderung ihrer chemischen, mechanischen und physikalischen Eigenschaften sowie der mikrogeometrischen Gestalt der Oberfläche. Nitrierschichten bestehen meist aus einer dünnen harten Schicht von Eisennitriden, der Verbindungsschicht, die abgestützt wird von einer durch Nitridausscheidungen verfestigten, arteigenen Randschicht, der Diffusionsschicht. Der Aufbau von Nitrierschichten kann durch die Variation der Nitrierbedingungen und die Wahl des Werkstoffes in weiten Grenzen verändert werden. Die Härte von Verbindungsschichten liegt im Bereich von 500 HV 0,1 bis 1200 HV 0,1. In Abhängigkeit von den Nitrierbedingungen sowie der chemischen Zusammensetzung und dem Wärmebehandlungszustand des Grundwerkstoffes erreicht die Härtesteigerung in der Diffusionsschicht Werte bis zu 1200 HV 0,1.

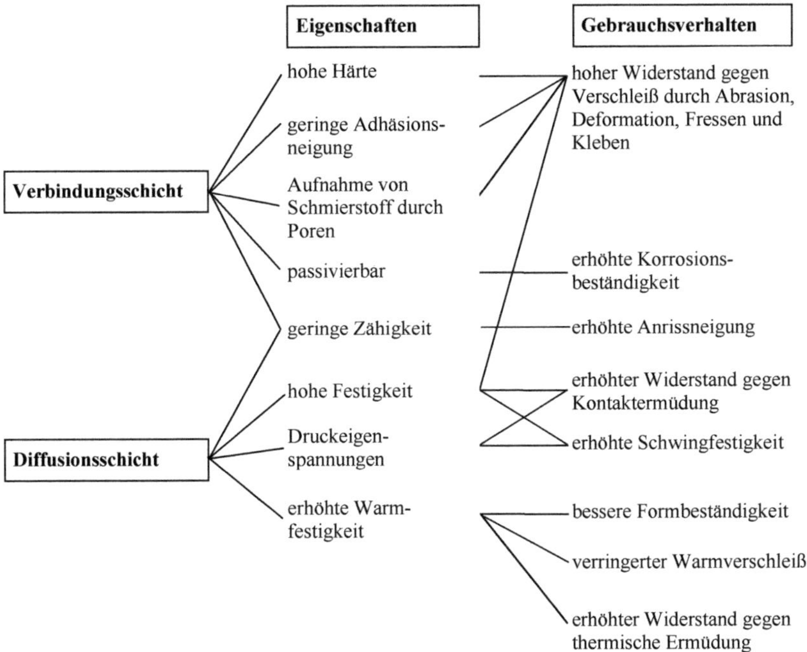

Bild 2.1-1: Eigenschaften von Nitrierschichten und ihr Einfluss auf das Gebrauchsverhalten von Bauteilen [1]

Den Zusammenhang zwischen dem Aufbau von Nitrierschichten, ihren Eigenschaften und ihrem Gebrauchsverhalten zeigt Bild 2.1-1. Das Verhalten nitrierter Bauteile gegenüber tribologischen, chemischen und elektrochemischen Beanspruchungen wird danach vor allem durch den Aufbau der Verbindungsschicht bestimmt, ihr Verhalten gegenüber mechanischen und thermischen Beanspruchungen hauptsächlich durch den Aufbau der Diffusionsschicht. Es wird aber auch deutlich, dass wesentliche Gebrauchseigenschaften, so z. B. das Verschleißverhalten und das Anrissverhalten bei mechanischen Beanspruchungen durch die Summenwirkung des Aufbaus der Verbindungsschicht und der Diffusionsschicht bestimmt werden.

Verbindungsschichten aus ε-Nitrid eignen sich als Schutzschichten gegenüber einem breiten Spektrum von Schädigungsmechanismen. Das gilt besonders für ihren Widerstand gegenüber komplexen tribologischen und chemischen Beanspruchungen. Die hohe Härte der Eisennitride gewährleistet eine Erhöhung der Beständigkeit gegenüber abrasivem Verschleiß. Die Adhäsionsneigung von ε-Nitridschichten ist auf Grund ihrer hexagonalen Struktur und ihrer Härte gering. Der vor allem für ε-Nitridschichten charakteristische Porensaum hat einen günstigen Einfluss auf das Einlaufverhalten und führt zu einem guten Tragbild. Eisennitride sind passivierbar und zeichnen sich durch eine erhöhte Beständigkeit gegenüber neutralen Salzlösungen und atmosphärischer Korrosion sowie Tribooxidation aus.

Nachteilig wirkt sich vor allem bei dynamischen Beanspruchungen die geringe Zähigkeit der Verbindungsschichten aus. Ihre Bruchzähigkeit liegt mit 6 $MPa \cdot m^{1/2}$ bis 10 $MPa \cdot m^{1/2}$ an der oberen Grenze der Zähigkeit von Hartstoffschichten. Die Zähigkeit von ε(γ')-Nitridschichten erreicht wie aus Bild 2.1-2 hervorgeht, bei gleicher Härte etwa 40 % bis 50 % der Bruchzähigkeit einsatzgehärteter Randschichten, γ'-Nitridschichten haben eine etwas größere Zähigkeit als ε-Nitridschichten.

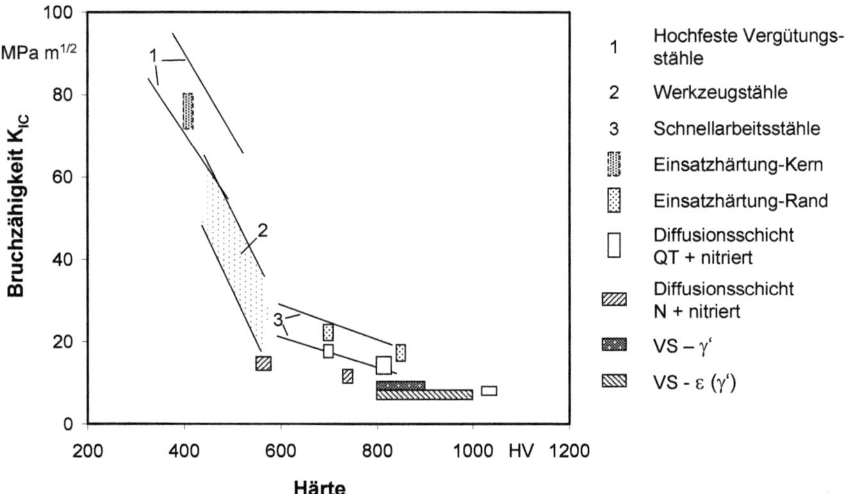

Bild 2.1-2: Härte und Bruchzähigkeit von Stählen und Funktionsschichten

Die Ausscheidung von Nitriden in der Diffusionsschicht führt zu einer Steigerung der Festigkeit und zum Aufbau von Druckeigenspannungen. Diese Wirkungen bleiben auch bei höheren Temperaturen erhalten. Diffusionsschichten haben deshalb neben der hohen Härte und hohen Druckeigenspannungen eine gegenüber dem Grundwerkstoff deutlich höhere Warmfestigkeit und Anlassbeständigkeit. So hat z. B. die Randschicht des nitrierten Warmarbeitsstahls X40CrMoV5-1 bei 500 °C noch eine Warmhärte von 510 HV 0,05 (Bild 2.1-3). Die Warmfestigkeit der Randschicht bei Nitriertemperatur bestimmt die Höhe des Eigenspannungsmaximums (siehe Kapitel 2.4). Wie an dem Eigenspannungsverlauf deutlich wird, erreicht die Warmfestigkeit der Nitrierschicht des Stahls X40CrMoV5-1 bei 500 °C noch 1600 MPa.

Die bei tiefen Nitriertemperaturen erzeugten Ausscheidungszustände zeichnen sich durch eine relativ hohe Stabilität aus, die auch bei Prüftemperaturen oberhalb der Nitriertemperatur noch wirksam ist Das rechtfertigt den Einsatz nitrierter Bauteile, z. B. nitrierter Warmarbeitswerkzeuge und Ventile, auch bei Temperaturen oberhalb der Nitriertemperatur. Die Warmhärte der Nitrierschicht des Stahls X40CrMoV5-1 liegt z. B. bei 570 °C mit 490 HV 0,05 (Bild 2.1-3) noch deutlich über seiner Kernhärte bei Raumtemperatur in Höhe von 450 HV 0,05.

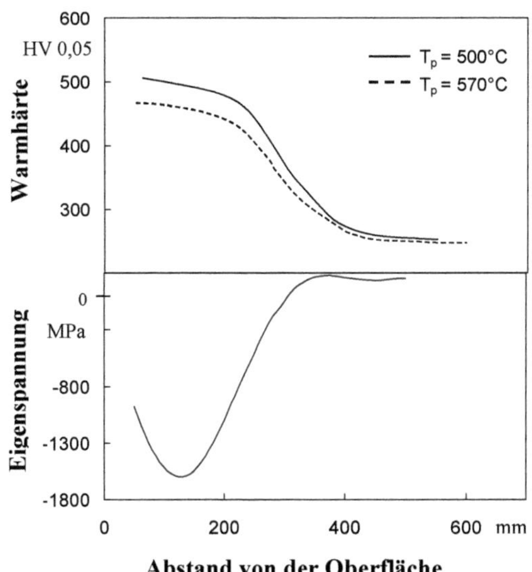

Bild 2.1-3: Tiefenverteilung der Warmhärte und der Eigenspannungen in einer Nitrierschicht; Stahlmarke X40CrMoV5-1; T_N=500 °C, Prüftemperatur: 500 °C und 570 °C

Mit der Steigerung der Festigkeit der Randschicht ist ein Rückgang ihrer Zähigkeit verbunden. Die Bruchzähigkeit von Diffusionsschichten ordnet sich in den bekannten Zusammenhang zwischen der Härte und der Bruchzähigkeit ein (Bild 2.1-2). Sie erreicht bei vergleichbarer Härte die Zähigkeit gehärteter Schnellarbeitsstähle. Die Diffusionsschichten der Werkzeugstähle haben auf Grund ihrer deutlich höheren Härte eine geringere Zähigkeit. Wie das Bild zeigt, wird die Zähigkeit darüber hinaus maßgeblich vom Ausgangsgefüge vor dem Nitrieren beeinflusst. Im Bereich des Härteabfalls nimmt die Zähigkeit der Nitrierstähle extrem zu (Bild 2.1-4). Sie übertrifft in diesem

Bereich die Zähigkeit einsatzgehärteter Randschichten. Die Randzähigkeit verbindungsschichtfrei nitrierter Kaltarbeitsstähle liegt über der Zähigkeit von Verbindungsschichten. Sie erhöht sich in der Nitrierschicht nur geringfügig auf das Zähigkeitsniveau des Grundwerkstoffes.

Eine Nebenwirkung des Nitrierens ist eine von den Nitrierbedingungen und der Zusammensetzung des Grundwerkstoffes abhängige Umverteilung des Kohlenstoffs (Kapitel 1.5). Sie kann zu Zementitausscheidungen an Korngrenzen parallel zur Oberfläche führen, die die Zähigkeit der Diffusionsschicht verringern.

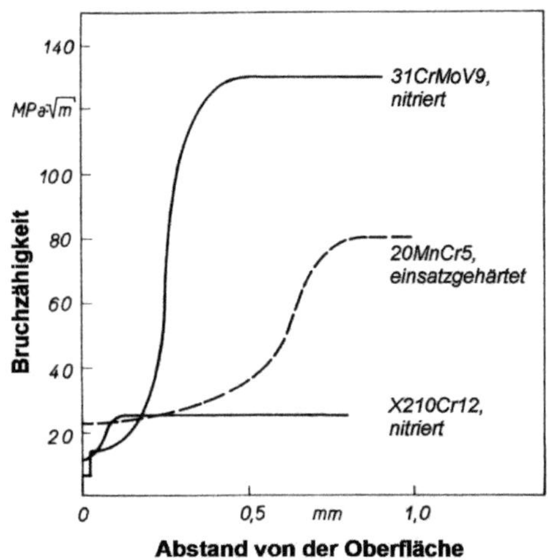

Bild 2.1-4: Zähigkeitsverlauf in der Nitrierschicht der Stähle 31CrMoV9 und X210Cr12 sowie in einer Einsatzschicht des Stahls 20MnCr5

Die Verfestigung in der Diffusionsschicht führt in Verbindung mit den Druckeigenspannungen zu einer deutlichen Erhöhung der Wälzfestigkeit und der Schwingfestigkeit sowie des Werkstoffwiderstandes gegenüber thermischer Ermüdung und Warmverschleiß. Die nitrierten Stähle erreichen die Wälzfestigkeit einsatzgehärteter Stähle [1]. Dabei sind allerdings Grenzen, die sich aus der Nitrierhärtetiefe ergeben, zu berücksichtigen. Verwiesen sei besonders auf die Möglichkeit, die Kerbempfindlichkeit durch Nitrieren wirksam zu verringern.

Die Kombination einer dünnen Hartstoffschicht mit einer dickeren, verfestigten arteigenen Stützschicht ist nur für Nitrierschichten charakteristisch. Daraus ergibt sich die von anderen Verfahren der Randschichttechnik unerreichte Anwendungsvielfalt des Nitrierens. Die relativ niedrigen Behandlungstemperaturen, gemessen am Einsatzhärten und Randschichthärten, gewährleisten niedrige Maß- und Formänderungen, aus ihnen ergeben sich aber auch Grenzen für die erreichbare Diffusionstiefe.

Literatur

[1] Spies, H.-J : Einfluss des Gasnitrierens auf die Eigenschaften der Randschicht von Eisenwerkstoffen.
Freiberger Forschungshefte B 249, Deutscher Verlag für Grundstoffindustrie, Leipzig 1986, S. 8 – 21

2.2 Härte und Härteprofil

Dieter Liedtke

2.2.1 Allgemeines

Durch die Stickstoffaufnahme nehmen in der Randschicht von Eisenwerkstoffen die Härte und die Festigkeit zu. Dies geschieht durch Mischkristallverfestigung und Ausscheidungshärtung und unterscheidet sich somit charakteristisch von einer Härtung durch eine Gefügeumwandlung in Martensit.

Prüfen der Oberflächenhärte und der Härte im Rand eines Querschliffs zeigen einen mehr oder weniger großen Unterschied gegenüber dem Ausgangszustand. Von der Oberfläche zum Kern hin nimmt in der Nitrierschicht die Härte ab: das Härteprofil[1] wird von der Werkstoffzusammensetzung und den Bedingungen beim Nitrieren und Nitrocarburieren bestimmt.

Eine quantitative Aussage über die eigentlichen Zielgrößen eines Nitrierens oder Nitrocarburierens, nämlich die Nitrierschichtdicke bzw. Nitriertiefe oder die Dicke der Verbindungsschicht ist über die Oberflächenhärte nicht möglich. Die Oberflächenhärte kann auch nicht wie beim martensitischen Härten gezielt hergestellt werden, sondern ergibt sich im Wesentlichen aus der Werkstoffzusammensetzung und, gegebenenfalls, aus der gewählten Prüfkraft. Das Härteprofil wird dazu benützt, die *Nitrierhärtetiefe Nht* bzw. NHD[2] als Merkmal für die Dicke der Nitrierschicht zu ermitteln.

2.2.2 Oberflächenhärte

Wegen des Härteprofils darf beim Messen der Oberflächenhärte nach den Eindringverfahren die Prüfkraft nicht beliebig groß sein, sonst ergeben sich fiktive Werte. Dies resultiert aus der Wirktiefe des Eindringprüfkörpers, die je nach der Höhe der Prüfkraft Schichten mit unterschiedlicher Härte erfasst. Ist die Prüfkraft im Verhältnis zur Dicke der Nitrierschicht zu hoch, fällt der Härtewert niedriger aus, als nach der im Querschliff ermittelten Härte zu erwarten ist. Das Abstimmen der Prüfkraft ist z. Z. normativ nicht erfasst, eine zweckentsprechende Prüfnorm ist in Vorbereitung.

Bei unlegierten Stählen, die nach dem Nitrieren/Nitrocarburieren rasch auf Raumtemperatur abgekühlt werden, ändert sich die Härte mit der Zeit und erreicht erst nach ca. 8 bis 10 Tagen einen gleichbleibenden Wert, wie dies aus Bild 2.2-1 zu entnehmen ist. Dies rührt daher, dass der Ferrit in der Diffusionsschicht während des Nitrierens bzw. Nitrocarburierens mehr Stickstoff in Lösung nimmt, als er bei Raumtemperatur zu halten vermag. Er ist damit an Stickstoff übersättigt. Dieser Zustand wird bei raschem Abkühlen quasi eingefroren. Im Laufe von 8 bis 10 Tagen scheiden sich dann aus dem Ferrit α"- oder γ'-Nitride aus und die Härte erreicht einen Höchstwert. Das Ausscheiden

[1] Auch Härteverlauf, Härteverlaufskurve, Härte-Tiefen-Verlauf genannt

[2] NHD = **n**itriding **h**ardness **d**epth ist nach ISO 15787 das Kurzzeichen für die Nitrierhärtetiefe statt der früher benutzten Abkürzung Nht

kann durch ein Auslagern bei Temperaturen oberhalb der Raumtemperatur beschleunigt werden, vgl. Bild 1.4-25 im Kapitel 1.4. In diesem Fall entstehen lichtmikroskopisch deutlich sichtbare γ'-Nitride und die Härtesteigerung fällt geringer aus.

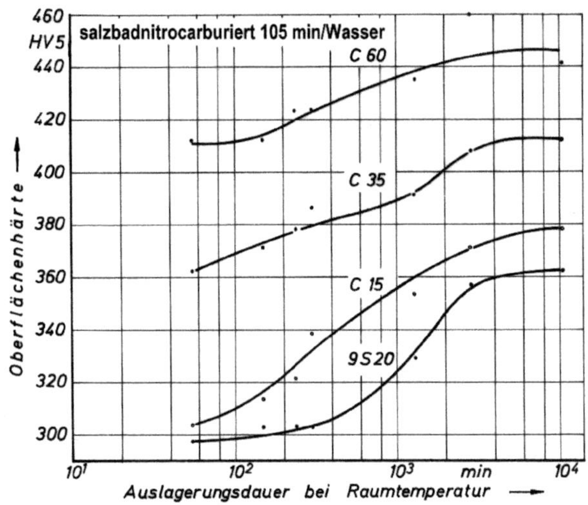

Bild 2.2-1: Härteänderung unlegierter Stähle nach Nitrocarburieren und Abschrecken auf Raumtemperatur [1]

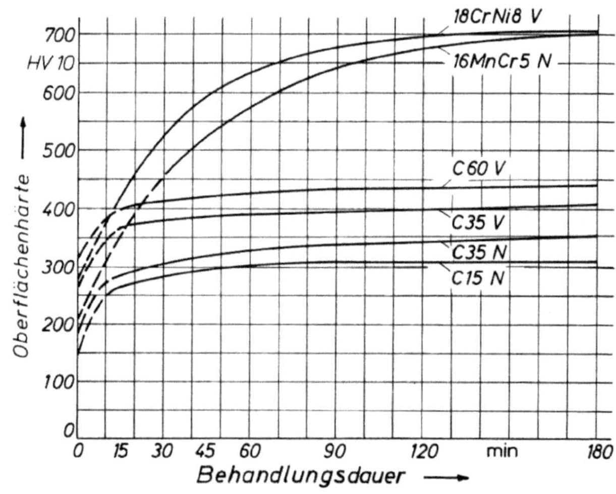

Bild 2.2-2: Zusammenhang zwischen Behandlungsdauer und Oberflächenhärte

In den Bildern 2.2-2 und 2.2-3 sind Beispiele für die Oberflächenhärte verschiedener Stähle, ermittelt mit HV10, in Abhängigkeit von der Haltedauer beim Nitrocarburieren wiedergegeben. Aus dem Kurvenverlauf geht hervor, dass die Oberflächenhärte bei den unlegierten Stählen bis zu einer Behandlungsdauer von rd. 90 min zunimmt, danach ändert sie sich nur wenig. Bei den legierten Stählen erstreckt sich der Anstieg über eine Behandlungsdauer von ca. 180 min. D. h. ab dieser Behandlungsdauer ist offensichtlich eine Nitrierschichdicke erreicht, bei welcher die Wirktiefe einer Prüfkraft von 49 N (HV5) vom Härteprofil in der Nitrierschicht nicht mehr beeinflusst wird.

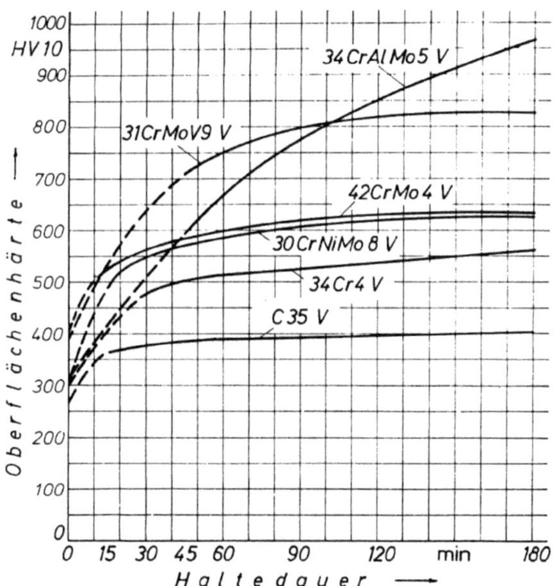

Bild 2.2-3: Einfluss der Behandlungsdauer auf die Oberflächenhärte verschiedener Stähle beim Salzbadnitrocarburieren

Werden unlegierte Stähle langsam abgekühlt, werden bereits während des Abkühlens Nitride aus dem Ferrit ausgeschieden, was ebenfalls zu einer deutlich geringeren Härte an der Oberfläche und im Rand führt. Zu letzterem siehe Bild 2.2-13.

Bei legierten Stählen tritt dieser Effekt dagegen nicht auf, weil bereits während der Stickstoffaufnahme mit den anwesenden nitridbildenden Legierungselementen Nitridausscheidungen entstehen, welche die Härte erhöhen. Dieser Effekt wird auch durch die Abkühlgeschwindigkeit nicht beeinflusst. Die Härtezunahme ergibt sich allein aus der Art und der Menge der zum Bilden und Ausscheiden von Nitriden willigen Legierungselemente, unter denen besonders das Aluminium hervorsticht, vgl. Bild 2.2-3.

2.2.3 Härte der Verbindungsschicht

Die Härte der Verbindungsschicht ergibt sich aus ihrem Aufbau aus Nitriden, Carbonitriden und Nitrocarbiden und deren spezifischer kristallographischer Struktur, siehe Kapitel 1.3 und 1.5. Bei den übereutektoidischen Stählen wird dies noch ergänzt durch Sekundär- und Primärcarbide. Die wahre Härte der Verbindungsschicht kann nur in einem Querschliff und wegen ihrer relativ geringen Dicke nur mit Prüfkräften unter etwa 0,20 N sinnvoll ermittelt werden.

Im porenfreien Bereich der Verbindungsschicht ergibt sich bei unlegierten und niedrig legierten Stählen eine Härte von ca. 700 HV bis 800 HV[3], bei legierten Stählen von mehr als 1000 HV bis etwa 1500 HV. Allerdings muss berücksichtigt werden, dass zum Kalibrieren der Härtemessgeräte Eichproben für diesen Härtebereich nicht verfügbar sind. Wegen der hohen Härte verhält sich die Verbindungsschicht wie eine Keramik.

Im porösen Bereich beträgt die Härte weniger als 500 HV. In Bild 2.2-4 sind die Härteunterschiede an den unterschiedlich großen Eindrücken des Prüfkörpers des Verfahrens nach Vickers sichtbar. Ein Auslagern bei Raumtemperatur ändert die Härte nicht, jedoch wird sie bei langsamem Abkühlen von Nitriertemperatur auf Raumtemperatur infolge von Umlagerungsvorgängen des Stickstoffs und des Kohlenstoffs beeinflusst.

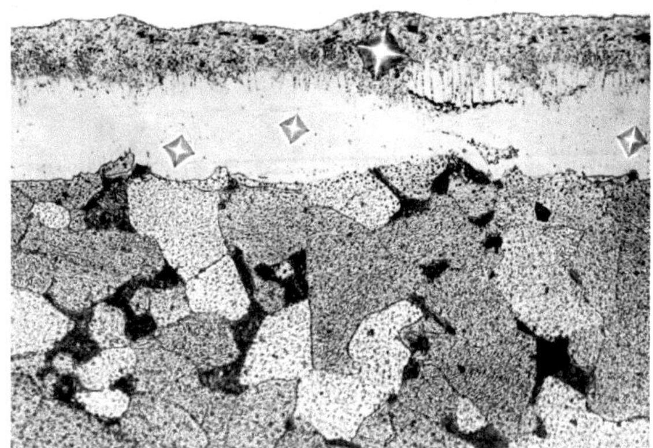

Bild 2.2-4: Prüfkörpereindrücke im porösen und porenfreien Bereich der Verbindungsschicht

2.2.4 Härte der Nitrier-/Nitrocarburierschicht

In der Diffusionsschicht unlegierter Werkstoffe bewirkt der interstitiell eingelagerte Stickstoff eine Mischkristallverfestigung. Bei den legierten Werkstoffen erzeugen die in der Matrix ausgeschiedenen Nitride, besonders solche mit den metallischen Legierungselementen, eine Verfestigung durch das Ausscheiden submikroskopischer feiner

[3] Ermittelt bei Prüfungen im Querschliff mit Prüfkräften von 0,1 bis 0,2 N

harter Partikel. Dies behindert Versetzungsbewegungen und wirkt Verformungen in Art einer inneren Reibung entgegen. Sowohl der im Eisengitter gelöste Stickstoff wie auch die Ausscheidungen bewirken Gitterverzerrungen und rufen Druckeigenspannungen hervor.

Wie im Kapitel 1.5 beschrieben, bestimmt die Wechselwirkung der Legierungselemente mit dem Stickstoff und die Kinetik der Nitridausscheidungen die Härte in der aufgestickten Randschicht. Härtemessungen in der Diffusionsschicht in Abhängigkeit vom Oberflächenabstand liefern Härteprofile analog denen randschicht- oder einsatzgehärteter Werkstücke. Die Form des Härteprofils unterliegt im Wesentlichen dem Einfluss von

- Art und Menge anwesender Legierungselemente; wobei Aluminium die Härte besonders stark erhöht
- der Temperatur beim Nitrieren oder Nitrocarburieren
- der Dauer des Nitrierens oder Nitrocarburierens
- dem Gefügezustand vor dem Nitrieren oder Nitrocarburieren
- der Stickstoffaufnahme beim Nitrieren oder Nitrocarburieren
- bei unlegierten Stählen: der Abkühlung.

In den Bildern 2.2-5 bis 2.2-7 sind einige Beispiele für Härteprofile nitrierter und nitrocarburierter Stähle wiedergegeben. Sie dokumentieren beispielhaft, wie mit zunehmendem Gehalt an Nitride bildenden Legierungselementen die Härte der Werkstückrandschicht und der Kurvenverlauf erhöht werden und die Nitrierhärtetiefe abnimmt.

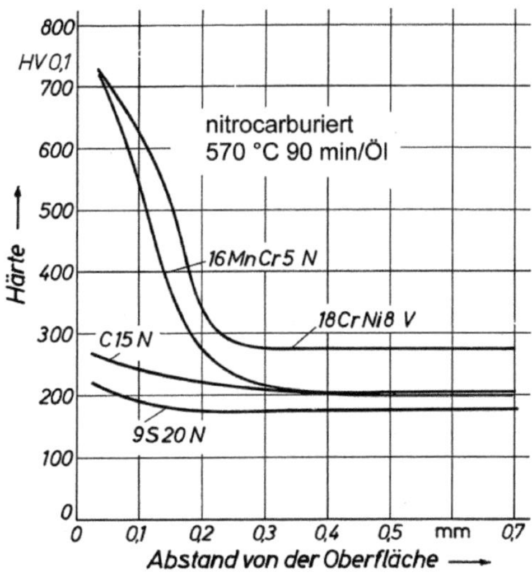

Bild 2.2-5: Härteprofile unlegierter und legierter Einsatzstähle nach einem Salzbadnitrocarburieren

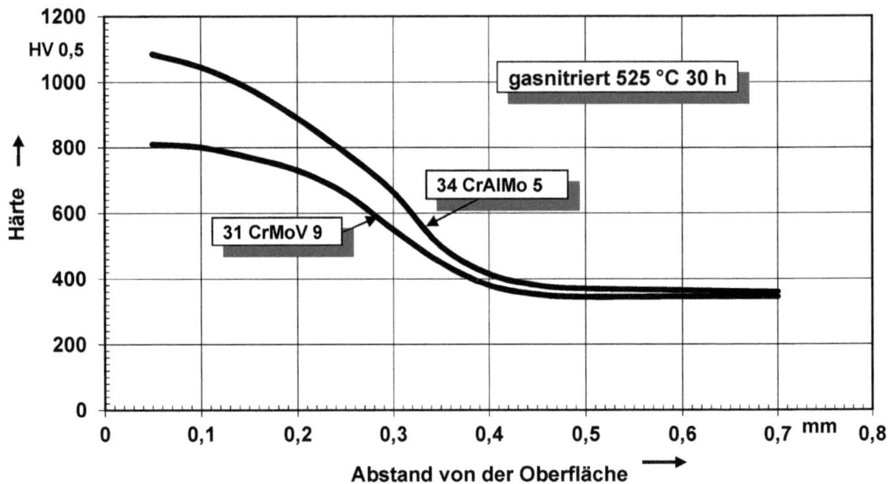

Bild 2.2-6: Härteprofile zweier typischer Nitrierstähle nach Gasnitrieren

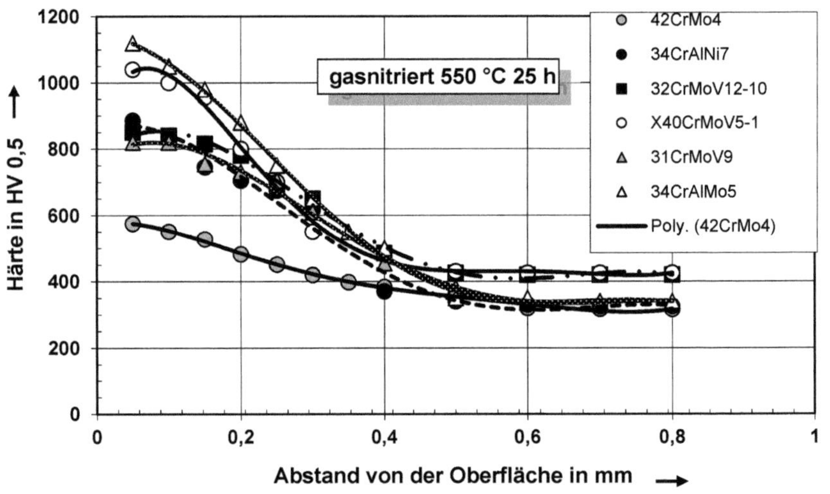

Bild 2.2-7: Härteprofile legierter Stähle nach einem Gasnitrieren

Den Einfluss der Nitriertemperatur auf das Härteprofil zeigen signifikant die Härteprofile in Bild 2.2-8. Bei einer höheren Nitriertemperatur entstehen offenbar andersartige Nitridausscheidungen als bei der niedrigeren Temperatur, was offensichtlich eine geringere Härtezunahme bewirkt.

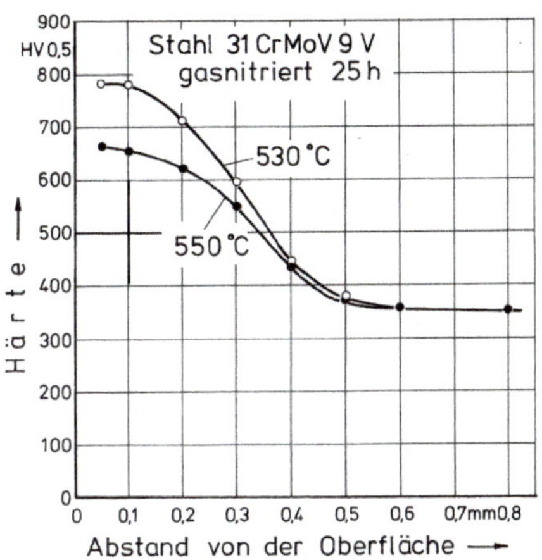

Bild 2.2-8: Einfluss der Nitriertemperatur auf die Randhärte

Mit zunehmender Nitrierdauer steigt die Eindringtiefe des Stickstoffs, wodurch sich die Reaktionsfront der Nitridausscheidungen zu größeren Oberflächenabständen verschiebt. Dies ist aus Bild 2.2-9 am Beispiel des Nitrierstahls 34CrAlMo5 abzulesen, der bis zu 16 h lang bei 570 °C im Salzbad nitrocarburiert wurde.

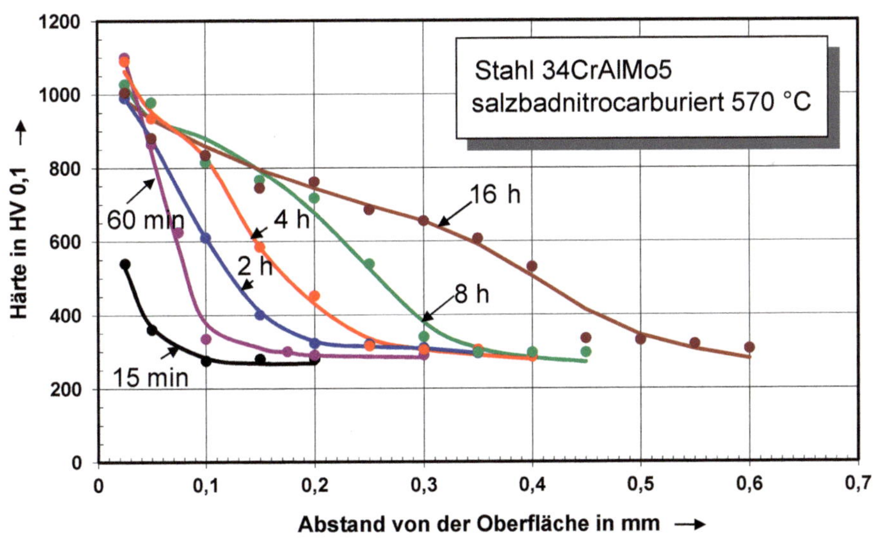

Bild 2.2-9: Einfluss der Nitrierdauer auf den Härteverlauf

Zum Erreichen einer bestimmten Nitrierhärtetiefe ist es im Prinzip von untergeordneter Bedeutung, mit welchem Verfahren das Nitrieren bzw. Nitrocarburieren durchgeführt wird, vgl. Bild 2.2-10, in dem Härteverlaufskurven des Nitrierstahls 31CrMoV9 gegenübergestellt sind, die mit verschiedenen Behandlungsparametern in verschiedenen Behandlungsmitteln erzielt wurden. Die Kurven sind zwar nicht deckungsgleich und die Nitrierhärtetiefe streut deutlich, dies kann jedoch durch entsprechendes Anpassen der Behandlungsparameter so modifiziert werden, dass die niedrigere NHD der beiden Varianten 3 und 4 durch eine längere Behandlungsdauer und/oder höhere Temperatur den Ergebnissen der Varianten 1 und 2 gut angeglichen werden kann. Allerdings muss bei der Darstellung in Bild 2.2-10 berücksichtigt werden, dass die Einzelkurven statistisch nicht abgesichert sind. Wie ein Streuband aus wiederholten Ermittlungen des Härteverlaufs aussehen kann, zeigt Bild 2.2-11. Hier sind die Ergebnisse von 25 Produktionschargen, denen zur Kontrolle jeweils ein Teil entnommen und zerstörend untersucht wurde, aufgetragen. Danach liegt die Nitrierhärtetiefe im Streubereich zwischen 0,23 mm und 0,37 mm [2].

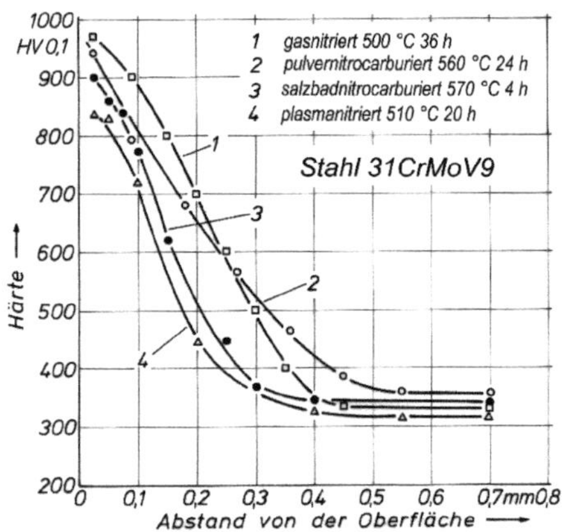

Bild 2.2-10: Härteprofile des Stahls 31CrMoV9 nach Nitrieren und Nitrocarburieren mit unterschiedlichen Verfahrensparametern

Wie auf die Oberflächenhärte wirkt sich der Lösungszustand des Stickstoffs im Ferrit bei unlegierten Stählen auch auf den Härteverlauf aus. Dies geht aus Bild 2.2-12 hervor, in dem die Härteverlaufskurven des Stahls C15 wiedergegeben sind, der nach einem Salzbadnitrocarburieren unterschiedlich rasch abgekühlt bzw. abgeschreckt und anschließend ausgelagert wurde. Der Gegenüberstellung ist zu entnehmen, dass bereits beim Abschrecken in Öl, wie es zum Härten benutzt wird, eine geringere Randschichthärte entsteht als beim Abschrecken in Wasser. Außerdem ist zu erkennen, dass das Auslagern bei 325 °C zu einem deutlichen Härteverlust führt. In Anwendungsfällen, in denen es auf eine optimale Zähigkeit ankommt, kann dies jedoch speziell von Vorteil sein.

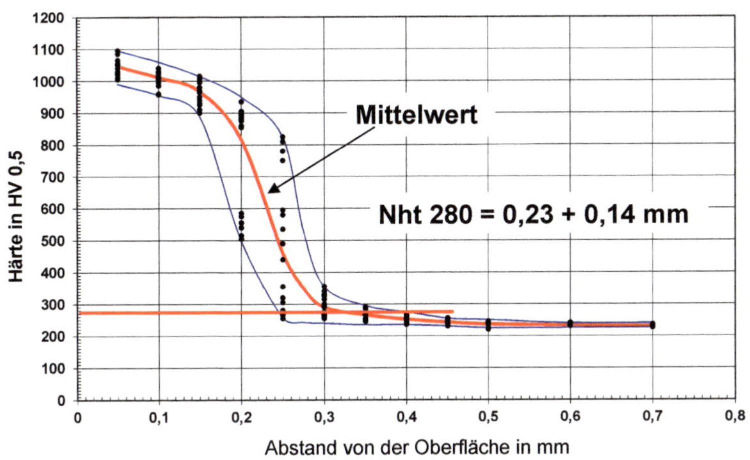

Bild 2.2-11: Streuband der Qualitätskontrolle in der Serienproduktion

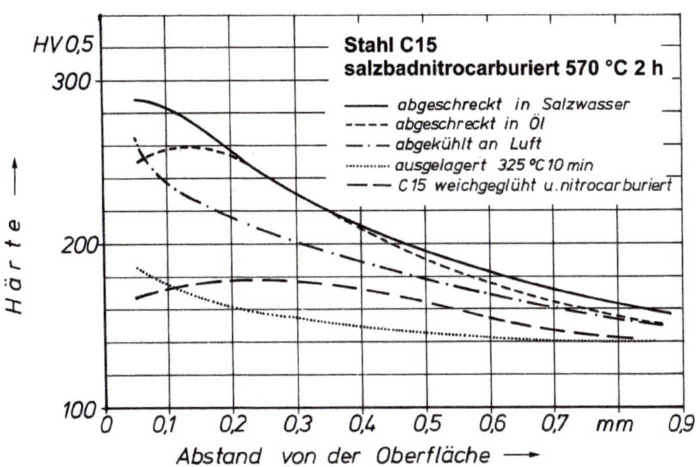

Bild 2.2-12: Einfluss des Abkühlens nach dem Nitrocarburieren auf das Härteprofil unlegierter Stähle am Beispiel des Stahls C15

In Bild 2.2-13 sind die Härteverlaufskurven eines Stahls mit 1 Masse-% Chrom und 0,3 Masse-% Molybdän mit unterschiedlichem Ausgangsgefüge wiedergegeben. Vor dem Gasnitrieren, das bei 510 °C 80 h lang durchgeführt wurde, wurde gehärtet und bei Temperaturen zwischen 550 °C und 700 °C angelassen. Mit zunehmender Anlasstemperatur erhöht sich die Menge der ausgeschiedenen Chrom- und Molybdäncarbide, was die Möglichkeit zum Ausscheiden von Nitriden verringert und eine geringere Härtesteigerung bewirkt.

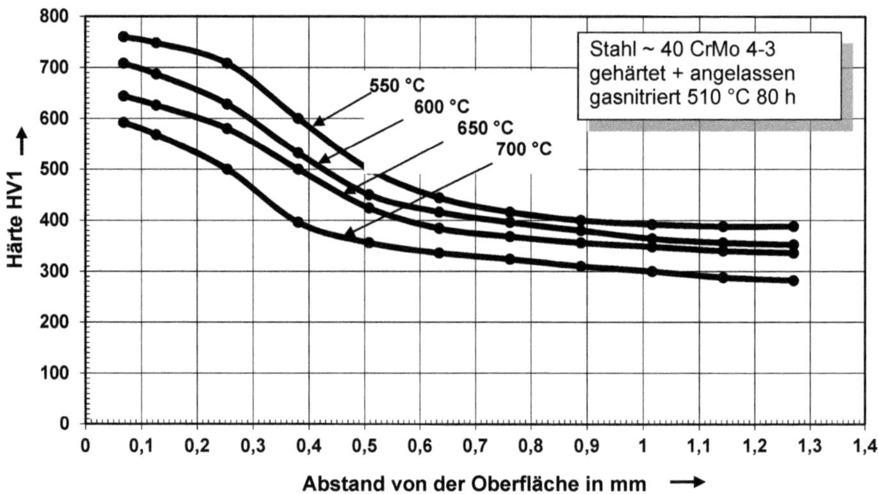

Bild 2.2-13: Härteverlaufskurven eines Stahls ähnlich einem 40CrMo4-3 nach unterschiedlichem Vergüten und Gasnitrieren [3]

Die unterschiedliche Wirkung der Legierungselemente auf die Härtesteigerung ist in Bild 2.2-14 am Beispiel der Randhärte dargestellt. Hierzu wurden verschiedene Stähle mit einer Anlasstemperatur von 600 °C vergütet und dann bei 550 °C 25 Stunden lang gasnitriert.

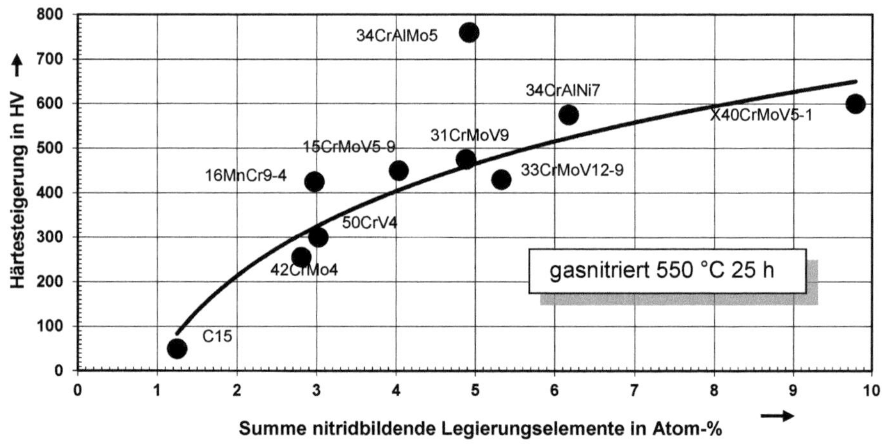

Bild 2.2-14: Wirkung nitridbildender Legierungselemente auf die Randhärte beim Gasnitrieren verschiedener Stähle

Aus den Härteprofilen wurde jeweils im Oberflächenabstand von 0,05 mm die Härte entnommen, die Differenz zur Ausgangshärte bestimmt und in Abhängigkeit vom mittleren Gehalt an nitridbildenden Legierungselementen[4] aufgetragen. Bis auf den Stahl 34CrAlMo5 ordnen sich die Werte der übrigen Stähle nahe der eingezeichneten Schätzkurve ein.

Die Verfestigung der Nitrierschicht bleibt auch bei Temperaturen bis über 500 °C weitgehend erhalten. Dies kann für Warmarbeitswerkzeuge genutzt werden, die dadurch eine bessere Form- und Verschleißbeständigkeit erhalten und gegenüber thermischer Ermüdung beständiger werden. In Bild 2.2-15 sind die bei 590 °C gemessenen Härteprofile verschiedener Stähle, die bei 570 °C 32 h lang gasnitriert wurden, gegenübergestellt [4]. Der Stahl X6CrMo5 erweist sich dabei als besonders temperaturbeständig. Daraus lässt sich die Empfehlung ableiten, entgegen der üblichen Praxis, unter Berücksichtigung der Anforderungen an den Kernwerkstoff, Stähle mit geringen Kohlenstoffgehalten zu verwenden [3].

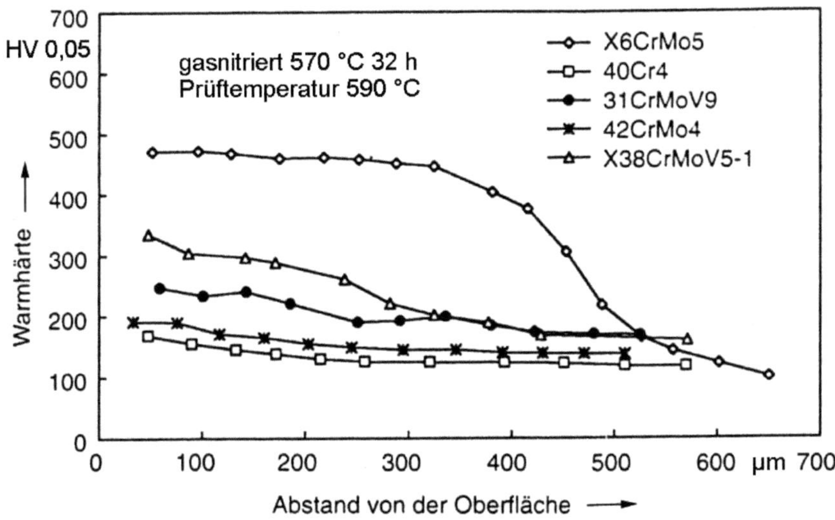

Bild 2.2-15: Bei einer Prüftemperatur von 590 °C ermittelte Härteprofile verschiedener gasnitrierter Stähle nach [4]

In Bild 2.2-16 werden – mit Ausnahme des Stahls X38CrMoV5-1, der durch den Stahl X40CrMoV5-1 ersetzt ist – die gleichen Stähle verglichen. Jedoch ist hier die aus dem jeweiligen Härteverlauf bis zum Oberflächenabstand von 0,15 mm mittlere Randhärte entnommen worden. Aufgetragen ist die bei 500 °C bzw. 570 °C ermittelte Härte von bei 500 °C 96 h und bei 570 °C 32 h lang nitrierten Proben [4]. Die Warmhärte der bei

[4] Entnommen aus DIN EN 10 085

500 °C nitrierten Proben ist auf Grund des erzeugten Ausscheidungszustands in der Diffusionsschicht höher als die der bei 570 °C nitrierten. Dies gilt auch für die höhere Prüftemperatur von 570 °C. Außerdem ist zu erkennen, dass mit zunehmendem Chromgehalt der Härteabfall geringer wird.

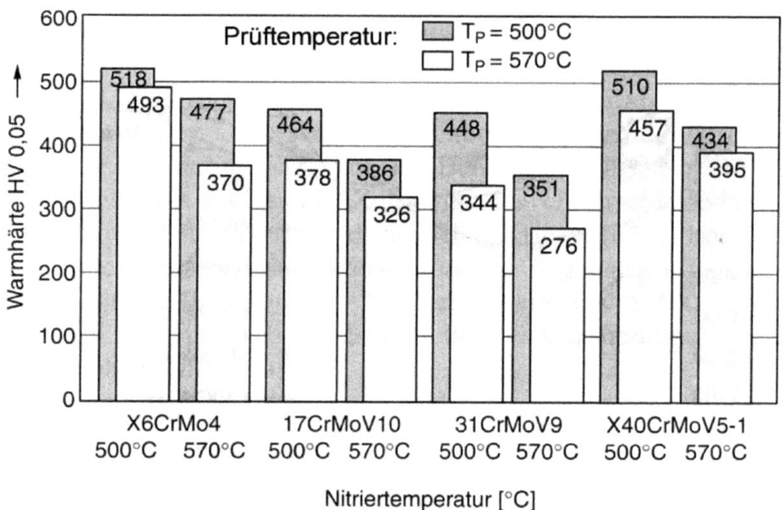

Bild 2.2-16: Warmhärte verschiedener gasnitrierter Stähle, geprüft bei 500 °C und 570 °C, nach [4]

2.2.5 Nitrierhärtetiefe

Aus dem Verlauf der Härte in Abhängigkeit vom Abstand von der Oberfläche wird üblicherweise als charakteristischer Kennwert die *Nitrierhärtetiefe* entnommen. Dies ist wie in Bild 2.2-17 zu sehen, gemäß DIN 50190-3[5] der senkrechte Abstand von der Oberfläche bis zu dem Punkt, an dem die Härte noch 50 HV höher als die Kernhärte ist, vgl. Kapitel 11. Das Ermitteln der Härteverlaufskurve ist allerdings nur bei legierten Stählen sinnvoll, da bei unlegierten Stählen wegen des sehr flachen Kurvenverlaufs die Bestimmung zu ungenau wird.

Entsprechend den Diffusionsgesetzen nimmt das Quadrat der Nitriertiefe proportional zur wachsenden Nitrier-/Nitrocarburierdauer zu. In Bild 2.2-18 ist dies am Beispiel des gasnitrierten Stahls 34CrAlMo5 zu erkennen. Hier ist nach einem Gasnitrieren bei 525 °C die nach DIN 50 190-3 ermittelte Nitrierhärtetiefe in Abhängigkeit von der Dauer dargestellt.

[5] Im Regelfall wird mit einer Prüfkraft von 4,981 N geprüft.

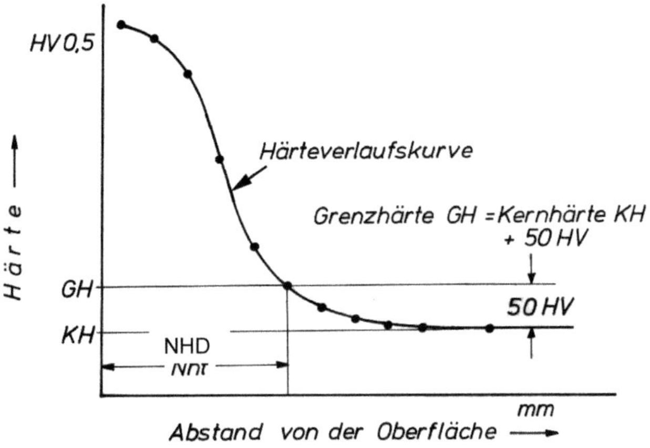

Bild 2.2-17: Ermittlung der Nitrierhärte nach DIN 50190-3 aus dem Härteprofil

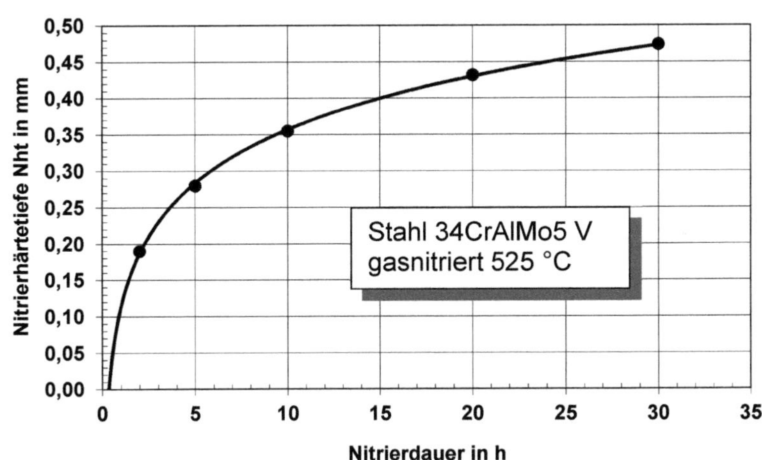

Bild 2.2-18: Zusammenhang zwischen Nitrierhärtetiefe Nht und Nitrierdauer beim Gasnitrieren des Stahls 34CrAlMo5

2.2.6 Literatur

[1] Liedtke, D. — Beitrag zum technisch-wirtschaftlichen Optimieren des Nitrocarburierens von Bauteilen
Dissertation TU Berlin, 1986

[2] Liedtke, D./Altena, H. — Prozessregelung zum Optimieren der Zielgrößen beim Nitrieren und Nitrocarburieren
HTM Z. Werkst. Wärmebeh. Fertigung 58 (2003) 3, S. 162 - 169

[3] Berker, R./Smith, P.K. — Response to gas nitriding of 1%Cr-Mo steel
Tagungsband „Heat treatment 73", London 1975, S. 83 - 91

[4] Spies, H.-J./Berns, H./ Ludwig, A./Bambauer, K./ Brusky, U. — Warmhärte und Eigenspannungen nitrierter Stähle
HTM Härterei-Techn. Mitt. 53 (1998) 6, S. 359 - 362

2.3 Werkstückgeometrie

Dieter Liedtke

2.3.1 Maße und Formen

Beim Härten, Randschicht- und Einsatzhärten kann das spezifische Werkstoffvolumen infolge der Umwandlung in das Härtungsgefüge Martensit um bis zu 1 % größer werden. Dies wirkt sich zwangsläufig auf die Werkstückabmessungen und/oder die Werkstückgeometrie aus. Im Vergleich dazu nimmt das Nitrieren und Nitrocarburieren eine Sonderstellung ein. Zwar wird durch die Stickstoffaufnahme das spezifische Volumen der Werkstückrandschicht auch größer, aber die Veränderungen sind erheblich kleiner. Die Längenänderungen betragen im Allgemeinen nur wenige µm.

Da das Nitrieren und das Nitrocarburieren in einem Temperaturbereich erfolgen, in dem die Werkstoff-Festigkeit relativ gering ist, können sich vorhandene Eigenspannungen, wenn sie höher sind, auslösen und plastische Verformungen induzieren. Das kann gegebenenfalls zu größeren Maß- und Formänderungen führen. Hinzu kommt ferner, dass im Temperaturbereich von 500 °C bis 600 °C meist auch das Anlassen gehärteter Teile zum Vergüten durchgeführt wird. Gehärtete Werkstücke, die unterhalb dieses Temperaturbereichs angelassen wurden, erfahren dabei einen Anlasseffekt und ihr spezifisches Volumen nimmt dadurch ab.

Im Hinblick auf die geringen Änderungen durch die Stickstoffaufnahme kann es daher zweckmäßig sein, diese Einflüsse zu eliminieren und vor dem Nitrieren/Nitrocarburieren ein Spannungsarmglühen durchzuführen bzw. gehärtete Werkstücke bei einer höheren Temperatur anzulassen.

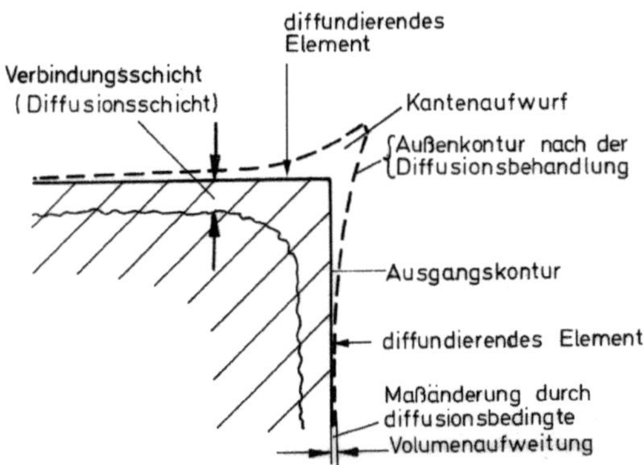

Bild 2.3-1: Wirkung des Nitrierens/Nitrocarburierens im Bereich von Werkstück-Kanten

Eine weitere potentielle Einflussgröße ist die Werkstückgeometrie. Große Querschnittsabmessungen, in denen beim Erwärmen und Abkühlungen größere Temperaturdifferenzen zwischen Rand und Kern entstehen, können bei zu hoher Erwärm- und Abkühlgeschwindigkeit merkliche Maß- und Formänderungen erfahren. In solchen Fällen ist es zweckmäßig, langsam zu erwärmen und abzukühlen und beim Salzbadnitrocarburieren beispielsweise ein Vorwärmen durchzuführen, vgl. Kapitel 3.

Unvermeidbar ist dagegen die Formänderung im Bereich von Kanten. Hier wird der Stickstoff von zwei Seiten aufgenommen und diffundiert tiefer ein. Dies führt im Regelfall zu einem Aufwurf an den Kanten in der Größenordnung von einigen µm, siehe Bild 2.3-1. Soweit dies nicht durch ein spanendes Nachbearbeiten wieder zu beseitigen ist, kann es zweckdienlich sein, an Kanten eine Fase anzubringen, wodurch die Kantenaufwölbung verringert, in manchen Fällen sogar vermieden werden kann.

Ungleichmäßige und unsymmetrische Formen stellen für Änderungen der Werkstückform und der Maße ebenfalls ein Risiko dar, das gegebenenfalls durch konstruktive Maßnahmen beseitigt oder verringert werden muss.

Über die Größenordnung, mit der bei geringen Eigenspannungen bei thermisch stabilen Werkstücken gerechnet werden muss, gibt Bild 2.3-2 Aufschluss. Hier sind die Ergebnisse einer Untersuchung wiedergegeben, bei der die Durchmesseränderung zylindrischer Proben aus den Stählen 16MnCr5 und Ck45 mit Abmessungen zwischen 10 mm und 100 mm Durchmesser durch Nitrocarburieren bis 6 Stunden ermittelt wurde [1].

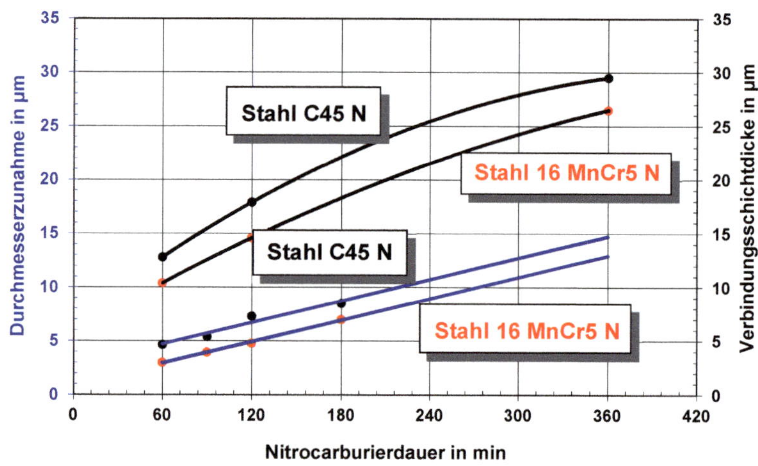

Bild 2.3-2: Einfluss der Nitrocarburierdauer auf das Durchmesserwachstum von Rundproben und die Verbindungsschichtdicke

Die beiden oberen Linien entsprechen den mittleren Dicken der Verbindungsschichten beider Stähle, die beiden unteren der mittleren Durchmesserzunahme. Letztere nimmt linear mit der Behandlungsdauer zu, und zwar beim Stahl 16MnCr5 wegen der geringeren Nitriertiefe etwas weniger als beim unlegierten Stahl C45. Aus dem Vergleich der beiden Größen ergibt sich, dass die Durchmesserzunahme etwa 50 % der jeweiligen mittleren Schichtdicken entspricht. D. h. bei einer Verbindungsschichtdicke von 10 µm ist eine Durchmesserzunahme von 5 µm zu erwarten. Dies ist ein Maß, das gegebenenfalls beim Fertigbearbeiten vor dem Nitrieren/Nitrocarburieren berücksichtigt und vorgehalten werden kann. In vielen Anwendungsfällen können die geringen Maß- und Formänderungen auch ohne Nachbearbeitung akzeptiert werden.

In Anwendungsfällen, in denen eine bestimmte Dicke der Verbindungsschicht die Zielgröße ist, kommt ein spanendes Bearbeiten nur in Frage, wenn eine Feinstbearbeitung in Form eines Superfinishens, Läppens, Läppschleifens oder Polieren möglich ist. Damit lassen sich Maß- und Formänderungen in der Größenordnung weniger µm egalisieren. Ist die Dicke der Verbindungsschicht bzw. ihr Fehlen von untergeordneter Bedeutung, kann durch Schleifen bearbeitet werden.

Im Bild 2.3-3 ist das Beispiel einer geometrisch ungünstigen Form dargestellt. Es handelt sich um einen hohlen Kolben, der im Bereich der Kugel einen Boden aufweist, während das gegenüberliegende Ende offen ist. In diesem Fall ist eine ungleichförmige Maß- und Formänderung unausweichlich, der Kolben wird konisch, denn das freie Ende kann sich nahezu ungehindert dehnen, der Boden dagegen nicht.

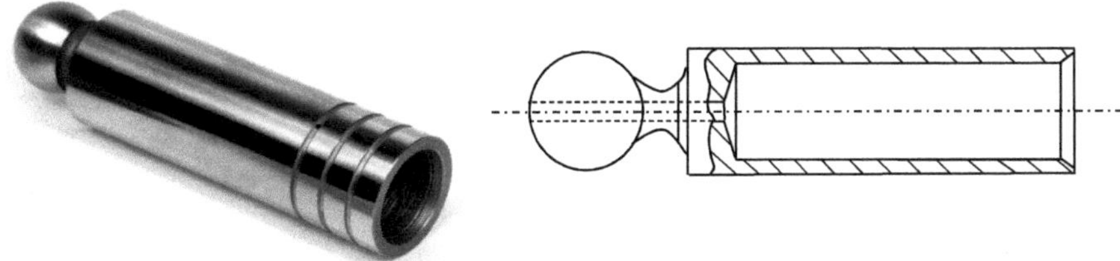

Bild 2.3-3: Kolben einer Hydraulikpumpe

Eine mögliche Vorgehensweise zum Optimieren ergibt sich aus einer Kombination des Vergütens mit dem Nitrieren/Nitrocarburieren. Dazu muss bei einer Temperatur ***unterhalb*** der Temperatur des Nitrierens/Nitrocarburierens, also *unvollständig*, angelassen werden. Nach dem Anlassen ist auf Fertigmaß zu bearbeiten. Das dann beim Nitrieren/Nitrocarburieren fortgesetzte Anlassen bewirkt eine Volumenverringerung des unvollständig angelassenen martensitischen Gefüges. Dies kompensiert die durch die Stickstoffaufnahme eintretende Volumenvergrößerung. Die erforderliche Temperatur für das „unvollständige“ Vergüten richtet sich nach dem verwendeten Werkstoff und der erforderlichen Nitriertiefe und muss werkstückspezifisch durch Versuche ermittelt werden [1].

Ein weiteres Beispiel für eine geometrisch ungünstige Werkstückform ist in Bild 2.3-4 abgebildet. Es handelt sich um eine aus einem Winkelprofil hergestellte, ca. 300 mm lange nitrocarburierte Stange mit mehreren Nuten. Hier ist ein Verziehen, ein „Krummwerden", unvermeidlich, da die spezifischen Volumenänderungen im Bereich des L-Schenkels mit den Nuten größer als in dem des nutenfreien Schenkels ist.

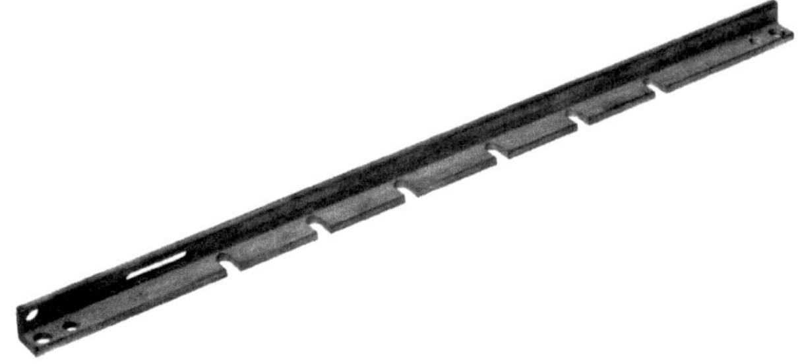

Bild 2.3 4: Nitrocarburierte Stange aus einem Winkelprofilstab

2.3.2 Oberflächenrauheit

Durch Nitrieren/Nitrocarburieren wird die Werkstückoberfläche aufgerauht. Dafür sind verschiedene Einflüsse ursächlich. Zum einen wachsen die Nitridkristalle der Verbindungsschicht einige Nanometer aus der Werkstückoberfläche heraus, vgl. Bild 1.4-3 in Kapitel 1.4. Dazu kommen mögliche plastische Deformationen durch das Auslösen der beim vorangegangenen Bearbeiten des Werkstücks in der Randschicht erzeugten Verformungen in Oberflächennähe. Beim Nitrocarburieren in Salzschmelzen schließlich werden aus dem porösen Bereich der Verbindungsschicht auch Mikro-Partikel herausgelöst.

Das Maß, um das die Oberflächenrauheit vergrößert wird, hängt von der Rauheit vor dem Nitrieren/Nitrocarburieren ab: je größer diese ist, umso stärker nimmt sie zu. Im Allgemeinen muss bei einer Ausgangsrauheit von 0,5 µm bis 2 µm bei einer 10 µm bis 15 µm dicken Verbindungsschicht mit einer Zunahme von 1 µm bis 3 µm gerechnet werden. In Bild 2.3-5 sind Ergebnisse eines Versuchs wiedergegeben, bei dem die Rauhtiefe R_t von Rundstäben aus dem Stahl C45 mit einem Durchmesser zwischen 5 mm und 100 mm vor und nach einem Salzbadnitrocarburieren gemessen wurde. Die Oberflächen besaßen ein R_t zwischen 0,3 µm und 1,4 µm. Nach dem Nitrocarburieren wurde ein R_t zwischen 1,0 µm und 3,0 µm, mit Abweichungen bis 3,5 µm gemessen. Eine Korrelation mit der Abmessung der Versuchsteile ist nicht erkennbar.

Wegen der relativ hohen Härte der Verbindungsschicht kann die aufgerauhte Oberfläche in Verschleißsystemen wie eine Schmirgelscheibe wirken. Werden nitrierte oder nitrocarburierte Werkstücke mit weichen Gegenwerkstoffen (Lagermetalle, Kunststoffe, Gummi o.ä.) gepaart, kann es notwendig sein, durch eine spanende Nachbearbeitung die Oberflächenrauheit zu verringern. Dies vergrößert auch den Tragflächenanteil aufeinander gleitender Flächen und wirkt sich positiv auf das Verschleißverhalten aus.

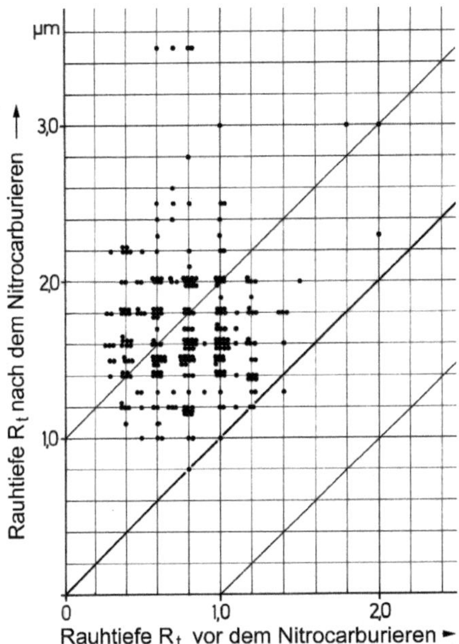

Bild 2.3-5: Änderung der Oberflächenrauheit von Rundproben mit 5 mm bis 100 mm Durchmesser aus dem Stahl C45 durch Salzbadnitrocarburieren 570 °C 120 min

Wegen der relativ geringen Dicke der Verbindungsschicht, darf ein gegebenenfalls notwendiges Glätten der Oberfläche zum Verringern der Rauheit allerdings nicht durch ein Schleifen erfolgen, sondern es darf zum Erhalt der Verbindungsschicht nur eine geringe Spantiefe von weniger als 5 µm abgetragen werden. Hierzu eignen sich nur Feinstbearbeitungen wie Ultrapräzisionsschleifen, Läppen, Polieren, Gleitschleifen oder Superfinishen. Von einem Glattwalzen sollte abgesehen werden, da hierbei je nach Walzdruck und Werkstoff in der Verbindungsschicht Anrisse entstehen können, vgl. Bild 2.6.3-1 im Kapitel 2.6.

2.3.3 Literatur

[1] Liedtke, D. Distortion Engineering am Beispiel des Nitrocarburierens HTM Härterei-Techn. Mitt. 53 (1998) 1, S. 14 -16

2.4 Eigenspannungen

Heinz-Joachim Spies

Charakteristisch für Nitrierschichten sind makroskopische Druckeigenspannungen die vor allem die Schwingfestigkeit nitrierter Bauteile maßgeblich beeinflussen. Sie entstehen durch Gradienten in Dehnungen im Makro- und Mikrobereich, die vor allem durch die Nitridbildung hervorgerufen werden. In der Verbindungsschicht werden Eigenspannungen durch die mit der Eisennitridbildung verbundenen Volumendehnungen, thermische Dehnungen infolge unterschiedlicher thermischer Ausdehnungskoeffizienten von ε- und γ'-Nitrid sowie des Ferrits, die Ausscheidung von sekundärem γ'-Nitrid bei der Abkühlung und die Porenbildung hervorgerufen [1]. Bei ε-Nitridschichten treten in Oberflächennähe Zugspannungen, in den γ'-Bereichen stets Druckspannungen auf. Mit zunehmendem Abstand von der Oberfläche gehen in ε-Schichten die Zugeigenspannungen in Druckeigenspannungen über. In $\varepsilon(\gamma')$-Verbindungsschichten des Stahles 31CrMoV9 wurden z. B. im unteren Bereich der Verbindungsschicht in beiden Nitridphasen Druckeigenspannungen in Höhe von -700 MPa bis -800 MPa gemessen [1].

In der Diffusionsschicht unlegierter Stähle werden bei Nitriertemperatur Gitterdehnungen durch die Einlagerung von Stickstoff auf Zwischengitterplätzen erzeugt. Beim langsamen Abkühlen entstehen weitere Volumendehnungen durch die Ausscheidung von α"- und γ'-Nitriden sowie die unterschiedlichen thermischen Ausdehnungskoeffizienten der Nitride und der ferritischen Matrix. Die auf diese Weise erzeugten maximalen Druckeigenspannungen liegen in der Regel unter -200 MPa [2, 3]. Durch eine rasche Abkühlung von der Behandlungstemperatur wird die Ausscheidung von Nitriden unterdrückt, es entstehen zusätzliche Wärmespannungen. Der resultierende Gesamteigenspannungszustand erreicht dann Maximalwerte von -400 MPa bis -500 MPa [2]. Die übersättigte Lösung des Stickstoffs ist aber instabil und unterliegt schon bei Raumtemperatur einer natürlichen Alterung, mit der auch ein Eigenspannungsabbau verbunden ist.

Die Makroeigenspannungen in der Ausscheidungsschicht von Eisenwerkstoffen mit nitridbildenden Legierungselementen werden vor allem durch Gradienten in den durch die Ausscheidung von Nitriden erzeugten Volumendehnungen hervorgerufen. Die durch die Nitridausscheidung bei Behandlungstemperatur bedingten Volumeneffekte sind im Vergleich zu nitrierten unlegierten Stählen erheblich größer. Sie werden primär von der Konzentration der in der ferritischen Matrix gelösten Nitridbildner bestimmt [2 bis 4]. Mit steigender Konzentration nehmen sowohl die Härtesteigerung als auch die Volumendehnung und damit die Druckeigenspannungen zu. Neben der Nitridbildung und dem in der Matrix enthaltenem Überschussstickstoff wird die Volumendehnung auch durch die mit dem Nitrieren verbundene Umverteilung des Kohlenstoffs beeinflusst. Charakteristisch für chromlegierte Stähle ist, wie im Kapitel 9.2 ausführlich erläutert, eine Destabilisierung der Carbide, eine Kohlenstoffanreicherung vor der Ausscheidungsfront, eine randnahe Entkohlung und eine spannungsinduzierte Ausscheidung von Zementit an Korngrenzen parallel zur Oberfläche.

Die positiven Volumendehnungen führen zur Ausbildung von Druckeigenspannungen deren Höhe durch die Spannungsrelaxation im Ergebnis von Kriechprozessen sowie die Ausscheidungsplastizität begrenzt wird [3 bis 6]. Die Warmfestigkeit der nitrierten Randschicht bei der Nitriertemperatur bestimmt auf diese Weise die Höhe der maximalen Eigenspannungen. Sie ergibt sich aus der Kriechgrenze des Grundwerkstoffes, vor allem aber aus dem Beitrag der Ausscheidungshärtung beim Nitrieren. Zwischen der Randhärte bzw. der Härtesteigerung, der Warmfestigkeit und damit auch der Höhe der Druckeigenspannungen bestehen deshalb Zusammenhänge [7]. Diese Zusammenhänge sind jedoch auf Grund der Vielzahl der Einflussgrößen außerordentlich komplex und wie die Bilder 2.4-1 und 2.4-2 zeigen, werkstoffspezifisch sowie temperatur- und zeitabhängig.

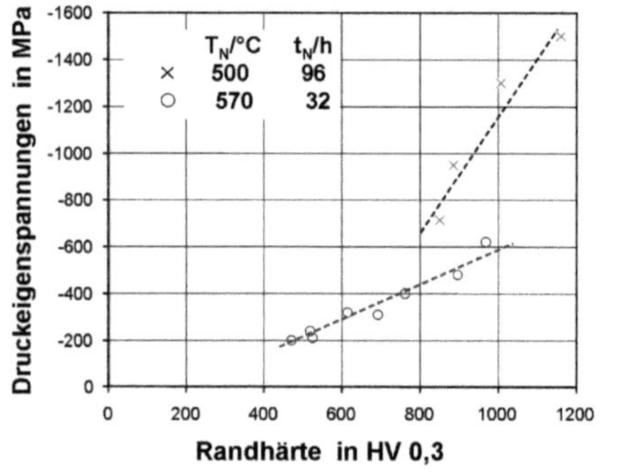

a. Druckeigenspannungen – Randhärte

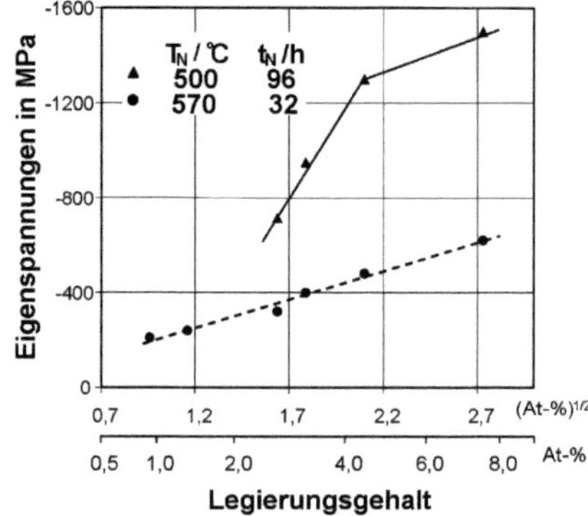

b. Druckeigenspannungen – Legierungsgehalt

Bild 2.4-1: Zusammenhang zwischen der maximalen Druckeigenspannung und der Randhärte (a) sowie dem Stoffmengengehalt an Nitridbildnern (b) nitrierter Stähle

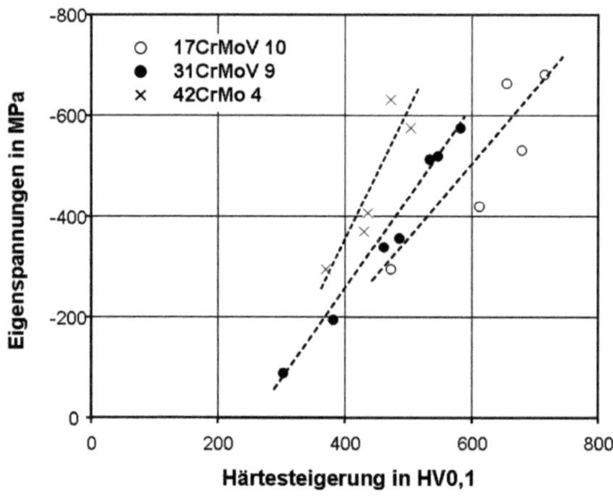

Bild 2.4-2: Zusammenhang zwischen der maximalen Druckeigenspannung und der Härtesteigerung, ermittelt an unterschiedlich nitrierten Proben der Stähle 17CrMoV10, 31CrMoV9 und 42CrMo4

Eine Vorstellung vom Eigenspannungsverlauf in Nitrierschichten und dem Einfluss der Stahlzusammensetzung vermittelt Bild 2.4-3. Mit steigendem Gehalt an Nitridbildnern nehmen erwartungsgemäß die Härtesteigerung und die Druckeigenspannungen zu, die Verfestigungstiefe nimmt ab, der Abfall der Härte und der Druckspannungen wird steiler. Die Druckeigenspannungen in der Höhe von 1500 MPa zeugen von der hohen Warmfestigkeit der Nitrierschicht des X40CrMoV5-1. Die im Vergleich zum 31CrMoV9 höheren Eigenspannungen in der Nitrierschicht des 17CrMoV10 machen auf den Einfluss des Kohlenstoffgehaltes bei einem vergleichbaren Legierungsgehalt aufmerksam. Er ergibt sich aus der Änderung des Gehaltes an im Ferrit gelösten Nitridbildnern durch einen unterschiedlichen Grad ihrer Abbindung als Carbid (vgl. Abschnitt 9.2).

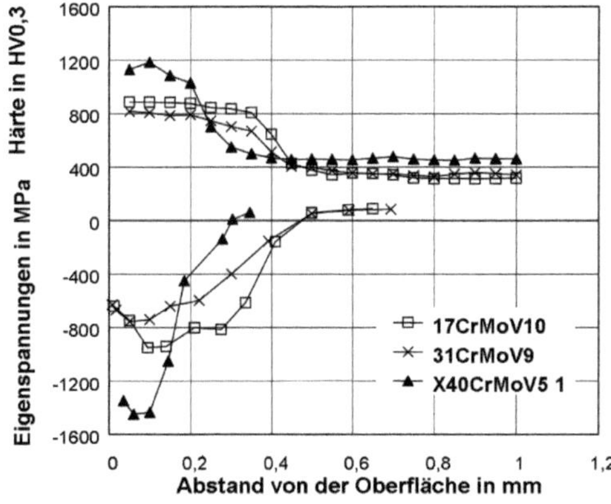

Bild 2.4-3:
Härte- und Eigenspannungsverlauf in der Randschicht nitrierter Proben der Stähle 17CrMoV10, 31CrMoV9 und X40CrMoV5-1; T_N = 500°C; t_N = 96h

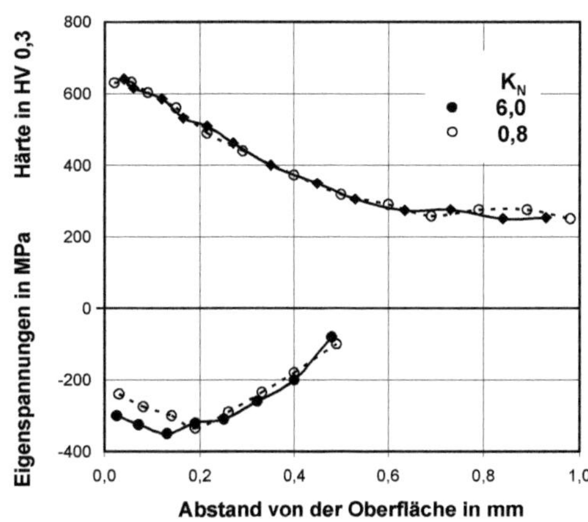

Bild 2.4-4:
Härte- und Eigenspannungsverlauf in der Randschicht nitrierter Proben des Stahles 20MnCr5;
Einfluss der Nitrierkennzahl

Bemerkenswert an Bild 2.4-3 ist, dass die maximalen Druckeigenspannungen im Gegensatz zur Härte nicht in Oberflächennähe auftreten. Der Randabfall der Druckeigenspannungen ist auf die Entkohlung und die spannungsinduzierte Umverteilung des Zementits zurückzuführen [3]. Dicke, die Entkohlung hemmende ε-Nitrid-Verbindungsschichten, erzeugt durch hohe Nitrierkennzahlen, führen bei unveränderter Randhärte zu einem geringeren Abfall der Eigenspannungen in Richtung auf die Oberfläche (Bild 2.4-4).

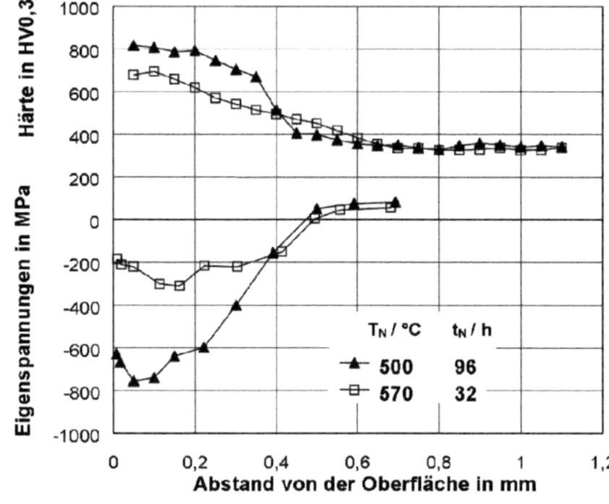

Bild 2.4-5:
Härte- und Eigenspannungsverlauf in der Randschicht nitrierter Proben des Stahls 31CrMoV9; Einfluss der Nitriertemperatur

Mit steigender Nitriertemperatur nehmen die Härtesteigerung, die Warmfestigkeit der Nitrierschichten und damit auch die maximal erreichbaren Druckeigenspannungen ab. Ein Beispiel dafür zeigt Bild 2.4-5. Die mit der Nitriertemperatur größer werdende Entkohlung führt zu einer Zunahme des Oberflächenabstandes des Eigenspannungsmaximums. Eine analoge Wirkung hat eine Verlängerung der Nitrierdauer bei konstanter Nitriertemperatur (Bild 2.4-6). Die mit der Behandlungsdauer zunehmende Spannungsrelaxation bewirkt eine signifikante Verringerung der maximalen Druckeigenspannungen.

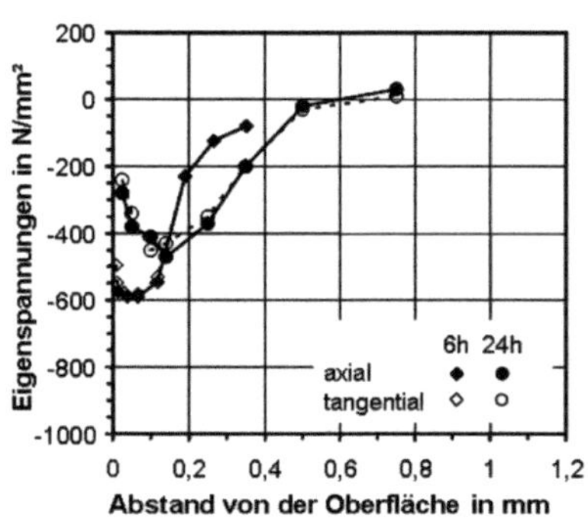

a) glatte Proben, $\alpha_K = 1$

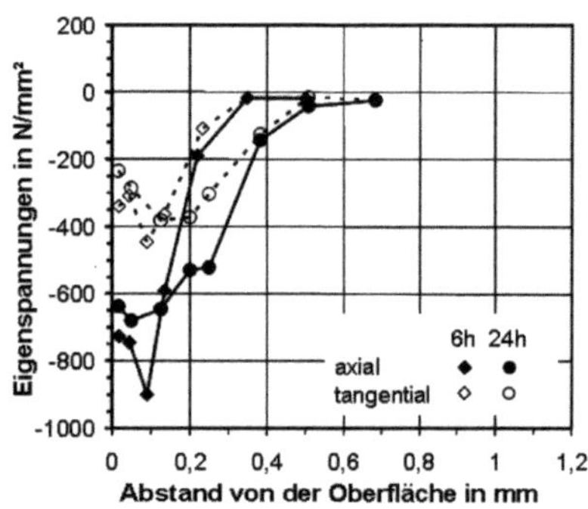

b) gekerbte Proben, $\alpha_K = 2$

Bild 2.4-6: Eigenspannungsverlauf in der Randschicht nitrierter Proben des Stahles 31CrMoV9; Einfluss der Nitrierdauer, T_N = 550 °C, Probendurchmesser: 17mm

Bild 2.4-6 macht gleichzeitig auch auf den Einfluss geometrischer Effekte aufmerksam. Bei glatten zylindrischen Proben sind die Eigenspannungen in axialer und tangentialer Richtung nahezu gleich. Bei gekerbten zylindrischen Proben unterscheiden sich die axialen und tangentialen Druckeigenspannungen auf Grund der Dehnungsbehinderung im Kerbgrund vor allem bei geringen Nitriertiefen erheblich. Die Eigenspannungen der glatten Proben liegen zwischen den Axial- und Tangentialspannungen der gekerbten Proben. Mit zunehmender Nitrierdauer verringern sich die maximalen Eigenspannungen und die Eigenspannungsgradienten. Die Unterschiede zwischen den Spannungen in axialer und tangentialer Richtung im Kerbgrund nehmen ab. Auch eine Vergrößerung des Durchmessers der gekerbten Proben führt zu einer Verringerung der Unterschiede zwischen den axialen und den tangentialen Eigenspannungen, siehe Bild 2.4-7.

Aus den vorstehend skizzierten Zusammenhängen ergeben sich Folgerungen für die Werkstoffauswahl und die Festlegung von Nitrierbedingungen. Aus den Bildern 2.4-1 und 2.4-2 geht hervor, dass hohe Randhärten und hohe Härtesteigerungen auch ein Hinweis auf hohe Druckeigenspannungen sind. Maßnahmen zur Erhöhung der Randhärte wie z. B. die Erhöhung der Konzentration der Nitridbildner im Ferrit und die Senkung der Nitriertemperatur führen auch zu höheren maximalen Druckeigenspannungen. Auf diese Weise ist es möglich z. B. aus hohen Forderungen an die Schwingfestigkeit abgeleitete Anforderungen an den Eigenspannungszustand gezielter zu erfüllen.

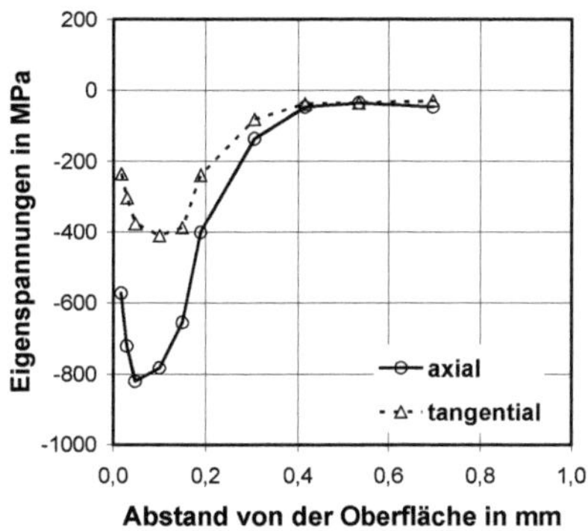

a) Durchmesser im Kerbgrund 17 mm

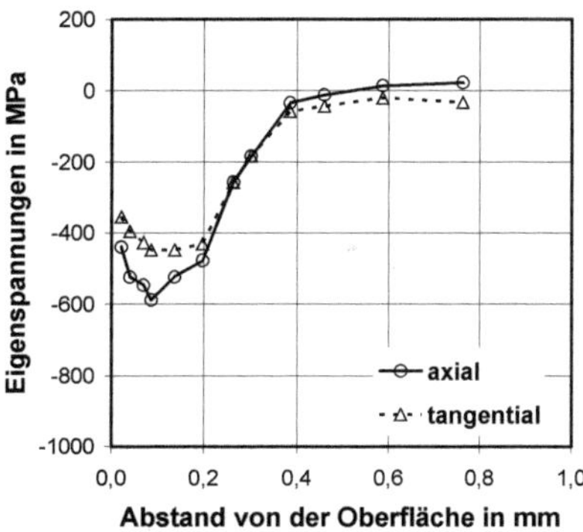

b) Durchmesser im Kerbgrund 38 mm

Bild 2.4-7: Eigenspannungsverlauf in der Randschicht nitrierter gekerbter Proben ($\alpha_K = 2$) des Stahles 31CrMoV9; Einfluss des Probendurchmessers, T_N = 550 °C, t_N = 12h

Literatur

[1] Oettel, H.; Ehrentraut, B.: Makroskopische Eigenspannungen in der Verbindungsschicht gasnitrierter Stähle
HTM Härterei-Tech. Mitt. 40 (1985) 4, S. 183 - 187

[2] Koch, M.: Eigenspannungen nach Nitrieren und Einsatzhärten. In: Eigenspannungen und Lastspannungen
Beiheft, HTM Härterei-Tech. Mitt. 37 (1982) 3, S. 112 - 121

[3] Oettel, H.; Schreiber, G.: Eigenspannungsbildung in der Diffusionszone
Tagungsband „Nitrieren und Nitrocarburieren"; Wiesbaden, 1991, S.139 - 151

[4] Mittemeijer, E.J.: Gitterverzerrungen in nitriertem Eisen und Stahl
HTM Härterei-Tech. Mitt. 36 (1981) 2, S. 57 - 68

[5] Wiegand, H.: Nitrieren im Motorenbau.
HTM Härterei-Tech. Mitt. 1 (1942) S.166 - 185

[6] Daves, W.; Fischer, F. D.: Finite-Element-Simulation komplexer Wärmebehandlungsphänomene am Beispiel des Nitrierens.
BHM 141 (1996) 5, S. 204 - 208

[7] Spies, H.-J.; Berns, H.; Ludwig, A.; Bambauer, K.; Brusky, U.: Warmhärte und Eigenspannungen nitrierter Stähle.
HTM Härterei-Tech. Mitt. 53 (1998) 6, S.359 - 366

2.5 Verschleißverhalten

Dieter Liedtke

2.5.1 Allgemeines

Für das Verschleißverhalten nitrierter oder nitrocarburierter Teile sind je nach Beanspruchung die Verbindungsschicht, die Diffusionsschicht oder beide maßgebend. Bei Adhäsion, Abrasion und Tribooxidation stehen die Eigenschaften der Verbindungsschicht im Vordergrund. Die Eigenschaften der Diffusionsschicht kommen dann zum Tragen, wenn die Verbindungsschicht nicht mehr vorhanden ist. Jedoch besitzt dann nur eine Diffusionsschicht mit entsprechend hoher Härte, wie bei den Nitrierstählen oder anderen entsprechend legierten Stählen, wie z. B. Werkzeugstählen, gegenüber dem Abrieb bei Furchungsverschleiß oder Wälzverschleiß einen ausreichenden Widerstand. Außerdem unterstützt sie die Verbindungsschicht gegen Verformung bei zu großer Flächenbelastung.

Das typische Verhalten der beiden Bereiche der Nitrier-/Nitrocarburierschicht bei abrasivem Verschleiß entspricht in vielen Anwendungsfällen der schematischen Darstellung in Bild 2.5-1. Diese verdeutlicht, dass der porenfreie Teil der Verbindungsschicht einen besonders hohen Verschleißwiderstand leisten kann.

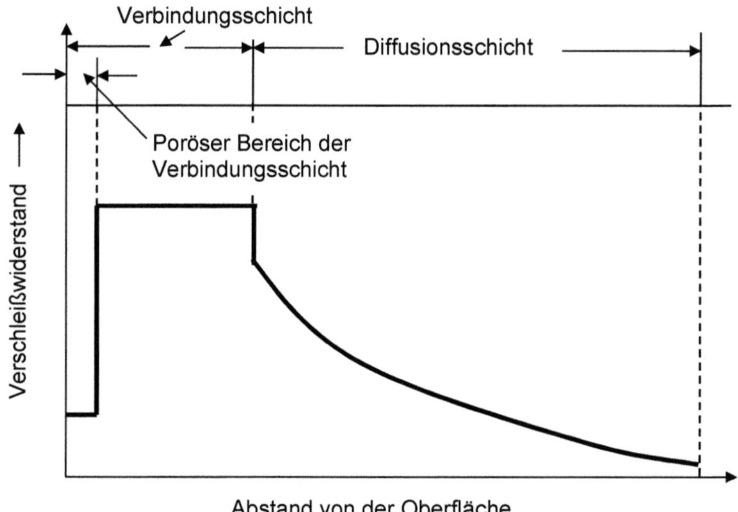

Bild 2.5-1: Verschleißwiderstand als Funktion des Abstands von der Werkstückoberfläche [1]

2.5.2 Das Verhalten der Verbindungsschicht

Die spezifische Struktur der Verbindungsschicht, gegeben durch ihren Aufbau aus Nitriden, Nitrocarbiden, Carbonitriden und Carbiden, bewährt sich gegen eine Adhäsion mit einem Verschleißpartner. Zum einen wird der Haft-Reibungskoeffizient erniedrigt, zum anderen die Neigung, mit dem Verschleißpartner zu adhärieren und in Mikrobereichen zu verschweißen. In Untersuchungen z. B. mit dem Stift-Scheibe-Tribometer wurden nach dem Einlaufen Reibungskoeffizienten μ_r zwischen 0,12 und 0,25 gemessen [2].

Die verringerte Neigung zu Mikroverschweißungen wird auf eine geänderte Elektronenkonfiguration zurückgeführt [1]. Dies verleiht der Verbindungsschicht eine so bezeichnete Notlaufeigenschaft, d. h. selbst bei mangelhafter oder gar fehlender Schmierung ist das Risiko eines Fressens der beiden Verschleißpartner stark reduziert.

Die hohe Härte, bei legierten Stählen ergeben sich Werte über 1000 HV, verleiht der Verbindungsschicht auch einen höheren Abrasionswiderstand. Hierbei besteht jedoch das Risiko, dass bei örtlich zu großer Belastung Partikel aus dem porösen Teil der Verbindungsschicht herausbrechen können. In geschlossenen Tribosystemen kann dies – wie der Sand in einem Getriebe – zu einer Eskalation des Abriebs mit anschließendem Festfressen führen.

Die Rolle der Porosität der Verbindungsschicht für das Verschleißverhalten wird von anwendungstechnischer Seite aus unterschiedlich beurteilt. Einerseits wird angenommen, dass die Poren Schmierstoffpartikel aufnehmen können, so dass der poröse Teil der Verbindungsschicht ein potentielles Schmierstoffdepot für den Fall einer fehlenden oder einer Mangelschmierung darstellt. Andererseits ergibt sich aus dem porösen Aufbau, dass in Abhängigkeit von den Verschleißbedingungen, ein höherer Anfangsverschleiß auftritt, solange bis sich eine optimale Formschlüssigkeit und ein

Bild 2.5-2: Verbindungsschicht mit Mangansulfiden bei einem einsatzgehärteten und nitrocarburierten Stahl 16MnCrS5 (Vergrößerung : 1000:1, Ätzung: Nital)

höherer Tragflächenanteil bei aufeinander gleitenden Verschleißpartnern eingestellt hat. Damit verringert sich dann auch die spezifische Flächenpressung.

Das Ausbrechen von Feststoffpartikeln wird begünstigt von grob ausgebildeten Poren, Porenketten oder extremen Porenanhäufungen, vgl. die Bilder 1.4-15 bis 1.4-17 sowie Ausscheidungen innerhalb der Verbindungsschicht, z. B. Mangansulfide, vgl. Bild 2.5-2 oder auch die bei hochlegierten Werkzeugstählen vorhandenen Primärcarbide. Daran ist der keramikähnliche Charakter der Verbindungsschicht zu erkennen.

Im Bild 2.5-3 sind die Ergebnisse von Tribometerversuchen wiedergegeben, aus denen die Rolle des porösen und des porenfreien Teils der Verbindungsschicht hervorgeht. Hierzu ist der Abrieb der unbehandelten, geglätteten und vom porösen Teil be-

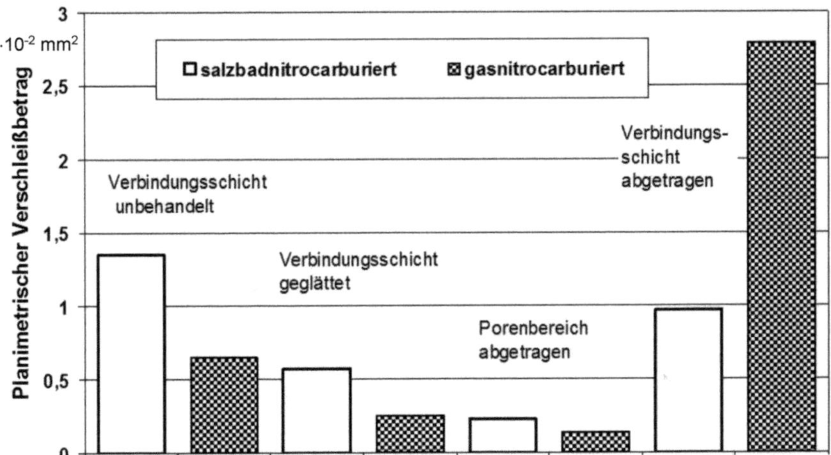

Bild 2.5-3: Verschleißverhalten von nitrocarburierten Scheiben aus dem Stahl Cf45 mit unterschiedlicher Nachbearbeitung nach dem Nitrocarburieren (Stift-Scheibe-Tribometer) [2]

freiten Verbindungsschicht sowie des Grundmaterials ohne Verbindungsschicht miteinander verglichen [2]. Die Scheiben aus dem Stahl Cf45 im normalgeglühten Ausgangszustand wurden salzbad- bzw. gasnitrocarburiert und erhielten eine im Mittel 10 µm dicke Verbindungsschicht. Die Belastung wurde so eingestellt, dass die Randschicht der Scheiben durch spezifische Flächenbelastung nicht verformt wurde.

Der größte Verschleiß trat bei den Scheiben auf, bei denen die Verbindungsschicht entfernt worden war. Dass dabei die salzbadnitrocarburierten Proben deutlich besser abschnitten als die gasnitrocarburierten, kommt daher, dass sie im Öl abgeschreckt worden waren und somit die Diffusionsschicht eine höhere Härte aufwies als die im Gas abgekühlten gasnitrocarburierten. Die härtere Diffusionsschicht erwies sich demnach als resistenter. Demgegenüber verhielten sich die Scheiben am günstigsten, bei denen der poröse Teil der Verbindungsschicht fehlte. Die durch spanendes Bearbeiten geglätteten Verbindungsschichten sind nur geringfügig schlechter, jedoch immer noch besser als die nach dem Nitrocarburieren unbehandelten Scheiben.

Außer vom Oberflächenzustand hängt das Verschleißverhalten der Verbindungsschicht auch von ihrem Aufbau ab: Verbindungsschichten mit überwiegendem Anteil an γ'-Nitrid verhalten sich ungünstiger als solche mit einem großen Anteil an ε-Nitriden und am besten verhalten sich Schichten mit einem hohen Anteil an ε-Carbonitriden.

Verbindungsschichten verbessern auch das Verschleißverhalten bei Tribooxidation oder Passungsrost, auch Reibkorrosion oder Schwingungsverschleiß genannt. Dies ist ein Vorgang, bei dem Rost an den Passflächen zweier mit kurzem Hub wiederholt aufeinander gleitender Verschleißpartner entsteht. Dieser reibt sich leicht ab, was den Verschleiß beschleunigt. Eine positive Wirkung der Verbindungsschicht ist nach den praktischen Erfahrungen [1] jedoch nur dann zu erwarten, wenn die Geschwindigkeit, mit der sich eine durch die Reibung induzierte Schutzschicht bildet, größer ist als die Geschwindigkeit, mit der sie abgerieben wird.

Die positiven Wirkungen der Verbindungsschicht lassen sich sowohl für Bauteile als auch für Werkzeuge und auch bei höheren Betriebstemperaturen nutzen, da die Härte und die Verbindungsschicht auch bei Arbeitstemperaturen von z.B. 500 °C erhalten bleiben.

Nach gegenwärtig vorhandenem Kenntnisstand ergibt sich ein optimales Verschleißverhalten der Verbindungsschicht [1], wenn

- sie eine ausreichende Dicke aufweist (industriell bewährt: 10 µm bis 20 µm)
- der poröse Bereich möglichst dünn ist
- der Anteil an ε-Nitrid bzw. ε-Carbonitrid möglichst hoch ist
- hohe Druckeigenspannungen vorliegen.

Leider sind nicht alle Merkmale unabhängig voneinander einstellbar, so dass entsprechend dem jeweiligen Beanspruchungsfall eine praktische Erprobung unerlässlich ist.

2.5.3 Verschleißverhalten der Diffusionsschicht

Der Widerstand der Diffusionsschicht gegen Adhäsion ist geringer ausgeprägt als bei der Verbindungsschicht. Er nimmt im Bereich der Diffusionsschicht mit zunehmendem Abstand von der Oberfläche, entsprechend dem Stickstoff- und Härteprofil, ab. Dabei erweisen sich die legierten Stähle den unlegierten überlegen.

Ähnlich wie die Verbindungsschicht, widersteht auch die Diffusionsschicht abrasivem Verschleiß, und zwar umso mehr, je höher der Werkstoff mit Nitridbildnern legiert ist. Dabei kann direkt unterhalb der Verbindungsschicht eine Härte bis 1100 HV vorliegen, vgl. Kapitel 2.2. Diese Eigenschaft ist von besonderem Interesse, wenn aus Verzugsgründen oder wegen zu großer Sprödigkeit die Verbindungsschicht durch spanende

Bearbeitung entfernt werden muss oder ihre Entstehung beim Nitrieren unterdrückt wird.

Von großer Bedeutung für die industrielle Anwendung, insbesondere für die Zahnradfertigung, ist die Fähigkeit der Diffusionsschicht der legierten Stähle, den Widerstand gegen Randschichtzerrüttung bzw. Wälzverschleiß zu erhöhen. Maßgebend für die Wirkung sind das Härteprofil und die jeweils erreichte Nitrierhärtetiefe. Letztere muss zumindest den gleichen Abstand von der Werkstückoberfläche aufweisen, in dem das Maximum der durch die Flächenpressung induzierten Schubspannung liegt. Dabei muss beachtet werden, dass die Qualität der Werkstückoberfläche die Flächenpressung und damit die Höhe der Schubspannung beeinflusst.

In Bild 2.5-4 sind die Ergebnisse von Wälzverschleißversuchen mit Rollenrädern aus einem unlegierten und einem legierten Vergütungsstahl sowie einem legierten Einsatzstahl wiedergegeben. Die beiden Vergütungsstähle wurden vergütet und ebenso wie der normalgeglühte Einsatzstahl bei 570 °C im Salzbad bzw. im Gas mit einer Dauer von 3 h nitrocarburiert.

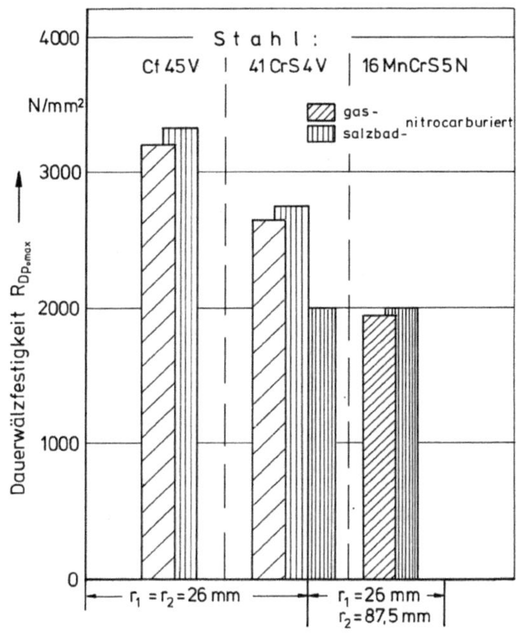

Bild 2.5-4: Dauerwälzfestigkeit ermittelt für 10^7 Überrollungen von nitrocarburierten Rollen mit 26 mm Durchmesser

An den belasteten und mit Schlupf aufeinander abrollenden Prüfkörpern wurde die Anzahl der Überrollungen bis zum Auftreten von Rissen, Ausbrüchen bzw. Pittings ermittelt. In Bild 2.5-3 sind die aus den Belastungs-Überrollzahl-Diagrammen entnommenen Werte der Dauerwälzfestigkeit aufgetragen.

Der Darstellung ist zu entnehmen, dass die Dauerwälzfestigkeit der Rollen aus dem Stahl Cf45 gegenüber dem Stahl 41Cr4 etwa 20 % höher ist. Dafür ist offensichtlich das höhere Formänderungsvermögen der Nitrierschicht des unlegierten Stahls verantwortlich. Die niedrigeren Werte des Einsatzstahls 16MnCrS5 sind mit der geringeren Balligkeit der Gegenrolle zu erklären. Im Vergleich zu den Rollen aus dem legierten Vergütungsstahl mit der gleichen Geometrie ist die Dauerwälzfestigkeit gleich hoch. Darin spiegelt sich das annähernd gleiche Härteprofil der beiden Stähle mit der daraus resultierenden Zähigkeit wider.

Durch Verwendung von Stählen, die höher legiert sind als der 41Cr4 oder der 16MnCrS5 lässt sich natürlich eine noch stärkere Verfestigung der Diffusionsschicht erreichen und damit die Dauerwälzfestigkeit weiter steigern, so dass mit ähnlich hohen Werten wie nach einem Einsatzhärten gerechnet werden kann. Für die industrielle Anwendung ergibt sich daraus die Möglichkeit, Getrieberäder herzustellen, die sich durch das Wärmebehandeln zum Einstellen der erforderlichen Gebrauchseigenschaften weniger verziehen als z. B. durch ein Einsatzhärten, woraus sich außerdem eine höhere Geräuscharmut ergibt.

Literatur

[1] Hoffmann, F./ Bujak, I./ Mayr, P./ Löffelbein, B./ Gienau, M./ Habig, K.-H.
Verschleißwiderstand nitrierter und nitrocarburierter Stähle
HTM Härterei-Techn. Mitt. 52 (1997) 6, S. 376 – 386

[2] Liedtke, D.
Beitrag zum Technisch-wirtschaftlichen Optimieren des Nitrocarburierens von Bauteilen
Dissertation TU Berlin, 1986

2.6 Festigkeitsverhalten

2.6.1 Zugfestigkeit

Dieter Liedtke

Das Festigkeitsverhalten nitrierter oder nitrocarburierter Werkstücke wie auch das Formänderungsvermögen ist als Verbundeigenschaft zu verstehen. Es wird von den Eigenschaften des Rand- *und* Kerngefüges, dem Gefügeaufbau und dem Eigenspannungszustand bestimmt.

Das Konzentrationsprofil des Stickstoffs und das sich daraus ergebende Härteprofil über den Werkstoffquerschnitt sind verantwortlich für eine Verfestigung der Diffusionsschicht, vgl. die Kapitel 1.4, 1.5 und 2.2. Dies und die vorhandenen Eigenspannungen lassen eine höhere Festigkeit bei zügiger Beanspruchung gegenüber dem nicht nitrierten Zustand erwarten.

Wie beispielsweise Zugversuche mit Proben aus dem Stahl 34Cr4 zeigen, trifft dies jedoch nicht zu. In Tabelle 2.6.1-1 sind die Ergebnisse normalgeglühter, vergüteter und nitrocarburierter normalgeglühter Zugproben aus dem Stahl 34Cr4 mit 12 mm Durchmesser wiedergegeben. Aus ihnen ist zu entnehmen, dass sich die Zugfestigkeit und die Streckgrenze nur wenig gegenüber dem normalgeglühten Zustand ändern. Deutlich verringert werden dagegen die Brucheinschnürung und die Bruchdehnung. D. h. die Verfestigung der Nitrierschicht verringert das Formänderungsvermögen der Werkstückrandschicht.

Tabelle 2.6.1-1: Ergebnisse von Zugversuchen am Stahl 34Cr4

Gefügezustand	Zugfestigkeit R_m in N/mm²	Streckgrenze R_p in N/mm²	Brucheinschnürung Z in %	Bruchdehnung A_5 in %
normalgeglüht	66,0	37,7	54,1	25,7
vergütet	90,0	83,2	67,8	18,3
normalgeglüht und nitrocarburiert 90 min	68,2	n.b.	30,9	17,7
normalgeglüht und nitrocarburiert 180 min	67,3	39,4	22,1	15,6

Der versprödende Effekt der Randschichtverfestigung ist an den geprüften Zugproben deutlich zu erkennen, siehe Bild 2.6.1-1. Die nitrocarburierten Proben weisen im Unterschied zu den normalgeglühten nicht nitrocarburierten keine sichtbare Einschnürung auf. Außerdem ist der Außendurchmesser mit einer Vielzahl radialer Risse überzogen. Dies veranschaulicht die besonders niedrige Verformbarkeit von Verbindungs-

und Diffusionsschicht. Danach reißt die Nitrierschicht bereits nach einer relativ geringen Dehnung an und der Riss pflanzt sich mit zunehmender Laststeigerung weiter in das Probeninnere fort bis zum Bruch, ohne dass eine plastische Verformung sichtbar wird.

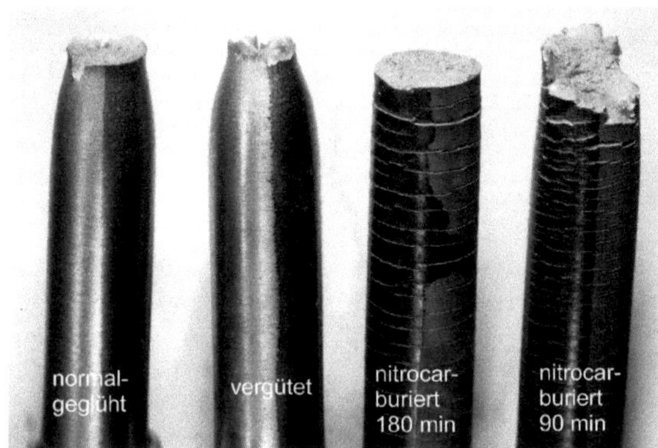

Bild 2.6.1-1: Zugproben aus dem Stahl 34Cr4 mit unterschiedlichem Gefügezustand

Diese Ergebnisse dürfen jedoch nicht ohne Einschränkung pauschal auf das Festigkeitsverhalten, also die Bauteilfestigkeit von Werkstücken, übertragen werden. Das Nitrieren und das Nitrocarburieren kann durchaus dazu benützt werden, neben dem Verschleißverhalten auch das Festigkeitsverhalten zu verbessern. Von einer Reihe von Beispielen industrieller Anwendungen, insbesondere Teile mit kleinerer Abmessung, speziell Blechteile und unter Verwendung unlegierter Stähle, deren Nitrierschicht wegen des Fehlens nitridbildender Legierungselemente deutlich weniger verfestigt und dadurch das Formänderungsvermögen nicht so stark verringert wird, sind positive Ergebnisse bekannt [1].

Literatur

[1] Dawes, C./ Tranter, D.F. Nitrotec surface treatment – its development and application in the design and manufacture of automobile components Heat Treatment of Metals (1982) 4, S. 85 – 90

2.6.2 Formänderungsvermögen – Zähigkeit

D. Liedtke

Das Formänderungsvermögen, für das im technischen Sprachgebrauch der Begriff Zähigkeit benutzt wird, ist beim Nitrieren und Nitrocarburieren von Eisenwerkstoffen keine vorrangige Zielgröße. Im Zusammenhang mit den Beanspruchungen eines Werkstücks beeinflusst es jedoch das Gebrauchsverhalten.

Die in der Nitrierschicht entstandene Verfestigung beeinträchtigt das Formänderungsvermögen. Zähigkeit und Duktilität nehmen gegenüber dem Ausgangszustand ab. Unterhalb der Nitrierschicht hat sich dagegen das Gefüge nicht verändert. Das Formänderungsvermögen nitrierter und nitrocarburierter Werkstücke ist dadurch gekennzeichnet, dass es nicht allein von der Nitrierschicht, sondern auch vom Kerngefüge bestimmt wird. Weitere Unterschiede bestehen zwischen dem Formänderungsvermögen der dünnen, sehr harten Verbindungsschicht und der Diffusionsschicht. Im Bild 2.6.2-1 ist dies schematisch dargestellt.

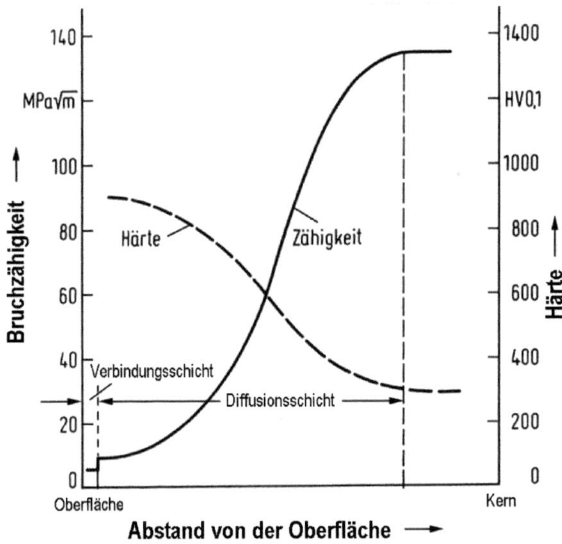

Bild 2.6.2-1: Zähigkeit und Härte als Funktion des Abstands von der Werkstückoberfläche [1]

Zum Beurteilen der Zähigkeit werden üblicherweise standardisierte Proben mit hoher oder niedriger Geschwindigkeit so belastet, dass sie sich elastisch und plastisch verformen. Aus diesem Verhalten werden Aussagen über das Formänderungsvermögen abgeleitet. Berücksichtig werden muss jedoch, dass es nicht möglich ist, das Verhalten der Verbindungsschicht unabhängig von dem der Diffusionsschicht zu bestimmen.

Die Prüfung mit dem genormten Kerbschlagbiegeversuch nach DIN 51222 ist eine vergleichsweise scharfe Methode, die nicht quantitativ auf das Verhalten des nitrierten/nitrocarburierten Bauteils übertragbar ist [2]. Ähnlich wie bei einsatzgehärteten Proben, genügen geringe Schlagkräfte und eine niedrige Schlagarbeit zum Trennen der Kerbschlagbiegeproben. In Bild 2.6.2-2 sind die Ergebnisse salzbad- und gasnitrocarburierter Proben aus je einem unlegierten und legierten Einsatz- und Vergütungsstahl gegenübergestellt [3, 4]. Der Abfall der Zähigkeit des nitrocarburierten gegenüber dem nicht nitrocarburierten Zustand ist deutlich zu erkennen. Wird nach dem Nitrocarburieren langsam an Luft oder im Stickstoff abgekühlt, ist die Zähigkeitseinbuße zumindest beim unlegierten Einsatzstahl Ck15 geringer, beim Stahl 16MnCr5 wirkt sich dies nicht aus. Beim unlegierten Vergütungsstahl Cf45 mit seinem niedrigeren Ferritgehalt ergibt das langsame Abkühlen keine größere Zähigkeit als das Abschrecken im Wasser. Das Auslagern der Proben aus den beiden Vergütungsstählen führt zwar zu einem Ausscheiden von Nitriden im Ferrit des unlegierten Stahls, jedoch zu keiner Verbesserung der Zähigkeit.

Wesentlich besser als die Proben mit normalgeglühtem Ausgangszustand schneiden die Proben mit vergütetem und mit weichgeglühtem Ausgangsgefüge im nitrocarburierten Zustand ab. Hier verbessert das homogenere Ausgangsgefüge in Rand und Kern das Formänderungsvermögen, woraus sich eine Möglichkeit zum Optimieren von Bauteilen ableiten lässt.

Kerbschlagbiegeversuche mit dem unlegierten normalgeglühten Einsatzstahl bei verschiedenen Prüftemperaturen zeigen, dass sich der Übergang vom Verformungs- zum Sprödbruch durch das Nitrocarburieren weit in den Bereich oberhalb der Raumtemperatur verschiebt, wie sich aus Bild 2.6.2-3 entnehmen lässt [5, 6]. Hier ist die Schlagarbeit von Proben aus dem Stahl Ck15 im normalgeglühten Ausgangszustand, nach einem zweistündigen Salzbadnitrocarburieren mit Abschrecken in Salzwasser und nach einem zusätzlichen Auslagern bei 120 °C mit einer Haltedauer von 1, 10 und 100 Stunden in Abhängigkeit von der Prüftemperatur wiedergegeben.

Während die Übergangstemperatur vom Sprödbruch zum Verformungsbruch im normalgeglühten Zustand bei ca. -20 °C liegt, steigt sie im nitrocarburierten Zustand auf etwa 50 °C. Durch ein 100-stündiges Auslagern lässt sie sich wieder auf etwa 10 °C erniedrigen [5, 6]; die versprödende Wirkung wird also gemildert, aber nicht vollständig aufgehoben.

Im Bild 2.6.2-4 ist der Einfluss der Auslagerungstemperatur auf die Schlagarbeit dargestellt [5, 6]. Wie aus den Ergebnissen abzulesen ist, lässt sich die Zähigkeit durch Auslagern bei höheren Temperaturen als 120 °C deutlich rascher verbessern. Die besseren Ergebnisse des nicht nitrocarburierten Zustands lassen sich jedoch auch dadurch nicht wiederherstellen.

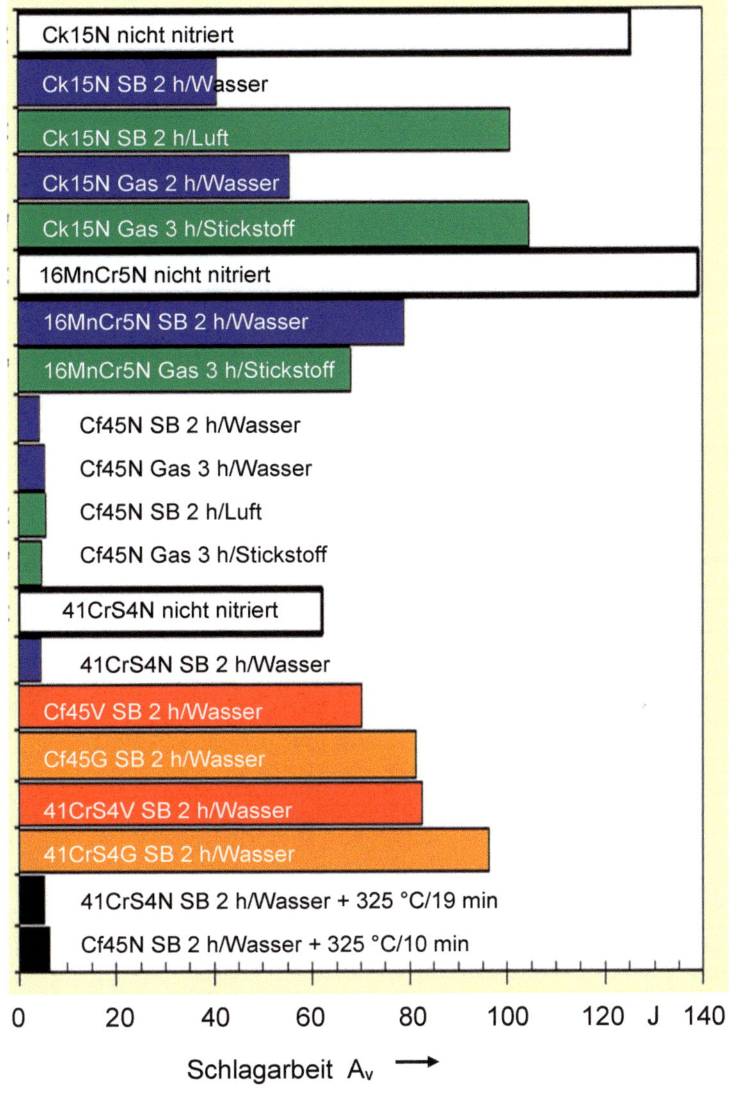

(N = normalgeglüht, V = vergütet, G = GKZ-geglüht, SB = salzbadnitrocarburiert, G = gasnitrocarburiert)

Bild 2.6.2-2: Gegenüberstellung der Schlagarbeit unlegierter und legierter Einsatz- und Vergütungsstähle mit unterschiedlichem Ausgangsgefügezustand nach Salzbad- und Gasnitrocarburieren (DVM-Proben)

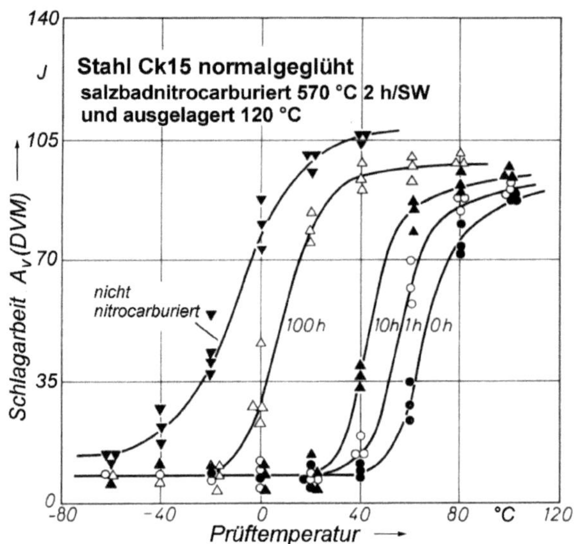

Bild 2.6.2-3: Schlagarbeit normalgeglühter und salzbadnitrocarburierter sowie zusätzlich ausgelagerter Kerbschlagbiegeproben aus dem Stahl Ck15

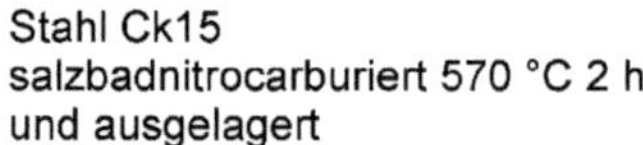

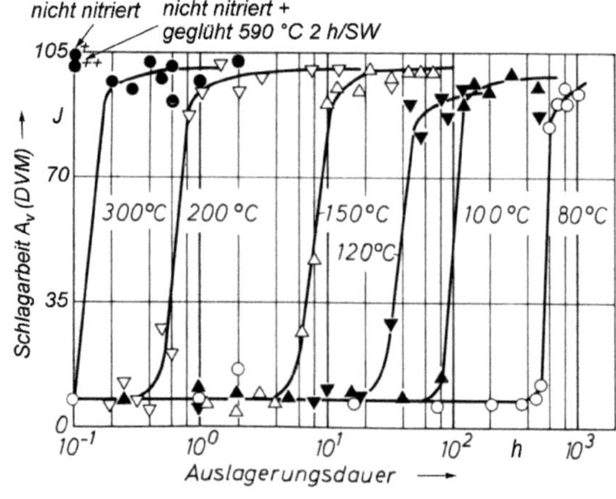

Bild 2.6.2-4: Kerbschlagarbeit von salzbadnitrocarburierten Proben aus dem Stahl Ck15 in Abhängigkeit von der Auslagerungstemperatur [5, 6]

Statische Biege- oder Torsionsversuche charakterisieren das Verhalten verfestigter Randschichten deutlicher als Kerbschlagbiegeversuche, bei denen das Formänderungsvermögen vom nicht aufgestickten Probenquerschnitt beeinflusst wird. Bei einer statischen Biegung entsteht auf der dem Belastungsstempel gegenüberliegenden Seite eine Zugspannung, welche die Probe verformt. Dies wird von Schallemissionen begleitet, mit denen das Anreißen der Verbindungs- und Diffusionsschicht detektiert werden kann. Bei entsprechenden Versuchen [3, 4] wurde nachgewiesen, welche Biegekräfte bei nitrocarburierten Proben erforderlich sind, um eine bestimmte Durchbiegung zu erreichen. Dabei ergab sich auch deutlich, welche Rolle das Kerngefüge einnimmt: vergütete – homogene – Ausgangsgefüge erfordern höhere Biegekräfte als normalgeglühte oder weichgeglühte.

Je nach Werkstoffzusammensetzung, d. h. Härte der Nitrierschicht, ergibt sich ein charakteristisches Anrissverhalten. Bei legierten Stählen entstehen wenige, makroskopisch sichtbare Anrisse, die bis tief in die Randschicht reichen, vgl. Bild 2.6.2-7. Offensichtlich wird die risstreibende Energie nicht vollständig durch plastische Verformung aufgezehrt. Auch homogenere Ausgangsgefügezustände, wie nach dem Vergüten oder GKZ-H-Glühen, verhalten sich nicht anders. Demgegenüber entstehen bei den unlegierten Stählen und erst bei höherer Biegekraft zahlreiche, sehr feine und kurze Mikrorisse, die meist nicht tiefer als bis zum Ende der Verbindungsschicht reichen. In den Bildern 2.6.2-5 und 2.6.2-6 sind die beiden Risstypen als Oberflächenaufnahme und in den Bildern 2.6.2-7 und 2.6.2-8 im metallographischen Querschliff abgebildet.

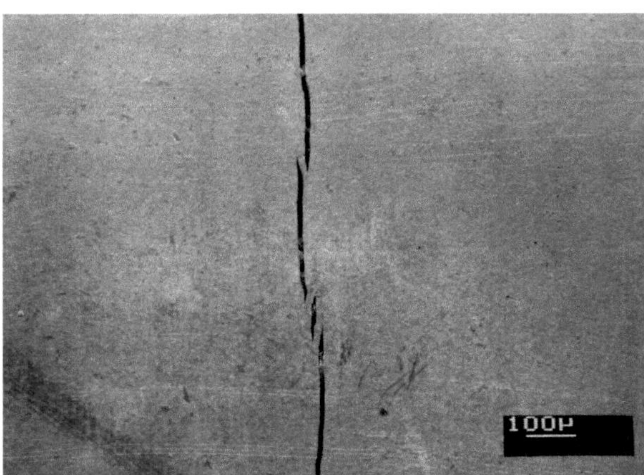

Bild 2.6.2-5: Rasterlektronenmikroskopische Aufnahme der Oberfläche einer Biegeprobe aus dem vergüteten und salzbadnitrocarburierten Stahl 41Cr4S (570 °C 2 h/SW)

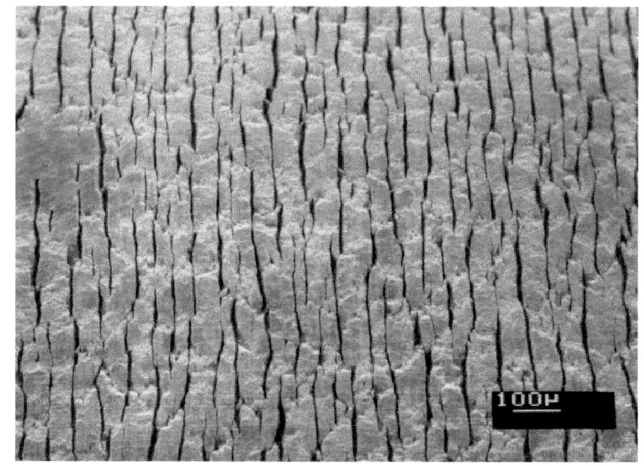

Bild 2.6.2-6: Rasterlektronenmikroskopische Aufnahme der Oberfläche einer Biegeprobe aus dem normalgeglühten, salzbadnitrocarburierten (570 °C 2 h/SW) und ausgelagerten (325 °C 10 min) Stahl Cf45

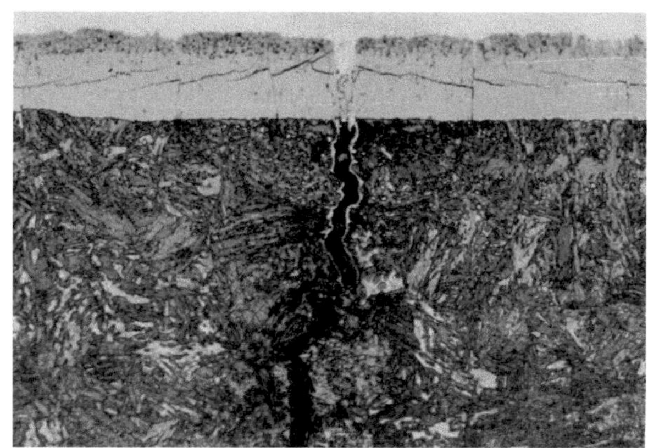

Bild 2.6.2-7: Lichtmikroskopisches Aussehen der Randschicht des vergüteten und salzbadnitrocarburierten (570 °C 2 h/SW) Stahls 41CrS4 (Vergrößerung 1000:1, Ätzung: 1 %-Nital)

Bild 2.6.2-8: Lichtmikroskopisches Aussehen der Randschicht des normalgeglühten, salzbadnitrocarburierten (570 °C 2 h/SW) und ausgelagerten (325 °C 10 min) Stahls Cf45 (Vergrößerung 1000:1, Ätzung: 1 %-Nital)

Das geringe Formänderungsvermögen der Verbindungsschicht wirkt sich in der industriellen Anwendung insbesondere auch bei solchen Bauteilen negativ aus, die nach einem Nitrieren oder einem Nitrocarburieren gerichtet, gebördelt, verstemmt oder zum Zwecke eines Glättens der Oberfläche oder eines Kalibrierens – z. B. bei rotationssymmetrischen Werkstücken – glattgewalzt werden sollen. Wenn die dabei eintretenden Formänderungen zu groß werden, entstehen in der Verbindungsschicht oder/und der Diffusionsschicht Anrisse, die zum Bruch führen können. In Bild 2.6.2-9 ist z. B. die rissige Randschicht nach einem Glattwalzen zu sehen. Die Risse in der Verbindungsschicht kommen hier in der ferritisch-perlitischen Diffusionsschicht des Stahls C45 zum Stehen.

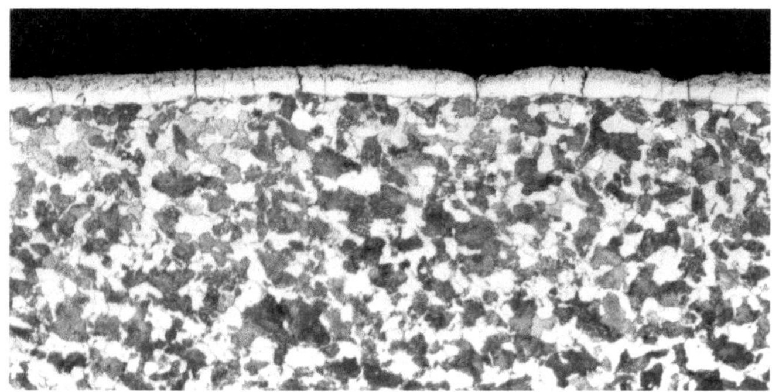

Bild 2.6.2-9: Anrisse in der Randschicht eines Werkstücks aus dem Stahl C45 nach einem Glattwalzen [7]

Die statischen Biege- oder Torsionsversuche oder der Schlagbiegeversuch eignen sich allerdings auch nur bedingt für ein quantitatives Kennzeichnen der Zähigkeit und sind für eine quantitative Analyse des Bruchverhaltens nicht anwendbar. Deshalb werden in zunehmendem Maße die Kenngrößen der Bruchmechanik zur Beschreibung des Bruchverhaltens randschichtverfestigter Werkstücke herangezogen. Wegen der geringen Dicke der Nitrierschichten haben sich die für das Prüfen keramischer Werkstoffe entwickelten Verfahren der Kerbbruchmechanik und der Eindruckbruchmechanik bewährt [1].

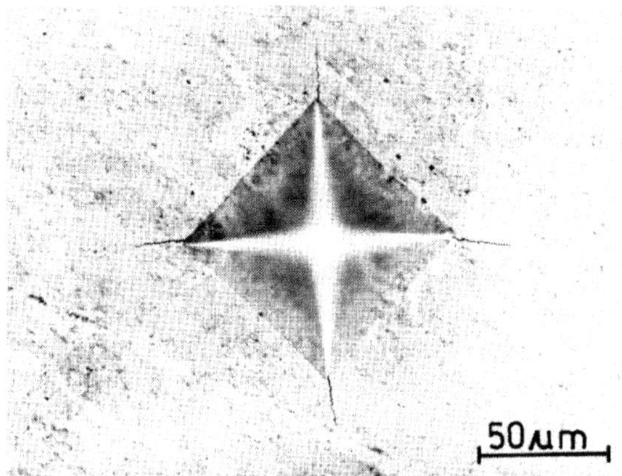

Bild 2.6.2-10: Charakteristische Rissausbildung in der Verbindungsschicht einer Probe des Stahls 20MnCr5

Bei der letztgenannten Methode werden entweder Biegeproben mit Oberflächenrissen definierter Tiefe konventionell geprüft oder die Länge der im Zugspannungsfeld eines Härteeindrucks entstandenen Risse zum Berechnen der Bruchzähigkeit benutzt. Bild 2.6.2-10 zeigt die Aufnahme eines Eindrucks mit einem Eindruckprüfkörper wie er beim Vickersverfahren benutzt wird, mit charakteristischer Rissausbildung.

Die Morphologie der Risse kann durch ihre Länge und Tiefe beschrieben werden. Versuche ergaben, dass, je nach der Zähigkeit der untersuchten Schicht, das Verhältnis der Risslänge zur Diagonalen des Eindrucks zwischen 0,08 und 0,6 lag [1]. Im Vergleich dazu wurden bei gehärteten Werkzeugstählen Werte von 0,05 bis 0,5 und an Hartmetallen zwischen 0,1 bis 1,0 gemessen.

Mit der Methode der Bruchzähigkeit wurden für die Verbindungsschicht Werte von 6 $MPa{\cdot}m^{0,5}$ bis 10 $MPa{\cdot}m^{0,5}$ gemessen, was an der oberen Grenze der Werte von Hartmetallen liegt, vgl. Bild 2.1-2. Dies entspricht etwa 40 % bis 50 % der Bruchzähigkeit einsatzgehärteter Randschichten mit gleicher Härte. Die Bruchzähigkeit von Diffusionsschichten erreicht bei vergleichbarer Härte die Zähigkeit gehärteter Schnellarbeitsstähle.

Zu beachten ist, dass die Bruchzähigkeit maßgeblich vom Gefügezustand vor dem Nitrieren/Nitrocarburieren beeinflusst wird. Auch hier erweist sich ein Stahl mit homogenem Ausgangsgefüge, z. B. vergütet, zäher als z. B. ein ledeburitischer Stahl mit dem viele Primärcarbide enthaltenden Ausgangsgefüge.

Nach dem gegenwärtigen Wissensstand zum Formänderungsvermögen nitrierter und nitrocarburierter Gefüge ist abzuleiten, dass es zweckmäßig sein kann,

- Verbindungsschichten zu erzeugen, die nicht dicker sind als für den Anwendungszweck unbedingt notwendig ist
- je nach Werkstoff und der zu erwartenden Beanspruchung die Verbindungsschicht abzuarbeiten
- möglichst unlegierte oder niedrig legierte Stähle zu verwenden
- ein möglichst homogenes Ausgangsgefüge einzustellen.

Literatur

[1] Spies, H.-J. — Zähigkeit von Nitrierschichten auf Eisenwerkstoffen
HTM Härterei-Techn. Mitt. 41 (1986) 6, S. 365 - 372

[2] Grosch, J. — Festigkeitsverhalten nitrierter und nitrocarburierter Gefüge
AWT-Seminar Nitrieren und Nitrocarburieren

[3] Liedtke, D. — Beitrag zum technisch-wirtschaftlichen Optimieren des Nitrocarburierens von Bauteilen
Diss. TU Berlin, 1986

[4] Liedtke, D./Grosch, J. — Über das Formänderungsverhalten nitrocarburierter Stähle
HTM Härterei-Techn. Mitt. 41 (1986) 6, S. 373 - 386

[5] Krzyminski, H. — Einfluss der Aushärtung durch Stickstoff in der Diffusionszone nitrierter unlegierter Stähle auf Festigkeit, plastische Verformbarkeit und das Verhalten bei umlaufender Biegung
Diss. TU Berlin, 1967

[6] Krzyminski, H. — Aushärtungsvorgänge in der Diffusionszone nitrierter unlegierter Stähle und deren Einfluss auf Festigkeit und Zähigkeit
HTM Härterei-Techn. Mitt. 23 (1968) 3, S. 198 - 207

[7] Hoffmann, F. — Mikrostruktur und Schwingfestigkeit von Ck45 nach kombinierter mechanischer und thermochemischer Randschichtverfestigung
Diss. Uni Bremen, 1986

2.6.3 Schwingfestigkeit

Heinz-Joachim Spies

Das Nitrieren wird seit Jahrzehnten mit Erfolg zur Erhöhung der Schwingfestigkeit von Bauteilen genutzt. Dazu gehören z. B. Kurbelwellen, Pleuelstangen und Zahnräder, vor allem aber auch Bauteile, die komplexen zyklischen, tribologischen und korrosiven Beanspruchungen unterliegen. Aus in den 30er Jahren des vorigen Jahrhunderts durchgeführten Untersuchungen ist bekannt, dass durch Nitrieren, abhängig von der Kernfestigkeit und der Nitrierdauer (Nitriertiefe), die Biegewechselfestigkeit erhöht wird, siehe Bild 2.6.3-1. Nitrierte Bauteile zeichnen sich durch eine hohe Dauerfestigkeit, eine geringe Kerbempfindlichkeit und Unempfindlichkeit gegenüber der Oberflächenbeschaffenheit vor dem Nitrieren sowie einer Schädigung durch eine Korrosion in neutralen Medien aus [1, 2]. Die Steigerungsraten der Dauerfestigkeit sind bei scharf gekerbten Proben und Bauteilen, d. h. bei einem hohen Spannungsgefälle besonders groß, vgl. Tabelle 2.6.3-1.

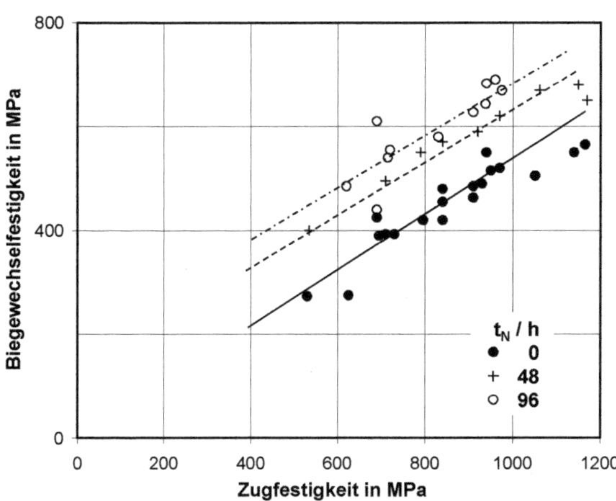

Bild 2.6.3-1: Biegewechselfestigkeit von nicht nitrierten und nitrierten Proben mit 7,5 mm Durchmesser nach Mailänder [1]

Bei einer Beanspruchung im Zeitfestigkeitsbereich ergeben sich auf Grund der hohen Härte und geringen Zähigkeit der Nitrierschichten Grenzen durch eine erhöhte Überlastungsempfindlichkeit. Sie äußert sich in einem geringen Anstieg der Zeitfestigkeitsgeraden, beschrieben durch einen hohen Wert des Neigungsexponenten k der Wöhlerlinie. Nitrierschichten besitzen auf Grund ihrer hohen Härte nur ein sehr geringes Formänderungsvermögen. Sie reagieren deshalb empfindlich auf Verletzungen durch Schlag und Stoß bei der Montage sowie auf Richtvorgänge. Bereiche, in denen plastische Verformungen beim Richten auftreten, sollten deshalb nicht mit nitriert werden. Die Empfindlichkeit gegenüber Verletzungen der Nitrierschicht durch Oberspannungen sowie Schlag, Stoß und Richtvorgänge nimmt mit ihrer Härte zu.

Mit zunehmendem Bauteildurchmesser nimmt das Spannungsgefälle ab. Die Wirkung der Randschichtverfestigung durch das Nitrieren auf die Steigerung der Dauerfestigkeit verringert sich damit. Beispiele dafür zeigen Bild 2.6.3-2 und Tabelle 2.6.3-2. Wie aus Bild 2.6.3-2 hervorgeht, ist die Steigerung der Dauerfestigkeit gekerbter Proben (α_K = 2) mit einem Durchmesser von 100 mm durch das Nitrieren auf 136 % dennoch beachtlich. Nach Angaben von Sauer [5] ist bei Rundstäben bis zu einem Durchmesser von 200 mm durch das Nitrieren noch eine Verbesserung der Dauerfestigkeit um etwa 14% zu erwarten.

Tabelle 2.6.3-1: Biegewechselfestigkeit einiger nitrierter Stähle nach H. Wiegand [2]

Stahlart	$R_{m\,Kern}$ MPa	Nitrier - -Temp.	-Dauer	Biegewechselfestigkeit σ_{bW}[1]) / MPa		Steigerung der σ_{bW}	σ_{bWK}[2])/ MPa		Steigerung der σ_{bWK}	Kerbwirkungszahl β_K	
	nitriert	°C	Std.	nicht nitriert	nitriert	in %	nicht nitriert	nitriert	in %	nicht nitriert	nitriert
Cr - Mo - Al - Nitrierstahl	883	520	45	471	667	+ 41	235	-	-	2,0	-
Cr - V - Nitrierstahl	1000	500	45	471	628	+ 33	294	480	+ 64	1,6	1,3
Cr - Mo - V - Nitrierstahl	1177	520	45	559	716	+ 28	255	588	+ 130	2,19	1,23
Cr - Mo - Mn - Vergütungsstahl	1177	520	45	588	843	+ 43	461	490	+ 6,5	1,28	1,72
C - Vergütungsstahl	834	480	45	431	667	+ 55	245	441	+ 80	1,76	1,51
Cr - Mo - Vergütungsstahl	1079	500	45	549	824	+ 50	265	520	+ 96	2,07	1,59

[1]) σ_{bW} am glatten Umlaufbiegestab (6,5 mm ∅) ermittelt

[2]) σ_{bWK} am gekerbten Umlaufbiegestab ermittelt (Kerbtiefe 0,5 mm; Kerbradius 0,5 mm)

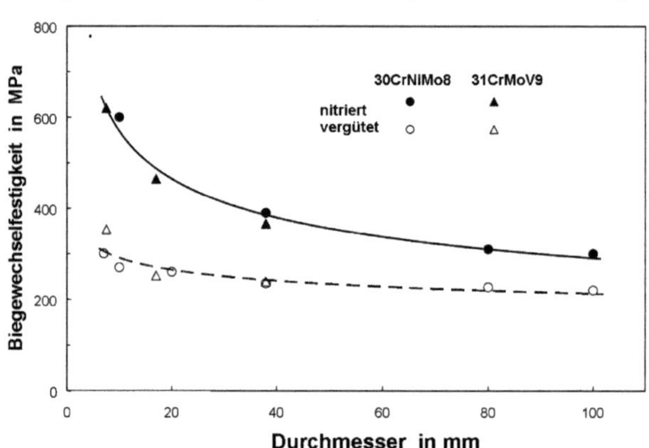

Bild 2.6.3-2: Abhängigkeit der Dauerfestigkeit vom Durchmesser gekerbter Rundproben (α_K = 2) aus den Stählen 30CrNiMo8 und 31CrMoV9 im vergüteten und nitrierten Zustand [3, 4]

Tabelle 2.6.3-2: Einfluss des Probendurchmessers auf die Biegewechselfestigkeit des Stahles 31CrMoV9

Behandlungszustand	Probendurchmesser	Formzahl α_K = 1		Formzahl α_K = 2		β_K[4])
	mm	σ_{bw}[1]) MPa	S[2])	σ_{bWK}[1]) MPa	S[2])	
vergütet	7,5	473	-	335	-	1,41
	17	438	-	252	-	1,74
	38	402	-	239	-	1,68
vergütet und nitriert [3])	7,5	651	1,37	620	1,85	1,05
	17	508	1,16	465	1,85	1,09
	38	450	1,12	366	1,53	1,23

[1]) Bruchwahrscheinlichkeit P = 50 %; [2]) S: Steigerungsfaktor: σ_{bW}-nitriert/σ_{bW}-nicht nitriert

[3]) Nitrierhärtetiefe: 0,5 mm; Randhärte: 735 HV0,3; Kernhärte: 280 HV0,3; [4]) β_K: Kerbwirkungszahl

Die Erhöhung der Schwingfestigkeit durch das Nitrieren ist auf die Verfestigung der Randschicht und den Aufbau von Druckeigenspannungen im Randbereich zurückzuführen. Die Eigenspannungen können in ihrer Wirkung auf die Dauerfestigkeit einer Mittelspannung gleichgesetzt werden [6]. Aus dieser Wirkung auf die reine eigenspannungsfreie Dauerfestigkeit die z. B. mit dem Goodman-Ansatz bzw. dem modifiziertem Schädigungsparameter nach Smith, Watson und Topper (SWT) quantitativ beschrieben werden kann, ergibt sich eine effektive Dauerfestigkeit [4, 7].

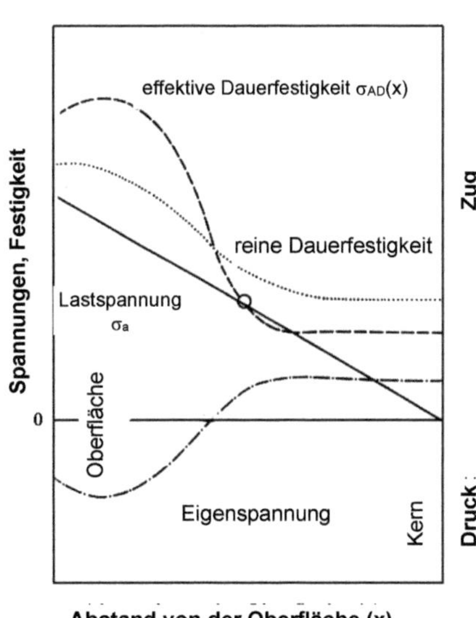

Bild 2.6.3-3:
Woodvine-Analyse eines randschichtverfestigten Stahles nach Robinson [7]

Die tiefenabhängige Härte- und Eigenspannungsverteilung bedingt eine tiefenabhängige „örtliche effektive Dauerfestigkeit“ σ_{AD} (x) (Bild 2.6-3). Dieses auf Woodvine [8] zurückgehende Konzept der örtlichen Dauerfestigkeit hat sich als geeignete Modellvorstellung zur Bewertung der komplexen Wirkung wesentlicher Einflussgrößen auf die Schwingfestigkeit randschichtverfestigter Bauteile erwiesen [6 bis 9].

Durch den Vergleich des Verlaufs der örtlichen Dauerfestigkeit mit dem örtlichen Beanspruchungsverlauf $\sigma_a(x)$ kann der mögliche Anrissort abgeschätzt werden, s. Bild 2.6.3-4. Bei einem flachen Lastspannungsverlauf, der für glatte und gekerbte Bauteile größerer Dicke charakteristisch ist, beginnt die Schädigung mit der Bildung eines Anrisses unter der Oberfläche im Übergang von der Nitrierschicht zum Kernwerkstoff (Anrisslage 1). Das erklärt die eingangs erwähnte Unempfindlichkeit gegenüber dem Einfluss der Oberflächenbeschaffenheit und schwacher Kerben [1]. Die Schwingfestigkeit wird in diesem Fall durch die Eigenschaften des Kernwerkstoffes, besonders seine Festigkeit und seinen Reinheitsgrad sowie die von der Nitrierhärtetiefe abhängige Anrisstiefe bestimmt. Der Einfluss der im Anrissbereich in der Nähe des Nulldurchganges auftretenden geringen Eigenspannungen ist vernachlässigbar.

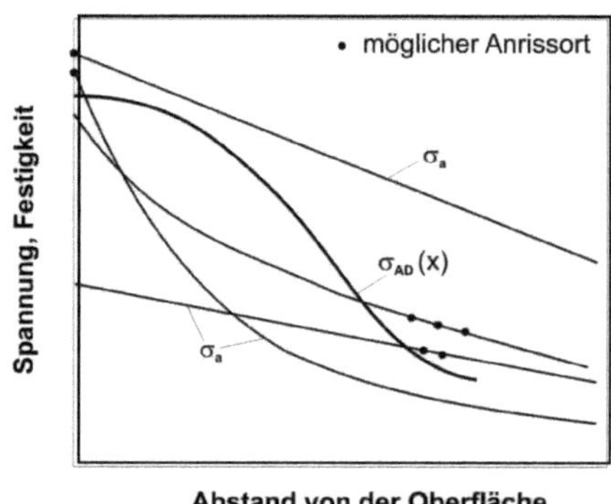

Bild 2.6.3-4: Schematische Darstellung der möglichen Anrissorte eines randschichtverfestigten Stahles in Abhängigkeit von der örtlichen Dauerfestigkeit σ_{AD}(x) und der Beanspruchung σ_A

Im Bereich der Zeitfestigkeit führen hohe Spannungsamplituden und die damit verbundene Erhöhung des Spannungsgradienten zu einer Verlagerung der den Bruchablauf bestimmenden Anrisse an die Oberfläche (Anrisslage 2). Wie Bild 2.6.3-5 zeigt, wird die Schwingfestigkeit glatter und schwach gekerbter Bauteile auf diese Weise von der durch den Wechsel der Anrisslage bedingten Überlagerung der Wöhlerstreubänder des Rand- und Kernwerkstoffes bestimmt. Die bei der Anrissbildung auftretenden Streuungen veranschaulicht Bild 2.6.3-5b. Der Wechsel der Anrisslage erfolgt bei diesem Beispiel bei Spannungsamplituden zwischen 1060 MPa und 1150 MPa.

Im dauerfestigkeitsnahen Bereich erfolgt der Übergang von der Anrisslage 1 zur Anrisslage 2 in Abhängigkeit von der Randhärte und der Nitrierhärtetiefe mit zunehmendem Bauteildurchmesser erst bei relativ hohen Formzahlen. Bei dem Stahl 31CrMoV9 (Nht = 0,50 mm) traten Oberflächenanrisse (Anrisslage 2) z. B. bei einem Kerbgrunddurchmesser von 38 mm erst bei Kerbformzahlen α_K >3 auf. Bis zu dieser Formzahl wurde die Dauerfestigkeit durch die Nitrierhärtetiefe und die Kernfestigkeit bestimmt.

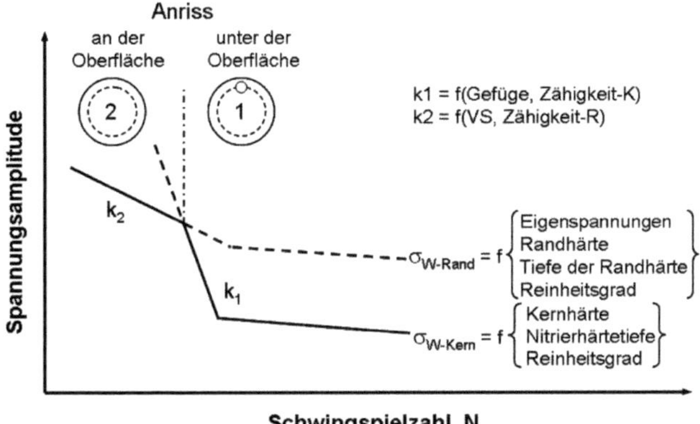

a. Schematische Darstellung, Einflussgrößen auf die Schwingfestigkeit

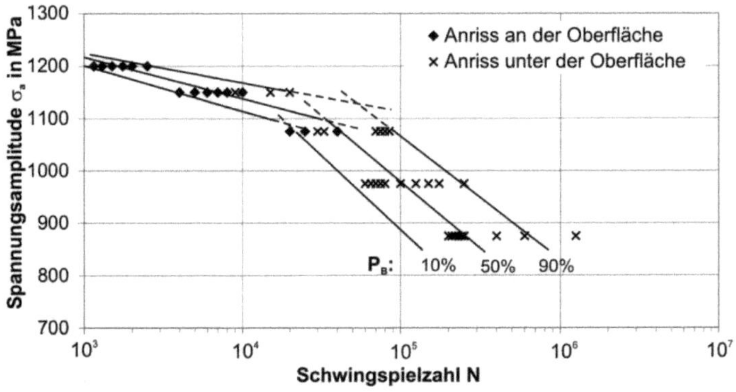

b. Streuband der Zeitfestigkeit nitrierter ungekerbter Proben des Stahls 20MnCr5V; Bruchwahrscheinlichkeit PB = 10 %, 50 % und 90 %

Bild 2.6.3-5: Überlagerung der Wöhlerlinien des Rand- und Kernwerkstoffes

An stark gekerbten Bauteilen geringer Dicke mit einem hohen Spannungsgefälle entstehen die Anrisse unabhängig von der Höhe der Beanspruchung direkt an der Oberfläche im Kerbgrund. Die Schwingfestigkeit wird bei dieser Anrisslage durch die Eigenschaften des Randbereiches der Nitrierschicht bestimmt, vor allem durch die Höhe, die Tiefenverteilung und die Stabilität der Eigenspannungen sowie die Härteverteilung im randnahen Bereich. Die Nitrierschicht weist eine erhöhte Dauerschwingfestigkeit und eine gegenüber dem Grundwerkstoff verringerte Anrissspannung bei statischer Beanspruchung auf. Das erklärt die erhöhte Überlastungsempfindlichkeit randschichtverfestigter Bauteile (Sensibilität bezüglich der Ober- bzw. Mittelspannungen), erkennbar an einem flacheren Verlauf der Wöhlerlinie des Randbereiches. Der für glatte und schwach gekerbte Bauteile charakteristische Wechsel des Anrissortes an die Oberfläche äußert sich deshalb in einer Änderung des Anstiegs der Wöhlerlinie (Bild 2.6.3-5).

An dieser Stelle sei besonders darauf verwiesen, dass hochfeste Werkstoffzustände und damit auch Nitrierschichten keine ausgeprägte Dauerfestigkeitsgrenze besitzen [10]. Bei nitrierten Bauteilen muss deshalb mit dem Auftreten von Spätbrüchen auch oberhalb von 10^7 Schwingspielen gerechnet werden. In Abhängigkeit von Reinheitsgrad, Gefügeinhomogenitäten, Mikrokerben und anderen Fehlstellen kann der Anrissort dabei sowohl an der Oberfläche als auch unter der Oberfläche liegen.

Eine Vorstellung vom Einfluss der Kerbschärfe auf die Schwingfestigkeit vergüteter und nitrierter Proben vermittelt Bild 2.6.3-6. Zur Veranschaulichung der Wirkung des Nitrierens wurden die Wöhlerkurven auf die Dauerfestigkeit des vergüteten, ungekerbten Probestabes bezogen. Die Wirkung von Kerben auf die Zeit- und Dauerfestigkeit des vergüteten Stahls 20MnCr5 entspricht bekannten Zusammenhängen. Mit zunehmendem Spannungsgefälle nimmt die Stützwirkung bei Stählen in diesem Festigkeitsbereich merklich zu. Die Kerbwirkungszahl β_K liegt deutlich unter der Formzahl α_K. Die Steigerung der Zeitfestigkeitsgeraden erhöht sich mit wachsender Kerbschärfe, das wird durch einen geringeren Neigungsexponenten k beschrieben.

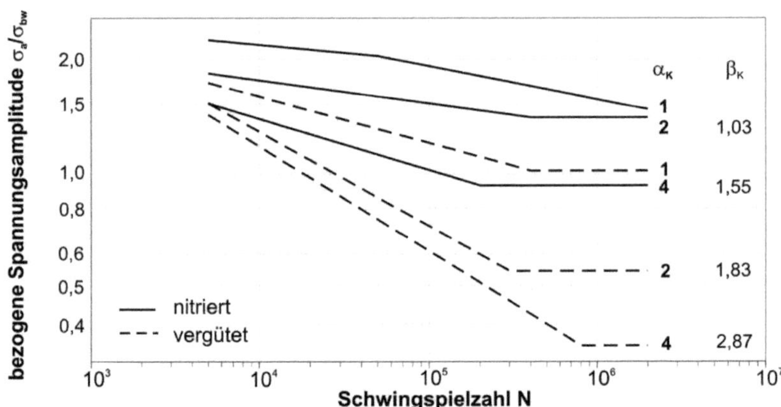

Bild 2.6.3-6: Wöhlerlinien des nicht nitrierten und nitrierten Stahls 20MnCr5 V (Nht = 0,5 mm) für verschiedene Formzahlen, bezogen auf die Biegewechselfestigkeit nicht nitrierter, glatter Proben; Bruchwahrscheinlichkeit P_B = 50 %; Probendurchmesser: 7,5 mm

Die Wirkung von Kerben auf die Schwingfestigkeit nitrierter Proben wird bestimmt durch den Wechsel der Anrisslage. Bei der Erhöhung der Formzahl α_K von 1 auf 2 erfolgt eine Verlagerung des Anrissortes an die Oberfläche. Die deutlich höhere Dauerfestigkeit der Nitrierschicht des Stahls 20MnCr5 kompensiert die Wirkung der Kerben weitgehend, so dass die Dauerfestigkeit der ungekerbten Proben und der gekerbten Proben (α_K = 2) in der gleichen Größenordnung liegt.

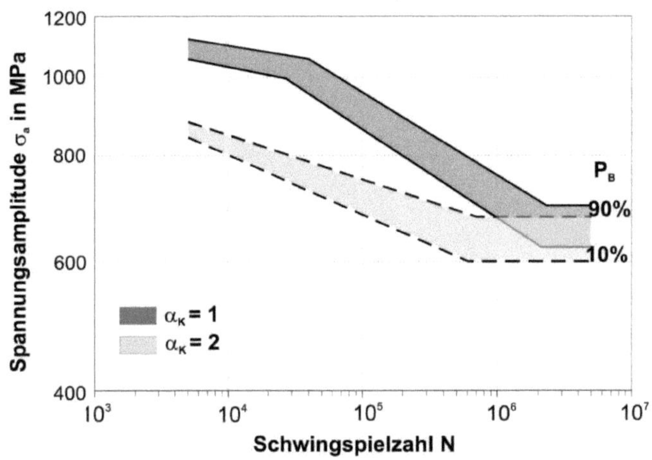

Bild 2.6.3-7: Wöhlerstreubänder des nitrierten Stahls 31CrMoV9V (Nht = 0,6mm) für ungekerbte und gekerbte Proben (α_K = 1 und α_K = 2); Probendurchmesser: 7,5 mm

Das bestätigten auch Untersuchungen an dem Stahl 31CrMoV9V. Die für die Formzahlen α_K= 1 und α_K= 2 ermittelten Streufelder des Übergangsbereiches unterscheiden sich praktisch nicht, siehe Bild 2.6.3-7. Vergleicht man die Wirkung von Kerben bei gleichem Anrissort in Bild 2.6.3-6, d. h. innerhalb des nitrierten Randwerkstoffes (α_K = 2 und α_K = 4), so ergibt sich ein deutlicher Abfall der Dauerfestigkeit. Die Festigkeit liegt dennoch weit über dem sich aus der höheren Formzahl ergebenden Wert, die Kerbwirkungszahl β_K = 1,55 ist deutlich kleiner als die Formzahl α_K= 4.

Im Gegensatz zur Dauerfestigkeit wird die Zeitfestigkeit der nitrierten, gekerbten Proben durch den Wechsel der Anrisslage erheblich beeinflusst, Bilder 2.6.3-6 und 2.6.3-7. Die Anrissbildung an der Oberfläche führt auf Grund der erwähnten Empfindlichkeit der Nitrierschicht gegenüber hohen Spannungsamplituden zu einer deutlichen Verringerung des Anstieges der Zeitfestigkeitsgeraden, charakterisiert durch den Wöhlerlinienexponenten k. Wie aus Tabelle 2.6.3-3 zu entnehmen ist, wird das Anrissverhalten sowohl durch den Phasenaufbau der Verbindungsschicht als auch die Zähigkeit der Diffusionsschicht bestimmt. Ein Abtrag von ε-Nitridverbindungsschichten führt ebenso wie eine γ'-Nitridverbindungsschicht zu einer Verringerung der Überlastungsempfindlichkeit. Untersuchungen von Eckert, Dengel und Kunst an badnitrocarburierten Proben des Stahles 42CrMo4 bestätigten den Einfluss des Aufbaues der Verbindungsschicht auf das Anrissverhalten im Zeitfestigkeitsbereich [11].

Bei der für glatte und gekerbte Bauteile größerer Dicke charakteristischen Anrissbildung im Übergang zum Kernwerkstoff wird das Bauteilversagen maßgeblich durch die Rissausbreitung in der Diffusionsschicht bestimmt. Die Härte und Zähigkeit der Diffusionsschicht beeinflusst deshalb auch bei der Anrisslage 1 die Zeitfestigkeit, siehe Tabelle 2.6.3-3b.

Tabelle 2.6.3-3a: Schwingfestigkeit gekerbter Proben (α_K = 2) und Schichtaufbau; Stahlmarke 20MnCr5

Ausgangszustand	Verbindungsschicht Typ	Verbindungsschicht Dicke µm	Härte HV 0,3 Rand	Härte HV 0,3 Kern	Nitrierhärtetiefe mm	Eigenspannung[1)] MPa	σ_{bWK}[2)] MPa	Wöhlerlinienexponent[2)] k
normalgeglüht	γ′	8				- 300	574	19,3
	ε(γ′)	22	670	190	0,49	- 350	593	29,0
	ε(γ′)	0[3)]				- 350	596	21,0
vergütet	γ′	9				- 255	608	11,2
	ε(γ′)	22	645	262	0,52	- 315	670	15,8

[1)] Randabstand 50 µm; [2)] Biegewechselfestigkeit, Bruchwahrscheinlichkeit P = 50 %; Probendurchmesser im Kerbgrund 7.5 mm; [3)] Verbindungsschicht abgeschliffen

Tabelle 2.6.3-3b: Schwingfestigkeit ungekerbter Proben und Schichtaufbau; Stahl 20MnCr5

Ausgangszustand	Härte HV 0,3 Rand	Härte HV 0,3 Kern	Nitrierhärtetiefe mm	Bruchzähigkeit MPa $\sqrt{m}$	σ_{bW}[1)] MPa	Wöhlerlinienexponent k
normalgeglüht	630	190	0,42	14,8	490	14,1
vergütet	600	250	0,44	17,9	670	9,3

[1)] Biegewechselfestigkeit, Bruchwahrscheinlichkeit P = 50 %; Probendurchmesser: 7 mm

Die vorstehend skizzierten Einflussgrößen auf die Schwingfestigkeit sind in Bild 2.6.3 5a zusammenfassend dargestellt. Die sich daraus für eine hohe Schwingfestigkeit nitrierter Bauteile ergebenden Anforderungen sind sehr komplex. Eine hohe Dauerfestigkeit bei einer Anrissbildung unter der Oberfläche erfordert, wie schon von Mailänder [1] nachgewiesen, vor allem eine hohe Nitrierhärtetiefe und eine hohe Kernfestigkeit, siehe Bild 2.6.3-1. Die für die Anrisslage 1 charakteristische geringere Überlastungsempfindlichkeit im Zeitfestigkeitsbereich kann durch hohe Spannungsamplituden für den Wechsel zur Anrisslage 2, d.h. eine hohe Dauerfestigkeit der Nitrierschicht besser genutzt werden.

Eine hohe Dauerfestigkeit des Randbereiches der Nitrierschicht wird durch hohe und stabile Druckeigenspannungen mit einem Maximum unterhalb der Oberfläche erreicht. Die Stabilität von Eigenspannungen gegenüber einem Spannungsabbau während der Beanspruchung nimmt mit der Härte zu. Eine hohe Stabilität erfordert deshalb auch eine hohe Härte. Der Betrag der Eigenspannungen wird durch Relaxationsvorgänge bestimmt, die von der Nitriertemperatur und -dauer abhängen. Hohe Druckeigenspannungen können deshalb nur bei einer hinreichend hohen Warmfestigkeit der Nitrierschicht und bei relativ niedrigen Nitriertemperaturen erzeugt werden, vgl. das Kapitel 2.4.

Die Wirkung von Eigenspannungen auf die Dauerfestigkeit nimmt mit der Festigkeit zu. Auch aus diesem Grund ist eine hohe Verfestigung der Randschicht anzustreben. Grenzen für die Festigkeitssteigerung ergeben sich aus der mit wachsender Härte abnehmenden Zähigkeit und der damit verbundenen Zunahme der Oberspannungsempfindlichkeit. Die Gegenläufigkeit von Warmfestigkeit und Zähigkeit erfordert eine bauteilspezifische Optimierung mit entsprechenden Konsequenzen für die Werkstoffauswahl und die Festlegung der Nitriertemperatur.

Die Zähigkeit der Diffusionsschicht ist neben der Härte noch vom Ausgangsgefüge sowie dem Auftreten von Zementitausscheidungen an Korngrenzen abhängig. Vergütete Ausgangsgefüge haben nach dem Nitrieren eine deutlich höhere Zähigkeit als normalgeglühte Ausgangsgefüge. Die Bildung von Zementitausscheidungen an Korngrenzen kann durch ein Nitrieren mit dünnen γ'-Verbindungsschichten bzw. ohne eine Verbindungsschicht unterdrückt werden. Diese Maßnahmen verringern die Anrissneigung.

Literatur

[1] Mailänder, R.: Eigenspannungen und Biegewechselfestigkeit verstickter Stahlproben.

Arch. Eisenhüttenwes. 10 (1936/37) S. 257 - 261

[2] Wiegand, H.: Nitrieren im Motorenbau.

HTM Härterei-Tech. Mitt. 1 (1942) S. 166 - 185

[3] Kloos, K. H., Kuhn, G., Magin, W., Scholz, F.: Quantitative Bewertung des oberflächentechnischen Größeneinflusses plasmanitrierter Probestäbe bei Umlaufbiegung und Zug-Druck-Beanspruchung.

HTM Härterei-Tech. Mitt. 39 (1984) 4, S. 165 - 172

[4] Spies, H.-J., Kloos, K. H., Adelmann, J., Kaminsky, T., Trubitz, P.: Abschätzung der Schwingfestigkeit nitrierter bauteilähnlicher Proben mit Hilfe normierter Wöhlerstreubänder.

Mat.-wiss. u. Werkstofftech. 27 (1996) 2, S. 60 - 71

[5] Sauer, G.: Verhalten eines salzbadnitrierten Kohlenstoffstahles bei Umlaufbiegung unter Berücksichtigung der Probengröße und des Eigenspannungszustandes. Dissertation TH Darmstadt 1964, vgl. auch:

Industrieanzeiger 87(1965) S. 95 -104 u. 799 - 804

[6] Macherauch, E., Kloos, K. H.: Bewertung von Eigenspannungen; in: Eigenspannungen und Lastspannungen.

Beiheft, HTM Härterei-Tech. Mitt. (1982) S. 175 - 194

[7] Robinson, G. H.: The effect of surface conditions on the fatigue resistance of hardened steel; in: Fatigue Durability of Carburized Steel. 8.-12.10.1956 Cleveland. ASM Cleveland Ohio 1957, pp. 11 - 46

[8] Woodvine, J. G. R.: The behaviour of case-hardened parts under fatigue stresses. Iron Steel Inst.,

Carnegie Scholarship Mem. 13 (1924) S. 197 - 237

[9] Spies, H.-J.: Fatigue behaviour of nitrided steels.

Steel research 64 (1993) 8/9, S. 441 - 448

[10] Dengel,D.: Zur Dauerfestigkeit nitrierter Stähle

HTM Z. Werkst. Wärmebeh. Fertigung 57 (2002) 5, S.316 - 326

[11] Eckert,A., Dengel, D., Kunst, H.: Einfluss einer Nitrocarburierung mit nachfolgender Öl- bzw. oxidierender Abkühlung auf die Zeitfestigkeit von vergütetem 42CrMo4.

HTM Härterei-Tech. Mitt. 43 (1988) 6, S. 359 - 364

2.7 Korrosionsverhalten

Heinz-Joachim Spies

Schon im 19. Jahrhundert war bekannt, dass sich Eisennitride durch eine erhöhte Beständigkeit gegenüber neutralen und alkalischen Medien auszeichnen. Die Erhöhung der Korrosionsbeständigkeit von Bauteilen aus Eisen und Stahl durch Gasnitrieren war zu Beginn des 20. Jahrhunderts Gegenstand von Patenten. Im Jahre 1918 wurde z. B. der Firma MAN AG in Nürnberg ein Patent für den Korrosionsschutz von Turbinenschaufeln durch Gasnitrieren erteilt („Rostsichere Leit und Laufradschaufeln"). In der Sowjetunion wurde der Korrosionsschutz durch Nitrieren im Gas und im Salzbad seit den 30er Jahren im breiten Umfang industriell genutzt. Es war z. B. bekannt, dass Verbindungsschichten aus γ'-Nitriden in Seewasser eine merklich geringere Beständigkeit als ε-Nitridschichten haben. Bewitterungsversuche in verschiedenen Klimata ergaben für ε-Nitridschichten nach einer Auslagerungsdauer von über einem Jahr ein unverändertes Aussehen. Im Gegensatz dazu setzte sich in Deutschland die Anwendung des Nitrierens zur Verbesserung der Korrosionsbeständigkeit erst in den letzten 40 Jahren zögernd durch.

Das Verhalten von Nitrierschichten bei korrosiven Beanspruchungen, besonders aber bei einer Überlagerung von tribologischen und korrosiven Beanspruchungen kennt man heute weitgehend. Verbindungsschichten zeichnen sich durch eine erhöhte Beständigkeit gegenüber neutralen Salzlösungen und atmosphärischer Korrosion aus, vor allem gegenüber der durch Chloridionen hervorgerufenen Lochkorrosion. Ihre Korrosionsbeständigkeit wird wie Tabelle 2.7-1 am Beispiel elektrochemischer Untersuchungen zur Lochkorrosion zeigt, hauptsächlich durch die Höhe der Stickstoffkonzentration bestimmt. Als besonders wirksam erwies sich das Nitrocarburieren. Die Korrosionsbeständigkeit nimmt in der Reihenfolge γ'-Nitrid, ε-Nitrid, ε-Carbonitrid zu, siehe Tabelle 2.7-2. Eine optimale Lochfraßbeständigkeit haben ε-Carbonitridschichten mit einer (N + C)-Konzentration über 8,6 Masse-% [1].

Tabelle 2.7-1: Einfluss des Stickstoffgehaltes des ε-Nitrids auf das elektrochemische Verhalten; Weicheisen, Verbindungsschichtdicke; 9 µm bis 11 µm

Schichttyp	Stickstoffgehalt %	Lochfraßpotenzial[1] mV_{GKE}	Passivstromdichte [1] mA cm^{-2}
$\varepsilon(\gamma')$ -7%N	7,2	640 ... 700	0,1
$\varepsilon(\gamma')$-7%N-oxidiert	8,9	1150 ...1200[2]	0,01 ... 0,02
$\varepsilon(\gamma')$-9%N	9,2	1200 .. 1350[2]	0,01 ... 0,02

[1] Elektrolyt: 0,9 M NaCl-Lösung ≡ 5%ig; [2] Durchbruchpotential

Das Korrosionsverhalten von Nitrierschichten kann durch eine Oxidation nach dem Nitrieren weiter verbessert werden, Tabelle 2.7-1. Oxidierte Nitrierschichten übertreffen die Korrosionsbeständigkeit von Hartchromschichten deutlich, Tabelle 2.7-2, sie haben sich wie es das Beispiel des QPQ-Verfahrens zeigt, als Substitut für diese Schichten hervorragend bewährt [2]. Ihr Korrosionsverhalten wird maßgeblich durch die Zusammensetzung der Verbindungsschicht unter der Oxidschicht bestimmt. Durch eine Oxidation bei Temperaturen unter 500 °C führt der dabei aus dem Randbereich verdrängte Stickstoff zu einem Konzentrationsanstieg unter der Oxidschicht. In Abhängigkeit von den Oxidationsbedingungen wird dabei eine Tiefe von 4 µm bis 12 µm erreicht. Das gewährleistet auch bei einem Schichtverschleiß durch eine Überlagerung von tribologischen und chemischen Beanspruchungen noch eine ausreichende Korrosionsbeständigkeit [3]. Die in Bild 2.7-1 gezeigten Ergebnisse von Untersuchungen zur Beständigkeit einer oxidierten Verbindungsschicht gegenüber Lochkorrosion bestätigten diese Schlussfolgerung. Erst nach einem Schichtabtrag von 11 µm verringert sich das Lochfraßpotential erheblich.

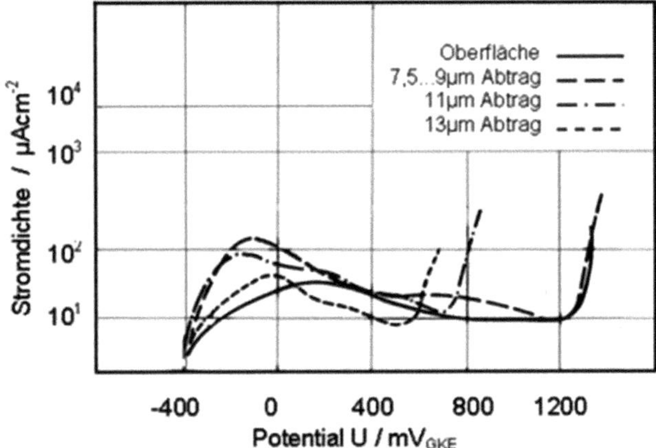

Bild 2.7-1: Änderung der anodischen Stromdichte-Potential-Kurve einer 20 µm dicken oxidierten $\varepsilon(\gamma')$-Verbindungsschicht mit zunehmendem Abstand von der Oberfläche; 0,9 M NaCl-Lösung, Stahlmarke S 355 (St 52)

Ein Beispiel für die chemische Zusammensetzung und das Gefüge einer oxidierten Verbindungsschicht hoher Korrosionsbeständigkeit zeigt Bild 2.7-2. Die 15 µm bis 18 µm dicke Verbindungsschicht besteht vorrangig aus der ε-Phase, im unteren Bereich aus dem porenarmen, dunkelgrau gefärbten ε-Carbonitrid, im oberfächennahen Bereich aus dem deutlich hellerem ε-Nitrid, Bild 2.7-2a. Der untere Bereich der Schicht enthält einen geringen Anteil von γ'-Nitrid, erkennbar an der weißen, Bild 2.7-2a, bzw. dunkelgrauen Färbung, Bild 2.7-2b. Der kritische Wert der Summe der Stickstoff- und Kohlenstoffkonzentration in Höhe von 8,6 Masse-% wird erst in einem Randabstand von 13 µm unterschritten, Bild 2.7-2c. Direkt unter der dünnen Fe_3O_4-Schicht bis in eine Tiefe von ca. 4 µm ist die Konzentration des Stickstoffs deutlich erhöht.

Tabelle 2.7-2: Einfluss des Schichtaufbaus auf das Korrosionsverhalten

Schicht-dicke µm	**Schichttyp**	**Tauch-versuch**[1] Mg Fe/100 ml	**Lochfraß-potenzial**[2] mV_{GKE}	**Passivstrom-dichte** [2] µA cm^{-2}	**Salznebel-prüfung**[3]
10 ... 14	γ´	143,0	580 ... 605	180	8
	γ´-oxidiert	4,6	700 ... 765	200	23
	ε(γ´)	3,3	550 ... 670	100	8
	ε(γ´)-oxidiert	1,4	1000 ... 1200[5]	10 ... 20	35
20 ... 25	ε(γ´)-oxidiert	0,7	1000 ... 1200[5]	10 ... 20	43
13 ... 15	ε(C)[4]	---	1240 ... 1300[5]	10 ... 20	---
13 ... 15	ε(C)-oxidiert[4]	---	1220 ... 1280[5]	0,4 ... 3,4	---
40	Hartchrom	2,5	620 ... 740	0,02	8

[1] Prüflösung nach Machu-Schiffmann: 50 g/l NaCl, 10 ml l^{-1}Eisessig (100 %ig); 5 g/l einer 30%igen Lösung von H_2O_2; *p*H = 3; Prüfdauer: 4 h

[2] Elektrolyt: 0,9 M NaCl-Lösung ≡ 5%ig

[3] Zyklen bis zum Auftreten erster Korrosion; TGL 18754/03 [4]

[4] ε(C): ε-Carbonitrid

[5] Durchbruchpotential

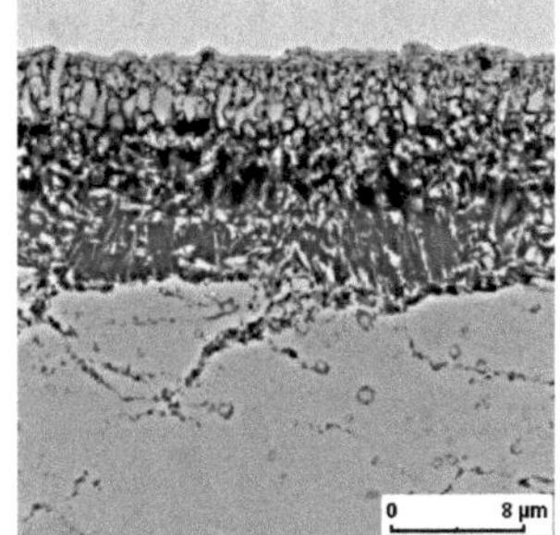

a. Ätzung: alkalische Natriumpikratlösung

b. Ätzung nach Oberhoffer

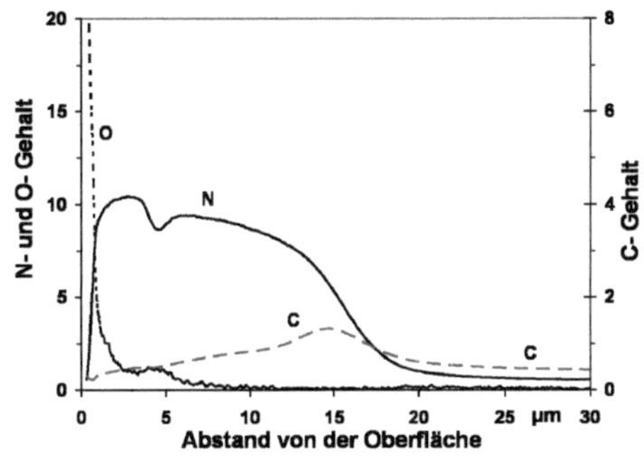

c. Konzentrationsverlauf

Bild 2.7-2:
Gefüge einer gasnitro-carburierten und oxidierten Verbindungsschicht und Konzentrationsverlauf, Stahl 42CrMo4

Verbindungsschichten besitzen auch eine erhöhte Beständigkeit gegenüber dem Angriff von Metallschmelzen. Auch hier wurde nach der vierstündigen Einwirkung einer Aluminiumschmelze auf Proben des Stahles X38CrMoV5-1 bei 735 °C ein besseres Verhalten oxidierter Verbindungsschichten beobachtet. Durch eine Nitrierung mit Verbindungsschicht verringerte sich der an nicht nitrierten Proben gemessene Masseverlust im Mittel von 580 mg/cm^2 auf 85 mg/cm^2. Eine Oxidation der Verbindungsschicht führte zu einer weiteren Absenkung des Masseverlustes auf 32 mg/cm^2 [5].

Auf austenitischen und ferritischen rost- und säurebeständigen Stählen entsteht unter üblichen Nitrierbedingungen in der Regel keine Verbindungsschicht. Die Abbindung des Chroms in der Ausscheidungsschicht führt zu einem Zusammenbruch ihrer Korrosionsbeständigkeit. Möglichkeiten zur Verbesserung der tribologischen Beanspruchbarkeit dieser Stähle bei Aufrechterhaltung ihrer ausgezeichneten Korrosionsbeständigkeit eröffnet ein Nitrieren bzw. Aufkohlen bei Temperaturen unterhalb von 450 °C. Die Bildung von Ausscheidungen, die zu einer Chromverarmung der Matrix führen, ist in diesem Temperaturbereich stark gehemmt [6].

Literatur

[1] Ebersbach, U. u. a.: Lochfraßbeständigkeit von oxidierten Verbindungsschichten in Abhängigkeit vom (N+C)-Gehalt der ε-Phase
HTM Härterei-Techn. Mitt. 54 (1999) 4, S.241 - 248.

[2] Wahl, G.: Salzbadnitrocarburieren nach dem QPQ-Verfahren
VDI-Z (1984) 21, S. 811 - 818

[3] Spies, H.-J.; Winkler, H. P.: Zum Korrosionsverhalten von Nitridschichten auf Eisenwerkstoffen
IfL-Mitt. 24 (1985), S. 101 - 103

[4] Spies, H.-J.; Winkler, H. P.; Langenhan, B.: Zum Korrosions- und Verschleißverhalten von ε-Nitridschichten auf Stählen
HTM Härterei-Techn. Mitt. 44 (1989) 2, S.75 - 82

[5] Spies, H.-J., Vogt F., Svensson, M.: Einfluss des Nitrierens auf die Beständigkeit von Warmarbeitsstählen gegenüber thermischer Ermüdung und Metallangriff
Neue Hütte 28 (1983) S.281 - 287

[6] Spies, H.-J.: Eckstein, Ch., Zimdars, H.: Korrosionsverhalten und Randgefüge nichtrostender Stähle nach einer Tieftemperaturbehandlung
HTM Z. Werkst. Wärmebeh. Fertigung 57 (2002) 6, S. 409 - 414

3 Vorbehandeln und Vorbereiten der Werkstücke

Dieter Liedtke

3.1 Allgemeines

Ein ungehindertes Eindiffundieren des Stickstoffs erfordert grundsätzlich eine „saubere“ Werkstückoberfläche. Rückstände von der spanenden oder spanlosen Bearbeitung wie z. B. Kühlschmierstoffe oder Oxidschichten sowie Rückstände von Wasch- und Konservierungsmitteln, können die Stickstoffaufnahme – speziell beim Nitrieren oder Nitrocarburieren im Gas – mehr oder weniger stark beeinträchtigen [1 bis 9]. Vermieden werden müssen auch Rückstände von Nichteisenmetallen, z. B. von Blei, Zinn, Zink oder Kupfer, sowohl als Abrieb auf der Werkstückoberfläche, in Form anhaftender Späne oder von Lotresten.

Beispiele für die Behinderung der Stickstoffeindiffusion sind in den Bildern 3-1 bis 3-3 zu sehen. Bild 3-1 zeigt die Folge von Zinkrückständen auf der Oberfläche eines Werkstücks. Von den zu Transport- oder Lagerzwecken benutzten Behältern, die aus Korrosionsschutzgründen verzinkt sind, können Zinkpartikel abgerieben werden und auf der Werkstückoberfläche haften bleiben. Beim Erwärmen auf Nitrier-/Nitrocarburiertemperatur schmelzen ab etwa 415 °C die Zinkpartikel und bedecken als mehr oder weniger große Flecken die Werkstückoberfläche, siehe Bild 3-1.

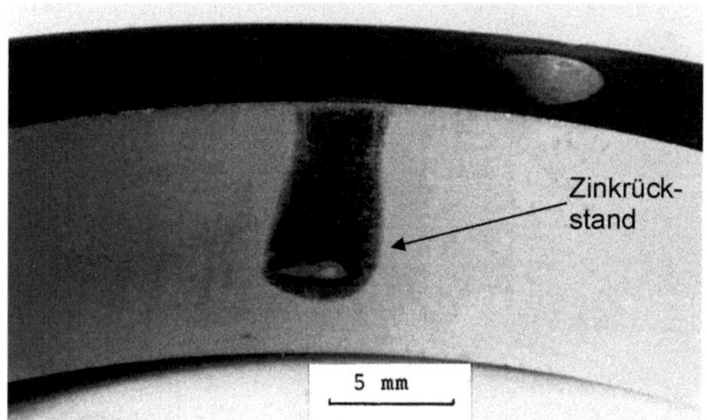

Bild 3-1: Fleck durch einen geschmolzenen Zinkpartikel

Der Zinkbelag verhindert die Stickstoffeindiffusion, so dass keine oder nur eine dünnere Verbindungsschicht entsteht. In Bild 3-2 ist das Ergebnis an Hand einer lichtmikroskopischen Aufnahme eines Querschliffs durch einen derartigen Fleck zu sehen.

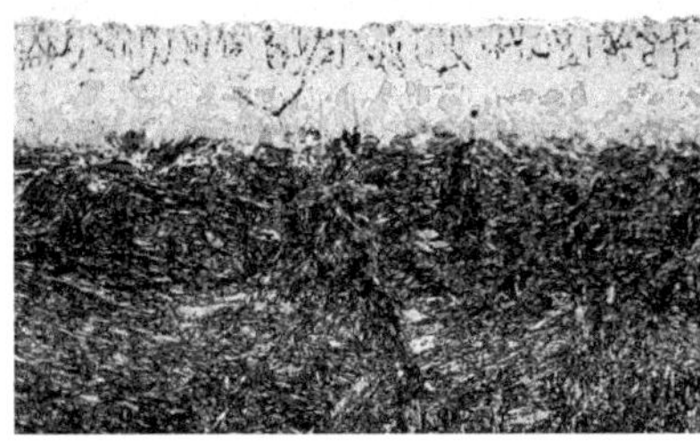

Bild 3-2: Behinderung des Wachstums der Verbindungsschicht: links normale, rechts anomale Ausbildung

In Bild 3-3 ist ein gasnitriertes Werkstück abgebildet, bei dem die Diffusionsschicht ungleichmäßig ausgebildet ist: In der Bohrung ist stellenweise keine Nitrierschicht vorhanden. Die Ursache hierfür ist die beim Vergüten oxidierte Oberfläche in der Bohrung, die nicht spanend abgearbeitet wurde.

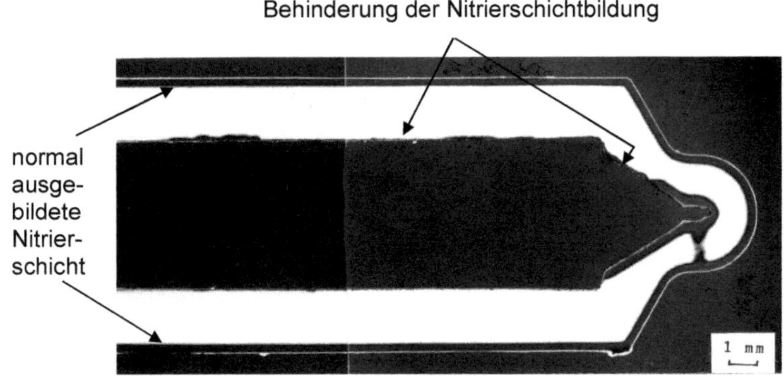

Bild 3-3: Aufstickungsbehinderung beim Gasnitrieren

Eine saubere Oberfläche sollten auch die Werkstücke aufweisen, die salzbadnitrocarburiert werden sollen. Hier kommt noch dazu, dass mit den Werkstücken in die Salzschmelze eingeschleppte Späne, Zunder, Gusssand sowie Nichteisenmetallbeläge die Zusammensetzung der Salzschmelze und damit deren Nitrierwirkung beeinträchtigen.

Eine Passivierung der Werkstückoberfläche kann selbst dann vorliegen, wenn sie visuell metallisch blank aussieht. Eine kürzlich vorgestellte Methode, bei der das elektrochemische Potential der Oberflächen geprüft wird, ist derzeit hinsichtlich ihrer Anwendbarkeit und Treffsicherheit noch in Erprobung und hat in der industriellen Fertigung noch keinen Einzug gefunden [10 bis 12].

Für das Reinigen kommen unterschiedliche Verfahren in Betracht. Für das Waschen sind bestimmte Waschmittel und Zusätze, deren Rückstände die Stickstoffaufnahme be- oder verhindern können, zu vermeiden. Dies sind nach Untersuchungen von [2] insbesondere Siliconöle, Borate, Phosphate und Silicate. Nach dem Reinigen müssen die Werkstücke, die Werkstückträger und gegebenenfalls die Chargiervorrichtungen getrocknet werden.

Bolzen oder Schrauben, die zum Verschließen von Bohrungen oder Gewindelöchern benutzt werden, sind vor dem Reinigen zu entfernen. Teile mit verschlossenen Hohlräumen dürfen aus Sicherheitsgründen nicht nitriert oder nitrocarburiert werden.

Neben der gewollten Veränderung der Randschicht durch die Stickstoffanreicherung, soll der Werkstoffzustand unterhalb der Nitrierschicht keine Veränderung erfahren. Dies setzt ein für die Nitrier-/Nitrocarburiertemperatur thermisch stabiles Gefüge voraus. Werden die Werkstücke vor dem Nitrieren vergütet, muss deshalb bei einer Temperatur, die möglichst 30 °C über derjenigen beim Nitrieren/Nitrocarburieren liegt, angelassen werden.

Das Nitrierschichtwachstum kann auch durch eine Kaltverformung behindert werden. Beim Zerspanen mit stumpfen Werkzeugen oder beim Kaltumformen wird die Werkstückrandschicht mehr oder weniger tiefreichend verformt und dabei anwesende Schmierstoffe können dabei eingewalkt werden, was zu einer Passivierung der Oberfläche führt, so dass die Eindiffusion des Stickstoffs verhindert wird. In Bild 3-4 ist dazu ein Beispiel zu sehen. Ein unlegierter Einsatzstahl zeigt nach dem Nitrocarburieren deutlich sichtbare Verformungen – im Bild links – und eine unterschiedlich dicke Verbindungsschicht. Die Verformung lässt sich zwar durch ein Rekristallisationsglühen oder ein Normalglühen beseitigen, das Entfernen eingewalkter Fremdstoffe ist jedoch dadurch nicht gewährleistet.

Bild 3-4: Einfluss einer Verformung auf die Ausbildung der Verbindungsschicht (Lichtmikroskopisch mit einer Vergrößerung von 1000:1 aufgenommen, Ätzung mit Nital, Quelle: Durferrit)

Durch ein Verformen werden andererseits auch Eigenspannungen induziert. Wenn diese beim Erwärmen auf Nitrier-/Nitrocarburiertemperatur ausgelöst werden, entstehen plastische Verformungen. Dies kann zu unerwarteten Maß- und Formänderungen führen. Um diesen Einfluss auszuschalten, ist es notwendig, vor dem Nitrieren/Nitrocarburieren ein Spannungsarmglühen durchzuführen. Ist der Verformungsgrad kleiner als 10 % bis 15 %, ist es jedoch angebracht, stattdessen normalzuglühen, um eine infolge Rekristallisation eintretende Grobkornbildung zu vermeiden.

3.2 Reinigen

Das Reinigen der Werkstücke vor einem Nitrieren oder Nitrocarburieren ist ein sehr wichtiger Arbeitsschritt zur Qualitätssicherung. Er wird angewendet, um die Rückstände von Bearbeitungshilfsstoffen, z. B. Kühlschmierstoffe oder Konservierungsmittel, Zunder, Rost, Farb- oder Lötflussmittelreste, von der Werkstückoberfläche zu entfernen. Auch anhaftende Späne, Walz- oder Schmiedehaut sollten entfernt werden.

Das Reinigen kann erfolgen durch:

- Waschen
- Strahlen
- Beizen.

3.2.1 Waschen

Für die Auswahl geeigneter Reinigungsmittel zum Beseitigen von Rückständen gibt die nachstehende Tabelle Hinweise [6].

Tabelle 3-1: Hinweise für geeignete Reinigungsmittel

Rückstände	Eignung wässriger Reiniger	Lösemittelreiniger	CKW
Öle, Fette (organisch unpolar)	wenig	gut bis sehr gut	sehr gut
Kolophonium, Klebstoffe (organisch unpolar)	mäßig	mäßig bis sehr gut	mäßig bis gut
Späne, Staub (anorganisch unpolar)	gut	mäßig bis gut	wenig
Salze (anorganisch polar)	sehr gut	mäßig bis wenig	wenig

Das Waschen ist seit der Beschränkung des Einsatzes von chlorierten Kohlenwasserstoffen und der vermehrten Verwendung silikonhaltiger Kühlschmierstoffe problematisch geworden. In der Fachliteratur sind hierzu nähere Informationen sowohl zur Prozessgestaltung als auch zur geeigneten Anlagentechnik zu finden [3 bis 6].

Üblich ist das Waschen in heißem Wasser mit geeigneten Reiniger-Zusätzen[1]. Um eine ausreichende Reinigungswirkung zu erzielen, kann es zweckmäßig sein, den Waschvorgang zu unterstützen, indem die Werkstückoberfläche gezielt mit Wasserstrahlen (Spritzverfahren) oder Ultraschall beaufschlagt wird oder die Werkstücke z. B. durch Schwenken bewegt werden.

Nach dem Waschen müssen die Werkstücke ausreichend getrocknet werden. Mit den Werkstücken in den Ofen eingeschleppte Feuchtigkeit kann nämlich durch ihr Verdampfen beim Erwärmen plötzlich zu einem hohen Druckanstieg führen.

3.2.2 Strahlen

Durch trockenes oder nasses Strahlen mit für das Reinigen geeigneten Mitteln können Grate, Zunder, Walz-, Schmiede- oder Gusshaut, Farb- oder Lötflussmittelreste von der Werkstückoberfläche entfernt werden. Im Zusammenhang mit dem Salzbadnitrocarburieren ist darauf zu achten, dass Reste des Strahlmittels nach dem Strahlen möglichst vollständig von den Werkstücken entfernt werden, weil sie die Salzschmelze verunreinigen und dadurch deren Wirkung beeinträchtigen können.

3.2.3 Beizen

Bei Werkstücken aus legierten Stählen kann es zweckmäßig sein, die Oberfläche für die Stickstoffaufnahme zu aktivieren. In manchen Anwendungsfällen hat es sich als nützlich erwiesen, speziell vor einem Gasnitrieren chemisch mit Säuren zu behandeln. Dieses Beizen eignet sich auch dazu, Rost, Zunder sowie Walz-, Schmiede- oder Gusshaut von den Werkstücken zu entfernen, [18].

Es ist jedoch zu beachten, dass die Rückstände der zum Beizen benutzten Mittel möglichst vollständig neutralisiert und von der Werkstückoberfläche entfernt werden, da die Werkstücke sonst zu rosten beginnen können. Außerdem darf nicht so intensiv gebeizt werden, dass Vertiefungen, so bezeichnete „Beiznarben“, in der Werkstückrandschicht entstehen.

Unmittelbar nach der Behandlung sollten die Werkstücke nitriert/nitrocarburiert werden; ein Konservieren der Werkstücke und längeres Lagern sollte unterbleiben.

3.3 Vorbehandeln

Das Vorbehandeln bzw. Vorbereiten der Werkstücke dient dazu, unerwünschte Einflüsse von Eigenspannungen, des Oberflächenzustandes oder des Werkstoffzustandes auf den Endzustand zu beseitigen, den Behandlungsablauf abzusichern und gegebenenfalls das Nitrieren oder das Nitrocarburieren örtlich zu begrenzen. Weitere Einzelheiten sind in den Verfahrensdarstellungen in den Kapiteln 4 bis 6 zu finden.

---

[1] Die Zusätze sollten frei sein von Boraten, Phosphaten und Silikaten.

3.3.1 Entgraten

Durch spanende Bearbeitung entstandene Grate lassen sich durch Strahlen mit Sand oder rundem Stahlkorn, durch chemisches oder thermisches Entgraten, entfernen. Beim thermischen Entgraten muss beachtet werden, dass die Werkstückrandschicht oxidiert wird und sich Flugrost durch abgesprengte und oxidierte Grate auf der Oberfläche absetzt. Beim chemischen Entgraten reagiert der Werkstoff mit dem Elektrolyten, beim Trowalisieren (Gleitschleifen) können Beläge zurückbleiben, wodurch u. U. die Stickstoffaufnahme beeinträchtigt wird.

Zum effektiven Entfernen anhaftender Eisenspäne ist es zweckmäßig, die Werkstükke zuerst zu entmagnetisieren.

3.3.2 Voroxidieren

Beim Gasnitrieren und –nitrocarburieren hat sich in manchen Anwendungsfällen ein Oxidieren als zweckmäßig erwiesen [4, 19], um die Werkstückoberfläche zu aktivieren und damit die Stickstoffaufnahme zu verbessern. Das Voroxidieren ist jedoch kein Allheilmittel, da sich anorganische Rückstände nicht verändern bzw. beim Oxidieren möglicherweise entstehende Reaktionsprodukte ebenfalls passivierend wirken können. Auch muss darauf geachtet werden, dass entstehende Oxidschichten eine Dicke von wenigen Nanometern nicht überschreiten; sichtbar an einer gelb-blauen Verfärbung der vorher blanken Oberfläche. Dickere Oxidschichten können abblättern und die Ergebnisse des Nitrierens/Nitrocarburierens beeinträchtigen. Für Werkstücke aus unlegierten und niedrig legierten Stählen ist eine Temperatur von etwa 250 °C bis 300 °C, für Werkstücke aus hochlegierten Stählen 400 °C bis 450 °C zu empfehlen.

Bei Werkstücken aus hochlegierten Stählen kann es notwendig sein, spezielle Vorbehandlungen durchzuführen, um eine Passivierung der Oberfläche zu überwinden [7, 18, 19].

3.3.3 Spannungsarmglühen

Wenn durch das Bearbeiten in der Werkstückrandschicht Eigenspannungen induziert wurden und damit zu rechnen ist, dass dadurch das Verzugsverhalten beim Nitrieren oder Nitrocarburieren unzulässig beeinflusst wird, ist ein Spannungsarmglühen möglichst 30 °C bis 50 °C über der beabsichtigten Nitrier- oder Nitrocarburiertemperatur liegen. Die dabei eintretenden Maß- und Formänderungen können durch eine nachfolgende sorgfältig durchgeführte spanende Bearbeitung egalisiert werden. Dafür muss ein ausreichendes Aufmaß vorgesehen werden, und zwar so, dass eine gegebenenfalls beim Spannungsarmglühen eingetretene Oxidation vollständig entfernt wird. Auch deutliche Kaltverformungen in der Randschicht, welche die Stickstoffeindiffusion behindern können, lassen sich durch ein Spannungsarmglühen reduzieren.

Die Temperatur beim Spannungsarmglühen muss unter der Umwandlungstemperatur A_{c1}, des Werkstück-Werkstoffs liegen; sie sollte dieser Temperatur aber möglichst nahe sein. Bei vergüteten Werkstücken muss die Temperatur niedriger als die vorangegangene Anlasstemperatur sein, wenn die eingestellte Festigkeit erhalten bleiben soll. Ein längeres Halten von mehr als 30 min nach dem Durchwärmen ist dann nicht erforderlich. Das Erwärmen und Abkühlen ist so langsam durchzuführen, dass keine neuen Eigenspannungen entstehen können. Bei kalt umgeformten Werkstücken ist statt des Spannungsarmglühens ein Normalglühen vorzuziehen, wenn infolge Rekristallisation eine Grob- oder Mischkornbildung eintreten kann.

3.3.4 Normalglühen

Eigenspannungen im Werkstück-Rohteil können anstatt durch ein Spannungsarmglühen auch durch ein Normalglühen verringert werden. Gleichzeitig können dadurch der Gefügezustand verbessert und Grob- oder Mischkornbildung in kritisch verformten Bereichen vermieden werden. Die zum Normalglühen erforderlichen Behandlungsdaten (Temperatur, Dauer, Abkühlung) sind den Technischen Lieferbedingungen der Stähle oder entsprechenden Unterlagen der Stahlhersteller zu entnehmen.

3.3.5 Vergüten

Um den Werkstücken eine bestimmte Grundfestigkeit zu verleihen, ist es besonders bei Verwendung von Nitrierstählen und legierten Vergütungsstählen üblich, das Werkstück vor dem Nitrieren oder Nitrocarburieren zu vergüten. Zur Durchführung des Vergütens siehe DIN 17022-1 und DIN 17022-2.

Beim Vergüten sollte die Anlasstemperatur etwa 30 °C über der späteren Temperatur beim Nitrieren oder Nitrocarburieren liegen. Dadurch wird im Allgemeinen eine ausreichende thermische Stabilität[2] erreicht, so dass beim Nitrieren/Nitrocarburieren das Anlassen nicht fortgesetzt wird. Es ist zu beachten, dass Anlasstemperatur und -dauer sich auf die Härteverlaufskurve des nitrierten und nitrocarburierten Zustands auswirken.

Durch das Vergüten wird die Bereitschaft der nitridbildenden Legierungselemente, zur Bildung von Nitriden beeinflusst. Dies kommt daher, dass diese gleichzeitig auch Carbidbildner sind und je nach den Bedingungen beim Vergüten (Austenitisierung, Anlasstemperatur und -dauer) mehr oder weniger vollständig als Carbide abgebunden sein können.

Um auszuschließen, dass Veränderungen der Randschicht beim Vergüten, z. B. Entkohlung oder Oxidation, das Behandlungsergebnis beeinträchtigen, ist es zweckmäßig, nach dem Vergüten eine spanende Zwischenbearbeitung der zu nitrierenden oder der zu nitrocarburierenden Werkstückoberflächenbereiche vorzunehmen.

Bei mehrstündigem Nitrieren und Nitrocarburieren ist je nach der Anlassbeständigkeit des Werkstück-Werkstoffs mit einem Abfall der Härte und Festigkeit im Kernbereich des Werkstücks zu rechnen. Dem lässt sich durch Auswahl ausreichend anlassbeständiger Stähle wirkungsvoll begegnen.

---

[2] Bei sehr langer Nitrierdauer läßt es sich jedoch nicht mit ausreichender Sicherheit vermeiden, daß die nach dem Vergüten vorliegende Kernhärte mehr oder weniger stark abnimmt.

3.4 Vorbereiten für ein örtlich begrenztes Nitrieren oder Nitrocarburieren

In manchen Anwendungsfällen ist es erforderlich, bestimmte Werkstückbereiche gegen eine Stickstoffaufnahme zu schützen. Hierfür haben sich in der Praxis unterschiedliche Methoden bewährt. Sollen bestimmte Bereiche eines Werkstücks nicht nitriert oder nitrocarburiert sein, kann entweder

- Ein Aufmaß vorgesehen werden, das nach dem Nitrieren oder Nitrocarburieren spanend abgearbeitet wird. Dies eignet sich generell für alle Verfahren.

- Ein gegen Aufstickung schützender Überzug, z. B. eine Paste oder eine galvanisch erzeugte Kupfer-, Nickel- oder Zinnschicht, aufgebracht werden. Dies eignet sich nur für Behandlungen im Gas oder Pulver. Beim Nitrocarburieren in Salzschmelzen darf nur Nickel benutzt werden.

- Ein Schutzkörper, z. B. eine Kappe auf ein Wellenende angebracht werden. Eine zuverlässige Schutzwirkung ist mit diesem Maskieren jedoch nur beim Nitrieren und Nitrocarburieren im Plasma zu erreichen. Das Einbringen von Stiften in Bohrungen oder Schrauben in Gewindelöcher hat wegen des Risikos der Wasserdampfbildung zu unterbleiben.

In den nicht aufgestickten Bereichen können dann nur noch thermisch bedingte Änderungen des Werkstoffzustands eintreten.

3.5 Literatur

[1] Liedtke, D. — Über das Reinigen vor und nach dem Wärmebehandeln
HTM Härterei-Techn. Mitt. 43 (1988) 3, S. 137 - 142

[2] Schreiner, A. — Einfluß des Oberflächenzustandes und des Randkohlenstoffgehaltes auf Nitrocarburierschichten aus der Gasphase
Dr.-Ing. Diss., TU München, 1984

[3] Schreiner, A. — Einfluß passiver Schichten auf thermochemische Diffusionsprozesse
HTM Härterei-Techn. Mitt. 41 (1986) 6, S. 370 - 372

[4] Haase, B./ Stiles, M./ Dong, J./ Bauckhage, K. — Oberflächenoxidation und ihre Auswirkung auf das Gasnitrieren
HTM Härterei-Techn. Mitt. 55 (2000) 5, S. 294 - 303

[5] Schreiner, A. — Vor- und nachgeschaltete Arbeitsgänge in Wärmebehandlung von Eisenwerkstoffen – Nitrieren und Nitrocarburieren, expert-verlag, Renningen, 1995, 2. Auflage, S. 287 - 338

[6] Haase, B. — Reinigen von metallischen Oberflächen für die Wärmebehandlung
AWT-Tagung „Nitrieren und Nitrocarburieren“ 1991, Tagungsband, S. 213 - 227

[7] Irretier, O. — Zum Einfluß von Reinigerrückständen auf das Gasnitrieren
Dissertation Uni Bremen, Shaker-Verlag Aachen, 1996

[8] Burger, W. — Reinigen vor dem Nitrieren und Nitrocarburieren
HTM Härterei-Techn. Mitt. 47 (1992) 2, S. 76 - 80

[9] Haase, B./ Bauckhage, K./ Schreiner, A. — Gibt es eine Patentlösung für die betriebliche Reinigung von Metalloberflächen?
HTM Härterei-Techn. Mitt. 47 (1992) 2, S. 67 - 73

[10] Haasner, T./ Stiles, M./ Walter, A./Haase, B./ Bauckhage, K. — Nachweis von Reaktionsschichten und ihr Einfluß auf thermochemische Diffusionsverfahren
HTM Härterei-Techn. Mitt. 55 (2000) 2, S. 101 - 109

[11] Haase, B./ Dong, J./ Heinlein, J. — Detektion von passiven Schichten beim Gasnitrieren
HTM Z. Werkst. Wärmebeh. Fertigung 57 (2002) 6, S. 389 - 395

[12] Schreiner, A. — Der Nachweis von Kontaminationsschichten und Verunreinigungen an metallischen Oberflächen vor thermochemischen Behandlungen und Beschichtungen
Tagungsband ATTT/AWT-Tagung in Belfort, 2001

[13] Feßmann, J. — Reinigung und Oberflächenbehandlung
Reihe Kontakt und Studium, Bd. 588
expert-verlag, Renningen, 2000, S. 47 - 77

[14] Haase, B. und Mitautoren — Bauteilreinigung – Alternativen zum Einsatz von Halogenkohlenwasserstoffen
expert-verlag Renningen, 1996

[15] Haase, B./ Luhede, J./ Irretier, O./ Bauckhage, K. — Rückstandsfreie Bauteilreinigung für die Wärmebehandlung, Teil 1: Reinigungsmittel, Verfahren, Anlagen
HTM Härterei-Techn. Mitt. 50 (1995) 2, S.69 - 77

[16] Irretier, O./ Dong, J./ Haase, B./ Klümper-Westkamp, H./ Bauckhage, K. — Rückstandsfreie Bauteilreinigung für die Wärmebehandlung, Teil 2
HTM Härterei-Techn. Mitt. 50 (1995) 6, S. 344 - 351

[17] Schreiner, A. — Eine neue Methode zur Reinigung von Kleinteilen vor und nach der Wärmebehandlung
HTM Härterei-Techn. Mitt. 48 (1993) 2, S. 107 - 112

[18] Sidan, H. Nitrieren von rost- und säurebeständigen Stählen
Techn. Rundschau (1966) 24, S. 9 – 13, Nr. 28, S. 3 - 7, Nr. 42, S. 33 - 37 und 45

[19] Dong, J./Haase, B./ Bauckhage, K. Aktivierung von Bauteiloberflächen durch Oxinitrieren
HTM Werkst. Wärmebeh. Fertigung.57 (2002) 6, S. 383 - 388

4 Gasnitrieren und Gasnitrocarburieren

Wolfgang Lerche

4.1 Grundlagen der Verfahrenstechnik

4.1.1 Die Ammoniakzerfallsreaktion als Grundlage für die Bereitstellung von diffusionsfähigem Stickstoff

Das Nitrieren/Nitrocarburieren wird unter technischen Bedingungen in ammoniakalischen Gasgemischen durchgeführt. Die thermodynamischen und kinetischen Grundlagen, insbesondere die Reaktionen in der Atmosphäre und mit der Eisenoberfläche der zu behandelnden Werkstücke sind in der einschlägigen Fachliteratur [1 bis 16] und der Aufbau und die Zusammensetzung der Nitrierschicht im Kapitel 2 beschrieben. Nachstehend werden die für technische Prozessabläufe wichtigen Einzelheiten dargestellt.

Im üblichen Temperaturbereich des Nitrierens/ Nitrocarburierens von 450°C bis 590°C findet mit der Zunahme der Temperatur in diesem genannten Bereich eine thermische Zersetzung des Ammoniaks gemäß Gleichung (1) statt:

$$NH_3 \leftrightarrow \frac{1}{2}N_2 + \frac{3}{2}H_2 \qquad (1)$$

Sie wird durch die katalytische Wirkung der Ofenauskleidung, des Chargiergestells und der Eisenoberfläche des Behandlungsgutes unterstützt. Für die beabsichtigte Aufstickung der Randschicht ist die rein thermische Zerfallsreaktion von geringer Bedeutung, da der bei dem NH_3-Zerfall frei werdende atomare Stickstoff rasch wieder zu molekularem Stickstoff rekombiniert und somit für weitere Reaktionen an der Werkstückoberfläche nicht mehr zur Verfügung steht. Der entscheidende Vorgang an der aufzustickenden Randschicht des Behandlungsgutes ist die Freisetzung von diffusionsfähigem Stickstoff durch den im Bild 4-1 wiedergegebenen stufenweisen Abbau des Ammoniaks bis hin zur Aufnahme des Stickstoffs gemäß der Gleichung (2):

$$NH_3 \leftrightarrow [N] + \frac{3}{2}H_2 \qquad (2)$$

Unter technischen Bedingungen wird ein Gleichgewicht (1) aber nie erreicht. Das ist auch der Grund dafür, dass während des Nitrierens/Nitrocarburierens die Aufstickung der Randschicht stattfinden kann. Durch den ständigen Fluss von Ammoniak durch den Ofen (= Begasungsrate) werden im Ofenraum Bedingungen geschaffen, die trotz der Neigung des Ammoniaks zum thermischen Zerfall einen ausreichend hohen Ammoniakanteil ermöglichen.

Zur Beschreibung dieses Atmosphärenzustands mit teilweise zersetztem und teilweise unzersetztem Ammoniak kann der Zersetzungsgrad für Ammoniak $\varphi_0(NH_3)_{zers.}$ [8]

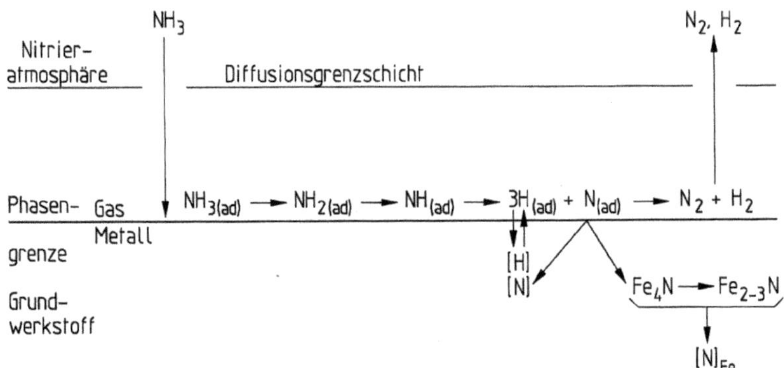

Bild 4-1: Schematische Darstellung des Ammoniakzerfalls an der Phasengrenze Gas/Metall beim Gasnitrieren

benutzt werden. Dabei bedeutet φ die Volumenkonzentration bei 1 bar, der Index 0 bezieht sich auf Frischgas, der später noch verwendete Index R auf den Zustand in der Ofenatmosphäre. Der Anteil des zersetzten Ammoniaks im Frischgas $\varphi_0(NH_3)_{zers.}$ ist größer als 0 und bei vollständiger Zersetzung $\varphi_0(NH_3)$.

In einfacher Weise bestimmt sich $\varphi_0(NH_3)_{zers.}$ aus dem Volumenanteil Ammoniak in der Ofenatmosphäre. Daraus errechnet sich ein allgemeiner Zersetzungsgrad $\alpha_{all.}$:

$$\alpha_{all} = \left(100 - V_{NH_3}\right)\ \% \tag{3}$$

Unter Berücksichtigung der Tatsache einer Volumenverdopplung des zersetzten NH_3-Anteils bestimmt sich dann der Zersetzungsgrad des Ammoniaks $\varphi_0(NH_3)_{zers.}$ (auch α_W) zu:

$$\varphi_0\left(NH_3\right)_{zers.} = \frac{\alpha_{all}}{1+\alpha_{all}} \tag{4}$$

Mit Hilfe des Zersetzungsgrades des Ammoniaks $\varphi_0(NH_3)_{zers.}$ ist es dann möglich, die Zusammensetzung der Nitrieratmosphäre durch die Volumenkonzentrationen der einzelnen Atmosphärenbestandteile $\varphi_R(NH_3)$, $\varphi_R(H_2)$ und $\varphi_R(N_2)$ nach folgenden Beziehungen zu berechnen:

$$\varphi_R\left(NH_3\right) = \frac{\varphi_0\left(NH_3\right) - \varphi_0\left(NH_3\right)_{zers.}}{1+\varphi_0\left(NH_3\right)_{zers.}} \tag{5}$$

$$\varphi_R(H_2) = \frac{1{,}5 \cdot \varphi_0(NH_3)_{zers.}}{1+\varphi_0(NH_3)_{zers.}} \tag{6}$$

$$\varphi_R(N_2) = \frac{0{,}5 \cdot \varphi_0(NH_3)_{zers.}}{1 + \varphi_0(NH_3)_{zers.}} \tag{7}$$

Bezüglich $\varphi_R(NH_3)$ und $\varphi_R(H_2)$ besteht für $\varphi_0(NH_3)=1$ folgender Zusammenhang:

$$\varphi_R(NH_3) = 1 - 1{,}333 \cdot \varphi_R(H_2) \tag{8}$$

Die Kenntnis der Größe der einzelnen Atmosphärenbestandteile ist die Voraussetzung für die Berechnung der Nitrierkennzahl K_N:

$$K_N = \frac{\varphi_R(NH_3)}{\varphi_R(H_2)^{\frac{3}{2}}} \tag{9}$$

Dieser Kennwert ist entscheidend für die Kennzeichnung der Nitrierfähigkeit der Atmosphäre und damit deren möglicher aufstickender Wirkung.

Das gezielte Absenken der Nitrierkennzahl K_N allein durch eine verringerte Ammoniak-Begasungsrate ist beim technischen Prozessablauf begrenzt. Es bietet sich der Zusatz von Wasserstoff an. Das erfolgt meist über die Zudosierung von zuvor in einem Spalter vollständig zersetztem Ammoniak (Spaltgas). Bei einer Begasung mit einem Ammoniak-Spaltgasgemisch gelten die zuvor genannten Beziehungen zur Berechnung der Atmosphärenzusammensetzung uneingeschränkt.

Im Fall einer Zudosierung von Stickstoff zum Frischgas Ammoniak ist zu beachten, dass durch den Stickstoffzusatz der Ammoniakgehalt erniedrigt wird (Verdünnung). Beim Berechnen der Kennwerte für die Ofenatmosphären nach den oben angeführten Beziehungen muss daher der Umstand der nicht mehr 100 %-igen Zuführung von Ammoniak berücksichtigt werden. Das geschieht durch die Veränderung der Größe $\varphi_0(NH_3)$ auf einen Wert <1, entsprechend dem gewählten Stickstoffanteil (0 bis 1). Allerdings ist bei der Verdünnung der Nitrieratmosphäre mit Stickstoff zu beachten, dass auch der durch die NH_3-Zersetzung entstandene Wasserstoffgehalt verringert wird, und dies gemäß der Gleichung (9) nicht linear proportional. Das führt nach Bild 4-2 zu einem Anstieg der Nitrierkennzahl K_N.

Durch Zugabe von größeren Anteilen an Stickstoff die Nitrierkennzahl zu erhöhen, ist auch wegen der mit abnehmendem Ammoniakgehalt einhergehenden Verringerung der Wachstumsgeschwindigkeit der Verbindungsschicht nicht zu empfehlen [8].

Zur Intensivierung des Nitrierprozesses wird beim Oxinitrieren dem Stickstoffspender Ammoniak Sauerstoff in unterschiedlicher Form, meist als Luft, zugesetzt [9]. Der Sauerstoffzusatz wird durch die temperaturabhängige Vorgabe der Oxidationskennzahl K_O entsprechend

$$K_O = \frac{\varphi_R(H_2O)}{\varphi_R(H_2)} \tag{10}$$

vorwiegend für den Bereich von Fe_3O_4 (≤ 570 °C) und die Oxidationsgrenze der Eisennitride begrenzt. Die Berechnungsgrundlagen für die einzelnen Gaskomponenten entsprechen grundsätzlich denen für die Begasung nur mit Ammoniak, jedoch muss die Verdünnung durch den Stickstoff in der zugegebenen Luft und das Abbinden von Wasserstoff durch den Sauerstoffgehalt der Luft entsprechend berücksichtigt werden [10, 11].

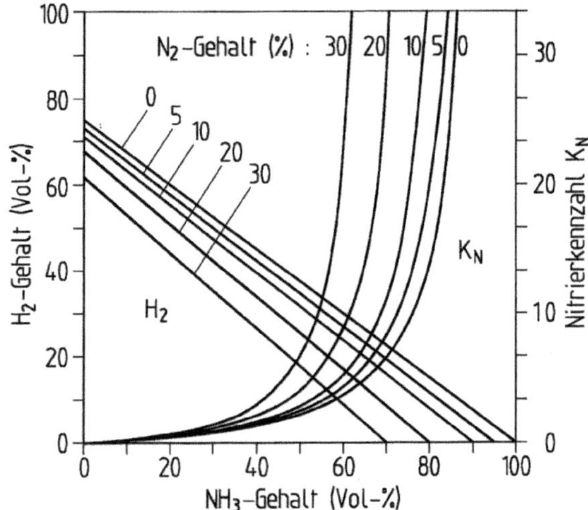

Bild 4-2: Änderung der Gaszusammensetzung im Ofen (H_2 und NH_3) und der Nitrierkennzahl mit steigender Stickstoff-Zugabe

4.1.2 Reaktionen für das zusätzliche Bereitstellen von diffusionsfähigem Kohlenstoff

Neben dem reinen Gasnitrieren, d. h. der Begasung nur mit Ammoniak, seinen Spaltprodukten oder einem anteiligen Zusatz von Stickstoff oder Luft wird in erheblichem Umfang das Nitrocarburieren durchgeführt. Wie bereits aus der Verfahrensbezeichnung hervorgeht, wird zusätzlich zum Stickstoff Kohlenstoff angeboten.

Unter technischen Bedingungen sind es fast ausschließlich die beiden Gase Kohlenstoffmonooxid (CO) und Kohlenstoffdioxid (CO_2), die entweder in reiner Form oder als Bestandteile in Gasgemischen (z. B. in Endogas oder Exogas) zugesetzt werden. Das in Bild 4-1 dargestellte Reaktionsgeschehen an der Werkstoffoberfläche beim Nitrieren muss durch die zusätzliche Zerfalls- und Übergangsreaktion des Kohlenstoffmonooxids ergänzt werden, siehe Bild 4-3. Dementsprechend ist das Reaktionsgeschehen in der Nitrieratmosphäre zusätzlich zum Ammoniakzerfall durch folgende Reaktionen gekennzeichnet:

$$2 \cdot CO \leftrightarrow [C] + CO_2 \qquad (11)$$

und $$CO + H_2 \leftrightarrow [C] + H_2O. \qquad (12)$$

Dabei wird für den Ablauf der heterogenen Wassergasreaktion nach Gleichung (12) die Einstellung des homogenen Wassergasgleichgewichts nach Gleichung (13) vorausgesetzt:

$$CO_2 + H_2 \leftrightarrow CO + H_2O. \qquad (13)$$

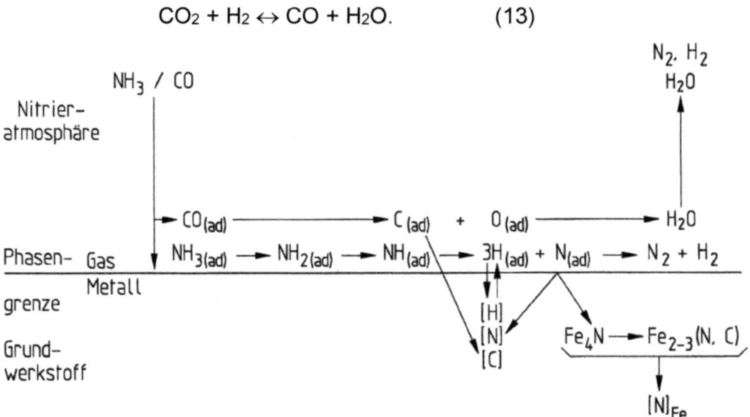

Bild 4-3: Schematische Darstellung des Ammoniakzerfalls an der Phasengrenze Gas/Metall beim Nitrocarburieren (NH_3- und CO-Zerfall)

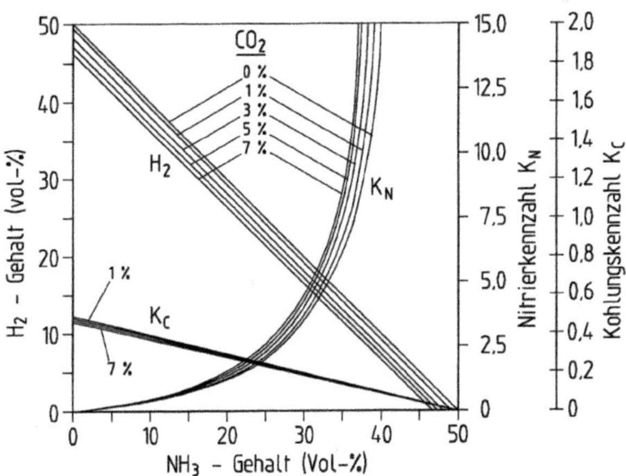

Bild 4-4: Änderung der Gaszusammensetzung im Ofen (H_2 und NH_3) und der Nitrier- und Kohlungskennzahl mit steigender CO_2-Zugabe

Daraus lassen sich für das jeweilige Aufkohlungsverhalten die kennzeichnenden Kohlungskennzahlen K_C nach den Gleichungen (11) und (12) wie folgt bestimmen:

$$K_C^B = \frac{\varphi_R^2(CO)}{\varphi_R(CO_2)} \qquad (14)$$

$$K_C^W = \frac{\varphi_R(CO)\cdot\varphi_R(H_2)}{\varphi_R(H_2O)} \qquad (15)$$

Das Einstellen des Wassergasgleichgewichts $K_W = \frac{K_W^C}{K_C^B}$ (13) ist nach vorliegenden Erkenntnissen auch im Temperaturbereich des Nitrierens hinreichend schnell. Dadurch ist auch beim Zusatz von Kohlenstoffdioxid (CO_2) der Umstand zu beachten, dass bei dieser Reaktion Wasserstoff abgebaut wird. Das erhöht, wie im Bild 4-4 erkennbar, die Nitrierkennzahl K_N.

Weiterhin ist die Wassergasreaktion (13) auch dafür verantwortlich, dass die beiden das Reaktionsverhalten der Atmosphäre kennzeichnenden Kennwerte K_N und K_C nicht unabhängig voneinander verändert werden können.

4.2 Durchführung des Nitrierens und Nitrocarburierens

4.2.1 Behandlungsmittel

Neben dem Stickstoffspender Ammoniak werden als Kohlenstoffspender Kohlenstoffmonooxid, Kohlenstoffdioxid oder Kohlenwasserstoffe, als Sauerstoffspender Luft, Wasser oder Sauerstoff, als Schwefelspender Schwefelwasserstoff oder Schwefel sowie aus regelungstechnischen Gründen Wasserstoff und Stickstoff, aber auch Gemische aus den genannten Gasen benutzt. Die nachstehende Tabelle 4-1 zeigt die industriell derzeit üblichen Atmosphären beim Gasnitrieren und -nitrocarburieren.

Für das konventionelle Gasnitrieren wird die Zusatzkomponente Wasserstoff meist über eine vollständige Spaltung eines Teilstromes Ammoniak in einem separaten Spaltaggregat bereitgestellt.

Zum zusätzlichen Anreichern der Ofenatmosphäre mit kohlenstoffhaltigen Komponenten wird in der Praxis aus wirtschaftlichen Gründen fast ausschließlich auf die beiden Varianten Endogas (ca.20 Vol-% CO; 40 Vol-% H_2; 40 Vol-% N_2) oder Exogas (7 bis 12 Vol-% CO; 2 bis 6 Vol-% CO_2; 8 bis 16 Vol-% H_2; 0,5 bis 1 Vol-% CH_4; 0,8 bis 7 Vol-% H_2O, Rest N_2) zurückgegriffen, die in separaten Generatoren durch mehr oder weniger vollständige Verbrennung von Heizgasen (Erdgas, Propan) erzeugt werden.

Das Mischungsverhältnis bei der Verwendung von Endogas/Exogas ist in der Regel 50 Vol-% NH_3 mit 50 Vol-% Endogas oder Exogas. Der Zusatz der beiden Anteile kann zeitlich gestaffelt sein, wobei zuerst das Exo- dann das Endogas hinzugefügt wird [12]. Weitere Möglichkeiten des Zusatzes Kohlenstoff haltiger Gase bzw. von Kohlenwasserstoffen haben jedoch industriell keine nennenswerte Bedeutung erlangt.

Tabelle 4-1: Übersicht über die für die Herstellung von Gasatmosphären zum Nitrieren und Nitrocarburieren benutzten Stoffe

Diffusions-element	Verfahren	Einsatzstoffe
N	Nitrieren	Ammoniak, Ammoniak + Wasserstoff Ammoniak + Stickstoff Ammoniak + Stickstoff + Wasserstoff
N, C, O	Nitrocarburieren	Ammoniak + Endogas („Nikotrieren®“) Ammoniak + Exogas („Nitroc“-Verfahren) Ammoniak + Stickstoff + Kohlendioxid Ammoniak + Kohlendioxid („Nitroc“-V.) Ammoniak + Kohlenwasserstoff Ammoniak + Wasserstoff + Stickstoff + Kohlenwasserstoff
N, O	Oxinitrieren	Ammoniak + Luft Ammoniak + Wasser Ammoniak + Lachgas
N, S	Sulfonitrieren	Ammoniak + Schwefelwasserstoff Ammoniak + Schwefel

Ist kein Exogasgenerator verfügbar, kommt eine synthetische Gasmischung bestehend aus Ammoniak mit einem Zusatz von 5 Vol-% bis 10 Vol-% CO_2 zum Einsatz. Beim Oxinitrieren wird der Sauerstoff meist als Luft der Nitrieratmosphäre zugesetzt. Sicherheitstechnische Gründe begrenzen den Umfang.

Obwohl vielfach über den positiven Einfluss von Schwefel in der Verbindungsschicht auf das Verschleißverhalten berichtet wird [13], wird das Gassulfonitrieren mit Schwefel oder schwefelhaltigen Zusätzen in der deutschen Industrie kaum angewendet.

4.2.2 Nitriertemperatur

Als obere Grenze für die Stickstoffanreicherung von unlegierten Eisenwerkstoffen ergibt sich nach dem Zustandsschaubild Eisen-Stickstoff eine Temperatur von 590 °C. Darüber entsteht Stickstoff-Austenit. Bei legierten Werkstoffen geschieht dies erst bei ca. 15 °C bis 25 °C höheren Temperaturen.

Die untere Grenze der Behandlungstemperatur ergibt sich aus der abnehmenden Verfügbarkeit von diffusionsfähigem Stickstoff und der starken Verringerung der Stickstoffdiffusion mit ca. 350 °C.

Über den Einfluss der Temperatur auf die Gesamtheit der Vorgänge am und im Werkstoff gibt die Tabelle 4-2 Auskunft.

Tabelle 4-2: Grenzen und Gesichtspunkte für die Auswahl der Nitriertemperatur

Obere Grenze: Bildung von N-Austenit (590 °C), Verschiebung zu höheren Temperaturen mit Zunahme des Anteils an Legierungselementen

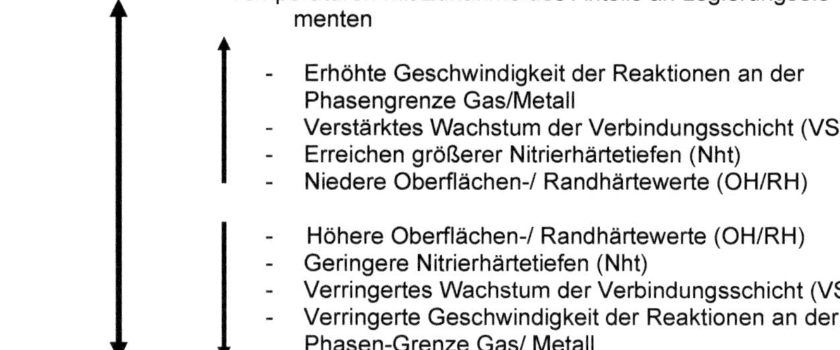

- Erhöhte Geschwindigkeit der Reaktionen an der Phasengrenze Gas/Metall
- Verstärktes Wachstum der Verbindungsschicht (VS)
- Erreichen größerer Nitrierhärtetiefen (Nht)
- Niedere Oberflächen-/ Randhärtewerte (OH/RH)

- Höhere Oberflächen-/ Randhärtewerte (OH/RH)
- Geringere Nitrierhärtetiefen (Nht)
- Verringertes Wachstum der Verbindungsschicht (VS)
- Verringerte Geschwindigkeit der Reaktionen an der Phasen-Grenze Gas/ Metall

Untere Grenze: Technisch unzureichende Stickstoffdiffusion (< 350 °C)

Danach ist bei Kenntnis des zu nitrierenden Werkstoffes unter Beachtung seines Werkstoffzustands die zu nutzende Nitriertemperatur gezielt auszuwählen. Bei Festlegung einer ungeeigneten Temperatur werden weder die werkstofflichen Ziele noch die prozessrelevanten Kenngrößen erreicht.

4.2.3 Nitrierdauer

Die Nitrierdauer ist eine maßgebliche Kenngröße für die Wirtschaftlichkeit des Nitrierens und Nitrocarburierens. Sie beeinflusst ganz erheblich die Kapazität der Wärmebehandlungsanlagen. Zur Festlegung optimaler Prozessparameter sind deshalb möglichst detaillierte Kenntnisse der Zusammenhänge zwischen Nitrierdauer und den Wachstumsraten von Verbindungsschichtdicke und Nitriertiefe sowie die erreichbaren Werte der Rand- und Oberflächenhärte für die verschiedenen Werkstoffe und deren Ausgangszustände wünschenswert. Jedoch hängen die genannten Schichtkennwerte aber auch von der Temperatur ab, so dass Behandlungsdauer und -temperatur nicht unabhängig voneinander wählbar sind.

4.2.4 Atmosphärenzusammensetzung

4.2.4.1 Nitrieren

Mit der Kennzeichnung der Aufstickungswirkung der Atmosphäre durch die Nitrierkennzahl K_N (9) sind auch die Voraussetzungen für eine Beschreibung der Vorgänge beim Aufsticken des Eisens und bei der Bildung der beiden Eisennitridphasen γ' und ε

gegeben. Die jeweiligen Existenzbereiche in Abhängigkeit von der Temperatur sind aus dem Lehrer-Diagramm [14] zu entnehmen. Bild 4-5 zeigt die Zusammenhänge. Hierzu sind die von Lehrer angegebenen NH_3-Gehalte auf den H_2-Gehalt bzw. den Zersetzungsgrad ($\alpha_W / \varphi_0(NH_3)_{zers.}$) umgerechnet worden. Aus diesem Diagramm lassen sich bei der Bestimmung der Werte für den Wasserstoff- bzw. Ammoniakanteil in einer Nitrieratmosphäre die H_2- bzw. NH_3-Sollwerte ablesen, die für die Erzeugung von γ'- bzw. ε-Eisennitrid oder zur gänzlichen Vermeidung einer Verbindungsschicht erforderlich sind.

Damit die Nitrierkennzahl unabhängig von der für die Beurteilung der Zusammensetzung der Ofenatmosphäre eingesetzten Messmethode (NH_3- oder H_2-Messung) berechnet werden kann, sind nachstehende Beziehungen für $\varphi_0(NH_3) = 1$ abgeleitet worden:

$$K_N = \frac{1 - 1{,}333 \cdot \varphi_R(H_2)}{\varphi_R(H_2)^{\frac{3}{2}}} \tag{16}$$

und

$$K_N = \frac{1{,}54 \cdot \varphi_R(NH_3)}{\left[1 - \varphi_R(NH_3)\right]^{\frac{3}{2}}} \tag{17}$$

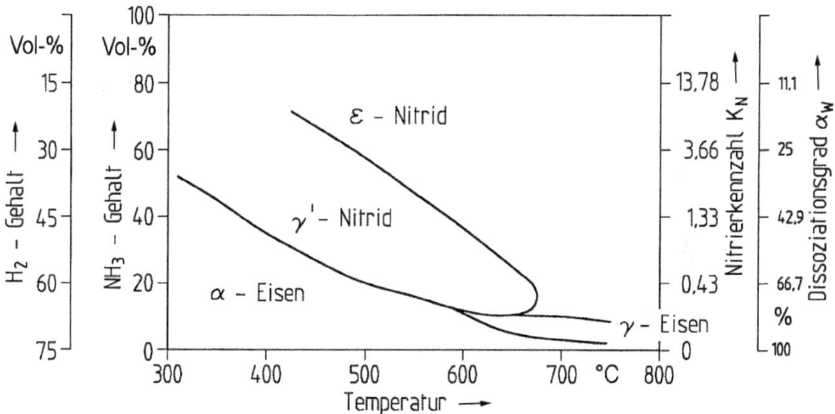

Bild 4-5: Grenzen der Eisennitridphasen nach Lehrer [14]

Beim Benutzen des Lehrer-Diagramms ist zu beachten, dass es unter Bedingungen ermittelt wurde, die nicht mit denen der praktischen Durchführung der technischen Prozesse identisch sind [5, 15]. Dennoch haben die praktischen Erfahrungen gezeigt, dass es für die Lösung technischer Probleme hinsichtlich der Festlegung von Prozessparametern zum Erzielen eines bestimmten strukturellen Aufbaus von Verbindungsschichten nützlich ist. Um dies zu erleichtern, ist es zweckmäßig, wenn, wie in Bild 4-6 zu sehen ist, zusätzlich die Linien gleicher Stickstoffkonzentration für das ε-Eisennitrid eingezeichnet werden [38]. Daraus lassen sich unter der Annahme, dass sich ein thermodynamisches Gleichgewicht einstellt, Rückschlüsse auf die zu erwartende Stickstoffkonzentration im äußeren Bereich der Verbindungsschicht ziehen.

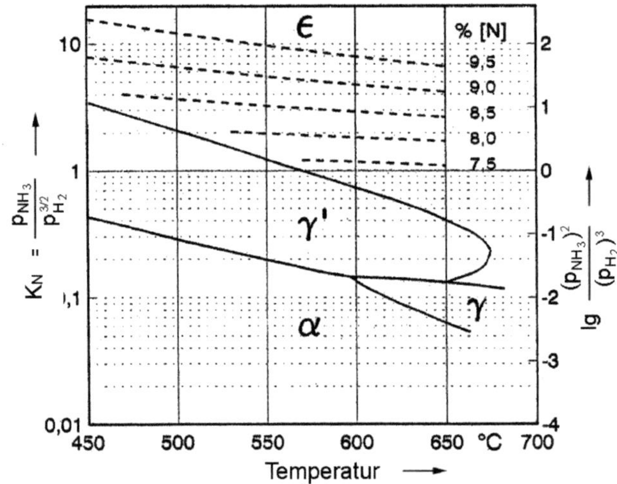

Bild 4 6: Lehrer-Diagramm mit Isokonzentrationslinien [38]

Die zweckmäßige Größe der Nitrierkennzahl K_N (9) richtet sich außer nach dem strukturellen Aufbau auch nach der Dicke einer an ε-Nitrid reichen Verbindungsschicht. Soll die Verbindungsschicht weitgehend unterdrückt werden, ist nach dem Lehrerdiagramm eine Nitrierkennzahl K_N unter 1 nahe der Grenze α-Eisen/γ'-Nitrid erforderlich.

Verbindungsschichten mit einem hohen Anteil an γ'-Nitrid erfordern im Temperaturbereich von 500 °C bis 600 °C K_N-Werte zwischen 1,5 und 0,7. Die erreichbaren Schichtdicken liegen maximal zwischen 10 µm und 14 µm.

Meist ist es erforderlich, eine Verbindungsschicht mit einem hohen Anteil ε-Nitrid zu erzeugen. Dazu sind im Temperaturbereich zwischen 500 °C und 600 °C K_N-Werte von mindestens 2 erforderlich. Dabei ist zu beachten, dass mit zunehmender Nitrierkennzahl eine größere Begasungsrate erforderlich wird.

Für den Bereich des klassischen Gasnitrierens im Temperaturbereich zwischen 490 °C und 530 °C ist die Wahl einer Nitrierkennzahl K_N zwischen 2 und 5 angebracht. Die erreichbare Dicke der Verbindungsschicht ist dann, abhängig von Werkstoff und Nitrierdauer bei 10 µm bis 25 µm zu erwarten.

Sollen bei Nht-Werten über 0,5 mm Verbindungsschichten erreicht werden, die nicht dicker als 10 µm bis 20 µm werden, sind K_N-Werte an der Grenze ε-/γ'-Nitrid auszuwählen. Alternativ dazu lässt sich das Wachstum der Verbindungsschicht gegenüber dem der Nitriertiefe durch das Zweistufen-Nitrieren begrenzen. Nach dem von Floe [16] vorgeschlagenen Prozess wird beispielsweise in einer ersten Periode bei einer

Temperatur von 500 °C bis 520 °C mit einer Nitrierkennzahl $K_N \approx 3$ und in einer anschließenden Periode mit einem $K_N \approx 0{,}3$ bis 1 und einer Temperatur zwischen 530 °C und 550 °C nitriert.

4.2.4.2 Nitrocarburieren

Beim Nitrocarburieren wird angestrebt, Verbindungsschichten mit einem hohen ε-Nitridanteil zu erzeugen. Durch die Anwesenheit von Kohlenstoff wird nach Kunze [6] Einfluss auf das System Eisen-Stickstoff genommen.

Bei Anwesenheit von gelöstem Kohlenstoff besteht dann auch keine eindeutige Beziehung zwischen der Nitrierkennzahl K_N und dem erreichbaren Stickstoffgehalt im äußeren Bereich der Verbindungsschicht mehr [5]. Entsprechend der Darstellung in Bild 4-7 [17], lassen sich jedoch Anhaltswerte für die Zusammensetzung der ε-Phase in Abhängigkeit von der Nitrierkennzahl K_N und der Kohlungszahl K_C für die Nitrocarburiertemperatur von 570 °C ermitteln.

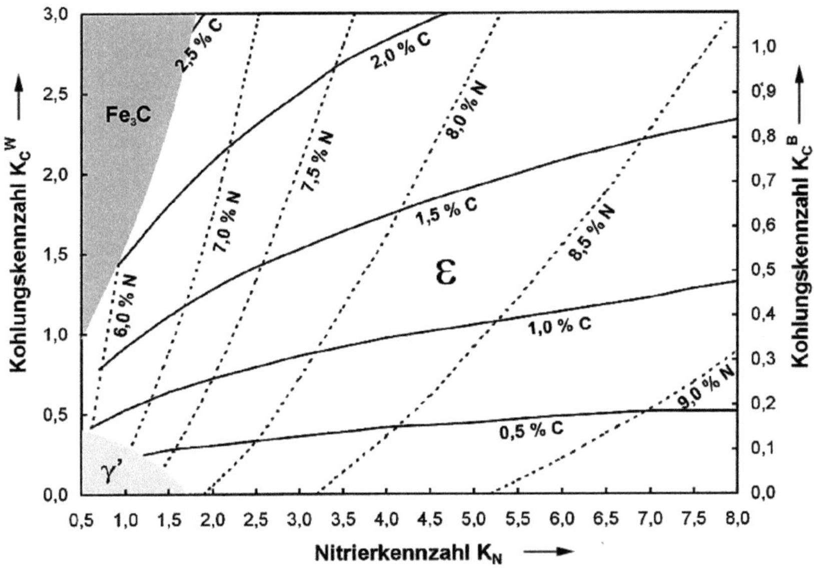

Bild 4-7: Stickstoff- und Kohlenstoff-Konzentration in der ε-Phase bei 570 °C als Funktion der Nitrierkennzahl K_N und der Kohlungskennzahl K_C berechnet nach Kunze [6] in [17]

4.3 Anlagentechnik

4.3.1 Bereitstellung der Behandlungsgase

4. 3.1.1 Ammoniak

Basismedium für das Gasnitrieren ist Ammoniak, das in flüssigem Zustand geliefert wird. Transport- und Lagerbehälter können sowohl Stahlflaschen als auch Container sein. Während Stahlflaschen bei ihrer Verwendung als Transportbehälter gleichzeitig auch Lagerbehälter sind, können Container je nach Größe sowohl als Transportbehälter wie auch als ortsfester Lagerbehälter, der durch ein Tankfahrzeug wieder befüllt werden kann, benutzt werden.

Von der stündlich bereitzustellenden Gasmenge und der Größe (Oberfläche) der zur Verfügung stehenden Lagerbehälter hängt die Entscheidung ab, ob Ammoniak bereits im verdampften (gasförmigen) Zustand entnommen werden kann oder nach einer Flüssigentnahme mit anschließender separater Verdampfung in einem beheizten Aggregat bereitgestellt werden soll.

Bild 4-8 stellt schematisch gebräuchliche Einrichtungen zum Versorgen mit Ammoniak dar. Die häufig bei Flaschenbatterien noch anzutreffende gasförmige Entnahme ist im linken Teilbild, die Entnahme von flüssigem Ammoniak aus Containern über einen Verdampfer, im rechten Teilbild dargestellt. Flaschen, zu einer Transporteinheit

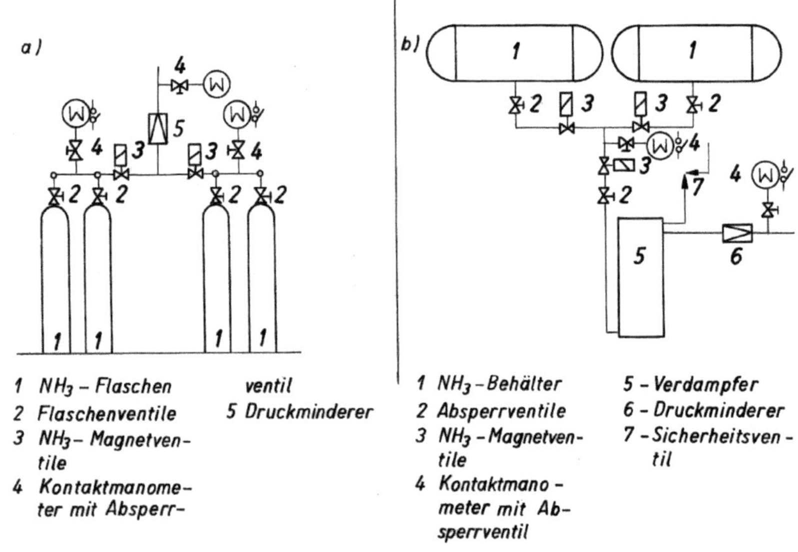

Bild 4-8: Schema für die Ammoniakversorgung durch Flaschen oder Container

gebündelt, sind eine Alternative zu Containern. Wichtig ist auf jeden Fall, dass eine unterbrechungsfreie Versorgung erreicht wird. Dazu ist es zweckmäßig, bei Druckabfall in einem Versorgungsteil, automatisch auf einen zweiten umzuschalten. Um Probleme mit einer eventuellen Geruchsbelästigung zu vermeiden, sollten die Behälter außerhalb der Härterei aufgestellt werden.

4.3.1.2 Zusatzgase

Als Zusatzgase kommen kohlenstoffhaltige Gase oder Gasgemische beim Nitrocarburieren, Luft beim Gasoxinitrieren, und schwefelhaltige Gase beim Gassulfonitrieren sowie Stickstoff als Verdünnungsgas zur Anwendung (Tabelle 4-1).

Liegen die Volumenanteile der Zusatzgase unter ca. 10% der Ammoniakmenge, ist das Bereitstellen aus Flaschen meist die wirtschaftlichere Variante, wie z. B. beim Nitrocarburieren mit dem Gemisch NH_3-N_2-CO_2 mit einem CO_2-Anteil von 5 Vol-% bis 10 Vol-%. Bei größeren Anteilen ist es wirtschaftlicher, das Zusatzgas in einer separaten Anlage herzustellen. Als Beispiel dafür ist das Nitrocarburieren mit Endogas mit einer Gasmischung von 50 Vol-% Ammoniak und 50 Vol-% Endogas anzusehen. Das Endogas wird üblicherweise von einem Endogasgenerator hergestellt. Ist jedoch in der Nähe der Anlage zum Nitrocarburieren kein Endogasgenerator verfügbar, kann das Endogas auch durch die Installation einer Endexo-Retorte direkt im Ofen erzeugt und in den Ofenraum eingeführt werden [19].

Als sauerstoffhaltiges Zusatzgas wird zweckmäßigerweise Luft eingesetzt. Zur Senkung des Gasverbrauchs kann Stickstoff benutzt werden. Auf die damit zusammenhängenden möglichen Auswirkungen wie Erhöhung des K_N-Wertes, Abnahme der Wachstumsgeschwindigkeit der Verbindungsschicht wurde bereits hingewiesen.

Größere Bedeutung besitzt der Stickstoff aber als Spül- und Sicherheitsgas. Während für das richtige Spülen mit Stickstoff die Bedingungen nach [20] einzuhalten sind, hat der Stickstoff als Sicherheitsgas immer und in ausreichender Menge bereitzustehen. Das Begasen eines Ofenraumes muss im Störfall unabhängig von der Stromversorgung erfolgen.

4.3.1.3 Anlagen zum Nitrieren/Nitrocarburieren

Für die Auswahl einer zum Nitrieren oder Nitrocarburieren geeigneten Anlage sind im Wesentlichen folgende Gesichtspunkte maßgebend [21]:

- Spektrum der zu behandelnden Werkstücke
- Geometrie der Werkstücke
- Werkstückabmessungen
- Prozessverlauf
- Stückzahl
- Dicke und struktureller Aufbau der Verbindungsschicht
- Forderungen an die Anordnung der Werkstücke in der Charge
- Aufstellungsort der Anlage

- Anlagenart und erforderliche Peripherie (Vorbehandlung, Hebezeuge, Chargiervorrichtungen ...)
- Erforderliche Medien (Gase, Wasser, Strom, Druckluft)
- Entsorgung der Abfallstoffe (z.B. Abgas)
- Kosten

Ein wesentliches Merkmal der heute verfügbaren Anlagentechnik ist die Gestaltung des Behandlungsraums durch eine hitzebeständige isolierende Auskleidung der Ofenwände oder eine entsprechende Retorte.

4.3.1.3.1 Retortenöfen

Die Verwendung einer den Ofenraum hermetisch abtrennenden Retorte aus hitze- und zunderbeständigem Stahl, z. B. Stahl 1.4841, Inconel, ist für diese Bauart das wesentliche Merkmal. Die daraus resultierenden allgemeingültigen Besonderheiten sind:

Die Abgrenzung des Ofenraumes durch eine aus hitze- und zunderbeständigem Werkstoff gefertigte Retorte bietet folgende Vorteile:

- Begrenzung des Ofenraumes auf den Innenraum der Retorte
- Definierte Verhältnisse beim Gaswechsel
- Schutz des Behandlungsgutes vor direkter Wärmestrahlung
- Problemloses Erzeugen eines Über- oder Unterdruckes bei gasdichter Ausführung
- Möglichkeit einer beschleunigten Abkühlung durch Luft an der Außenseite der Retorte
- Aus Verzugsgründen hängende Behandlung, auch langer Teile

Die Nachteile sind:

- Begrenzte Lebensdauer der Retorte
- Katalytische Wirkung der Retorteninnenwand auf den Ammoniakzerfall
- Bei senkrechter Anordnung der Retorte keine Möglichkeit zur Integration in einen automatisierten Prozessablauf

Aus der Übersicht im Bild 4-9 sind die heute üblichen Bauformen von Retortenöfen in Abmessungen von 200 mm Durchmesser und 400 mm Länge bis 2,50 m Durchmesser und 5,00 m Länge ersichtlich. Sie können mit zusätzlichen Kühlhauben oder -schächten, wie im Bild 4-10 gezeigt, ausgerüstet sein. Dadurch lässt sich bei größeren Chargen die Abkühldauer erheblich reduzieren und die Nutzung der Anlagen deutlich erhöhen.

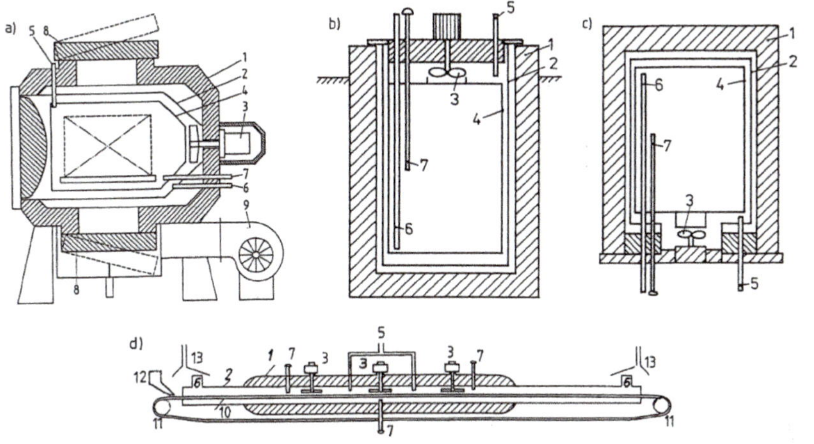

1: Ofenwand bzw. Haube	6: Gasableitung bzw. Gasschleier mit Abfackelung	
2: Retorte	7: Thermoelement	
3: Gasumwälzer	8: Kühlklappe	11: Bandumlenkung
4: Gasleitzylinder	9: Gebläse	12: Chargiereinrichtung
5: Gaszuführung	10: Förderband	13: Abzugshaube

Bild 4-9: Kammer- (a), Schacht- (b), Hauben- (c) und Durchlauf- (d) Retortenöfen zum Nitrieren und Nitrocarburieren

Bild 4-10: Ansicht eines Schachtretortenofens zum Gasoxinitrieren

Zunehmend werden gegenwärtig Kammeröfen mit horizontal angeordneter Retorte und indirekter Beheizung verwendet. Die horizontale Anordnung der Retorte ermöglicht die problemlose Integration dieses Anlagetyps in eine Wärmebehandlungslinie, siehe Bild 4-11. Ähnlich den Schacht- und Haubenöfen ist auch dieser Ofentyp mit einer äußeren Retortenkühlung ausgerüstet, kann aber zusätzlich noch mit einem externen Kühler für die Ofenatmosphäre bestückt werden.

Für die Behandlung von kleineren Teilen haben sich die im Bild 4-9 gezeigten Banddurchlauföfen bewährt. Auch hier ist eine Retorte im Einsatz, doch sind Ein- und Auslaufschleuse offen. Das eingeleitete Reaktionsgas erzeugt im Ofen den Überdruck und muss an den beiden Öffnungen abgefackelt werden.

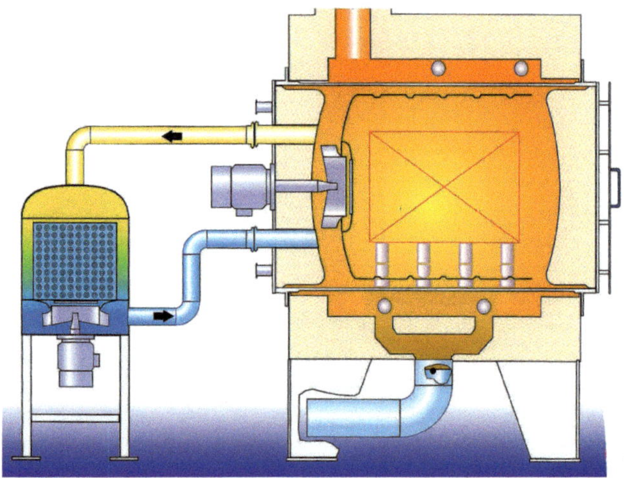

Bild 4-11: Horizontaler Retortenofen

4.3.1.3.2 Ausgekleidete Öfen

Das wesentliche Kennzeichen dieser Öfen ist die gasdichte Ausführung der Stahlkonstruktion und eine isolierende, anorganische und hitzebeständige Innenauskleidung mit nichtmetallischen Werkstoffen. Die Vorteile dieser Ofenbauweise sind:

- Lange Lebensdauer der Auskleidung
- Geringe katalytische Wirkung der Auskleidung auf den Ammoniakzerfall
- Einfache Erweiterung der verfahrenstechnischen Möglichkeiten durch die Anordnung von vor- und nachgeschalteten Kammern
- Günstige Voraussetzungen für eine Integration in einen automatisierten Produktionsablauf

und die Nachteile:

- Gasdichte Ofenkonstruktion
- Gasspeicherung in der Auskleidung und damit längere Zeiten zur Konditionierung.

Die Anlagen können sowohl diskontinuierlich als auch kontinuierlich betrieben werden. Einkammeröfen weisen meist zur Beschleunigung des Abkühlens eine spezielle Kühleinrichtung auf, siehe die Bilder 4-12a und 4-13. Kammeröfen wie in Bild 4-12b oder Durchstoßöfen wie in Bild 4-12c werden meist mit einer separaten und geschlossenen Abkühlkammer zum Abschrecken mit Ölen oder Emulsionen ausgerüstet.

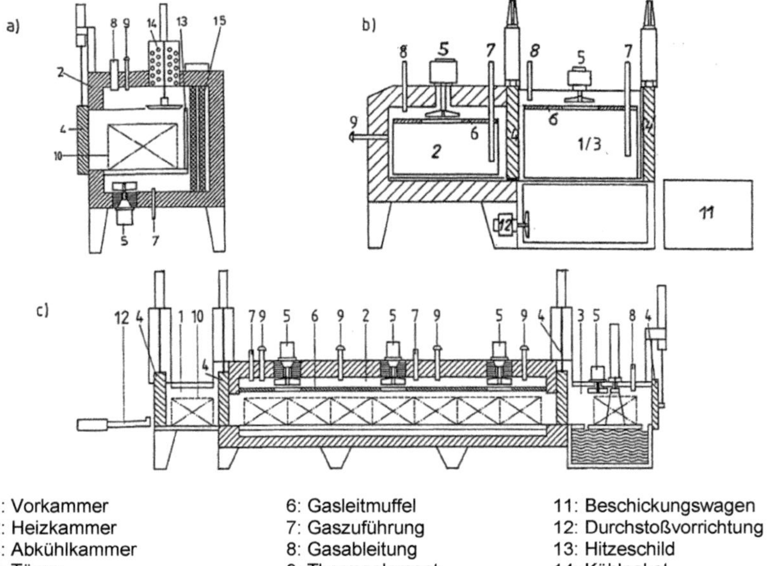

1: Vorkammer	6: Gasleitmuffel	11: Beschickungswagen
2: Heizkammer	7: Gaszuführung	12: Durchstoßvorrichtung
3: Abkühlkammer	8: Gasableitung	13: Hitzeschild
4: Türen	9: Thermoelement	14: Kühlpaket
5: Gasumwälzung	10: Chargengestell	15: Strahlheizrohr

Bild 4-12: Einkammer- (a), Mehrkammer- (b) und Durchstoß- (c) Ofen zum Nitrieren und Nitrocarburieren

Bei dieser Bauart wird die Ofencharge nach Ende der Nitrierdauer in die Abkühlkammer umgesetzt. Während sie dort abkühlt, kann die Behandlungskammer erneut beschickt werden. Dies wirkt sich trotz eines höheren Aufwands für die Anlagentechnik günstig auf die Betriebskosten aus.

Der Mehrzweck-Kammerofen, s. Bild 4-12b, wird nur in Ausnahmefällen zum Nitrieren oder Nitrocarburieren eingesetzt, da seine Ausrüstung auch für Hochtemperaturbehandlungen einen erhöhten Ausrüstungsaufwand erfordert.

Bild 4-13: Ansicht eines Doppelkammerofens

4.3.1.4 Anlagensicherheit

Die Grundlage für das sichere Betreiben von Anlagen zum Nitrieren/ Nitrocarburieren bilden die Vorgaben in DIN EN 746 Teil 1-3 [22]. Darüber hinaus sind in den „Sicherheitstechnischen Empfehlungen" [20] weitere Angaben zu finden. Wichtig sind insbesondere die vom Anlagenhersteller angegebenen Richtlinien für

- das sichere und umweltgerechte Betreiben der Anlage
- die Warn- und Sicherheitseinrichtungen an der Anlage für Störfälle
- die Schulung des Bedienungspersonals und sein Verhalten in Störfällen (Antihavarietraining)

4.3.1.5 Integration der Anlagen in eine Fertigungslinie

Die Serienfertigung fordert in zunehmendem Umfang einen automatischen Behandlungsablauf und eine Integration der Wärmebehandlungsanlagen in Fertigungslinien. Dies gilt auch für Anlagen zum Nitrieren und Nitrocarburieren, setzt jedoch eine zuverlässige Ofen- und Transporttechnik sowie das Vorhandensein einer geeigneten Mess-, Steuer- und Regelungstechnik der Anlage voraus.

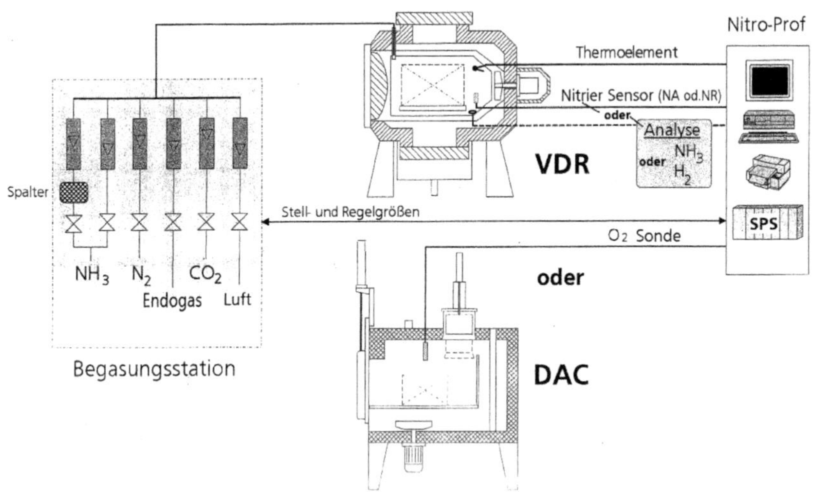

Bild 4-14: Messdatenerfassung und Prozessregelung beim Nitrieren und Nitrocarburieren

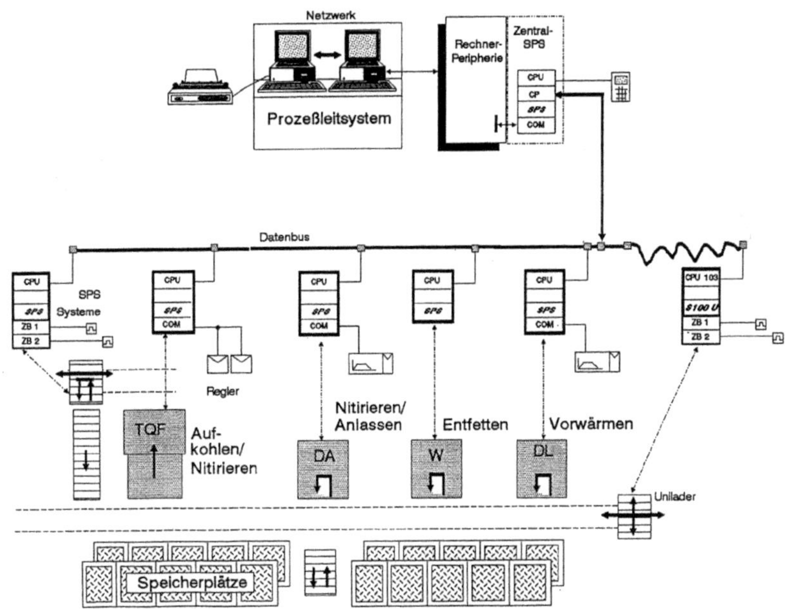

Bild 4-15: Prozessleitsystem für eine vollautomatische, verkettete Anlage

Das Bild 4-14 zeigt schematisch, wie dies bei modernen Anlagen realisiert werden kann. Die Messdaten werden automatisch erfasst und in einem Prozessrechner verarbeitet.

An Hand vorgegebener Prozessparameter bzw. eines Programms wird der Prozess der Einzelanlage geregelt. Mehrere Anlagen können über ein so bezeichnetes Leitsystem miteinander verknüpft werden. Bild 4-15 zeigt hierfür ein Beispiel. Darüber hinaus ist eine Visualisierung des Prozessablaufs in der/den Anlage/n ebenso möglich, wie die Verfolgung einzelner Ofenchargen, eine Dokumentation der Prozessparameter sowie eventuell aufgetretener Störungen oder die Anzeige von Hinweisen auf erforderliche Wartungsarbeiten und Sicherheitsprüfungen.

Eine solche automatische Behandlungslinie, bestehend aus 8 Retortenöfen, die durch weitere 6 Öfen demnächst ergänzt wurde, ist im Bild 4-16 zu sehen [23].

Bild 4-16: Ansicht einer vollautomatischen Anlage zum Nitrocarburieren [23]

4.4 Die Prozessgestaltung

Um die erforderlichen Ergebnisse beim Nitrieren/ Nitrocarburieren zu erreichen, ist es notwendig, einen entsprechenden Behandlungsablauf vorzugeben. Hierzu werden nachstehend Hinweise gegeben. Sie basieren auf einer weitestgehenden Verallgemeinerung bekannter Fakten über das chemische und thermische Prozessgeschehen.

4.4.1 Die Zeit-Temperatur-Folge

Spezielle Forderungen an die Erwärmungsgeschwindigkeit bestehen im Allgemeinen nicht. Der Erwärmungsverlauf hängt von der Chargenmasse ab und wird anlagenseitig von der Intensität des Wärmeübergangs (Gasumwälzung, Kalt-/Heißwandofen), der Anordnung der Heizelemente und der installierten Leistung bestimmt. Wesentliche Unterschiede in der Erwärmungsgeschwindigkeit ergeben sich aus der Betriebsweise der Anlage. Wie sich diskontinuierlich betriebene Kammer-, Schacht- oder Haubenöfen von halbkontinuierlich bzw. kontinuierlich betriebenen Mehrzweck- und Durchstoßöfen hinsichtlich der erreichbaren Erwärmgeschwindigkeit unterscheiden können, ist aus Bild 4-17 zu entnehmen.

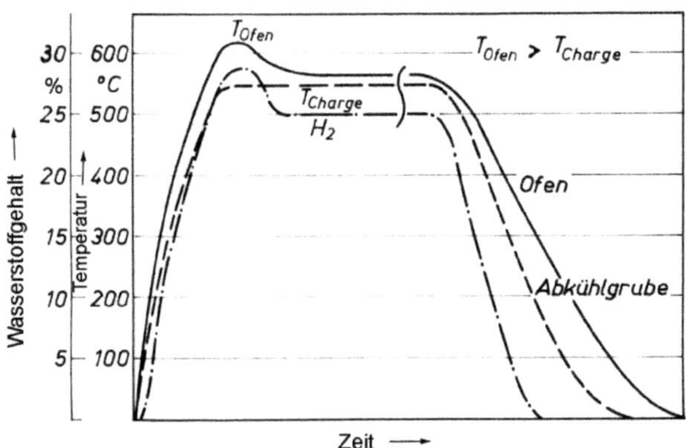

Bild 4-17a: Schematische Darstellung des Zeit-Temperatur- und Atmosphärenzyklus für Kammer-, Schacht- und Haubenretortenöfen

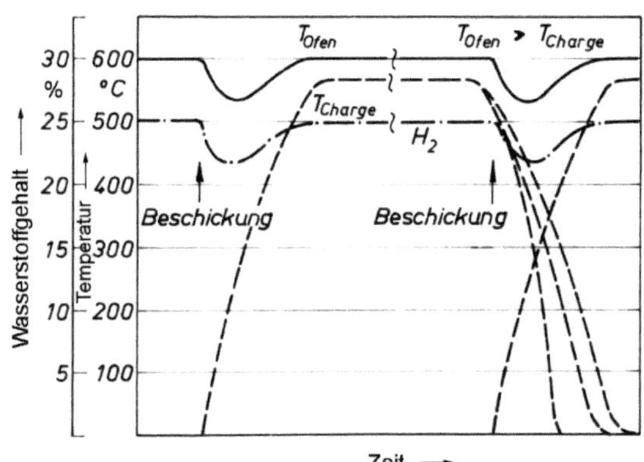

Bild 4-17b: Schematische Darstellung des Zeit-Temperatur- und Atmosphärenzyklus für Mehrzweckkammer- und Durchlauföfen

Bei Werkstücken mit großer Wanddicke treten beim Erwärmen ebenso beim Abkühlen zwischen der Oberfläche und dem Kern erhebliche Temperaturunterschiede auf. Ähnliches gilt für eine Chargenpackung, bei der Unterschiede zwischen den Außenbereichen und der Chargenmitte auftreten. Um schädigende Auswirkungen zu großer Temperaturunterschiede auf den Werkstoff zu vermeiden, ist es zweckmäßig, schrittweise zu erwärmen und auf jeder Temperaturstufe einen Ausgleich der Temperatur herbeizuführen. Bild 4-18 zeigt beispielhaft einen gestuften Temperaturverlauf im Ofen und an verschiedenen Messpunkten einer großen Strangpressmatrize.

Nach erfolgtem Durchwärmen des Werkstücks bzw. der Ofencharge ist dafür zu sorgen, dass die Behandlungstemperatur möglichst wenig schwankt und innerhalb der Charge möglichst wenig streut. Dabei ist eine Streubreite von nicht mehr als ± 5 °C wünschenswert. Bild 4-19 zeigt ein Beispiel für die Verhältnisse in einem 3,50 m tiefen Schachtofen. Beim Prüfen der Temperaturverteilung im Behandlungsraum und Bewerten von Öfen ist nach DIN 17052 vorzugehen [24].

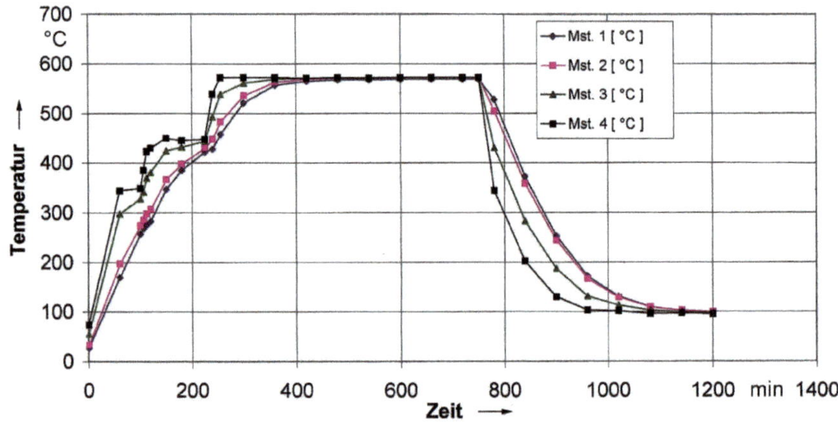

Bild 4-18: Vergleich des Temperaturverlaufs im Ofen und an verschiedenen Stellen eines größeren Werkstücks

Nach dem Nitrieren wird im Regelfall langsam, d. h. entweder im Behandlungsraum oder in einer nachgeschalteten Abkühlkammer unter Gas abgekühlt. Zur Erhöhung der Anlagenauslastung empfiehlt sich eine Ausrüstung mit zusätzlichen Kühleinrichtungen. Bei satzweise arbeitenden Anlagen kann das durch Installation eines im Bedarfsfall ausfahrbaren Kühlpaketes, das Kühlen einer Retorte von außen mit Luft oder den Ersatz einer Heiz- durch eine Kühlhaube geschehen. Zusätzlich lässt sich die Chargendauer durch einen extern angeordneten Kühler für das Ofengases verkürzen [23].

Nach dem Nitrocarburieren wird meist ebenso wie nach dem Nitrieren relativ langsam abgekühlt. Werden jedoch unlegierte Stähle verwendet und soll eine hohe Dauerschwingfestigkeit erreicht werden, muss in Öl oder in Emulsion abgeschreckt werden.

Bei Kammer- bzw. Durchstoßöfen wird das Abschreckbad in einer separaten Abkühlkammer angeordnet.

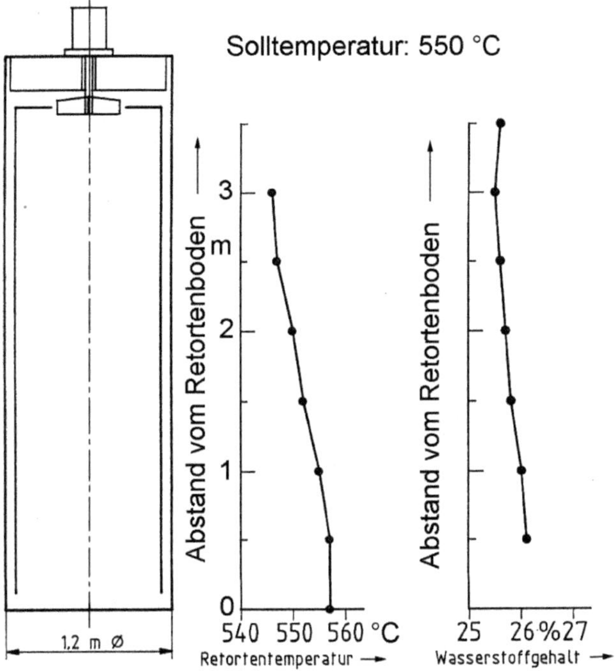

Bild 4-19: Temperatur- und Wasserstoffgehalts-Verteilung über die Retortentiefe eines elektrisch beheizten großen Schachtofens

Beispiele für unterschiedliche Temperatur-Zeit-Folgen siehe auch Bild 4-22.

4.4.2 Die Atmosphärenführung

Die beim Nitrieren/Nitrocarburieren verwendeten Gase sind brennbar und explosiv. Es ist daher notwendig, dafür zu sorgen, dass keine explosiven Gasgemische mit der Luft beim wechselseitigen Austausch (Luft/Gas oder Gas/Luft) entstehen. Dazu muss der Behandlungsraum mit Stickstoff gespült werden. Entsprechend Bild 4-20 ist darauf zu achten, dass die Vorgänge der Gaseinleitung und der Gasableitung abgestimmt auf die Dichte der auszutauschenden Gase erfolgt. Die Änderung des Sauerstoffgehaltes in Abhängigkeit von der Spüldauer und der Spülmenge kann nach [25] wie folgt berechnet werden:

$$V_{O_2} = 21 \cdot e^{-\frac{V_{sG}}{V_{sR}} \cdot t} \qquad (18)$$

Darin bedeutet V_{O2} : Massenanteil Sauerstoff in %
V_{sG} : zugeführte Spülgasmenge in m^3/h
V_{sR} : Volumen des Spülraumes in m^3
t : Zeit in h

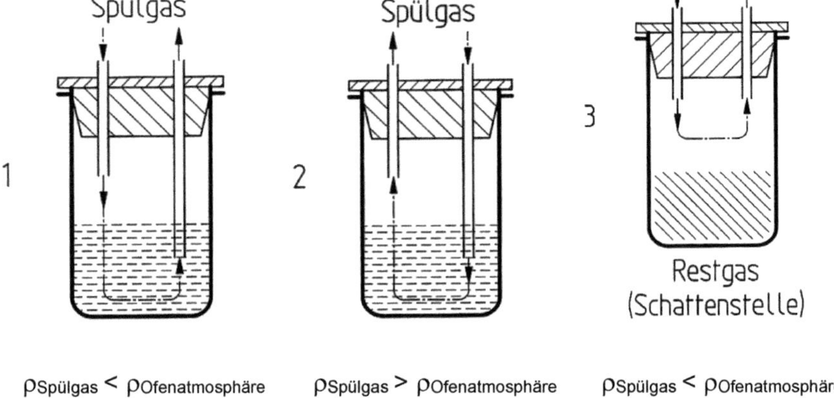

Bild 4-20: Spülen von Ofenräumen unter Berücksichtigung der Dichteunterschiede von Spülgas und Ofenatmosphäre [25]

Das Bild 4-21 zeigt, wie sich beim Spülen der Sauerstoffgehalt im Ofen ändert.

Zu beachten ist, dass die Temperatur des Spülgases, die meist 20 °C beträgt, beim Einleiten in den warmen Ofenraum ansteigt, wodurch sich sein Volumen vergrößert. Damit reduziert sich die erforderliche Spülgasmenge. In welchem Maße, das kann einer Graphik in [25] entnommen werden.

Wichtige Grenzwerte, bis zu denen ein Spülvorgang durchzuführen ist, sind

- für den Sauerstoffgehalt: < 1 Vol-%
- für brennbare Gase: < 5 Vol-%.

Bezogen auf den Beginn eines Nitrierprozesses bedeutet dies, dass Ammoniak in den gespülten Ofenraum erst eingeleitet werden darf, wenn der Sauerstoffgehalt weniger als 1 Vol-% beträgt. Dies wird in der Praxis erreicht, wenn das Gasvolumen im Ofenraum ca. 5-mal ausgetauscht worden ist (richtige Spültechnologie gemäß Bild 4-20).

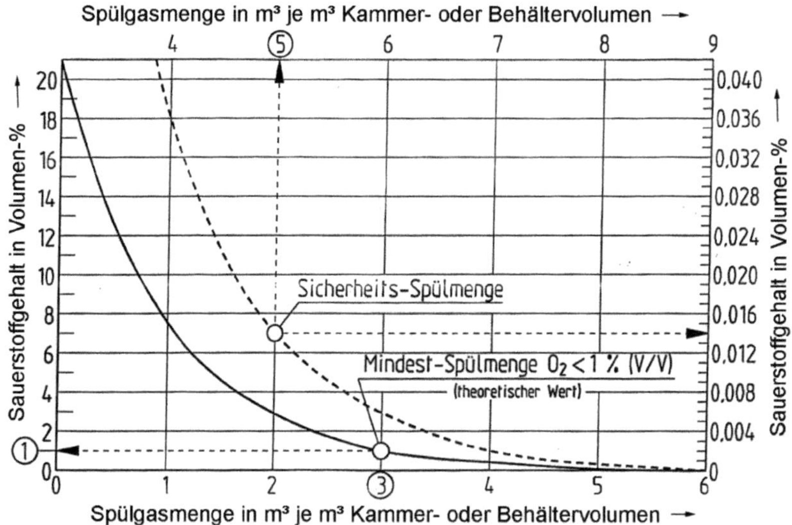

Bild 4-21: Sauerstoffkonzentration in Abhängigkeit vom Spülgasvolumen

Im anderen Fall darf Luft in einen mit brennbarem Gas gefüllten Ofenraum erst dann eingeleitet werden, wenn nach dem Spülen mit Stickstoff der Anteil an brennbaren Gasen unter 5 Vol-% liegt. Ergänzend ist an dieser Stelle hinzuzufügen, dass zum Oxinitrieren der durch Gasanalyse kontrollierte Zusatz von Luft während des Nitrierprozesses in Übereinstimmung mit den Anforderungen der Sicherheitstechnik erfolgte.

Eine vielfach praktizierte alternative Methode zum Einstellen eines ungefährlichen Zustands im Ofenraum ist das Ausbrennen. Dabei wird durch das wechselseitige Einleiten von Luft und Gas an einer im Ofenraum befindlichen Zündquelle (z. B. Innenzündbrenner) der vorhandene Sauerstoff durch das eingeleitete Gas bzw. das brennbare Gas durch die eingeleitete Luft verbrannt und damit unter die obengenannten Grenzwerte verringert. Bei dieser Vorgehensweise ist zu beachten, dass die Verbrennungsprodukte stark oxidierend wirken. Dies kann aber gegebenenfalls für ein Oxidieren vor dem anschließenden Nitrieren/Nitrocarburieren genutzt werden.

In ähnlicher Weise kann das Voroxidieren auch in Retortenöfen in den Prozess eingebunden werden. Die Charge wird zunächst ohne Gaszufuhr im geschlossenen Ofen erwärmt. Dabei verringert sich einerseits die absolute Sauerstoffmenge im Ofenraum durch die Ausdehnung der Ofenatmosphäre, zum anderen wird Sauerstoff im Temperaturbereich von 250 °C bis 450 °C durch die Oxidation der Werkstückoberfläche abgebunden. Die dann noch benötigte Spülgasmenge ist bedeutend geringer.

Werden gasdichte Retortenöfen benutzt, lässt sich ein schneller Gaswechsel anstatt durch Spülen mit Gas durch ein Evakuieren erreichen. Um den Grenzwert von weniger als 1 Vol-% Sauerstoff erreichen, muss der Behandlungsraum auf einen Druck von weniger als 50 mbar evakuiert werden. Dies ist in der Praxis relativ schnell erreichbar.

Außerdem wird der zum Nitrieren/Nitrocarburieren erforderliche Aufbau der Ofenatmosphäre beschleunigt.

Durch Evakuieren können auch am Prozessende die Reste des ammoniakhaltigen Gases aus dem Ofen entfernt werden.

Sind brennbare Gase wie z. B. Endogas verfügbar, können diese nicht nur zum Spülen und Abkühlen sondern auch zum Ausbrennen eingesetzt werden. Beim Öffnen des Ofenraumes erfolgt dann ein gezieltes Ausbrennen mit Hilfe von Zündbrennern an der Ofentür. Dies ist auch an Schachtöfen praktikabel. Hier müssen die Zündquellen beim Anheben des Retortendeckels im Betrieb sein, um das brennbare Gas zu entzünden.

Das Spülen von Öfen ohne Retorte mit poröser Auskleidung der Ofeninnenwände ist beim Wechsel der Begasung besonders wichtig. Um die in der Wandauskleidung gespeicherten Restgase weitgehend zu entfernen, muss mit einer ausreichend großen Gasmenge ausreichend lange gespült werden. Untersuchungen zum Formierungsverhalten einer ausgekleideten Kammer [26] bieten einen Anhalt für den erforderlichen Aufwand. Deshalb ist auch bei ausgekleideten Öfen, die zum Nitrieren/Nitrocarburieren benutzt werden, mit einem Wirksamsein der ausgetauschten Atmosphäre zu rechnen. Die Dauer für den Gasaustausch sollte daher länger angesetzt werden.

Während der zeitliche Volumenstrom beim Gasaustausch technisch eigentlich nur vom zulässigen Druckanstieg im Ofenraum begrenzt wird, ist die Frage nach der Höhe der Begasungsrate, d. h. Anzahl der auf das Volumen des Ofenraums bezogenen Gaswechsel/Stunde, beim Nitrieren/Nitrocarburieren nicht genau zu beantworten. Wird die Nitrierkennzahl geregelt, dann richtet sich der zeitliche Volumenstrom eigentlich nur nach dem K_N-Sollwert. Mit einem höheren Wert ist dann auch ein höherer Gasdurchsatz verbunden. Die Nitrierkennzahl ist deshalb auch hinsichtlich des Gasverbrauchs sorgfältig festzulegen.

Wird die Nitrierkennzahl nicht geregelt, ist nach [27] ein zwei- bis dreifacher Gasaustausch notwendig, um eine ausreichende Nitrierwirkung zu erreichen.

Zur Aufrechterhaltung eines ausreichenden Gasdurchsatzes, vorwiegend bei niedriger Nitrierkennzahl K_N hat sich ein Gasgemisch aus Stickstoff und Wasserstoff, hergestellt durch einen Ammoniakspalter, bewährt. Dies besonders dann, wenn wegen niedriger Nitrierkennzahl die Begasungsrate nicht beliebig gesenkt werden kann, da sonst kein ausreichender Gasdruck im Ofen vorhanden ist. Das Spalten von Ammoniak erfolgt in einem separaten, mit einem Katalysator gefüllten Reaktionsraum bei ca. 1000 °C. Es ist jedoch auch möglich, Ammoniak-Spaltgas in einer im Ofen angebrachten, so bezeichneten Endexo-Retorte, herzustellen.

Bei der Einleitung der Gase in den Ofenraum ist beim Nitrocarburieren auf die getrennte Zuführung von Ammoniak und des Kohlenstoff spendenden Gases zu achten, denn die Anwesenheit von Kohlenstoffdioxid führt zur Bildung und Abscheidung von Ammoniumhydrogencarbonat.

Um die erforderliche Nitrier-/Nitrocarburierwirkung zu erreichen, muss nicht nur für eine ausreichende Begasungsrate, sondern auch für ein effektives Umwälzen der Atmosphäre im Ofen, für eine sinnvolle Führung des Gasstroms durch die Ofencharge hindurch und die richtige Anordnung der Zuführung der Behandlungsgase und ihres Auslasses gesorgt werden.

Das Abkühlen des Behandlungsgutes kann bis zu Temperaturen von ca. 200 °C in der zum Nitrieren/Nitrocarburieren benutzten Atmosphäre oder in Stickstoff erfolgen. Das weitere Abkühlen bis auf Raumtemperatur wird üblicherweise im Stickstoff vorgenommen, so dass die brennbaren Behandlungsgase weitgehend ausgespült werden. Dabei ist darauf zu achten, dass keine Luft in den Abkühlraum gelangt, da sich sonst die Oberfläche der Werkstücke infolge Oxidation verfärbt. Dies ist allerdings ohne Einfluss auf die Funktionseigenschaften der nitrierten/nitrocarburierten Werkstücke.

Das gezielte Dunkelfärben durch Bildung einer Fe_3O_4-Eisenoxidschicht nach dem Nitrieren/Nitrocarburieren erfordert eine spezielle Atmosphärenführung. Die zum Oxidieren benutzten Gase werden zweckmäßigerweise über eine Mischbatterie in den Behandlungsraum eingeleitet.

4.4.3 Anwendungsbeispiele

Die in den beiden vorangegangenen Kapiteln genannten einzelnen Fakten sind im Zusammenhang mit der zu nutzenden Ofenanlage und dem erklärten Nitrierergebnis

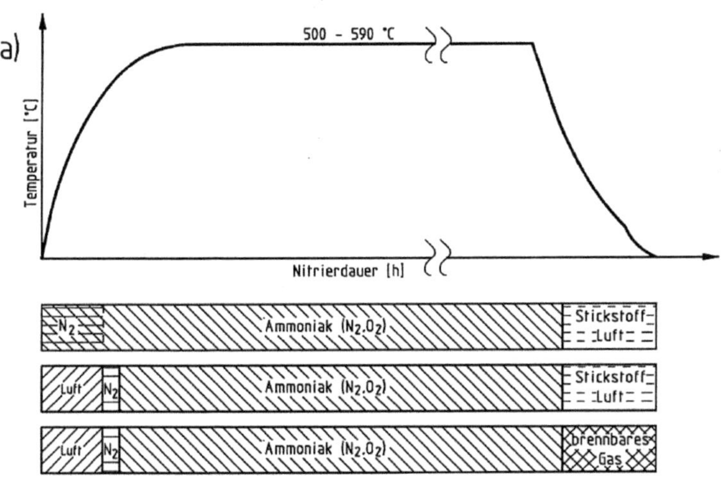

Bild 4-22a : Schematische Prozessgestaltung beim Gasnitrieren

in dem jeweils erforderlichen Umfang bei der Gestaltung des speziellen Verfahrensablaufes zu berücksichtigen. Die Breite und Vielfalt der notwendigen Schritte ist bereits aus den beiden Prozessverläufen für das Gasnitrieren und das Nitrocarburieren im Bild 4-22 erkennbar. An Hand weiterer Beispiele wird die verfahrenstechnische Vielfalt sichtbar.

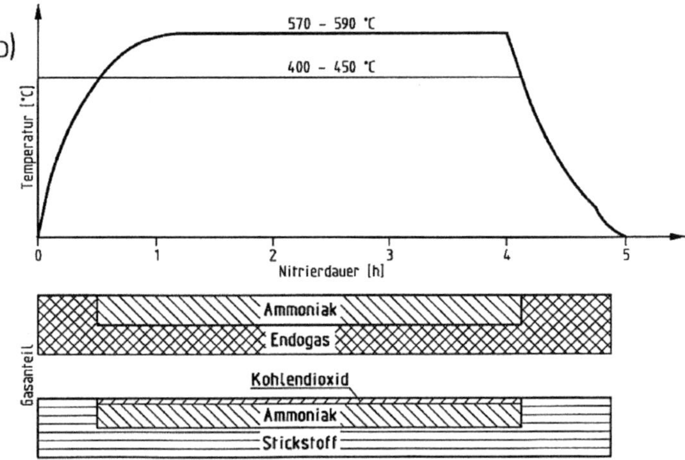

Bild 4-22b : Schematische Prozessgestaltung beim Gasnitrocarburieren

Typische Prozessverläufe bei Varianten des Gasnitrierens sind in den Bildern 4-23 und 4-24 wiedergegeben. Im Bild 4-23 war eine sehr niedrige Nitrierkennzahl einzuhalten [28], das Bild 4-24 zeigt den Verfahrensablauf beim Oxinitrieren.

Das Nitrocarburieren wird heute meist noch ungeregelt mit konstanten Begasungsraten durchgeführt. Welche kennzeichnenden Werte sich für die Zusammensetzung der Atmosphäre und damit auch für die Nitrierkennzahl einstellen, darüber gibt das Bild 4-25 für eine vierstündige Behandlung nach dem Gasnitrocarburieren in Ammoniak mit Zusatz von Endogas in einem Kammerofen Auskunft. Veränderungen in der Größe der Chargenoberfläche führen zwangsläufig zu Veränderungen in der Zusammensetzung der Atmosphäre.

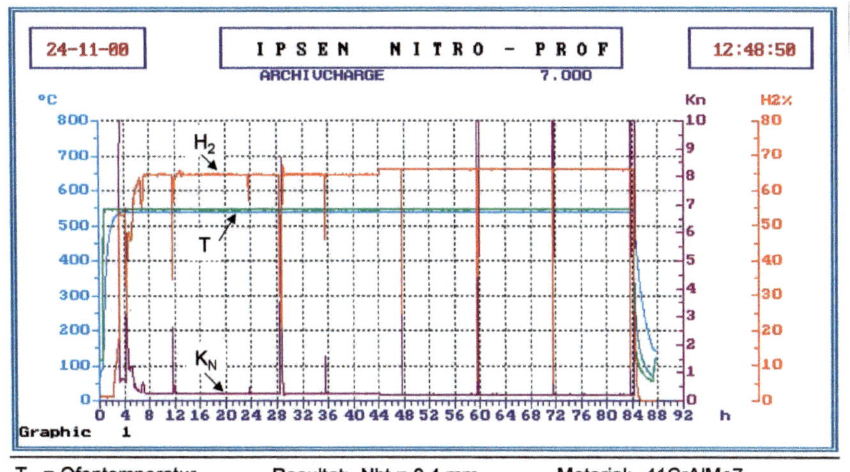

T = Ofentemperatur
H_2 = Wasserstoffgehalt
K_N = Nitrierkennzahl

Resultat: Nht = 0,4 mm
VS = < 10 µm
geringe Nitridausscheidungen auf KG

Material: 41CrAlMo7

Bild 4-23: Chargenprotokoll eines nitrierkennzahlgeregelten Gasnitrierprozesses [28]

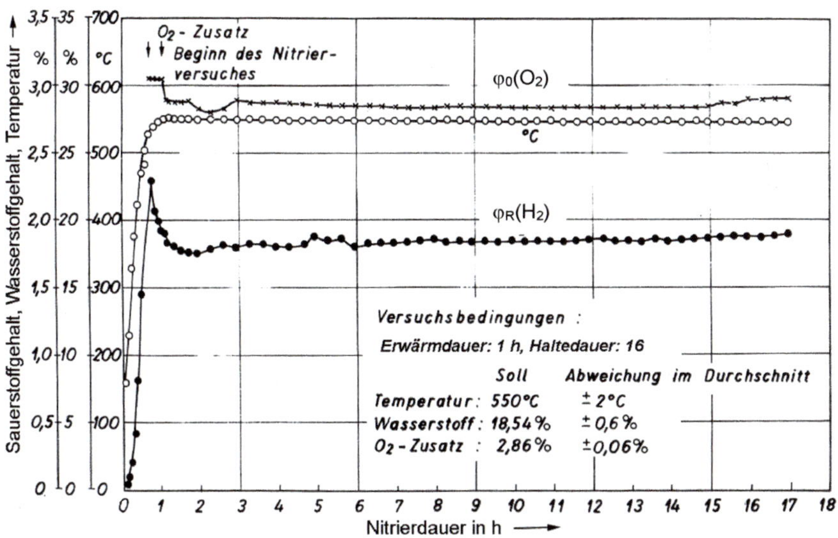

Bild 4-24: Zeitlicher Verlauf von Temperatur, Wasserstoff- und Sauerstoffgehalt bei einem 16-stündigen Gasoxinitrieren

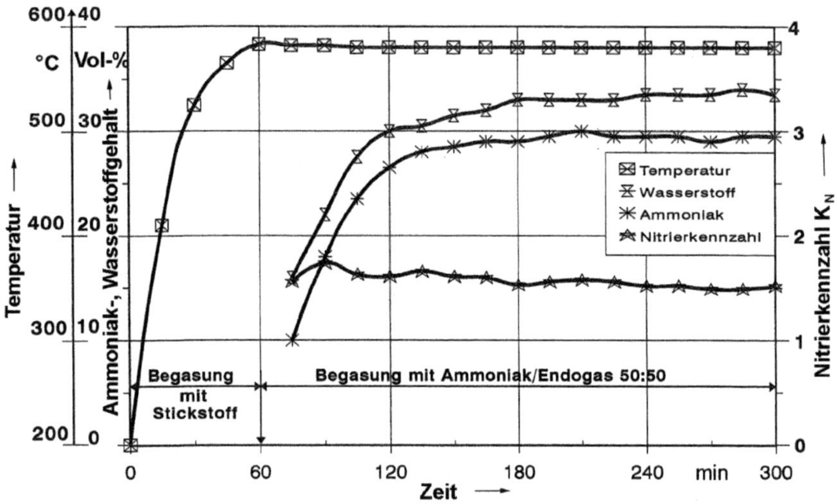

Bild 4-25: Zeitlicher Verlauf von Temperatur, Wasserstoffgehalt und Nitrierkennzahl beim ungeregelten Nitrocarburieren

Damit solche chargenabhängigen Veränderungen der Nitrieratmosphäre ausgeschlossen werden können, ist eine Nitrierkennzahlregelung erforderlich. Das Bild 4-26 gibt einen solchen geregelten Prozessablauf in einem Retortenofen wieder.

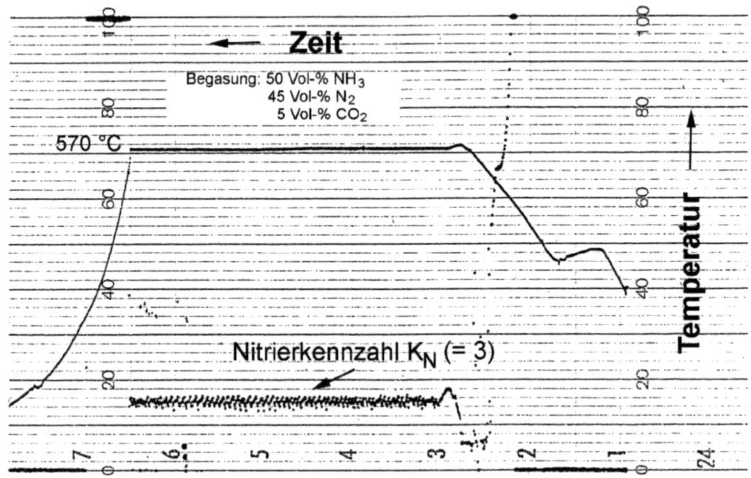

Bild 4-26: Prozessverlauf beim nitrierkennzahlgeregelten Nitrocarburieren

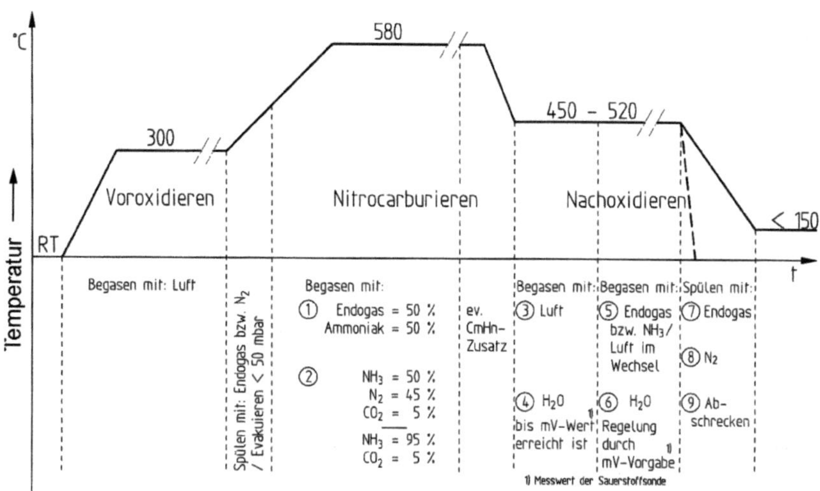

Bild 4-27: Verfahrensablauf beim Nitrocarburieren in Ammoniak und Endogas bzw. Ammoniak-Stickstoff-Kohlendioxid mit Vor- und Nachoxidieren

In Bild 4-27 ist schematisch die Zeit-Temperatur-Folge eines Nitrocarburierens mit in den Prozess integrierter Vor- und Nachoxidation zu sehen [29]. Für die einzelnen Prozessschritte sind die Temperaturen und die Bedingungen beim Begasen angegeben. Das Regeln der Atmosphäre beim Nach-Oxidieren erfolgt mit einer Sauerstoffsonde.

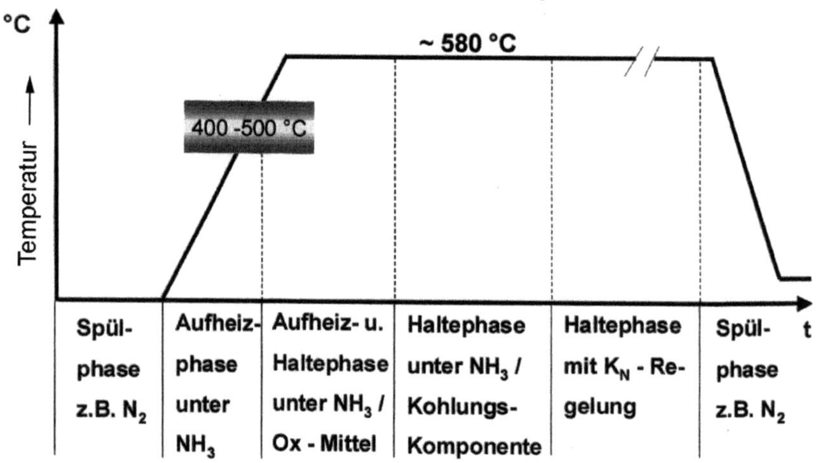

Bild 4-28: Verfahrensschema für die Gestaltung des Oxi-Nitrocarburier-Prozesses

Zum Überwinden der Aufstickungsbehinderung infolge von Passivschichten an der Oberfläche von Stählen mit mittleren bis hohen Gehalten an Chrom und Nickel wie z. B. beim Stahl X40CrMoV5-1, wird in der Praxis meist ein definiertes Vor-Oxidieren durchgeführt [30]. Alternativ dazu gelingt dies auch durch ein Beschichten mit Melamin und Carbonat vor dem Nitrieren. Ein zur Konvertierung solcher Passivschichten geeigneter Prozessablauf, das Oxi-Nitrocarburieren [31] mit den einzelnen Teilschritten, geht aus dem Bild 4-28 hervor.

4.5 Prozessüberwachung und -regelung

4.5.1 Allgemeines

Die derzeit nach DIN EN ISO 9000 ff erhobenen Qualitätsanforderungen auch an wärmebehandelte Werkstücke können nur erfüllt werden, wenn die Prozesse beim Nitrieren und Nitrocarburieren entsprechend überwacht und geregelt werden. Im Folgenden werden einige der dafür eingesetzten Mess- und Regelverfahren beschrieben.

4.5.2 Auswahl der Messverfahren

Im Kapitel 4.1 wurde dargestellt, dass beim Nitrieren sowohl das Messen des Rest-Ammoniakgehaltes $\varphi_R(NH_3)$ als auch des Wasserstoffgehaltes $\varphi_R(H_2)$ in der Ofenatmosphäre zur Bestimmung der Nitrierkennzahl K_N benutzt werden können.

Am einfachsten wird der Rest-Ammoniakgehalt mit der so bezeichneten Schüttelflasche, einer Bürette, siehe Bild 4-29, gemessen. Diese besteht aus einer mit Ofengas gefüllten Messbürette, in die Wasser geleitet wird. Da sich Ammoniakgas im Wasser gut löst, entspricht der in Messstellung abzulesende Wasseranteil dem Ammoniakvolumen im Nitrierabgas. Die Messung ist nur diskontinuierlich möglich.

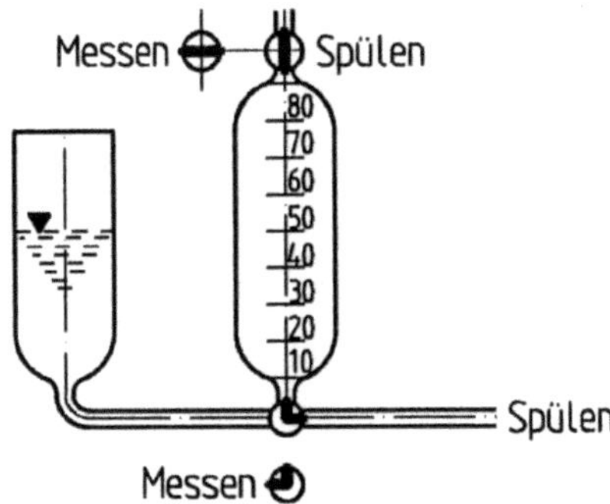

Bild 4-29: Schüttelflasche zum Messen des Ammoniak-Zersetzungsgrades

Eine andere Methode besteht darin, im abgeschlossenen Ofenraum den bei der Zersetzung des Ammoniaks wegen der Volumenvergrößerung eintretenden Druckanstieg zu messen. Dieser ist ein Maß für die Nitrierwirkung der Atmosphäre [32] und wird zur Kontrolle der Reproduzierbarkeit von gleichbleibenden Prozessabläufen benutzt [33].

Mit der Infrarot-Absorptions-Analyse, siehe Bild 4-30, lässt sich der Ammoniakgehalt in der Ofenatmosphäre kontinuierlich messen. Diese Messmethode ist jedoch im Hinblick auf Wartung und Kalibrierung relativ aufwendig.

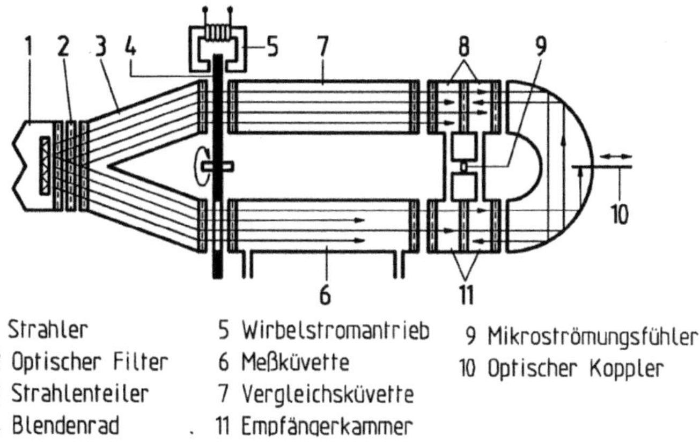

Bild 4-30: Prinzip der Infrarot-Absorptionsmessung des Ammoniakgehalts

Mit wesentlich geringerem Aufwand ist der Wasserstoffanteil im Abgas durch eine Änderung der Wärmeleitfähigkeit zu bestimmen, da Ammoniak und Stickstoff eine fast gleiche Wärmeleitfähigkeit besitzen. Diese gegen äußere Einflüsse unempfindliche Messmethode, siehe Bild 4-31, wird auch industriell genutzt [34].

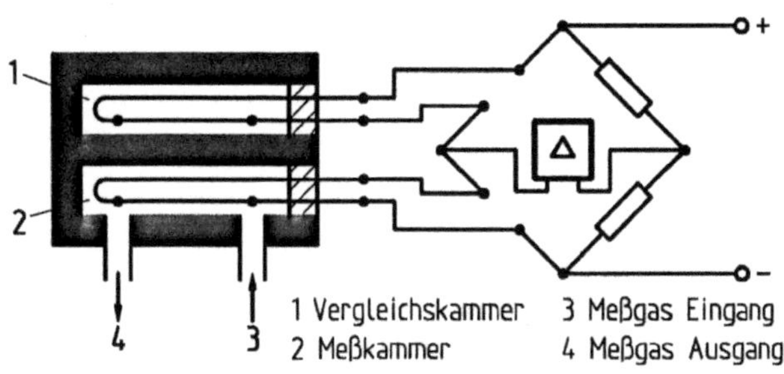

Bild 4-31: Prinzipschaltung für das Messen des Wasserstoffgehalts

Beide vorgenannten Messverfahren sind aber nur zur Analyse von Abgasen beim Nitrieren ohne Zusätze von kohlenstoffhaltigen Gasen einsetzbar. Der Grund ist die sonst stattfindende Bildung von Ammoniumhydrogencarbonat aus Ammoniak, Kohlenstoffdioxid und Wasser. Es entstehen dann feine kristalline Ausscheidungen, die sich in allen Gasleitungen absetzen und damit das Messen beeinträchtigen oder sogar unterbinden. Die Ausscheidungen lassen sich zwar durch Beheizen der Gasleitungen verhindern, der damit verbundene Aufwand hat aber dazu geführt, dass diese Messmethoden beim Nitrocarburieren nicht allzu häufig angewendet werden.

Die Probleme beim Messen von Gaskomponenten im Nitriergas außerhalb des Ofenraumes förderten die Suche nach direkten Messmöglichkeiten in der Ofenatmosphäre. Eine der gefundenen „in situ"- Methoden beruht auf dem Messen des Sauerstoffpartialdrucks mit Hilfe von ZrO_2-Festelektrolyten (Bild 4-32, Typ Q).

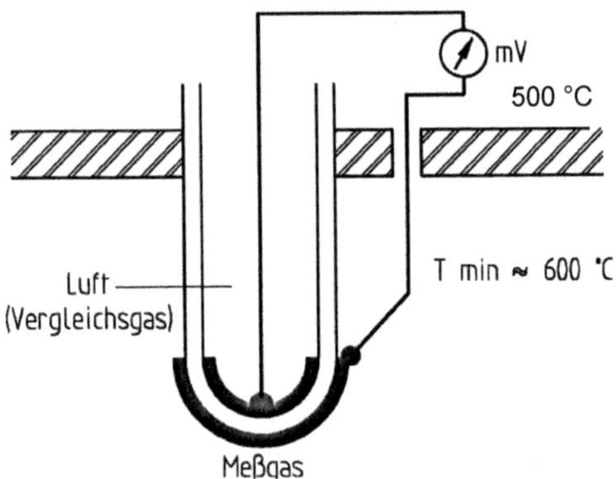

Bild 4-32: Prinzip einer Sauerstoffsonde

Der zunächst für das Gasoxinitrieren entwickelte Nitriersensor (E-Sonde) gestattete durch zusätzliches Messen des Sauerstoffpartialdrucks nach einer vollständigen Zersetzung des Nitriergases die gemessene Spannungsdifferenz ΔU [35, 36] gemäß Gleichung (19).

$$\Delta U = 0{,}0992 \cdot T \cdot \lg\left(1 + 1{,}5 \cdot \frac{\varphi(NH_3)}{\varphi(H_2)}\right) mV \tag{19}$$

dem NH_3/H_2-Verhältnis zuzuordnen. Hier beziehen sich die Sondensignale eindeutig auf die Potentialbildungsreaktionen an den Messelektroden.

Beim Nitrocarburieren herrschen nur dann solche Verhältnisse, wenn sich alle Kohlenstoffträger in CO und CO_2 umwandeln und sich das Wassergasgleichgewicht (13) einstellt [37]. Bei höheren CO- und H_2-Gehalten ist im Gegensatz zu NH_3/CO_2-Gasmischungen mit störenden Nebenreaktionen und daraus resultierender Mischpotentialbildung zu rechnen [37]. Die sich daraus ergebende Konsequenz war die Entwicklung einer neuen Gleichgewichtssonde (Typ QE), bei der die Equilibrierung des Messgases bei höheren Temperaturen (825 °C) durchgeführt wird. Mit einem kombinierten Messsystem vom Typ Q+QE (s. Bild 7 in [37]) sind nach [38] durch die Berücksichtigung des gesamten Stoffeintrages und die daraus resultierende Korrektur der Frischgaszusammensetzung korrekte Werte beispielsweise für die Nitrierkennzahl K_N bestimmbar.

Eine ebenfalls direkte Messung im Ofenraum gestattet der „HydroNit-Sensor" genannte Wasserstoffsensor [39]. Der konstruktive Aufbau und das Wirkprinzip gehen aus Bild 4-33 hervor.

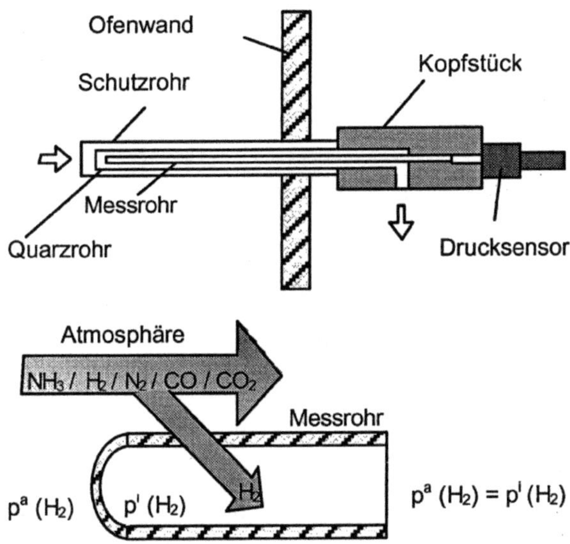

Bild 4-33: Prinzip des HydroNit-Sensors

Das Messrohrmaterial ermöglicht wegen seiner speziellen Wasserstoffdurchlässigkeit den Druckausgleich für den Wasserstoffpartialdruck zwischen der Ofenatmosphäre und dem Inneren des zunächst evakuierten Messrohres. Im Messrohr wird der sich einstellende Wasserstoffpartialdruck mit einem Druckaufnehmer gemessen und entspricht unter Berücksichtigung des Drucks im Ofenraum der Volumenkonzentration des Wasserstoffs $\varphi_R(H_2)$. Damit steht der für die Berechnung der Zusammensetzung der Atmosphäre wichtige Kennwert zur Verfügung.

Eine andere direkte Methode zur Prozesskontrolle basiert im Unterschied zu den vorstehend beschriebenen gasanalytischen Verfahren auf der Messung der Änderung der magnetischen Eigenschaften der sich bildenden Nitrierschicht [40, 41]. Da die Geschwindigkeit der Schichtbildung, kontrolliert über Kalibrierkurven, zum kennzeichnenden Kriterium wird, ist die im Bild 4-34 gezeigte Messanordnung als KINIT-Sensor bekannt geworden [42].

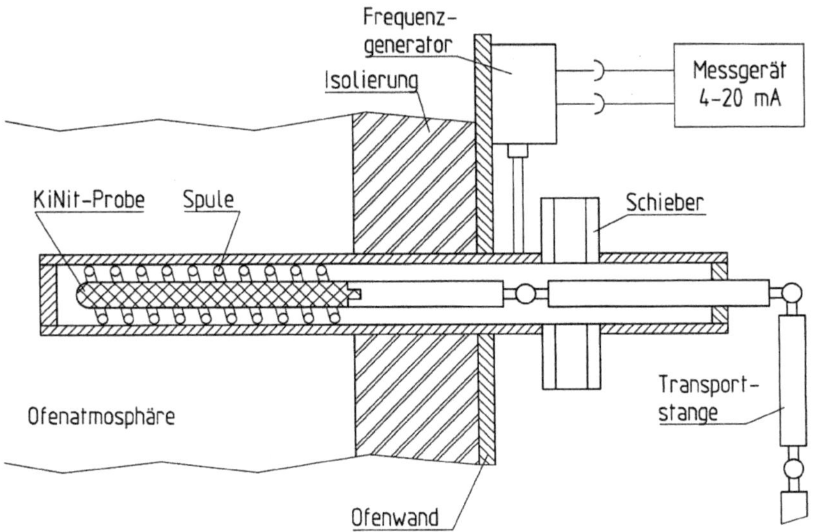

Bild 4-34: Prinzip des KINIT-Sensors zum Messen des Nitrierschichtwachstums

4.5.3 Prozessregelung

Neben der Behandlungstemperatur und -dauer ist das Erfassen und reproduzierbare Einstellen der Zusammensetzung des Reaktionsgases im Ofenraum ein maßgebender Parameter zum Erreichen eines bestimmten Aufbaus der Nitrierschicht. Mit ihm können Unterschiede in der Art und Menge der Begasung, der Zersetzung des Ammoniaks sowie die Beschaffenheit der Charge wie z. B. Oberfläche, Gewicht usw., erfasst und ausgeglichen werden. Abweichungen von den vorgegebenen Kennzahlen K_N, K_C und K_O können so mit der beschriebenen Messtechnik festgestellt und dann mit geeigneter Regelungstechnik gezielt verändert werden.

Die einfachste Form eines manuell überwachten Prozessablaufes wird im Bild 4-35 gezeigt. Der sich auf Grund der konkreten Prozessbedingungen einstellende Wasserstoffgehalt als kennzeichnender Wert wird erfasst und daraus bei Bedarf manuell die proportionale Veränderung der Begasungsmengen für Ammoniak und Endogas vorgenommen.

Soll der Prozessablauf mit Hilfe der gemessenen Gaskomponente automatisch geregelt werden, dann ist beim Gasnitrieren aus dem gemessenen Wasserstoff- oder Ammoniakgehalt direkt bzw. mit der beschriebenen Nitriersonde der Wert für die Nitrierkennzahl K_N nach den Gleichungen (16), (17) bzw. (19) zu berechnen. Von dem Regler wird bei einem zu niedrigen K_N-Wert die Ammoniakgasmenge erhöht, bei einem zu hohen Wert dieser durch Zugabe von Spaltgas verringert, vgl. das Schema im Bild 4-36.

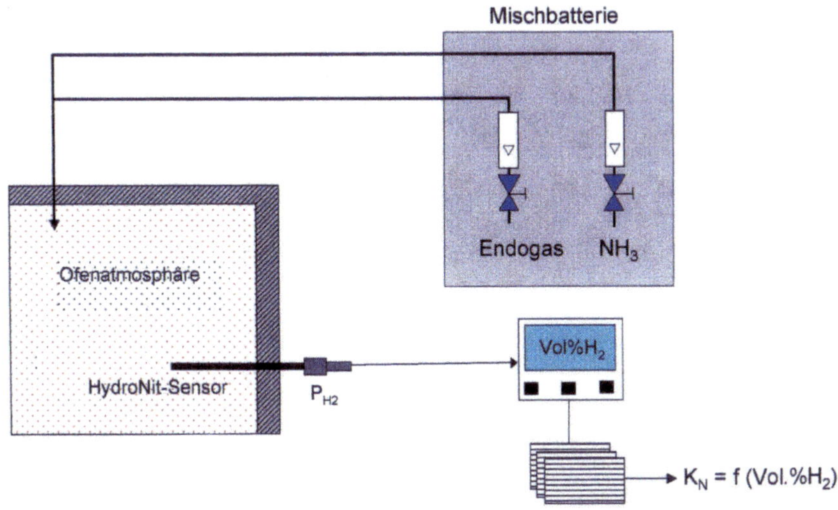

Bild 4-35: Prinzip der manuellen Überwachung von Nitrierprozessen

Für das Nitrocarburieren ist das Regeln etwas aufwendiger, da wegen der Anwesenheit Kohlenstoff spendender Komponenten die Einstellung des Wassergasgleichgewichts (13) in der Ofenatmosphäre bei der Bestimmung der Kennzahlen K_N, K_C, K_O berücksichtigt werden muss. Mit den in [10, 11, 18, 43, 44] vorgestellten Rechenmodellen kann mit der anteiligen Bestimmung einer Gaskomponente, z. B. der Wasserstoffanteil ($\varphi_R(H_2)$ oder einem Zellspannungswert U, die komplette Zusammensetzung der Ofenatmosphäre berechnet werden. Dazu werden als bekannt vorausgesetzt:

- die zeitlichen Volumenströme zur Berechnung der Frischgaszusammensetzung, gekennzeichnet durch $\varphi_0(NH_3)$, $\varphi_0(H_2)$, $\varphi_0(N_2)$, $\varphi_0(CO)$, $\varphi_0(CO_2)$, $\varphi_0(O_2)$,
- die Temperatur
- der Volumenanteil einer Gaskomponente bzw. die Zellspannung einer Sauerstoffsonde
- die Einstellung des homogenen Wassergasgleichgewichts bei der Behandlungstemperatur.

Unter der jeweiligen Annahme eines variablen Anteils an zersetztem Ammoniak $\varphi_0(NH_3)_{zers.}$ wird die Zusammensetzung des Reaktionsgases aus $\varphi_R(NH_3)$, $\varphi_R(H_2)$, $\varphi_R(N_2)$, $\varphi_R(CO)$, $\varphi_R(CO_2)$, $\varphi_R(O_2)$, $\varphi_R(H_2O)$ iterativ berechnet und mit den gemessenen Werten verglichen. Aus den so ermittelten Werten für die einzelnen Komponenten lassen sich dann die jeweiligen Kennwerte K_N, K_C, K_O (Gl.(9), (14), (15), (10)) für die Prozessregelung berechnen.

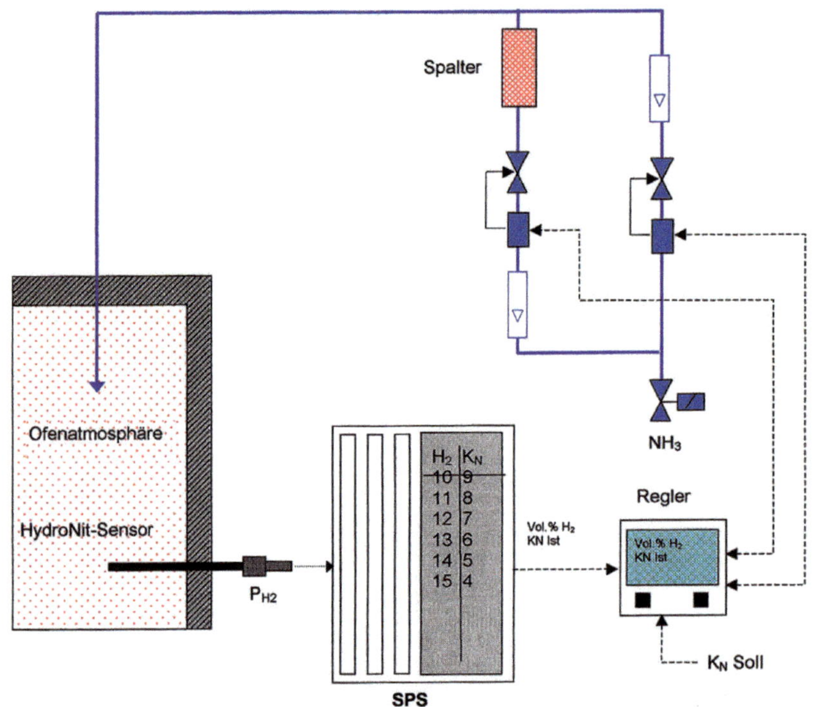

Bild 4-36: Regelkonzept für das Gasnitrieren

Ein Regelungskonzept auf der Basis des K_N-Wertes für ein Nitrocarburieren mit einer NH_3-N_2-CO_2-Gasmischung zeigt das Bild 4-37. Durch die proportionale Änderung der drei Gaskomponenten kann die Nitrierkennzahl K_N in einem Bereich verändert werden, der seine Begrenzung in der maximal bzw. minimal möglichen Begasungsrate hat. Die dazugehörige Vorgabe für die Gestaltung des Prozessablaufes in einem Kammerofen zeigt das Bild 4-38. Wäre beim Nitrocarburieren mit dieser Gasmischung die Einstellung eines niedrigen K_N-Wertes erforderlich, der mit der Absenkung des Gasdurchsatzes nicht mehr erreichbar ist, dann muss das Regelkonzept gemäß Bild 4-39 durch die Möglichkeit der Spaltgaszugabe erweitert werden.

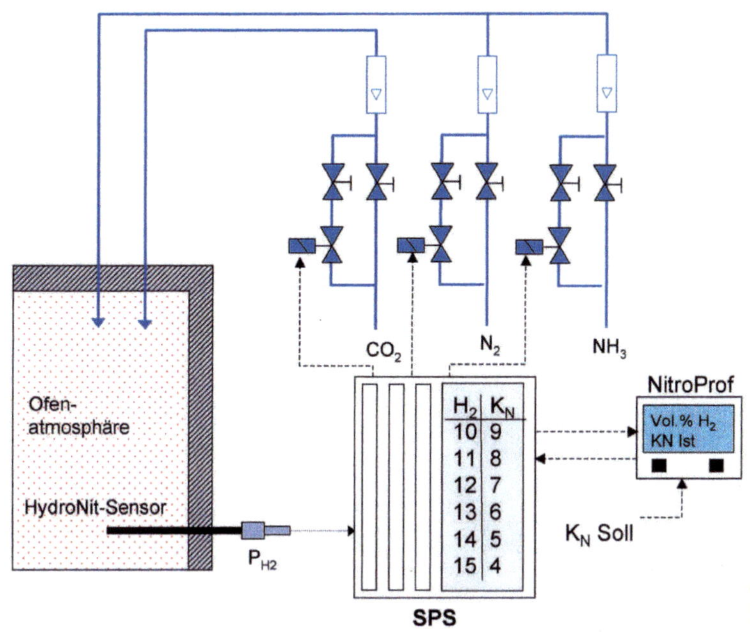

Bild 4-37: Regelkonzept zum Nitrocarburieren mit einer NH_3-N_2-CO_2-Gasmischung [39]

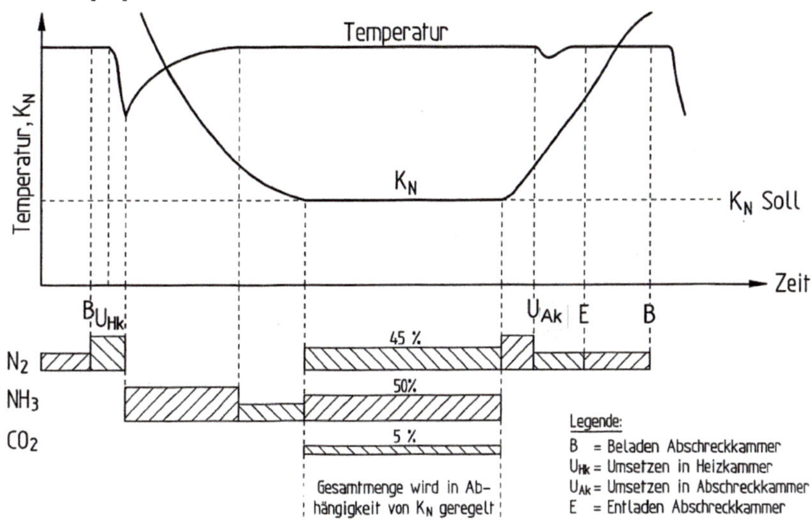

Bild 4-38: Prozessprogramm für das geregelte Nitrocarburieren mit einer NH_3-N_2-CO_2-Gasmischung

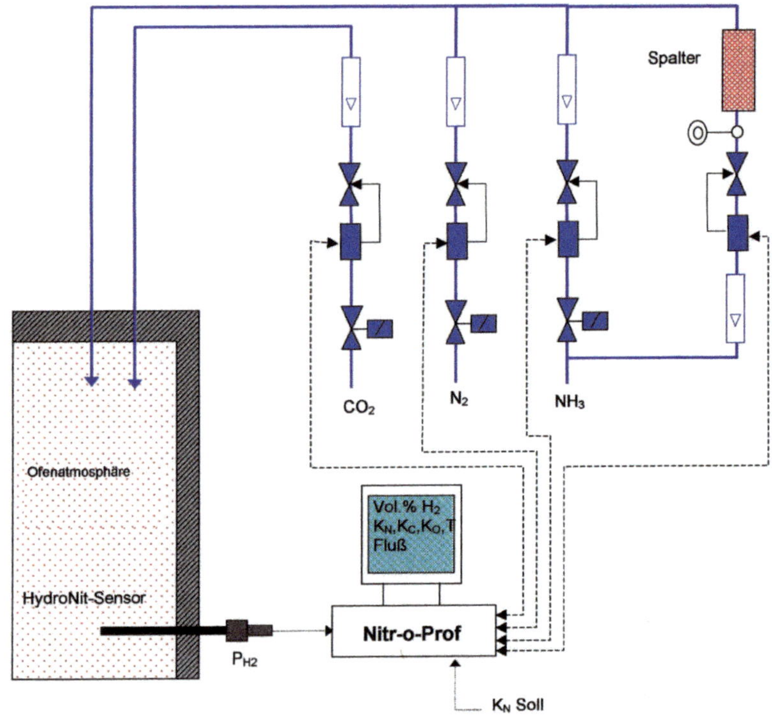

Bild 4-39: Regelkonzept zum Nitrocarburieren mit einer NH_3-N_2-CO_2-Gasmischung mit einer zusätzlichen Ammoniak-Spaltretorte

Zum Regeln von Prozessabläufen wie z. B. bei einem langzeitigen Nitrieren, Bild 4-23 [28] oder einem Nitrocarburieren, Bild 4-26, ist eine zentrale Einheit zweckmäßig, mit der die entsprechenden Aufgaben zum Erfassen, Rechnen, Programmieren und Regeln durchgeführt werden. In ihr werden die Eingangsdaten aus der Mengen-, Temperatur-, Zeit- und Gaskomponenten-/Spannungsmessung erfasst und daraus die Zusammensetzung der Ofenatmosphäre berechnet. Außerdem kann der Prozessablauf programmiert und schließlich dokumentiert werden, siehe Bild 4-40 und 4-41.

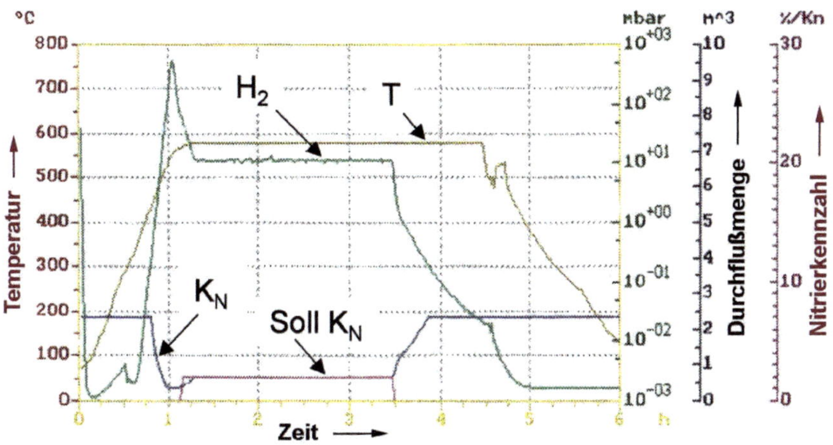

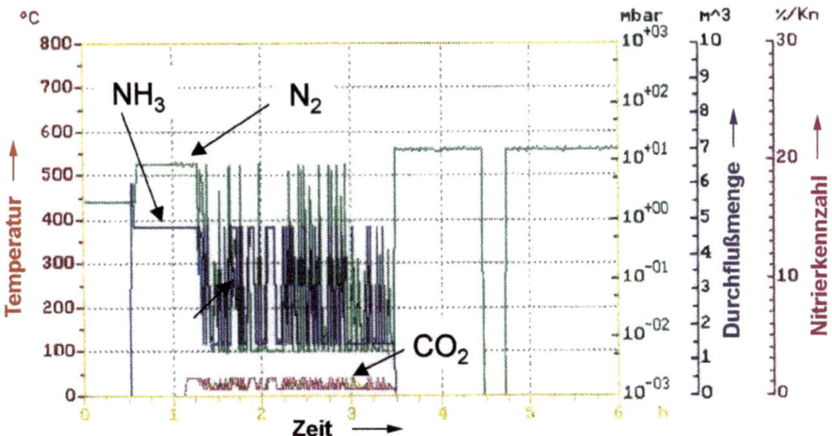

Bild 4-40: Prozessverlauf beim Nitrocarburieren in einem Retortenofen

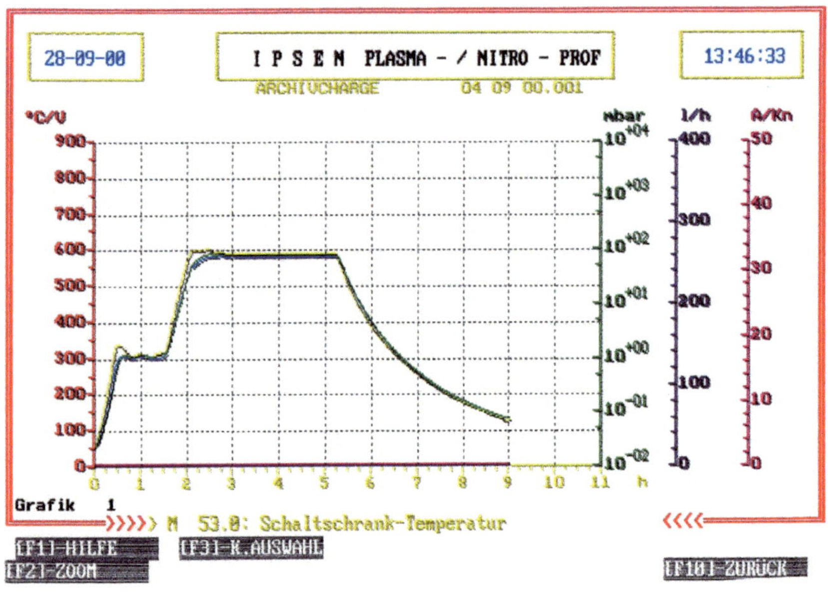

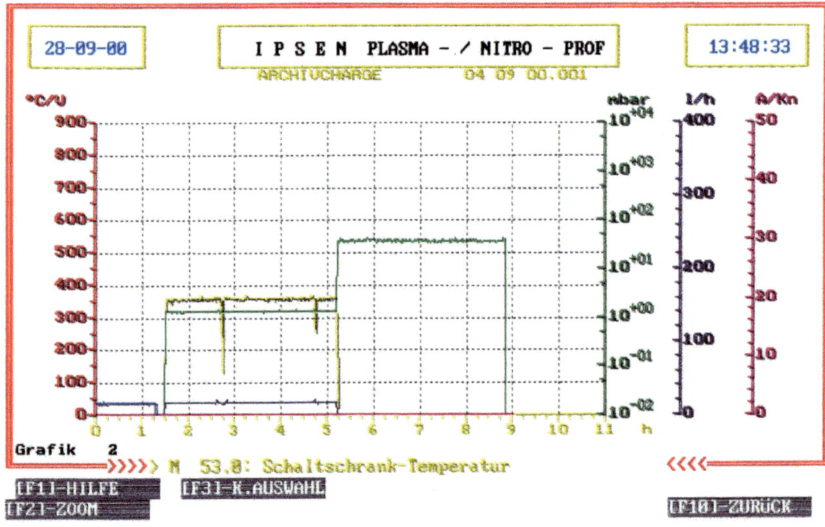

Bild 4-41: Beispiel für eine Prozessdokumentation

4.6 Vor- und Nachteile des Gasnitrierens/-nitrocarburierens

4.6.1 Vorteile gegenüber anderen Verfahrenstechniken

- Verfahrenstechnische Vielfalt zur Erzeugung eines beanspruchungsgerechten Nitrierschichtaufbaus (Struktur und Dicke von VS sowie Nht)
- Qualitätssicherung im Sinne der Erfüllung von Vorgaben für den Schichtaufbau durch einen prozessüberwachten Verfahrensablauf
- Gestaltungsmöglichkeiten für spezielle Verfahrensabläufe (beispielsweise das Oxi-Nitrocarburieren zur Behandlung passivierter Oberflächen
- Integration von Prozessabschnitten (Vor- und Nachbehandlung) in den Verfahrensablauf (z. B. Voroxidation, Nachoxidation)
- Anlagentechnische Breite zur Behandlung von Bauteilen und Werkzeugen mit unterschiedlichster Geometrie und Masse (Großteile/ Kleinteile)
- Wahlweise Beheizung der Öfen mit Gas oder Elektroenergie
- Integrationsfähigkeit der Anlagen mit vorzugsweise horizontaler Chargierweise in automatisierte Behandlungslinien
- Anpassung der Begasungsart an die vor Ort gegebenen Voraussetzungen für die Medienbereitstellung (Generator, Endexoretorte, synthetische Gasmischungen, Stickstofftank)
- Umweltgerechte Medienentsorgung mit thermischer Nachverbrennung
- Nutzung einer Vielzahl von Möglichkeiten für einen an die Bauteilform an gepassten Chargenaufbau des Nitrierguts
- Vorteil zur Behandlung von Schüttgut
- Lokales Nitrieren/ Nitrocarburieren durch das teilweise Aufbringen von Abdeckmitteln
- Nur geringfügige Erhöhung der Oberflächenrauhigkeit

4.6.2 Nachteile

- Erforderlicher Medienverbrauch (min. zweifacher Gasdurchsatz)
- Durch die Verwendung von brennbaren Gasen sind die erforderlichen Maßnahmen für einen sicheren Ofenbetrieb einzuhalten
- Bereitstellung von gut gereinigtenTeilen
- Beachtung von Passivitätserscheinungen an der Teileoberfläche infolge der Art der mechanischen Bearbeitung
- Vermeidung des Austritts von Ammoniak aus Sicherheits- und Gesundheitsgründen (MAK- Wert)

4.7 Literatur

[1]	Mittemeijer, E. J.; Slycke, J. T.	Die thermodynamischen Aktivitäten von Stickstoff und Kohlenstoff, verursacht von Nitrier- und Carburiergasatosphären HTM Härterei-Techn. Mitt. 50 (1995) 2, S. 114 – 125
[2]	Edenhofer, B.; Lerche, W.	Prozessüberwachung und -steuerung zur gezielten Schichterzeugung beim Nitrieren und Nitrocarburieren HTM Härterei-Techn. Mitt. 52 (1997) 1, S. 21 - 27
[3]	Slycke, J. T.; Sproge, L.	On the Mechanisms of gaseous nitriding and nitrocarburising AWT-Tagung „Nitrieren und Nitrocarburieren" 10.-12.April 1991 Darmstadt, Tagungsband S. 9 - 23
[4]	Hoffmann, R.; Mittemeijer, E. J.; Somers, M. A. J.	Die Steuerung von Nitrier- und Nitrocarburierprozessen HTM Härterei-Techn. Mitt. 49 (1994) 3, S. 177 - 184
[5]	Hoffmann, R.; Mittemeijer, E. J.; Somers, M. A. J.	Verbindungsschichtbildung beim Nitrieren und Nitrocarburieren HTM Härterei-Techn. Mitt. 51 (1996) 3, S. 162 - 169
[6]	Kunze, J.	Thermodynamische Gleichgewichte im System Eisen-Stickstoff-Kohlenstoff. HTM Härterei-Techn. Mitt. 51 (1996) 6, S. 348 - 354
[7]	Slycke, J. T.	Thermodynamics of Carbonitriding and Nitrocarburising Atmospheres and the Fe-N-C-Phase Diagram AWT-Tagung „Nitrieren und Nitrocarburieren" 24.- 26. April 1996 Weimar, Tagungsband S. 19 – 28
[8]	Zimdars, H.:	Technologische Grundlagen für die Erzeugung nitridhaltiger Schichten in stickstoffangereicherten Nitrieratmosphären Dissertation Bergakademie Freiberg (1986)
[9]	Lerche, W.; Spengler, A.; Böhmer, S.	Kurzzeitgasnitrieren – Verfahren und Ergebnisse Freiberger Forschungshefte B 185, VEB Deutscher Verlag für Grundstoffindustrie, Leipzig (1976)
[10]	Böhmer, S.; Zimdars, H.	Rechnergestützte Methode zur Berechnung von Atmosphären für das Gasnitrieren mit Sensorüberwachung HTM Härterei-Techn. Mitt. 48 (1993) 3, S. 162 - 165

[11]	Zimdars, H.; Berg, H.-J.; Spies, H.-J.; Böhmer, S.	Einsatz von Sauerstoffmesszellen zur Kontrolle von Ofenatmosphären beim Nitrieren und Nitrocarburieren HTM Härterei-Techn. Mitt. 48 (1993) 4, S. 259 - 262
[12]	Edenhofer, B.	Verfahrenstechnik des Nitrierens und Nitrocarburierens in Gasatmosphären AWT-Tagung „Nitrieren und Nitrocarburieren" 10.-12 April 1991 Darmstadt, Tagungsband S.165 – 189
[13]	Lachtin, Ju.; Kogan, Ja. D.; Spies, H.- J.; Böhmer, S.	Theorie und Technologie des Nitrierens Verlag Metallurgia, Moskau, 1991, S. 83 ff
[14]	Lehrer, E.	Über das Eisen- Wasserstoff- Ammoniak- Gleichgewicht Z. Elektrochemie 36 (1930), S.383 – 392
[15]	Hanke, M.	„Steady state" beim Gasnitrieren AWT- Tagung Nitrieren" 10.-12. April 2002 Aachen, Tagungsband S. 307 – 317
[16]	Floe, C. F.	A study on the nitriding process effect of ammonia dissociation on the case depth and structure Trans ASM 32 (1944), und Source book on nitriding ASM 1977, S. 144 – 171
[17]	Zimdars, H.; Spies, H.- J.; Berg, H.- J.; Böhmer, S.	Möglichkeiten und Grenzen des sensorkontrollierten Gasnitrierens AWT- Tagung „Nitrieren und Nitrocarburieren" 24.- 26. April 1996 Weimar, Tagungsband S. 79 – 87
[18]	Weissohn, K.- H.	Steuerung und Regelung von Nitrierprozessen unter Einsatz von Sauerstoffmesszellen HTM Härterei-Techn. Mitt. 53 (1998) 3, S. 164 - 171
[19]	Göhring, W.	Neues Herstellungsverfahren einer regelbaren Aufkohlungsatmosphäre Z. Härterei-Technik und Wärmebehandlung 13 (1967) 6, S. 41 - 48
[20]	Verschiedene	Sicherheitstechnische Empfehlungen für den Betrieb von Industrieöfen mit Schutzgasatmosphären AWT-Fachausschuss 8 „Sicherheit in Wärme behandlungsbetrieben"

[21] Lerche, W.; Edenhofer, B. — Prozesssicherheit beim Nitrieren und Nitrocarburieren – anlagentechnische Voraussetzungen
Z. STAHL (1994) 3, S. 40 - 43

[22] DIN — DIN EN 746 Industrielle Thermoprozessanlagen
Teil 1: Allgemeine Sicherheitsanforderungen an industrielle Thermoprozessanlagen
Teil 2: Sicherheitsanforderungen an Feuerungen und Brennstoffführungssysteme
Teil 3: Sicherheitsanforderungen für die Erzeugung und Anwendung von Schutz- und Reaktionsgasen

[23] Burgmaier, H.; Kurz, A. — Integrierte vollautomatische Nitrocarburieranlage, VDR(N)-1914(S), im betrieblichen Einsatz
Vortrag IPSEN Internationale Kundentagung 23./ 24. Mai 2002, Düsseldorf

[24] DIN-Normenausschuß Werkstofftechnologie (NWT) — DIN 17052-1: Wärmebehandlungsöfen
Teil 1: Anforderungen an die Temperaturgleichmäßigkeit

[25] Eckstein, H.-J., Hrsg. — Technologie der Wärmebehandlung von Stahl
VEB Deutscher Verlag für Grundstoffindustrie. S. 650, 652

[26] Keßler, O.; Hoffmann, F.; Mayr, P. — Formierung des Mauerwerks in Schutzgasatmosphären zur Wärmebehandlung metallischer Werkstoffe.
HTM Härterei-Techn. Mitt. 48 (1993) 1, S. 53 - 61

[27] Dawes, C.; Tranter, D. F. — Anwendung des Nitrocarburierens und des Nitrierens für Automobilteile aus unlegierten Stählen
Z. Werkstoffe und ihre Verwendung 3 (1981) 4, S. 157 - 165

[28] Lohrmann, M. — Der Einsatz neuer Ofen- und Verfahrenssensoren in Wärmebehandlungsöfen.
IPSEN- Kundentagung 23.; 24. Mai 2002, Düsseldorf

[29] Lerche, W.; Edenhofer, B. — Verfahrenstechnische Möglichkeiten zur Erzeugung nachoxidierter Verbindungsschichten mit hoher Korrosionsfestigkeit.
HTM Härterei-Techn. Mitt. 57 (2002) 5, S. 349 - 356

[30] Spies, H.- J.; Vogt, F. — Beschleunigung des Gasnitrierprozesses durch eine Vorbehandlung in der reaktiven Gasphase
HTM Härterei-Techn. Mitt. 54 (1999) 1, S. 1 - 9

[31] Lerche, W.; Edenhofer, B. — Oxi-Nitrocarburieren
HTM Werkst. Wärmebeh. Fertigung 57 (2002) 4, S. 240 - 245

[32] Steinmann, H. — Information der Fa. IVA am 11.4.2000 im Härterei-Kreis Hagen

[33] Hoffmann, R. — Prozeßsteuerung beim Gasnitrieren und Gasnitrocarburieren
AWT-Tagung „Nitrieren" 10.- 12. April 2002 Aachen, Tagungsband S. 319 - 330

[34] N.N. — Produktinformation der Fa. Stange, Gummersbach

[35] Berg, H.- J.; Böhmer, S. — Analyse und Überwachung von Gasatmosphären der thermisch- chemischen Behandlung – Untersuchungen am Beispiel des Gasnitrierens
Freiberger Forschungshefte B 263, VEB Deutscher Verlag für Grundstoffindustrie, Leipzig, 1988

[36] Berg, H.- J.; Böhmer, S.; Spies, H.- J. — Einsatz eines Nitriersensors zur Kontrolle des Schichtaufbaus beim Gasnitrieren
AWT-Tagung „Nitrieren und Nitrocarburieren" 10.- 12. April 1991, Darmstadt, Tagungsband S. 190 - 195

[37] Möbius, H.- H.; Hartung, R. — Potentiometrische Gassensoren mit Zirkoniumdioxid- Festelektrolyten zum Gasnitrieren und –nitrocarburieren
HTM Härterei-Techn. Mitt. 53 (1998) 4, S. 245 - 254

[38] Spies, H.- J.; Berg, H.- J.; Zimdars, H. — Fortschritte beim sensorkontrollierten Gasnitrieren und -nitrocarburieren
HTM Werkst. Wärmebeh. Fertigung 58 (2003) 4, S. 189 - 197

[39] Lohrmann, M. — Improved Nitriding and Nitrocarburising, Atmosphere Control with the HydroNit-Sensor
Heat treatment of metals (2001) 3, S. 53 - 55

[40] Klümper-Westkamp, H. — Entwicklung und Anwendung eines Nitriersensors zur in- situ- Erfassung des Nitrierprozesses
VDI-Verlag Düsseldorf, 1989, Fortschritts-Berichte, VDI Reihe 5, Nr.160

[41] Klümper-Westkamp, H.; Hoffmann, F.; Mayr, P.; Edenhofer, B. — Sensorkontrolliertes Nitrocarburieren
HTM Härterei-Techn. Mitt. 46 (1991) 6, S. 367 - 374

[42] Lerche, W. Der neue Ipsen-KiNit-Sensor zur Überwachung von Nitrierprozessen
IPSEN Internationale Kundentagung 14./15. Mai 1998, Düsseldorf

[43] Zimdars, H. Berechnung von Nitrieratmosphären, ihre Kontrolle und Regelung mit Sauerstoffsonden
Fachtagung: Erzeugung und Charakterisierung von Randschichten auf Bauteilen und Werkzeugen, 26.- 28. September 1995, TU Bergakademie Freiberg, Institut für Werkstofftechnik, S.135 - 143

[44] Lohrmann, M. Überwachung und Regelung von Nitrier- und Nitrocarburieratmosphären mit dem HydroNit-Sensor
HTM Härterei-Techn. Mitt. 54 (1999) 5, S. 271 - 277 und Heat treatment of metals (2001) 3, S. 53 - 55

5 Plasmanitrieren und -nitrocarburieren

Uwe Huchel

5.1 Reaktionsmedium Plasma

Als Plasma wird ein elektrisch leitfähiges Gas bezeichnet. Damit ein Gas leitfähig ist, müssen freie Ladungsträger für den Stromtransport zur Verfügung stehen. Bei Drücken über 0,1 bar ist diese Bedingung erst bei Temperaturen über ca. 8000 K erfüllt. Wird der Druck auf ca. 1 mbar verringert, kann ein Plasma auch bei weitaus geringeren Temperaturen erzeugt werden. Dieser Effekt wird bei der Plasmawärmebehandlung ausgenutzt. Das Niederdruckplasma ermöglicht eine „Hochtemperatur-Oberflächenchemie bei niedrigen Bauteiltemperaturen" und eröffnet für viele Bereiche Verfahrenstechniken, die einzigartig sind. Um das Plasma zu erzeugen, wird im Vakuum zwischen Bauteil (Kathode) und Behälterwand (Anode) eine Spannung von mehreren hundert Volt angelegt. In Abhängigkeit von der Leitfähigkeit der verwendeten Gase ergibt sich bei angelegter Spannung eine bestimmte Stromdichte. Der Zusammenhang zwischen Spannung und Stromdichte einer Glimmentladung ist in Bild 5-1 schematisch dargestellt.

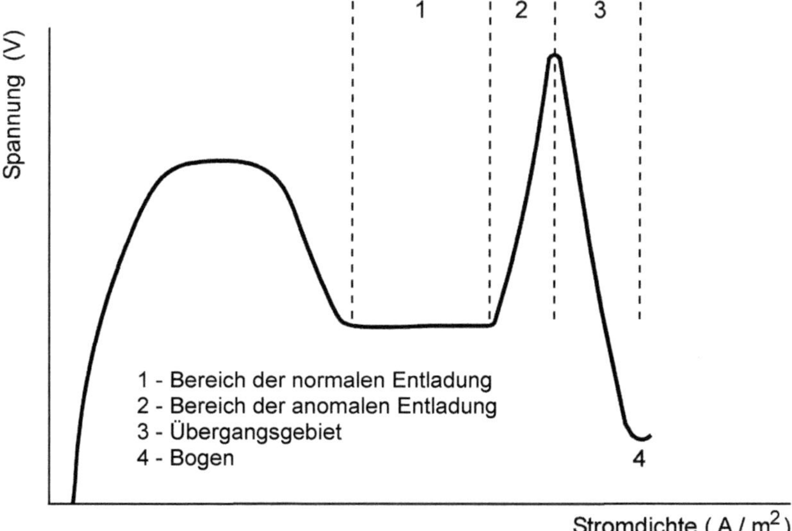

Bild 5-1: Stromdichte-Potentialkurve einer Glimmentladung

Der Arbeitsbereich, der für das Plasmanitrieren und -nitrocarburieren genutzt wird, ist der der anomalen Entladung.

Im Plasma wurde bereits vor dem zweiten Weltkrieg nitriert. Danach ergaben sich Ende der fünfziger Jahre mit der Gründung eines Institutes der Gesellschaft zur Förderung der Glimmentladungsforschung neue Impulse für die industrielle Nutzung des Verfahrens. Diese Entwicklungen sind eng mit den Namen Berghaus verbunden.

Der Stand der Technik bis Anfang der 80er Jahre des 20. Jahrhunderts waren wassergekühlte Anlagen [1], bei denen die Entladung durch eine Gleichspannung gespeist wurde (Kaltwandtechnik). Entscheidende Nachteile dieser Verfahrenstechnik sind große Temperaturdifferenzen in einer Charge und folglich große Streuungen im Behandlungsergebnis sowie eine relativ geringe Chargierdichte, ein hoher Energieverbrauch und die enge Verkopplung von thermischen und chemischen Vorgängen.

Ein wesentlicher Fortschritt konnte durch den Einsatz einer gepulsten Entladung erreicht werden. [2, 3] Das Pulsen, siehe Bild 5-2, senkt den Energieeintrag in die Anlage und die Temperaturgleichmäßigkeit in der Charge wird verbessert. Heute sind alle industriellen Anlagen mit dieser Pulstechnik ausgerüstet. Typische Werte für die Pulsdauer liegen bei 50 µsec bis 100 µsec und für die Pulswiederholzeit bei 100 µsec bis 300 µsec.

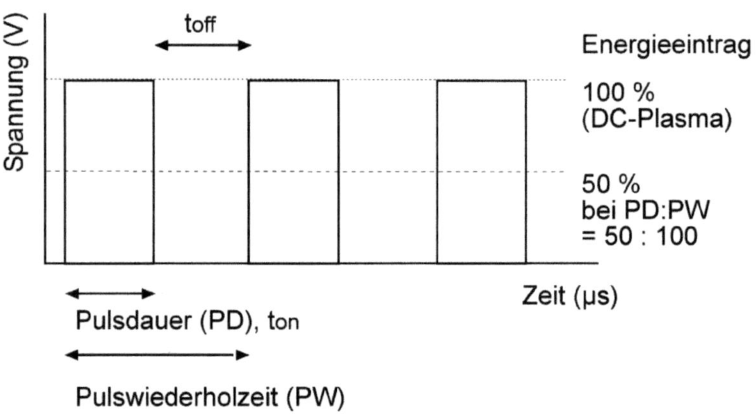

Bild 5-2: Schematische Darstellung des Pulsens

t_{on} / PD	... Pulsdauer
t_{off}	... Pulspause
PW	... Pulswiederholzeit
DC-Plasma	... ungepulstes Plasma

Das Schema einer Plasmanitrieranlage zeigt Bild 5-3. Das Vakuum wird mit Drehschieber- und Wälzkolbenpumpen erzeugt. Die Gasversorgung erfolgt üblicherweise aus Flaschen, da die Verbrauchsmengen (Liter/Stunde) sehr gering sind. Als weitere Ressource benötigt man Kühlwasser für die Behälterflansche. Die Temperatur wird direkt an mindestens einem Bauteil oder Werkzeug in der Charge gemessen.

Eine externe Heizung (→ Warmwandrezipient) und geeignete Kühleinrichtungen (externer Ventilator/interner Ventilator) übernehmen die Temperaturregelung der Charge. Das Warmwandkonzept ermöglicht eine weitgehende Entkopplung von thermischen und chemischen Prozessen.

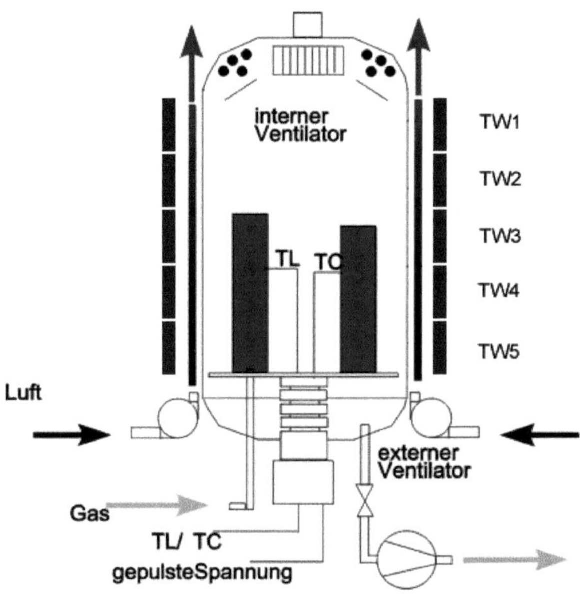

Bild 5-3: Schnitt durch eine Pulsplasmanitrieranlage
(TL / TC ... Thermoelemente,
TW1 bis TW5 ... Zonen der externen Heizung)

5.2 Prozessparameter beim Plasmanitrieren und -nitrocarburieren und deren Wirkungsweise

Die Prozessparameter bei der Behandlung im Plasma sind:

- Temperatur, Dauer der Behandlung
- Gaszusammensetzung (Partialdrucke), Druck
- Spannung, Pulsdauer, Pulswiederholzeit

Der Mechanismus des Stoffübergangs vom Plasma zum Festkörper wird in der Literatur widersprüchlich beschrieben. Das häufig zitierte Modell von Kölbel [1] ist für technische Plasmanitrierprozesse nicht zutreffend.

Auf Grund des Auftretens von Eisennitrid auf nichtleitender Keramik in der Nähe der Werkstücke (Kathode) wird dabei postuliert, dass Eisen durch Ionenbeschuss von der zu behandelnden Oberfläche abgetrennt (gesputtert) wird und sich in einer Gasphasenreaktion zu Eisennitrid verbindet, welches sich wiederum auf der Oberfläche abscheidet.

Untersuchungen von Hudis [4] haben jedoch ergeben, dass bei den üblichen Arbeitsbedingungen des Plasmanitrierens dieser Vorgang eine untergeordnete Rolle spielt. Heute wird davon ausgegangen, dass der direkt an der Oberfläche erzeugte atomare Stickstoff für den Plasmanitrierprozess bestimmend ist.

Eine Übersicht und Wertung der verschiedenen Vorstellungen ist in der Arbeit von Lampe [5] enthalten.

Modelle zur Steuerung des Verbindungsschichtaufbaus über eine Nitrierkennzahl, wie sie für das Gasnitrieren vorliegen, existieren für das Plasmanitrieren nicht. Wesentlich ist, dass im Plasma mit einer Stickstoff-Wasserstoff-Atmosphäre gearbeitet wird. Es tritt kein katalytischer Zerfall des Spendermediums wie beim Gasnitrieren auf. Molekularer Stickstoff wird im Glimmsaum direkt in „reaktiven Stickstoff" umgewandelt. Dies vereinfacht das Verständnis, wie die Stickstoffaktivität im Plasma beeinflusst werden kann. Sie wird über die Zusammensetzung der Gasphase (Verhältnis von Stickstoff zu Wasserstoff) geregelt.

Hohe Stickstoffpartialdrucke sind mit der Wirkung einer hohen Nitrierkennzahl beim Gasnitrieren vergleichbar. Beim verbindungsschichtfreien Nitrieren wird mit deutlichem Wasserstoffüberschuss gearbeitet. Diese Zusammenhänge sind in Tabelle 5-1 dargestellt.

Tabelle 5-1: Typische Gaszusammensetzungen beim Plasmanitrieren und -nitrocarburieren

Verbindungsschichttyp	typ. Verhältnis von Wasserstoff und Stickstoff	
vorrangig $Fe_{2-3}N$ **)	$H_2 < N_2$ CH_4 *)	1:3 oder 1:4
vorrangig Fe_4N	$H_2 > N_2$	3:1 *)
verbindungsschichtfrei	$H_2 >> N_2$	8:1

*) in Abhängigkeit vom Kohlenstoffgehalt des Stahles
**) gebunden an eine ausreichend schnelle Kühlung

Nitrocarburiert wird unter Zugabe von geringen Mengen kohlenstoffhaltiger Gase (ca. 1 Vol-% bis 5 Vol-% Methan oder Kohlenstoffdioxid). Hilfreich zur Festlegung von

Gaszusammensetzungen für das Plasmanitrieren und -nitrocarburieren sind thermodynamische Zustandsdiagramme, da die Vorgänge im Festkörper nicht „plasmaspezifisch“ sind.

Beim Plasmawärmebehandeln muss zusätzlich beachtet werden, dass bei der Wahl von Plasmaparametern sowohl der Einfluss auf die Stickstoff- und Kohlenstoffaktivität als auch ein Einfluss auf die Temperaturverteilung in der Charge zu berücksichtigen sind. Die Temperaturverteilung in der Charge wirkt auf die Streuungen der Nitrierschichtdicken und auf das Maß- und Formänderungsverhalten der Bauteile.

Während des Haltens auf Nitriertemperatur besteht ein thermisches Gleichgewicht zwischen zugeführter und über die Ofenwand abgeführter Energie. Da der Wärmeübergang beim Plasmanitrieren überwiegend durch Strahlung erfolgt, sind Temperaturunterschiede in Abhängigkeit von der Art des Chargierens und der Chargierdichte erforderlich, um die durch das Plasma eingebrachte Energie aus dem Ofen zu transportieren.

Die in der DIN 17052-1 getroffene Bewertung von Öfen nach ihrer Temperaturgleichmäßigkeit ist für Plasmanitrieranlagen nicht zutreffend. Temperaturunterschiede können über die Beladungsdichte, das Chargieren und die Wahl geeigneter Prozessparameter optimiert werden.

Es gilt:

Energie_zugeführt = Pulsspannung (V) x Stromdichte (A/m^2) x Tastverhältnis x beglimmte Fläche (m^2) (1)

Energie_abgeführt = Ofenfaktor (kW/m^2) x abstrahlende Fläche (m^2) (2)

Erläuterungen zu den einzelnen Einflussgrößen:

1. Spannung

Zum Zünden des Plasmas ist eine so genannte Zündspannung notwendig. Diese ist abhängig vom Abstand zwischen Kathode und Anode, von den verwendeten Gasen und dem Druck, siehe Bild 5-4. Daraus ergibt sich eine Mindestarbeitsspannung.

Durch einen Zündimpuls, siehe Bild 5-5, kann die Pulsspannung verringert werden. Mit dem Zündimpuls ist es möglich, auch unter ungünstigsten Verhältnissen wie hoher Druck, großer Abstand zwischen Kathode und Anode, ein Plasma stabil zu zünden. Unmittelbar nach der Plasmazündung durch den Zündimpuls kann die Spannung wieder deutlich abgesenkt werden. Die Zündspannung geht auf Grund der sehr kurzen Einwirkdauer nicht in die Energiebilanz ein.

Somit ergeben sich mit dem Zündimpuls und der damit verbundenen geringeren Pulsspannung zwei entscheidende Vorteile:

- Bei gleicher Beladungsdichte sind im Vergleich zu einem System ohne Zündimpuls die Temperaturunterschiede geringer. Dies resultiert in engeren Streuungen im Behandlungsergebnis.

- Bei gleicher Ofengröße können im Vergleich zu einem System ohne Zündimpuls mehr Teile bei gleicher Temperaturverteilung behandelt werden.

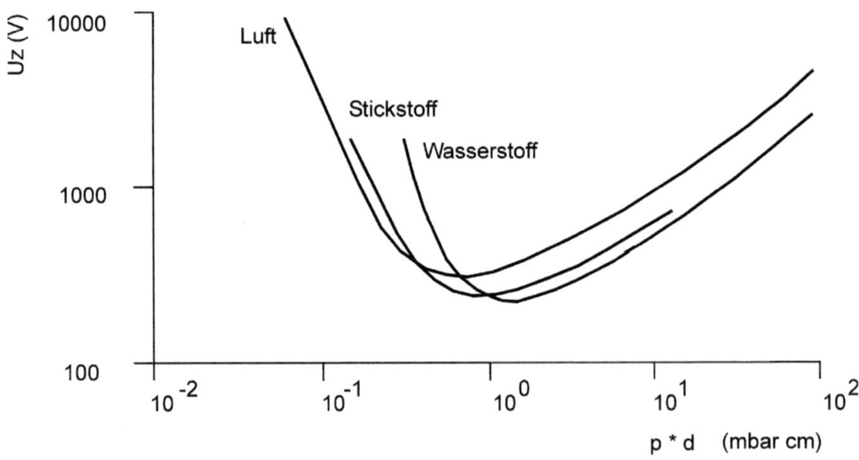

Bild 5-4: Zündspannungen (Uz) zur Plasmazündung für verschiedene Gase in Abhängigkeit vom Druck (p) und vom Abstand zwischen Anode und Kathode (d)

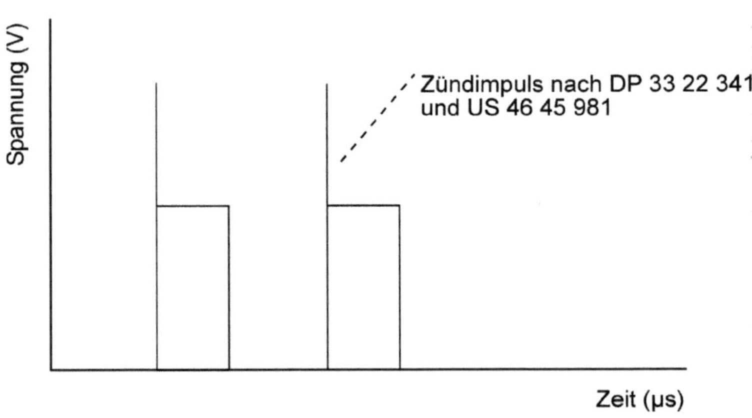

Bild 5-5: Pulsen mit Zündimpuls nach Patent DP 33 22 341 und US 46 45 981

2. Stromdichte

Die Stromdichte während eines Pulses ergibt sich aus der Arbeitsspannung und der Leitfähigkeit der verwendeten Gasmischung (Druck, Partialdrucke der Gase). Über das Tastverhältnis $tv = t_{on}/(t_{on} + t_{off})$ kann die für die Energiebilanz wirksam werdende mittlere Stromdichte gesenkt werden. Die Wirkung der einzelnen Prozessgrößen auf die Stromdichte ist schematisch in Bild 5-6 zusammengefasst.

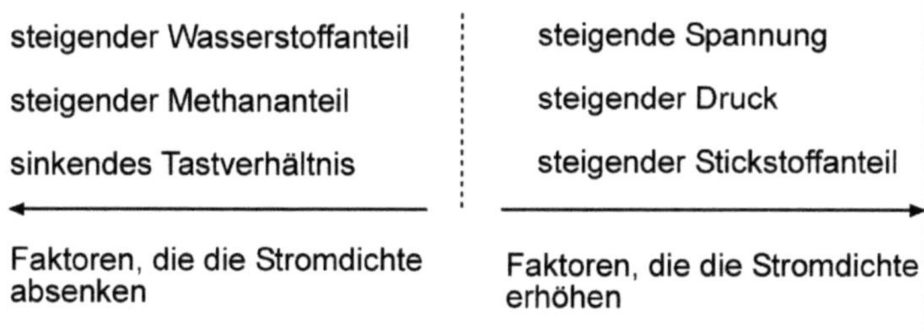

Bild 5-6: Wirkung einzelner Prozessgrößen auf die Stromdichte

3. Beglimmte Fläche

Fläche des Wärmebehandlungsgutes und des Chargiergestells.

4. Ofenfaktor

Charakterisiert die Wärmemenge, die über die Ofenwand abgestrahlt werden kann. Der Faktor ist temperaturabhängig.

5. Abstrahlende Fläche

Die abstrahlende Fläche ergibt sich aus der Fläche der Charge, welche mit der Ofenwand im Strahlungsaustausch steht.

Um möglichst viele Teile in einer Charge zu behandeln, kann aus den Gleichungen (1) und (2) leicht gefolgert werden, wie die Prozessparameter zu wählen sind.

Minimale Pulsspannungen, Stromdichten und Drucke sind in diesem Zusammenhang wesentlich.

Bei der Parameterwahl ist zu beachten, dass die Glimmsaumdicke durch die Dichte des Gases bestimmt wird. Die Glimmsaumdicke entscheidet, ob das Plasma in einen Spalt oder in eine Bohrung „eindringt" oder nicht. Der Prozessparameter Druck beeinflusst die Glimmsaumdicke und ist damit vorrangig in Abhängigkeit von der Bauteilgeometrie zu wählen. Dieser Zusammenhang ist im Bild 5-7 dargestellt. Über die Zugabe von Argon kann die Glimmsaumdicke verringert werden.

Insgesamt liegt somit ein recht komplexes System von Wechselwirkungen vor. Die Anlagenhersteller tragen dem Rechnung, indem fertige „Kochrezepte" für ganz konkrete Aufgabenstellungen mitgeliefert werden.

Da die Reproduzierbarkeit im Plasma sehr gut ist, hat man auch für neue Aufgabenstellungen schnell den richtigen Parametersatz entwickelt und kann diesen fortwährend ohne Änderungen nutzen.

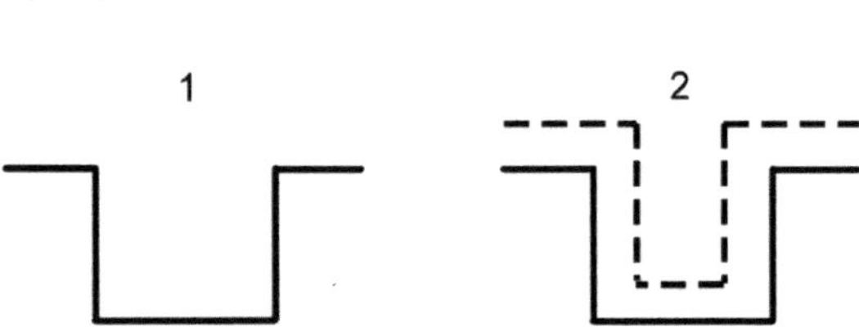

1.... geringer Druck, das Plasma beglimmt nicht die Bohrung
2.... hoher Druck, das Plasma beglimmt die Bohrung

Bild 5-7: Einfluss des Druckes auf die Glimmsaumdicke

5.3 Typischer Prozessablauf

Das Nitriergut muss sauber, trocken und frei von passivierenden Rückständen in die Anlage chargiert werden. Der Gesamtprozess gliedert sich in die Schritte:

- Erwärmen
- Oberflächenaktivierung im Plasma (Sputtern)
- Erwärmen auf Behandlungstemperatur
- Nitrieren / Nitrocarburieren
- Abkühlen

Bild 5-8 zeigt Anlagenzustände über den zeitlichen Ablauf einer Charge

Charakteristisch für die einzelnen Teilschritte ist:

Schritt 1 – **Erwärmen**

Nach dem Schließen der Anlage wird ein Vakuum erzeugt und die Bauteile werden über die Wandheizung erwärmt. Die Abpumpdauer auf Enddruck, z. B. 1 Pa, liegt bei ca. 10 min bis 15 min. Bei Werkstücken mit kleinem Oberflächen/Volumenverhältnis ist es sinnvoll, konvektiv unter einer Schutzgasatmosphäre zu erwärmen.

Schritt 2 – **Sputtern**

In einem Wasserstoffplasma wird die Oberfläche der Bauteile über einen „Teilchenbeschuss" aktiviert. Passivschichten werden beseitigt, so dass auch Stähle mit hohem

Chromgehalt nitriert werden können. Das Sputtern ersetzt jedoch nicht die Reinigung der Bauteile von groben Fertigungsrückständen. Durch Hinzugabe von Argon kann die Sputterwirkung verbessert werden.

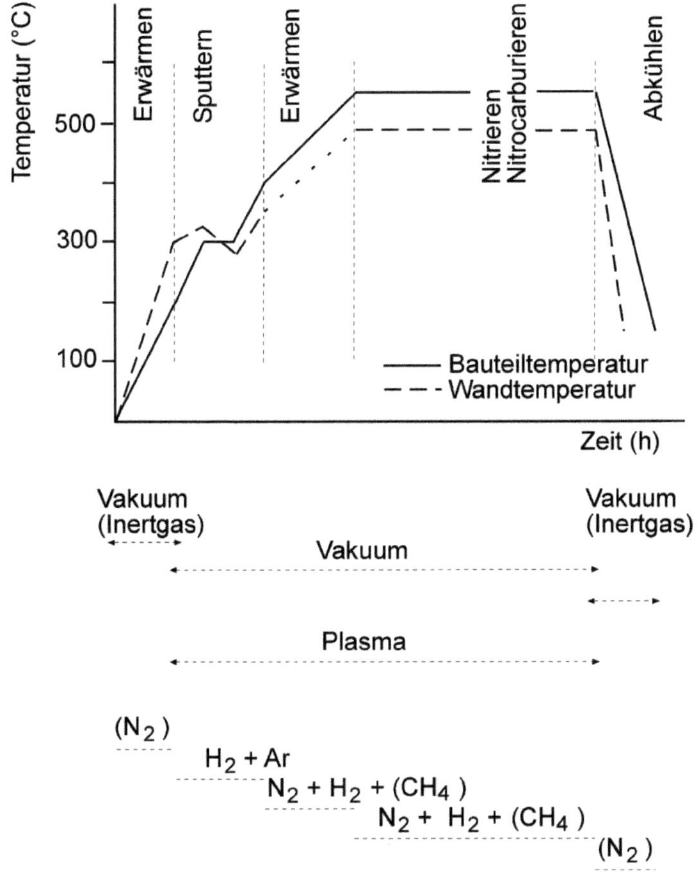

Bild 5-8: Anlagenzustände über den zeitlichen Ablauf einer Charge

Schritt 3 – **Erwärmen**

Unter Ausnutzung der Plasmaenergie und der Wandheizung werden die Bauteile bis auf Nitriertemperatur erwärmt.

Schritt 4 – **Nitrieren / Nitrocarburieren**

Behandlungstemperatur und -dauer ergeben sich aus der jeweiligen Aufgabenstellung, der Art der Verbindungsschicht, erforderliche Schichtdicke, gewünschte Eigenschaften. Die Wahl der Prozessparameter ist eine Funktion der Prozesszielstellung.

Schritt 5 – **Abkühlen**

Ist die vorgeschriebene Haltedauer erreicht, wird die Wandheizung abgeschaltet. Die Charge wird mittels externer Ventilatoren abgekühlt. Zusätzlich ist der Einsatz von Schnellkühleinrichtungen (Gas-Wasser-Wärmetauscher) möglich. In speziellen Fällen ist ein Abkühlen im Plasma sinnvoll.

Der oben dargestellte Prozessablauf ist sehr stark verallgemeinert. Für spezielle Aufgabenstellungen können die Behandlungsparameter und damit die Prozessabläufe optimal angepasst werden.

5.4 Anlagen zum Nitrieren und Nitrocarburieren im Plasma

Zum Behandeln von unterschiedlichsten Bauteilen in einer Charge werden beim Gasnitrieren häufig Kammeröfen eingesetzt. Für das Plasmawärmebehandeln haben sich Haubenöfen, Bild 5-9, durchgesetzt. Der Rezipient wird zum Be- und Entladen nach oben gefahren. Die Charge ist von allen Seiten frei zugänglich und die Teile können einfach von Hand oder Kran geladen werden. Der gesamte Chargenraum lässt sich sehr gut ausnutzen. Der Energieeintrag durch das Plasma, der bei konventionellen Öfen nicht existiert, kann in dieser vertikalen Bauform unter Berücksichtigung minimaler Temperaturdifferenzen optimal an die Wand abgegeben werden. Das Beladen kann relativ viel Zeit in Anspruch nehmen und oftmals ist es

Bild 5 9: Haubenofen

zweckmäßig, direkt in den Ofen zu laden. Aus diesem Grund wurden Doppelbodenöfen entwickelt. Im Bild 5-10 ist eine solche Anlage zu sehen. Während auf dem einen Boden eine Behandlung läuft, kann auf dem anderen die nächste Charge vorbereitet werden. Die Haube schwenkt nach Prozessende automatisch auf den anderen Boden. Somit ist eine Anlagenausnutzung praktisch über 24 Stunden möglich, auch wenn das Personal nicht anwesend ist.

Bild 5-10: Doppelbodenanlage

Ein ähnliches Konzept stellen Tandemöfen dar. Hier sind zwei Rezipienten an eine Stromversorgung angeschlossen. Da das Plasma bei Nitrierprozessen heute praktisch über den ganzen Zyklus genutzt wird, kommen die Vorteile des Tandemkonzeptes nicht mehr zur Geltung. Der kostengünstige Doppelbodenofen gewinnt deshalb gegenüber der Tandemanlage ständig an Bedeutung.

Lange, schlanke Teile werden aus Verzugsgründen hängend chargiert. Für derartige Teile sind Schachtöfen, siehe Bild 5-11, am besten geeignet. Sie können aus Platzgründen auch unter die Flurebene abgesenkt werden. Ein Chargieren von Hand ist für diese Öfen sehr aufwendig. Dagegen eignen sie sich ganz besonders für einen vollautomatischen, direkt in die Fertigung integrierten Betrieb.

Die Vor- und Nachteile der verschiedenen Ofenbauarten sind in Tabelle 5-2 gegenübergestellt. Zum Vergleich sind Öfen horizontaler Bauart, die als Plasmaanlagen kaum verwendet werden, mit aufgenommen worden.

Bild 5-11: Schachtofen

Um die Chargendauer zu verkürzen, werden in Hauben- oder Schachtöfen interne Ventilatoren zum konvektiven Erwärmen oder Abkühlen in Inertgas integriert. Die geringste Abkühldauer erreicht man mit zusätzlichen Gas-Wasser-Wärmetauschern. Es ist möglich, diese direkt im Rezipienten anzuordnen oder als externe Variante zu bauen.

Tabelle 5-2: Anlagentypen und deren Bewertung

Auswahlkriterium	Schacht-ofen	Hauben-ofen	horizontale Bauart
Durchmesser	++	+	+
Länge /Tiefe	++	+	o
Integrierbarkeit	++	+	+
interner Teiletransport	+	++	o
Beladbarkeit	o	++	+
kleine Teile	o	++	o
große Teile	+	++	o
lange Teile	++	+	o
schwere Teile	+	++	o
Platzbedarf	++	+	o

++ sehr gut, + gut, o weniger gut

Allen bisher beschriebenen Ofenkonzepten ist gemein, dass sie nur im Batchbetrieb genutzt werden können. Für kleine Teile, die nur eine relativ kurze Behandlungsdauer benötigen, eignen sich kontinuierlich arbeitende Anlagen. Das Erwärmen erfolgt in einer Vorkammer. Entsprechend der Prozesszielstellung kann die Verweildauer in der Hauptkammer frei gewählt werden. Das Abkühlen (Abschrecken) oder ein Nachbehandeln (Oxidieren, Beschichten) ist in beliebig anflanschbaren Kammern möglich. Mit diesem Konzept ergeben sich völlig neue Anwendungsmöglichkeiten für das Plasmawärmebehandeln. Im Bild 5-12 ist eine solche Anlage dargestellt.

Bild 5-12: Kontinuierlich arbeitende Plasmanitrieranlage

Die Arbeitsabläufe in der Fertigung untergliedern sich unabhängig vom Ofentyp in die Teilprozesse:

- Beladen,
- Pulsplasmaprozess (Erwärmen/Thermochemischer Prozess/Abkühlen)
- Entladen.

Eine typische Kostenverteilung eines Plasmanitrierprozesses gestaltet sich wie folgt:

60 % Kapitalkosten
35 % Lohnkosten
5 % Verbrauchsmaterial.

Da die günstigen Verbrauchskosten des Plasmanitrierens die etwas erhöhten Kapitalkosten praktisch immer ausgleichen, sind die Lohnkosten der entscheidende Faktor beim Vergleich der Wirtschaftlichkeit mit anderen Verfahren.

Das Nitriergut muss im Plasma mit einem Abstand von einigen Zentimetern definiert chargiert werden. Berücksichtigt man Qualitäts- oder andere Vorteile (Integrierbarkeit, Umweltaspekte) nicht, entscheiden letztendlich die Kosten des Chargierens über die Wettbewerbsfähigkeit des Verfahrens.

Die Prozessdauer ist de facto durch die Anforderungen an den Schichtaufbau (Verbindungsschichtdicke, Nitrierhärtetiefe) festgelegt. Moderne Anlagen erlauben das

Aufheizen und Abkühlen im Inertgas, so dass hier selbst Chargen von mehreren Tonnen Nutzlast in kürzester Zeit erwärmt bzw. abgekühlt werden können. Mit einer Schnellkühlung sind ebenfalls werkstoffkundliche Effekte (Phasenzusammensetzung der Verbindungsschicht, Härte, Verschleißverhalten) im Vergleich zu einem Abkühlen im Vakuum verbunden. [6]

Wesentliche Kosteneinsparungen sind durch Erhöhen der Anlagenverfügbarkeit zu erzielen. Insbesondere bei einschichtigem Batchbetrieb hat sich in diesem Zusammenhang das Doppelbodenkonzept bewährt. Optimale Wirtschaftlichkeit bei höchster Qualität bieten bei entsprechender Stückzahl vollautomatische, in die Linie integrierte Systeme mit automatischen Be- und Entladevorrichtungen. Bei diesen Systemen werden die Teile kontinuierlich über entsprechende Transporteinrichtungen der Anlage zugeführt und verlassen diese wieder kontinuierlich. Im Idealfall geschieht dies ohne jede Unterbrechung. Die Produktivität wird dabei in Sekunden pro Teil angegeben. Anlagen mit 2 oder 3 Sekunden pro Teil wurden bereits realisiert. Für den Anlagenbauer bedeutet dies eine große Herausforderung, muss doch der kontinuierlich ankommende Teilefluss unterbrochen werden. Das Behandlungsgut wird wegen der üblichen langen Behandlungsdauer von 4 Stunden bis 12 Stunden je Behandlung in den Anlagen „gespeichert". Erst danach werden die Teile wieder kontinuierlich der weiteren Produktion zugeführt.

Die ankommenden Teile werden in einer Waschmaschine im Durchlauf gewaschen. Anschließend gelangen sie zu einer Beladeeinrichtung, welche die Teile in die Chargiergestelle lädt. Abhängig von Teilegewicht und Anzahl kann dies zweidimensional z. B. mit einem SCAR-Roboter oder dreidimensional mit einem Knickarmroboter oder auch mit einem Portal geschehen. Vorteilhafterweise entlädt man dabei auch direkt die behandelten Teile, so dass ein Umladen erfolgt. Die beladenen Chargiergestelle werden zwischengespeichert bzw. bei zweidimensionaler Beladung gestapelt, um dann bei Beendigung eines Behandlungszyklus in der Plasmaanlage mit behandelten Gestellen getauscht zu werden.

Bild 5-13: Teilansicht einer vollautomatischen Behandlungslinie für Ventile

Ein solches System zum Vakuumglühen und zum Plasmanitrieren von bis zu je 45.000 Ventilen pro Tag (1,92 s/Ventil) wird in Bild 5-13 gezeigt. Die zu glühenden bzw. zu nitrierenden Ventile werden der Anlage über Rutschen zugeführt und laufen dann vereinzelt in je drei Reihen parallel durch eine 5-stufige Spritzwaschmaschine. Als Waschmedium reicht ein Neutralreiniger aus. Ein SCARA-Roboter mit Dreifachgreifer entnimmt jeweils drei geglühte bzw. nitrierte Ventile aus einem Chargierteller, legt sie auf entsprechenden Rutschen ab und greift je drei gewaschene Ventile aus dem laufenden Band, um diese in die Aufnahmen des Chargiertellers zu stecken. Der umgeladene Teller wird auf Zwischenspeicherplätzen durch eine Chargiergestell-Transportanlage gestapelt, um bei Prozessende in eine der Plasmaanlagen umgeladen zu werden.

Die Behandlungskosten sind vom einzelnen Anwendungsfall abhängig. Typisch sind 5 Cent bis 10 Cent pro Teil im Fall der Ventile. [7]

5.5 Kenndaten für die Charakterisierung einer Plasmaanlage

Der Vergleich von Plasmanitrieranlagen ist komplex, da er immer in Hinblick auf die zu behandelnden Teile vorgenommen werden sollte. Als objektive Qualitätskriterien können für einen Vergleich genutzt werden:

- **Maße,** z. B. Durchmesser und Höhe
- **Retortenmaterial** (max. Behandlungstemperatur)
- **Leckrate** der Anlage.
- **Vakuumsystem** (Auspumpdauer, Enddruck)
- **Aufheiz- und Abkühlsystem**
- **Plasmastromversorgung**
- **Steuerung**

In Abhängigkeit vom Chargiergut, dessen Oberfläche und den Behandlungsparametern (Druck, Gaszusammensetzung, Spannung) kann das Rezipientenvolumen nicht vollständig ausgenutzt werden. So ist einerseits ein Mindestabstand zwischen den Teilen selbst und andererseits zwischen Charge und Retortenwand notwendig. Bei Heißwandanlagen bestimmt das Rezipientenmaterial und dessen Dimensionierung die maximal zulässige Wand- und damit Teiletemperatur.

Die Leckrate ist von wesentlicher Bedeutung für eine Plasmanitrieranlage, da z. B. im Gegensatz zu einem mit Grafitstäben beheizten Vakuumofen kein Material zum Gettern von Restgasen existiert. Das gilt insbesondere beim Behandeln von Stählen mit hohem Chromgehalt oder Titan. Hier sollte beim Anlagenbau die gleiche Sorgfalt wie bei UHV-Anlagen angewendet werden. So müssen Spalte (virtuelle Lecks) vermieden werden und das Material darf nicht ausgasen. Leckraten unter 10^{-5} mbar·l/s sind im leeren, sauberen Zustand eines Ofens anzustreben. Bei den geringen Gasmengen die durch eine Plasmanitrieranlage fließen, kann eine mangelhafte Qualität des Vakuums nicht durch erhöhte Pumpleistungen ausgeglichen werden.

Das Vakuumsystem sollte in der Lage sein, die Plasmanitrieranlage innerhalb von 10 Minuten bis 15 Minuten auf ca. 1 Pa abzupumpen.

Das Aufheiz- und Abkühlsystem wird weitgehend durch die Charge und deren Behandlung bestimmt. In modernen Anlagen sind eine Aufheizdauer von 1 Stunde bis 2 Stunden und eine Abkühldauer von 1 Stunde realisierbar.

Die in einer Plasmanitrieranlage maximal bei definierten Behandlungsparametern behandelbare Fläche ergibt sich im Grenzfall aus dem maximalen Pulsstrom, den die Stromversorgung liefern kann.

Da die Umschaltverluste mit der Schaltfrequenz ansteigen, die relevante Lebensdauer der Ladungsträger aber im Millisekundenbereich liegt, ist eine Frequenz von 5 kHz bis 10 kHz ausreichend.

Wesentlich ist die Abschaltdauer für die Stabilität des Plasmas. Größenordnungen von einigen Mikrosekunden sind anzustreben.

Als max. Spannungen sind 500 V bis 600 V ausreichend, da typische Pulsspannungen der Entladung ca. 450 V bis 500 V betragen. Bei gleicher Leistung steht mehr Strom zur Verfügung, je niedriger die Spannung gewählt wird. Umgekehrt benötigt man hohe Spannungen zum Zünden der Entladung. Abhilfe schafft hier die Verwendung des Zündimpulses. (Patent DP 33 22 341, US 46 45 981, siehe Bild 5-5)

Von den einzelnen Anlagenanbietern werden bezüglich der Beschreibung der Stromversorgung unterschiedliche Angaben verwendet. Nachstehend eine Erläuterung von verwendeten Begriffen. [8]

Plasmaspannung: Spannung welche die Entladung kontinuierlich aufrecht erhält oder mit einem **Tastverhältnis** tv = t_{on} (t_{on} + t_{off}) gepulst wird, siehe Bild 5-2

Plasmastrom: Strom der sich aus dem Quotienten Entladungsspannung, dividiert durch den Innenwiderstand der Entladungsstrecke, ergibt.

Plasmaleistung: Plasmaleistung = Plasmaspannung x Plasmastrom x Tastverhältnis.

Die Plasmaleistung entspricht der zugeführten Energiemenge in Gleichung (1).

Nennspannung: Ausgangsspannung des Generators unter Nennlast.

Nennstrom: Ausgangsstrom des Generators unter Nennlast.

Nennleistung: Nennleistung = Nennspannung x Nennstrom

Pulsspannung: Momentane Spannung während des Pulses

Pulsstrom: Momentaner Strom während des Pulses

Pulsleistung: Momentane Leistung während des Pulses

Während die Plasmaleistung im direkten Zusammenhang mit der der Anlage zugeführten Energie steht, ist die Pulsleistung ein weiteres entscheidendes Kriterium zur Anlagenauslegung.

Durch das Pulsen wird der Energieeintrag in die Anlage reduziert. Der „reaktionsfähige“ Stickstoff wird aber ausschließlich in der Zeit t_{on}, also nur während der Pulsdauer erzeugt. Um Überhitzung von sehr formkomplizierten Bauteilen zu vermeiden, wird das Verhältnis von Pulsdauer zu Pulspause sehr groß gewählt, z. B. 10:1. Um solch formkomplizierte Bauteile in großen Mengen in einer Charge zu behandeln, sind der maximale Spitzenstrom und der periodische Spitzenstrom, den die Stromversorgung liefern kann, wesentlich. Hier sind Stromversorgungen in industriellen Anlagen interessant, die Spitzenströme von mehr als 1000 A liefern und ausreichend schnell genug „handhaben“ können.

Spitzenstrom: Maximaler Strom, den die Stromversorgung mit einer gegen Null gehenden mittleren Leistung abgeben kann.

Periodischer Spitzenstrom: Strom den der Generator unter definiertem Tastverhältnis kontinuierlich abgeben kann. Hierbei sollten die folgenden Tastverhältnisse benutzt werden:

z.B.	I_{peak}	DC	100 A
	I_{peak}	50 %	200 A
	I_{peak}	25 %	400 A
	I_{peak}	5 %	2000 A

Entsprechend ergeben sich die periodischen Pulsleistungen zu

P DC	100 KVA
P 50 %	200 KVA
P 25 %	400 KVA
P 5 %	2000 KVA

Dabei sind die Ströme und Leistungen nicht linear abhängig. Außerdem sind die Schaltverluste näherungsweise proportional der Frequenz, so dass die jeweilige Pulsfrequenz zusätzlich zum Tastverhältnis anzugeben ist. Die vollständige Definition des Arbeitsbereiches einer Stromversorgung hat daher zweckmäßigerweise in einem Strom-Spannungs-Diagramm zu erfolgen. Außerdem ist die dazugehörige Abweichung von der Rechteckform der Pulse zu definieren.

Die Steuerung bestimmt weitgehend die Praktikabilität und das Leistungsvermögen einer Plasmanitrieranlage. Sie muss die vollständige Prozessdefinition ermöglichen, ohne dabei kompliziert bedienbar zu sein. Vorteilhaft ist eine einfache sequentielle Programmierung, die vergleichbar einem Spreadsheet den gewünschten Ablauf beschreibt. Wesentlich ist beim Ablauf des Programms die Rückkopplung der aktuellen physikalischen Abläufe. Eine SPS kann dies nicht leisten. Vielmehr benötigt man leistungsfähige Algorithmen, die den Prozess im Sinne des Bedieners führen [9]. Dies bezieht sich ebenfalls auch auf Effekte wie die Hohlkathodenbildung.

Im stationären Betrieb wird die Leitfähigkeit des Plasmas durch das Gleichgewicht von Ladungsträgererzeugung und -vernichtung bestimmt. Dieses Gleichgewicht ist z. B. in Bohrungen gestört. Es werden mehr Ladungsträger erzeugt, was zu einer höheren Leitfähigkeit und damit zu einem erhöhten Stromfluss führt. Der Vorgang kann zu einer Konzentration des Entladungsstromes auf die Bohrung führen, eine Überhitzung ist die Folge [8]. Durch das Pulsen wird die Gefahr der Hohlkathode weitgehend ausgeschlossen. Werden jedoch unzweckmäßige Behandlungsparameter gewählt, ist die Hohlkathodenbildung nicht auszuschließen. Um Beschädigungen an den Bauteilen zu vermeiden, muss die Prozesssteuerung die Hohlkathodengefahr erkennen und Prozessparameter zielgerichtet ändern.

5.6 Spezifische Vor- und Nachteile der Behandlung im Plasma

Vorteile:

- Partielle Behandlungen eröffnen dem Konstrukteur wesentliche Möglichkeiten für Verbundkonstruktionen
- Sehr gute Optimierungsmöglichkeiten des Schichtaufbaus hinsichtlich der Beanspruchung, z. B. dünne Verbindungsschichten bei großer Nitrierhärtetiefe
- Nitrieren auch bei Temperaturen unter 400 °C möglich
- Sehr gute Reproduzierbarkeit und enge Toleranzen im Behandlungsergebnis
- Geringer Medienverbrauch
- Umweltfreundlichkeit
- Keine Einschränkung hinsichtlich der Behandelbarkeit nitrierbarer Werkstoffe
- Geringere Rauhigkeiten im Vergleich zur Behandlung im Salzbad und Gas
- Sehr gute Integrierbarkeit (Eine Plasmaanlage kann direkt in die Fertigungslinie gestellt werden)
- Prozesskombinationen in einer Anlage, z. B. Nitrieren und Beschichten oder Nitrieren und Oxidieren
- Bei Sinterteilen ist nach einer Behandlung im Plasma mit der besten Maß- und Formbeständigkeit zu rechnen. Zusätzlich können beim Plasmanitrieren während der Aufheizphase Reste von Kalibriermitteln sicher entfernt werden. [10]

Nachteile:

- Plasmaprozesse erfordern, bis auf wenige Ausnahmen, ein definiertes Chargieren der zu behandelnden Teile
- Da das Plasma nicht in Spalte kleiner 0,6 mm bis 0,8 mm eindringt, ist die Behandlung von Schüttgut nicht möglich.

5.7 Literatur

[1] Kölbel, J.:
Die Nitridschichtbildung bei der Glimmentladung
Forschungsbericht des Landes NRW; Nr.155
Köln; Opladen; Westdeutscher Verlag; 1965

[2] Wilhelmi, H. ; Strämke, S.; Pohl, H.C.:
Nitrieren mit gepulster Glimmentladung
HTM Härterei-Techn. Mitteilungen 37 (1982) 6, S. 263 - 310

[3] Strämke, S.; Stein, W.:
Pulsation Improves Results in Plasma Nitriding
Wire World International, vol. 26, March/ April 1984

[4] Hudis, M.
Study of ion nitriding
J. Appl. Phys. 44 (1973) S. 1489 - 1496

[5] Lampe, Th.; Eisenberg, S.; Laudien, G.
Verbindungsschichtbildung während der Plasmanitrierung und -nitrocarburierung
AWT – Tagung „Nitrieren und Nitrocarburieren", 10. - 12. 04. 1991, Darmstadt
Tagungsband S. 39 - 57

[6] J. Betzold, G. Laudin, S. Strämke, U. Huchel
Pulsplasmanitrieren von Nockenwellen in der Fertigung
HTM Härterei-Techn. Mitteilungen 49 (1994) 3 , S. 186 - 190

[7] U. Huchel, S. Strämke
Moderne Anlagenkonzepte für das Pulsplasmanitrieren
AWT-ATTT-Tagung Nitrieren-Stickstoff im Randgefüge metallischer Werkstoffe, Aachen 10.-12.04. 2002

[8] S. Strämke
Moderne Anlagenkonzepte in der Plasmawärmebehandlung
Pulsplasmaseminar der ELTRO GmbH vom 29.September 2004

[9] S. Strämke
Einführung in die Plasmawärmebehandlung
ELTRO GmbH, Baesweiler

[10] U.Huchel; S. Strämke
Dewaxing und Pulsed Plasma Nitriding in one step – Production Experiences
Proc. European Conference on Advances in Structural PM Component Production
Munich Trade Fair Centre, Germany, Oct. 15 - 17. 1997

6 Salzbadnitrocarburieren

Ulrich Baudis / Joachim Boßlet

6.1 Einleitung

6.1.1 Allgemeines

Für das Salzbadnitrocarburieren benutzt man geschmolzene Salze als Behandlungsmedien. Die zu behandelnden Werkstücke werden in eine Salzschmelze eingetaucht, die vorwiegend Stickstoff und in geringem Maße auch Kohlenstoff an die Bauteiloberfläche abgibt. Die Behandlungsdauer liegt meist in einem Zeitraum von 30 bis 120 Minuten bei Temperaturen zwischen 570 und 590°C. Dabei entsteht bei Eisenwerkstoffen eine nitrocarburierte Randschicht, wie sie im Kapitel 1 beschrieben ist. Bild 6-1 zeigt eine typische salzbadnitrocarburierte Schicht am Stahl 42CrMo4.

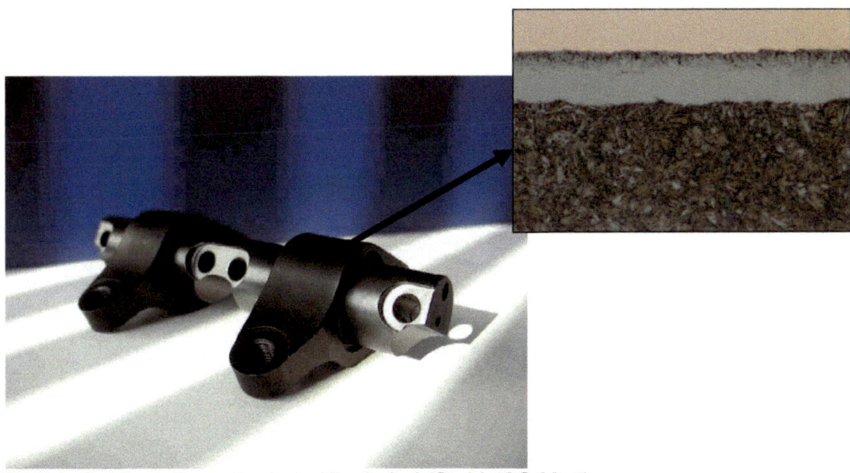

Bild 6-1: Salzbadnitrocarburierte Kipphebel (Stahl 42CrMo4)

Im Salzbad nitrocarburierte und in Wasser abgeschreckte Bauteile sind hell- bis dunkelgrau und weisen eine hervorragende Beständigkeit gegen adhäsiven und abrasiven Verschleiß und eine erheblich verbesserte Dauerschwingfestigkeit auf. Schreckt man die Werkstücke nach der Nitrocarburierung nicht in Wasser, sondern in einer oxidierenden Salzschmelze ab oder behandelt sie in einem oxidierenden Medium nach, verbessert sich zudem noch signifikant die Korrosionsbeständigkeit. Die Oberflächen so behandelter Werkstücke sind matt schwarz. Durch Polieren, weiteres Nachoxidieren oder Versiegeln mit Wachs, Öl oder Kunststoff lässt sich die Korrosionsbeständigkeit und das dekorative Erscheinungsbild noch weiter verbessern.

6.1.2 Entwicklungsgeschichte des Salzbadnitrocarburierens

Im Jahr 1929 wurden erstmals cyanidhaltige Salzschmelzen, die eigentlich für das Carbonitrieren bei 850°C gedacht waren, zum Nitrieren verwendet [1]. C. Albrecht begann in den fünfziger Jahren in der Degussa AG mit der Erforschung der chemischen und physikalischen Grundlagen des Salzbadnitrocarburierens. Spätere Verfahrensentwicklungen basieren auf Arbeiten von H. Krzyminski, B. Finnern, H. Kunst und J. Müller [2, 3, 4, 33]. Sie bereiteten das Verfahren auf den breiten industriellen Einsatz vor. Man erkannte, dass nicht Cyanidionen, sondern die in cyanidischen Salzschmelzen durch Oxidation mit Luftsauerstoff stets vorhandenen Cyanationen für die Stickstoffabgabe entscheidend sind. Die wissenschaftliche Literatur über das Salzbadnitrocarburieren aus dieser Zeit ist außerordentlich umfangreich.

Die noch bis etwa Ende der siebziger Jahre verwendeten hoch cyanidischen, so bezeichneten NS-Schmelzen bestanden aus Alkalicyaniden, in denen durch Einleiten von Luftsauerstoff eine gewisse Menge nitrieraktives Alkalicyanat erzeugt wurde. Sie haben heute ihre Bedeutung verloren. Dies aufgrund der Arbeiten von J. Müller, H. Kunst und H.-H. Beyer in der Degussa AG, die zu Anfang der achtziger Jahre die Entwicklung ungiftiger, umweltfreundlicher, regenerierbarer Nitrocarburiersalzbäder auf Basis von Kalium- und Natriumcyanat vorantrieben [6, 7, 35, 36]. Aufgrund der hervorragenden Ergebnisse und wirtschaftlichen Vorteile etablierten sich diese Entwicklungen rasch am Markt [8, 9] und wurden 1985 mit dem Umweltpreis der Océ-van-der-Grinten-Stiftung honoriert [10]. In Frankreich entwickelte die Firma H.E.F. im gleichen Zeitraum ein ähnliches, regenerierbares Salzbad zum Nitrocarburieren von Stahl [11, 12, 13, 14, 34].

Die heute industriell verwendeten Salzschmelzen zum Nitrocarburieren basieren ausnahmslos alle auf dem ungiftigen Natrium- oder Kaliumcyanat als Stickstoffspender im Gemisch mit Soda, Pottasche und gegebenenfalls einem Aktivator.

6.2 Physikalische und chemische Grundlagen des Salzbadnitrocarburierens

6.2.1 Ionische Flüssigkeiten

Beim Schmelzen eines Salzes werden die elektrostatischen Bindungskräfte zwischen Anionen und Kationen im Kristallgitter überwunden, die Ordnung des Kristalls bricht zusammen und das Salz schmilzt. Die dafür notwendige Energie nennt man Schmelz-Enthalpie.

Die physikalische Chemie bezeichnet Salzschmelzen als ionische Flüssigkeiten. Anders als bei molekularen Flüssigkeiten wie Wasser, Kohlenwasserstoffe, Alkohole, Ether oder dergleichen, liegen in geschmolzenen Salzen keine neutralen Moleküle vor, sondern frei bewegliche Kationen und Anionen, deren Beweglichkeit mit steigender Temperatur zunimmt [15]. Das Salzbadnitrocarburieren wird im englischen Sprachgebrauch bisweilen als Liquid Ionic Nitriding (LIN) bezeichnet.

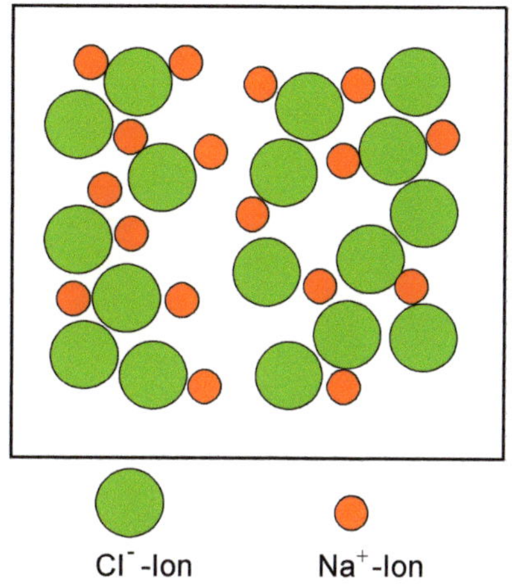

Bild 6-2:
Leerstellen - Modell des schmelzflüssigen Zustands von Kochsalz

Die theoretische Beschreibung des flüssigen Zustands ist nicht so gut entwickelt wie die des gasförmigen oder festen Zustands. Die Eigenschaften der ionischen Flüssigkeiten werden aber recht gut durch das Leerstellenmodell von Frenkel et al. erklärt [16]. In geschmolzenen Salzen existieren quasi-kristalline Bereiche, die durch Leerstellen voneinander getrennt sind. Die gute Leitfähigkeit für Wärme und Elektrizität beruht auf der Wanderung von Leerstellen. Gasmoleküle und sogar Metallatome können sich einlagern, was die Löslichkeit geschmolzener Salze für diese Stoffe erklärt. Auch die Zunahme des Molvolumens um rund 25 %, die beim Schmelzen der meisten Salze eintritt, steht mit diesem Modell im Einklang.

Der flüssige Aggregatzustand weist einige bemerkenswerte Eigenschaften auf. Es herrscht eine hohe Materiedichte, ähnlich wie im festen Zustand. Schmelzen sind beweglich, aber anders als Gase sehr gut fassbar und können unter Normaldruck an Luftatmosphäre in einfachen Tiegelöfen gehandhabt werden. Sie weisen einen geringen Dampfdruck sowie ausgezeichnete thermische und elektrische Leitfähigkeit auf. Der Wärmeinhalt ist beträchtlich. Diese Eigenschaften geschmolzener Salze wirken sich auch beim Salzbadnitrocarburieren positiv aus.

6.2.2 Anforderungen an die Salzschmelzen

Um in einer Salzschmelze nitrocarburieren zu können, benötigt man ein stickstoffhaltiges Salz, das den Stickstoff durch eine kontrollierbare chemische Umsetzung bei den zum Nitrocarburieren üblichen Temperaturen an die Bauteiloberfläche abgibt. Weiterhin sollte die Schmelze möglichst dünnflüssig sein, um den Salzaustrag durch das Behandlungsgut gering zu halten. Das ausgetragene Salz sollte sehr gut wasserlöslich sein, damit es durch Waschen leicht entfernt werden kann. Es sollte möglichst ungiftig und nicht wassergefährdend sein oder sich zumindest durch einfache Nachbehandlungen rasch und vollständig in harmlose Substanzen umsetzen lassen. Für die Prozessanalytik ist wichtig, dass sich die Zusammensetzung der Salzschmelze schnell und einfach quantitativ bestimmen lässt. Diese Anforderungen werden durch die Salze Natriumcyanat und Kaliumcyanat in ausgezeichneter Weise erfüllt.

6.2.3 Isomerie des Cyanations

Die Alkalicyanate liegen in den Nitrocarburiersalzschmelzen als solche vor, d.h. in der Form des *Cyanat -Ions*

$$N \equiv C - O^-$$

und *nicht* in der isomeren bzw. isoelektronischen Form des sehr instabilen Fulminat-Ions

$$C \equiv N - O^-$$

Die Cyanat-Struktur ist durch infrarot- und ramanspektroskopische Befunde sowie Röntgenstrukturuntersuchungen gesichert.

Die im Schrifttum oft benutzte Formelschreibweise KCNO für Kaliumcyanat ist zwar nicht falsch, aber irreführend. Es sollte besser die Schreibweise KOCN oder für Natriumcyanat NaOCN verwendet werden, die den oben skizzierten räumlichen Aufbau des Cyanations besser widerspiegelt.

6.2.4 Cyanatsynthese

Natrium- oder Kaliumcyanat werden aus Soda bzw. Pottasche mit Harnstoff nach folgenden Reaktionsgleichungen hergestellt

$$Na_2CO_3 + 2\ H_2N\text{-}CO\text{-}NH_2 \Rightarrow 2\ NaOCN + 2\ NH_3 + CO_2 + H_2O \quad (1)$$
$$K_2CO_3 + 2\ NH_2\text{-}CO\text{-}NH_2 \Rightarrow 2\ KOCN + 2\ NH_3 + CO_2 + H_2O \quad (2)$$

Die großtechnische Cyanatsynthese findet in speziellen Feststoffreaktoren statt, die Produkte müssen dabei nicht zwangsläufig in flüssiger, geschmolzener Phase vorliegen. Durch geeignete Wahl der Prozessbedingungen können Reinheiten bis zu 99 % erzielt werden. Das als Nebenprodukt entstehende Ammoniak wird meist mit Formaldehyd zu Hexamethylentetramin umgesetzt, das in der chemischen Synthese mannigfach verwendet wird [17].

6.2.5 Chemische Reaktionen beim Salzbadnitrocarburieren

Schmilzt man reines Kalium- oder Natriumcyanat oder Cyanate im Gemisch mit Carbonaten auf, so bildet sich in Abhängigkeit von der Temperatur und dem Sauerstoffgehalt der Schmelze eine geringe Menge an Cyanid. Umgekehrt bildet sich aus reinem Cyanid durch Oxidation stets eine gewisse Menge Cyanat. Ein geringer Cyanidgehalt in den Nitrocarburiersalzschmelzen ist vorteilhaft, da er der Schmelze einen schwach reduzierenden Charakter verleiht.

Cyanat / Cyanid - Gleichgewicht

$NCO^- \Leftrightarrow CN^- + ½ O_2$ (3)

Cyanat steht in einem thermodynamischen Gleichgewicht mit Cyanid und Sauerstoff. Die Gleichgewichtseinstellung erfolgt langsam und die Lage des Gleichgewichts in Abhängigkeit von der Temperatur ist bis heute nicht systematisch untersucht worden. Bekannt ist, dass Kaliumcyanat oberhalb von ca. 800°C fast vollständig in Kaliumcyanid und Sauerstoff zerfällt. Ähnliches gilt für Natriumcyanat. Bei den üblichen Nitriertemperaturen (540 °C – 590 °C) liegt das Gleichgewicht noch weit auf der Seite des Cyanats. In festen, kristallinen Cyanaten bei Raumtemperatur bildet sich Cyanid überhaupt nicht.

Bildung nitrieraktiven Stickstoffs durch Oxidationsreaktion

$2\,NCO^- + O_2 \Rightarrow CO_3^{2-} + 2\,N + CO$ (4)

Geschmolzenes Alkalicyanat wandelt sich an Luft langsam in Carbonat um. Diese Reaktion ist in jedem Nitrocarburierbad zu beobachten, auch wenn keine Bauteile darin behandelt werden. Im technischen Jargon bezeichnet man dies als „natürlichen Cyanat-Abbrand" des Bades. Er ist vom Verhältnis der Tiegeloberfläche zum Badinhalt und von der Temperatur abhängig.

Bei der Oxidation des Cyanations bildet sich aktiver Stickstoff, der in den Eisenwerkstoff eindiffundiert. Gleichzeitig entsteht Kohlenmonoxid, das nach dem Boudouard-Gleichgewicht

$2\,CO \Leftrightarrow C + CO_2$ (5)

Kohlenstoff an die Werkstücke abgeben kann.

Die Kinetik der Oxidationsreaktion des Cyanations ist kompliziert und nicht systematisch untersucht. Sie hängt von der Temperatur, der Konzentration und von weiteren Größen ab. Als Richtwert für TF1-Salzschmelzen kann man einen natürlichen Abbrand von 0,5 Masse-% Cyanat in 24 h Betriebszeit annehmen.

Bildung nitrieraktiven Stickstoffs durch thermische Zerfallsreaktion

$3\,NCO^- \Rightarrow CO_3^{2-} + CN^- + 2\,N + C$ (6)

Gleichung (6) wird bisweilen auch in folgender Form geschrieben:

$4\,NCO^- \Rightarrow CO_3^{2-} + 2\,CN^- + N_2 + CO$ (6a)
$5\,NCO^- \Rightarrow CO_3^{2-} + 3\,CN^- + N_2 + CO_2$ (6b)

Behandelt man größere Mengen von Werkstücken in einer cyanathaltigen Schmelze, so wird man einen höheren Verlust an Cyanationen feststellen, als es dem natürlichen Cyanatabbrand – siehe Reaktionsgleichung (4) – entspricht. Gleichzeitig steigt der Cyanidgehalt, abhängig vom eingesetzten Verfahren, auf Werte zwischen 1 Masse-% und 5 Masse-% an.

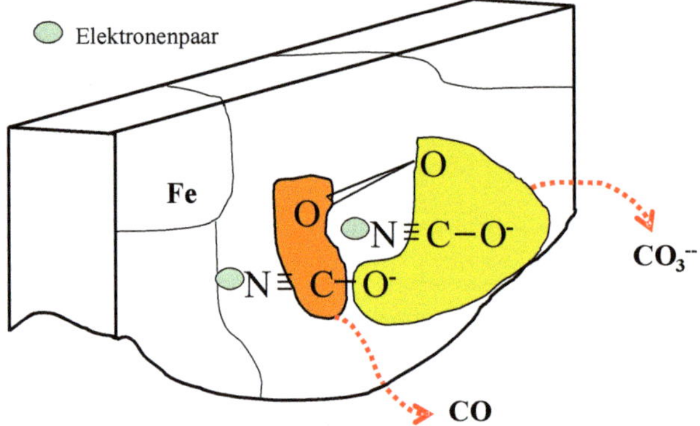

Bild 6-3: Modell der Cyanat-Oxidation

Dies ist damit zu erklären, dass Cyanationen nicht nur oxidiert werden, sondern an der Werkstückoberfläche unter Abgabe von Stickstoff und Kohlenstoff zerfallen. Diese Reaktion wird mit steigender Temperatur beschleunigt. Daher wird sie auch als thermische Zerfallsreaktion bezeichnet.

Durch Nitrocarburierversuche in TF1-Salzschmelzen unter Ausschluss von Luftsauerstoff im Vakuum oder unter Argonatmosphäre [18] konnte gezeigt werden, dass die beiden Reaktionen (4) und (6) parallel ablaufen, wobei die Zerfallsreaktion (6) offenbar in stärkerem Maße zur Bildung diffusionsfähigen Stickstoffs beiträgt als die Oxidationsreaktion (4).

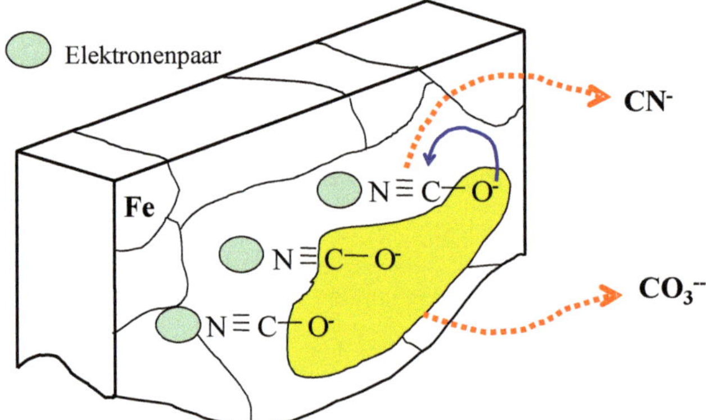

Bild 6-4: Modell des Cyanat-Zerfalls

Ein mechanistisches Modell der Bildung nitrieraktiven Stickstoffs an der Bauteiloberfläche zeigen die Bilder 6-3 und 6-4.

6.2.6 Prinzip des Regenerierens

Durch die Oxidation und den Zerfall der Cyanationen beim Nitrocarburieren entstehen Carbonationen. Die Konzentration des Stickstoff abgebenden Cyanats sinkt, die des Carbonats steigt an. Optimale Nitrierergebnisse werden aber nur in einem bestimmten Konzentrationsbereich von Cyanat erreicht, bei TF1 Salzbädern zum Beispiel zwischen 35 Masse-% und 38 Masse-% Cyanat. (Einzelheiten über optimale Prozessparameter der verschiedenen Nitrocarburiersalzbäder sind in Kap. 6.4. angegeben).

Nach einer gewissen Betriebsdauer sinkt die Aktivität der Salzschmelzen. Diesem Trend könnte man durch Nachfüllen von Alkalicyanat begegnen, man müsste dabei aber Teile der Salzschmelze ausschöpfen, um Platz für das Nachfüllsalz zu schaffen. Da die Schmelzen wegen des Cyanat-Cyanid-Gleichgewichts – vgl. Reaktionsgleichung (3) – im Betriebszustand immer kleine Mengen Cyanid enthalten, würde man einen giftigen Abfallstoff erzeugen.

Diese – in der Anfangszeit der Salzbadnitrocarburierung durchaus praktizierte Verfahrensweise – ist heute vollständig abgelöst durch das *Prinzip des Regenerierens.*

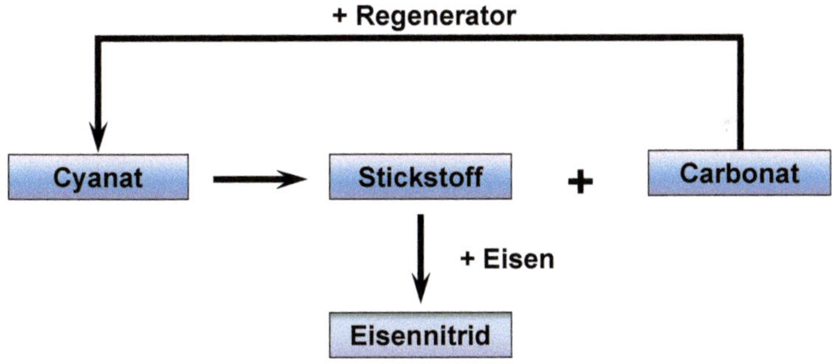

Bild 6-5: Prinzip des Regenerierens beim Salzbadnitrocarburieren

Das Regenerieren verbrauchter Salzschmelzen ist in Bild 6-5 dargestellt. Durch Zugabe eines ungiftigen, polymeren organischen Regeneriermittels zur Salzschmelze wird inaktives Carbonat in nitrieraktives Cyanat zurück verwandelt. Als Nebenprodukte entstehen Wasserdampf und Kohlendioxid, das Volumen der Schmelze bleibt praktisch unverändert. Das Regenerieren erfolgt bei Betriebstemperatur und kann zu jeder Zeit durchgeführt werden, also auch während des Behandelns von Bauteilen.

Als Regeneriermittel könnte man theoretisch Harnstoff einsetzen, wie bei der Cyanatsynthese, vgl. Kap. 6.2.3. In der Praxis kann man Harnstoff und andere monomere Aminverbindungen wegen der starken Ammoniakentwicklung und der äußerst heftigen, fast explosionsartigen Reaktion in Nitrocarburiersalzschmelzen aber nicht verwenden. Es wurden deshalb spezielle Regeneriermittel entwickelt. Der Vorteil dieser Stoffe liegt in ihrer polymeren Natur. Die polymere Struktur mindert erheblich die Heftigkeit der Umsetzung mit dem geschmolzenen Carbonat. Die Stoffe sind thermisch sehr stabil, verdampfen bei der Zugabe auf die Salzschmelze nicht, und der Grad der Umsetzung und die Ausbeute an Cyanat sind optimal. Unerwünschte Nebenprodukte wie Ammoniak oder Blausäure fallen nicht oder nur in so verschwindender Menge an, dass Arbeitsplatzgrenzwerte und Emissionsgrenzwerte nicht überschritten werden. In der technischen Anwendung haben sich folgende Produkte durchgesetzt:

REG 1, ein Regenerator, der hauptsächlich für kaliumreiche Nitriersalzschmelzen wie TF1 Verwendung findet und REG-N, der für aktivierte Nitrocarburiersalze eingesetzt wird.

Die Umsetzung von Carbonat mit REG1 läuft nach folgender Reaktionsgleichung ab:

$$2\,[C_6H_3N_9]_x + 9\,K_2CO_3 \Rightarrow 18\,KOCN + 3\,CO_2 + 3\,H_2O \qquad (7)$$

Die Regeneriermittel sollten der besseren Handhabung wegen in Form von Tabletten oder Pellets gepresst werden. Diese lassen sich mit Hilfe von zeitgesteuerten Vibrationsdosierrinnen automatisch in kleinen Portionen und in definierten Zeitabständen dem Bad zufügen. Somit entfällt das manuelle Handling beim Regenerieren. Das Bedienungspersonal muss nur noch darauf achten, dass die Vorratsbehälter gefüllt sind. Mit der automatischen Zugabe kann eine sehr konstante Konzentration von Cyanationen in der Salzschmelze eingehalten werden, was sich auf die Gleichmäßigkeit der Ergebnisse der Nitrocarburierung positiv auswirkt.

Aufgrund ihres sehr hohen Polymerisierungsgrades zeigen die oben genannten Regeneratoren eine außergewöhnlich hohe Wirksamkeit. Aus 0,6 kg REG1 bzw. REG-N erhält man 1 kg Cyanationen in der Schmelze.

Das Prinzip des Regenerierens hat die frühere Verfahrensweise des Nachfüllens verbrauchter Schmelzen weltweit vollständig abgelöst. Die ungiftigen Alkalicyanate und die Regenerierung sind die Basis des modernen Salzbadnitrocarburierens.

6.3 Prozessablauf

Grundsätzlich können ohne besondere Vorbehandlung alle Arten von Eisenwerk stoffen, d.h. auch austenitische Stähle, Gusseisen oder Sinterwerkstoffe in Salzschmelzen nitrocarburiert werden.

Die Behandlungsabschnitte

- Vorreinigen
- Vorwärmen
- Nitrocarburieren
- Abkühlen bzw. Oxidieren
- Waschen

erfolgen in einzelnen Stationen (Modulen), die nachfolgend näher beschrieben werden.

6.3.1 Chargieren

Prinzipiell gibt es für den Aufbau der Charge keine Beschränkungen. Die Werkstücke können an Gestellen hängend, liegend, in Körben als Schüttgut, oder auch an Drähten befestigt, behandelt werden. Sinnvollerweise sind die Teile so anzuordnen, dass sie nicht salzschöpfend wirken. Die Chargiervorrichtungen sind grundsätzlich aus Vollmaterial herzustellen. Als Werkstoffe kommen Baustahl, temperaturbeständige Cr/Ni-Stähle oder Inconel-Werkstoffe zum Einsatz, wobei mit zunehmendem Gehalt an Legierungselementen die Lebensdauer steigt.

Verzinkte, vernickelte, verkupferte oder mit anderen galvanischen Schichten behaftete Teile dürfen nicht behandelt oder gar als Gestellwerkstoffe eingesetzt werden, um eine Kontamination der Nitrocarburierschmelzen zu vermeiden.

6.3.2 Vorreinigen

Die zu behandelnden Teile sollen sauber, fettfrei und trocken sein. Beim Eintrag von größeren Mengen Eisenspäne in die Nitrocarburierschmelze würde diese unnötig verunreinigt. Rückstände von Kühlschmierstoffen, Reinigungs- oder Schleifmitteln, die Elemente wie Schwefel, Calcium, Bor, Phosphor und Silizium enthalten, reichern sich in der Schmelze an und verschlechtern das Behandlungsergebnis. Eine zweistufige Tauchflut- oder Spritzwaschmaschine mit alkalischem Reinigungsmittel in der ersten Stufe und einem „Klarspülen“ in der zweiten, ist für das Vorreinigen ausreichend.

6.3.3 Vorwärmen

Das Behandlungsgut wird zweckmäßigerweise in Luftumwälzöfen auf eine Temperatur von 350 °C bis 400°C erwärmt. Hierdurch wird sichergestellt, dass einerseits nur trockene Bauteile in die Salzschmelze gelangen und andererseits die Temperatur im Nitrocarburierbad nach dem Eintauchen der Charge nicht zu stark abfällt. Die gewünschte Behandlungstemperatur muss nach 20 bis 30 Minuten wieder erreicht sein. Die Vorwärmdauer hängt von der Dicke der Werkstücke ab und beträgt meist 30 bis 120 Minuten. Die Temperatur im Vorwärmofen sollte 400 °C nicht überschreiten, um die Bildung von nicht vollständig abbaubaren Oxidschichten zu vermeiden.

6.3.4 Nitrocarburieren

Salzschmelzen bieten im Vergleich zu anderen Behandlungsmitteln ein außergewöhnlich hohes Stickstoffangebot. Der Nitrocarburierprozess beginnt sofort nach dem Eintauchen in die Salzschmelze. Bereits nach wenigen Minuten lässt sich die Bildung einer geschlossenen Verbindungsschicht nachweisen, vgl. Bild 6-6.

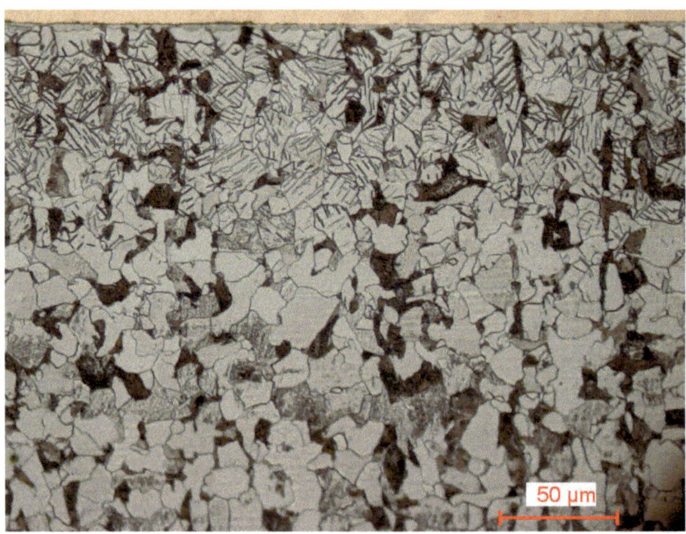

Bild 6-6: Ausbildung der Nitrierschicht nach 10 Minuten Behandlungsdauer beim Nitrocarburieren im Salzbad

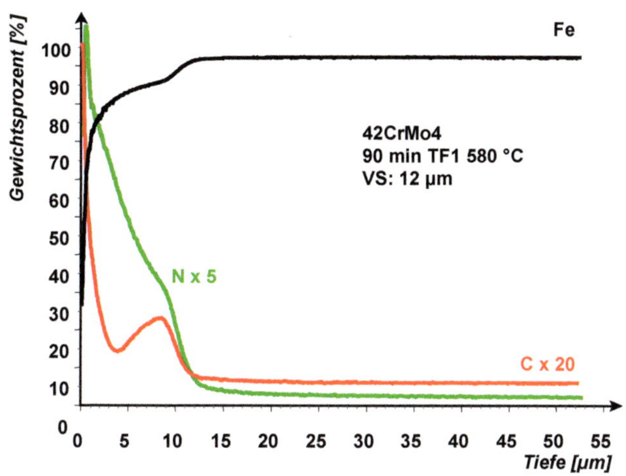

Bild 6-7: Typische GDOS-Analyse einer salzbadnitrocarburierten Probe

Die beim Salzbadnitrocarburieren erzeugte Randschicht besitzt außerordentlich hohe Stickstoffgehalte von 6 bis 11 Masse-% und einen Kohlenstoffgehalt von 1 Masse-% bis 2 Masse-% und besteht üblicherweise aus ε-Carbonitrid, vgl. Bild 6-7.

6.3.4.1 Salzschmelzen zum Nitrocarburieren

Dem Anwender stehen mit TENIFER®, TENIFER®-N, ARCOR® C und ARCOR® V/N vier unterschiedliche Verfahren zum Nitrocarburieren in Salzschmelzen zur Verfügung. Alle basieren auf dem Prinzip der regenerierbaren Salzschmelze und sind umweltfreundlich, vgl. Kapitel 6.2. Die Unterschiede zwischen den Verfahren liegen vorwiegend in der chemischen Zusammensetzung der Salzschmelzen.

Das TENIFER®-Verfahren ist das älteste und industriell am weitesten verbreitete Verfahren. Es wird ohne besondere Aktivierung der Schmelze betrieben. Um eine möglichst porenarme Verbindungsschicht zu erzielen ist es notwendig, den Eisengehalt der Salzschmelze niedrig zu halten [20].

TENIFER®-N ist die neueste Weiterentwicklung des klassischen TENIFER®-Verfahrens. Das Basissalz enthält eine geringe Menge eines Additivs, das den nachteiligen Einfluss der Eisenionen puffert. Somit lassen sich kompakte Schichten bei deutlich höheren Eisengehalten erzielen, siehe Bild 6-8. Ferner wird die Salzschmelze aktiviert und damit die Zusammensetzung der Salzschmelze noch stabiler. Beide Effekte tragen erheblich zur weiteren Verbesserung der Prozesssicherheit bei.

Bild 6-8: Einfluss der Eisenverbindungen auf die Porosität am Beispiel des Stahles 42CrMo4 (TF1 ohne und TF-N mit Additiv)

Bei dem ARCOR® C-Verfahren (früher als SurSulf®-Verfahren bezeichnet) wird eine Salzschmelze mit hohem Cyanatgehalt zusätzlich schwach aktiviert. Um einer Überreaktion der Schmelze vorzubeugen, wird in regelmäßigen Abständen eine geringe Menge an Kaliumsulfid (K_2S) zugegeben. Das führt zu einem hohen Anteil von Poren in der Verbindungsschicht und zu schwefelhaltigen Einlagerungen. Bei bestimmten Anwendungen, z. B. solchen mit speziellen Anforderungen an die Gleiteigenschaften oder an das Einlaufverhalten der Bauteile im tribologischen System, bietet dieses Verfahren gewisse Vorteile [19]. Mittlerweile verliert dieses Verfahren zunehmend an Bedeutung und wird durch das unten beschriebene ARCOR® V Verfahren abgelöst.

Beim ARCOR® V bzw. ARCOR® N-Verfahren [21] wird ein durch die Kationen-Zusammensetzung hoch aktiviertes Basissalz mit einem stark verringerten Cyanatgehalt verwendet. Die erzeugten Verbindungsschichten sind sehr porenarm. Das ist besonders für Gusseisen oder die so bezeichneten Ventilstähle interessant, die bei den anderen beiden Verfahren zu starker Porenbildung neigen, siehe Bild 6-9. Außerdem ist die beim ARCOR® V/N verwendete Salzschmelze nahezu unempfindlich gegenüber höheren Eisengehalten. Der Unterschied zwischen dem ARCOR® V- und dem ARCOR® N-Verfahren liegt in der Behandlungstemperatur. Die Standardtemperatur für das ARCOR® V-Verfahren beträgt 590 °C, die für die N-Variante 630 °C.

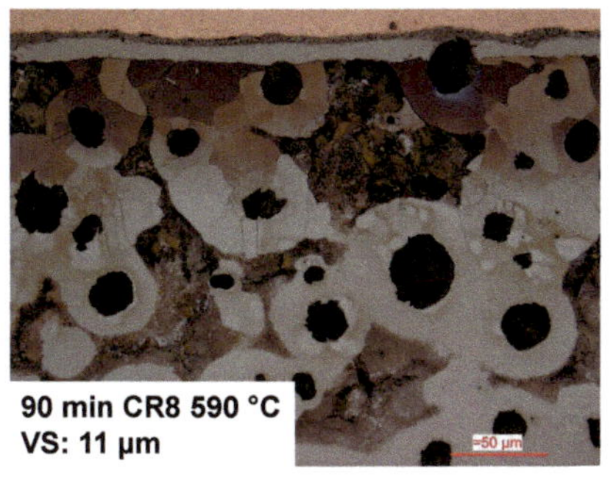

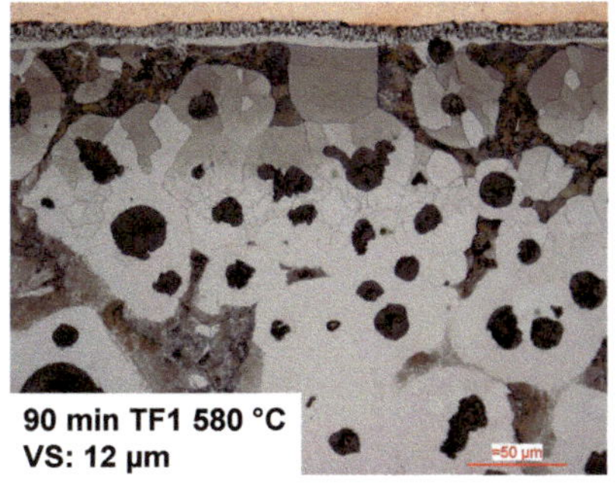

Bild 6-9: Ausbildung der Verbindungsschicht auf Guss nach der ARCOR® V bzw. TENIFER®-Behandlung

Die Zusammensetzung der Verbindungsschicht ist bei den beschriebenen Verfahren ähnlich. Im Stickstoffgehalt gibt es keinen nennenswerten Unterschied. Dagegen steigt der C-Gehalt von ARCOR® V/N über ARCOR® C zu TENIFER®-N bzw. TENIFER® an. Zusätzlich lässt sich bei den nach dem ARCOR® C-Verfahren behandelten Werkstücken Schwefel in der Verbindungsschicht nachweisen. Das Schichtdickenwachstum ist mit Ausnahme des ARCOR® N-Verfahrens, das im „austenitischen Nitrocarburierbereich" betrieben wird, vergleichbar. Die Merkmale der verschiedenen Verfahren sind in Tabelle 6-1 zusammengefasst.

Tabelle 6-1: Die CLIN (Controlled Liquid Ionic Nitriding) Prozesse der HEF-Gruppe

Verfahrens-Bezeichnung	Temperatur °C	Aktivierung	Cyanatgehalt	Porosität der Verbindungsschicht	Nitride
TENIFER	580	Keine	Hoch	Mittel	ε-Carbonitride
TENIFER N	580	Niedrig	Mittel	Gering	ε-Carbonitride
ARCOR V	590	Hoch	Niedrig	Sehr gering	Überwiegend ε-Carbonitride
ARCOR N	630	Hoch	Niedrig	Sehr gering	

6.3.4.2 Prozess-Parameter

Für die Qualität der Behandlungsergebnisse sind im Wesentlichen die drei folgenden Parameter entscheidend:

- Behandlungstemperatur
- Behandlungsdauer
- Chemische Zusammensetzung der Salzschmelze.

Die Kontrolle dieser Messgrößen wird in Kap. 6.4 beschrieben.

Der mit Abstand wichtigste Parameter ist die Behandlungstemperatur. Bereits eine Temperaturerhöhung von 20 °C führt bei einer Behandlungsdauer von 90 Minuten bei dem Werkstoff 42CrMo4 zu einem Anstieg der Verbindungsschichtdicke um 50 %. Die exakte Messung der Temperatur ist eine wichtige Voraussetzung zur Einhaltung der erforderlichen Qualität. Weil die Salzschmelzen eine hohe Wärmekapazität besitzen, bieten sie eine intensive Wärmeübertragung und eine gleichmäßige Temperaturverteilung auf die gesamte Charge. Streuungen der Verbindungsschichtdicke innerhalb einer Charge sind daher beim Salzbadnitrocarburieren sehr gering.

Den Einfluss der Behandlungsdauer auf die Nitrierhärtetiefe und die Verbindungsschichtdicke zeigen die Bilder 6-10 und 6-11. Von wenigen Ausnahmen abgesehen, liegt die Behandlungsdauer zwischen 30 Minuten (z. B. Ventile) und 120 Minuten (z. B. Kurbelwellen). In Bild 6-12 sind die Schichtdicken verschiedener Werkstoffe wiedergegeben, die bei 580 °C 90 Minuten in einer TF1-Salzschmelze nitrocarburiert wurden. Deutlich erkennbar ist die Abnahme der Verbindungsschichtdicke mit zunehmendem Gehalt an nitridbildenden Legierungselementen. Umgekehrt steigt die Oberflächenhärte erheblich an.

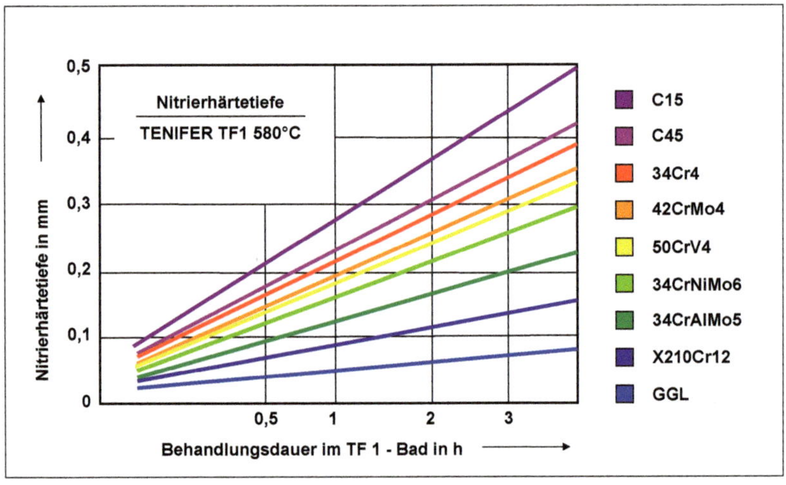

Bild 6-10: Nitrierhärtetiefe in Abhängigkeit von der Behandlungsdauer

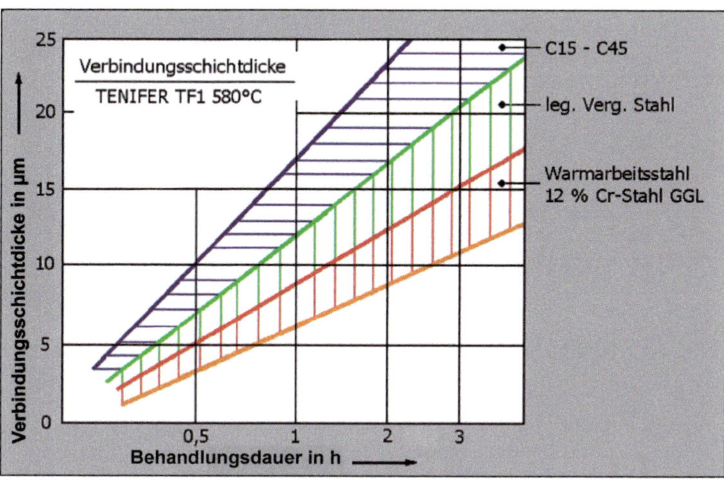

Bild 6-11: Verbindungsschichtdicke in Abhängigkeit von der Behandlungsdauer

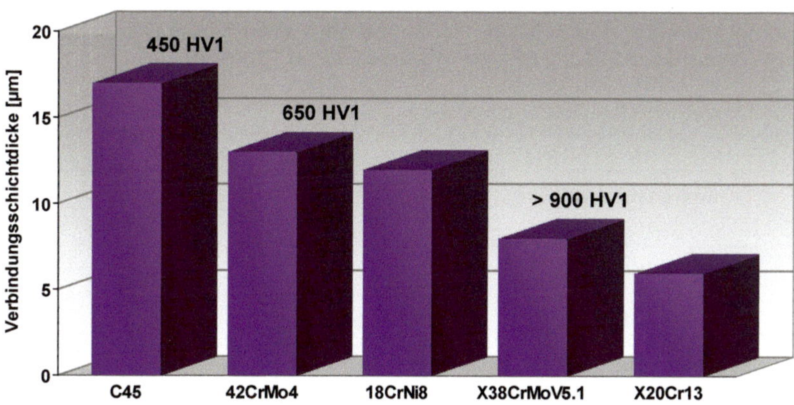

Bild 6-12: Verbindungsschichtdicke verschiedener Werkstoffe, nitrocarburiert 90 min.

6.3.4.3 Verfahrensvarianten

Können Werkstoffe oberhalb von 590 °C („austenitisches Nitrocarburieren") behandelt werden, bietet der Einsatz des ARCOR® N-Verfahrens wirtschaftliche Vorteile. Bereits nach einer Behandlungsdauer von nur 45 min. werden z. B. beim Stahl C38 über 20 µm dicke Verbindungsschichten erzielt. vgl. Bild 6-13.

Behandlungsdauer [min]	VS-Dicke [µm]
15	8
30	15
45	22
60	27
75	30

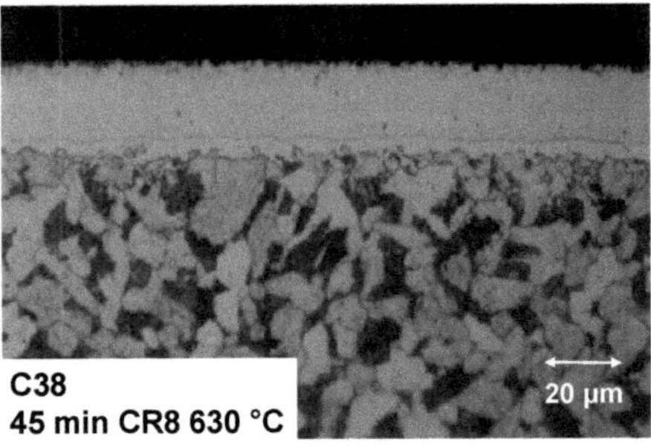

Bild 6-13: ARCOR® N: Schliffbild C38 / Tabelle: Verbindungsschichtdicke/t

Bei vergüteten Stählen mit niedriger Anlassbeständigkeit, insbesondere Kaltarbeitsstahl, nimmt die Kernfestigkeit bei den Standardbehandlungsparametern, vgl. Bild 6-15, deutlich ab [21]. Beim Betrieb der Salzschmelzen in ihrer üblichen Zusammensetzung liegt der untere Temperaturbereich beim TENIFER®- oder ARCOR® C-Verfahren bei etwa 540 °C. Durch Änderung ihrer Zusammensetzung kann die TF1-Salzschmelze (LT-TENIFER®-Verfahren) bis herab zu Temperaturen von 480 °C betrieben werden [23]. Die ARCOR® V-Salzschmelze kann bei 480 °C sogar in ihrer Standardzusammensetzung eingesetzt werden, siehe Tabelle 6-2.

Tabelle 6-2: Verfahrensbezeichnung und Temperaturbereich der Salzschmelzen

Verfahrensbezeichnung	Temperaturbereich in °C	Zusammensetzung der Salzschmelze
TENIFER	540 bis 630	Standard
LT-TENIFER	480 bis 540	Modifiziert
TENIFER N	540 bis 580	Standard
ARCOR V	480 bis 590	Standard
ARCOR N	600 bis 630	Standard

Somit ist auch die Behandlung von wenig anlassbeständigen Stählen bei Temperaturen unterhalb 540 °C möglich. Zu berücksichtigen ist allerdings, dass sich bedingt durch die niedrigen Temperaturen die Behandlungsdauer deutlich verlängert bzw. ohne angepasstes Verlängern der Behandlungsdauer dünnere Verbindungsschichten entstehen. Bild 6-14 zeigt als typisches Beispiel die Härteverlaufskurven des bei 500 °C angelassenen Kaltarbeitsstahles X155CrVMo12.1 nach einer Standard-TENIFER®-Behandlung im Vergleich zur LT-TENIFER®-Behandlung bei 480 °C.

Auch wenn nach 6-stündiger Behandlungsdauer nicht dieselbe Nitrierschichtdicke wie bei 580 °C erzielt wird, lässt sich ab einer Behandlungsdauer von 3 Stunden praktisch schon die gleiche Randhärte erreichen, siehe Bild 6-14 [22].

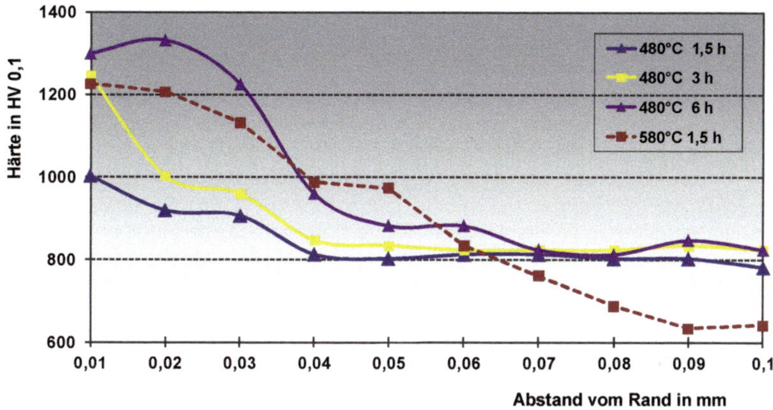

Bild 6-14: LT-TENIFER®-Verfahren: Härteverlauf beim Stahl X155CrVMo12.1

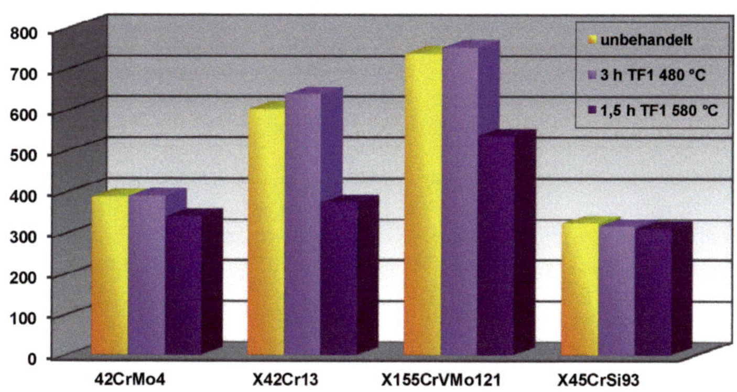

Bild 6-15: Kernhärte verschiedener Stähle nach LT-TENIFER®-Behandlung

6.3.5 Abkühlen/Oxidieren

Die modulare Anlagentechnik beim Salzbadnitrocarburieren erlaubt den Einsatz von Abkühlmitteln mit unterschiedlicher Abkühlwirkung:

- Wasser
- oxidierendes Abkühlbad

- Luftgebläsestrom
- Stickstoff
- Vakuum

Die Auswahl erfolgt je nach Stahlzusammensetzung, der Riss- und Verzugsempfindlichkeit des Werkstückes sowie den angestrebten Eigenschaften.

Bei *unlegierten Stählen* beeinflusst die Abkühlgeschwindigkeit nach dem Nitrocarburieren den Lösungszustand des eindiffundierten Stickstoffs. Nach Abschrecken in Wasser bleibt der eindiffundierte Stickstoff zunächst in übersättigter Lösung. Im Laufe von 8 bis 10 Tagen steigt die Härte infolge des Ausscheidens von submikroskopisch feinen Nitriden (α"-Nitride, siehe Kapitel 1) an. Es entstehen Druckeigenspannungen und die Schwingfestigkeit erhöht sich. Durch langsames Abkühlen, wie auch durch ein späteres Auslagern bei Temperaturen von 50 °C bis 300 °C wird in der Diffusionsschicht der größte Teil des Stickstoffs in Form von nadelförmig aussehenden γ'-Nitriden ausgeschieden. Dies reduziert zwar die Druckeigenspannungen und die zu erwartende Dauerschwingfestigkeit, verbessert jedoch signifikant die Duktilität. Bei *legierten Stählen* wirkt sich dagegen die Abkühlgeschwindigkeit auf den Lösungszustand des Stickstoffs nicht aus, da bereits während des Nitrocarburierens mit den nitridbildenden Legierungselementen harte submikroskopisch feine Nitride ausgeschieden werden (vgl. Kapitel 2).

Für das oxidierende Abkühlen werden spezielle Salzschmelzen verwendet. Beim TENIFER®-Verfahren kommt die so bezeichnete AB1- oder die AB-N-Salzschmelze, bei den ARCOR®-Verfahren die Oxinit-Schmelze zum Einsatz. Erstere wird bei 370 bis 420 °C, die anderen beiden bei 420 bis 440 °C betrieben. Die Oxidationsdauer liegt zwischen 10 und 20 Minuten. Chemisch betrachtet sind alle oxidierenden Abkühlschmelzen alkalische Nitrit-Nitrat-Carbonatschmelzen.

Ein wesentlicher Vorteil des oxidierenden Abkühlens ist die signifikante Verbesserung des Korrosionswiderstands. Verantwortlich hierfür ist die Bildung von Magnetit (Fe_3O_4) in den Poren und einer etwa 0,5 bis1µm dicken Fe_3O_4-Schicht auf der Verbindungsschicht. Die Werkstücke erhalten anstelle der grauen eine schwarze Oberfläche [24].

Wenn in bestimmten Anwendungsfällen (z.B. bei Kolbenstangen für Gasdruckfedern) die Werkstückoberfläche nach dem Nitrocarburieren mit oxidierender Abkühlung eine zu rauhe Oberfläche aufweist, können je nach Werkstückgröße, -form und Stückzahl verschiedene Methoden zur Verbesserung der Oberflächenbeschaffenheit eingesetzt werden (z.B. TENIFER®-QP-Verfahren):

- spitzenloses Polieren,
- Kugelstrahlen,
- Glasperlenstrahlen,
- Gleitschleifen,
- Läppen.

Durch diese Behandlung kann jedoch ein Teil des gewonnenen Korrosionsschutzes verloren gehen. Deshalb wird nach dem Polieren bzw. Strahlen häufig eine oxidierende Nachbehandlung durchgeführt. Dies ergibt den in Bild 6-16 gekennzeichneten Verfahrensablauf und ist als TENIFER® QPQ® bekannt.

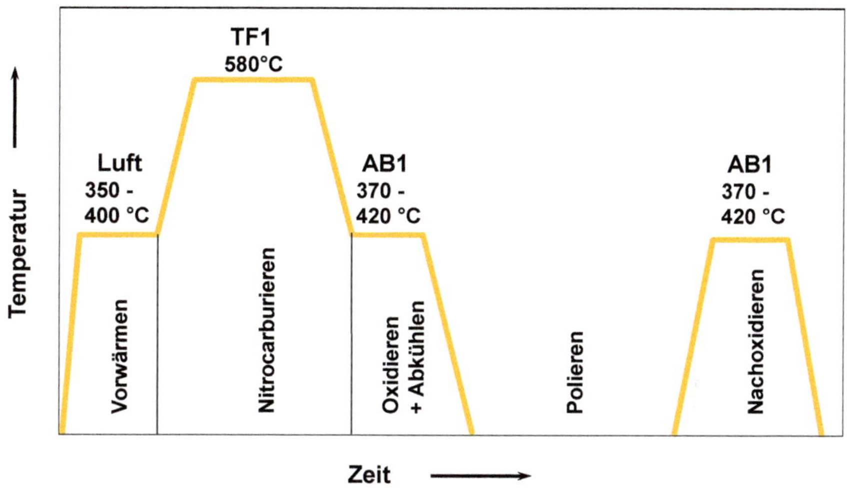

Bild 6-16: Standard-Behandlungsablauf beim TENIFER® QPQ®-Verfahren

Der beim Salzbadnitrocarburieren mit oxidierendem Abkühlen erreichbare Korrosionswiderstand ist dem vieler galvanischer Schichten überlegen. Im Salzsprühtest gemäß EN ISO 9227-2006 NSS werden Standzeiten von über 500 Stunden bis zum Auftreten der ersten Korrosionspunkte erreicht, siehe Bild 6-17.

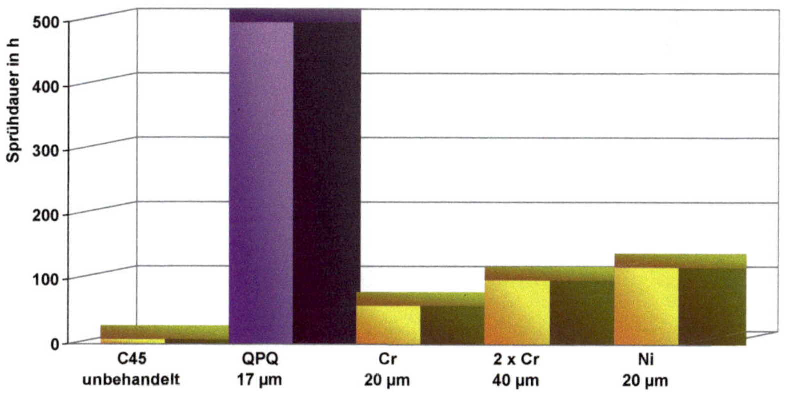

Bild 6-17: Korrosionsbeständigkeit verschiedener Randschichten (Quelle: Stabilus GmbH)

Tabelle 6-3: Korrosionsverhalten im Dauertauchversuch

Behandlung/Schichttyp	Gewichtsverlust g/m² pro 24 h
90 min TENIFER QPQ	0,34
12 µm Hartchrom	7,1
Doppelchrom: 20 µm Weichchrom + 25 µm Hartchrom	7,2
20 µm Nickel (Kanigen ausgehärtet)	2,9
Stahl C45 Medium: 3% NaCl + 0,1% H_2O_2	

Auch im Dauertauchversuch nach DIN 50905 Teil 4 zeigen sich deutliche Unterschiede. In Tabelle 6-3 sind die Ergebnisse von unterschiedlich behandelten Proben aus dem Vergütungsstahl C45 nach 2 Wochen Prüfdauer gegenübergestellt. Die nach dem TENIFER®-QPQ-Verfahren behandelte Probe schneidet danach deutlich besser ab als die galvanisch oder chemisch beschichtete [25].

6.3.6 Reinigen

Da die Werkstücke nach der Entnahme aus den Salzschmelzen mit einem dünnen Salzfilm behaftet sind, müssen sie mit Wasser gewaschen werden. Hierzu werden üblicherweise beheizte, mit Rührwerken versehene Behälter eingesetzt, die in Kaskadenschaltung miteinander verbunden sind, siehe Bild 6-21. Das Wasser läuft im Gegenstrom durch die Kaskade, wodurch sich der Wasserverbrauch erheblich reduziert [26]. Insbesondere die beim TENIFER®-Verfahren verwendeten Salze sind sehr gut wasserlöslich und leicht zu entfernen. Nur bei Bauteilen mit tiefen Sacklochbohrungen kann allerdings ein erhöhter Reinigungsaufwand erforderlich werden. Die dafür verwendete Anlagentechnologie ist in Kap. 6.5 näher beschrieben.

6.4 Prozesssteuerung und -kontrolle

6.4.1 Die analytische Kontrolle der Nitrocarburierschmelzen

Zur Überwachung und Steuerung der Prozesse beim Salzbadnitrocarburieren müssen folgende Parameter erfasst werden:

- Temperatur und Zeit
- Chemische Zusammensetzung
  (Konzentration von Cyanat, Cyanid und ggf. Eisen in der Salzschmelze)
- Eingeleitete Luftmenge

Temperatur und Dauer

Die Regelgenauigkeit der industriellen Salzbadtiegelöfen im Bereich zwischen 350 °C und 650 °C kann man heute auf ± 2 °C ohne Aufwand einstellen, in vielen Fällen sogar noch genauer. Es versteht sich, dass die Thermoelemente, meistens Ni-CrNi - Paarungen in Titanschutzrohren, regelmäßig mit einem Kalibriergerät überprüft werden müssen.

Die Temperaturmessung ist die Basis für einen stabilen Prozess. Es sollte selbstverständlich sein, auch in manuell betriebenen Anlagen die Temperatur der Salzbäder ständig zu messen und aufzuzeichnen. Früher wurden dafür analoge Schreiber verwendet, heute werden die Messdaten von einem Prozessrechner erfasst und lassen sich als Zeit-Temperatur-Diagramm zur Chargendokumentation heranziehen. Ein Beispiel hierfür ist in Bild 6-18 zu sehen. Professionelle Programme zur Chargendokumentation kann man auch nachträglich in manuell betriebene Anlagen einbauen, wenn die Regler busfähig sind.

Auftrags-Nr. : 1111 **Bezeichnung: TestAuto (Kleinteile)**

Behandlungsschritte	Temp. [°C]	Startzeitpunkt [tt.mm.jj hh:mm]	Solldauer [hh:mm]	Istdauer [hh:mm]	Endzeitpunkt [tt.mm.jj hh:mm]
Vorwärmofen	370	22.08.17 13:00	00:30	00:30	22.08.17 13:30
Behandlungsofen	580	22.08.17 13:30	01:30	01:30	22.08.17 15:00
Abschreckbad	380	22.08.17 15:00	00:15	00:15	22.08.17 15:15
Reinigung	70	22.08.17 15:15	00:30	00:30	22.08.17 15:45

Prozeßdatengraphik aus Datei: DC1111

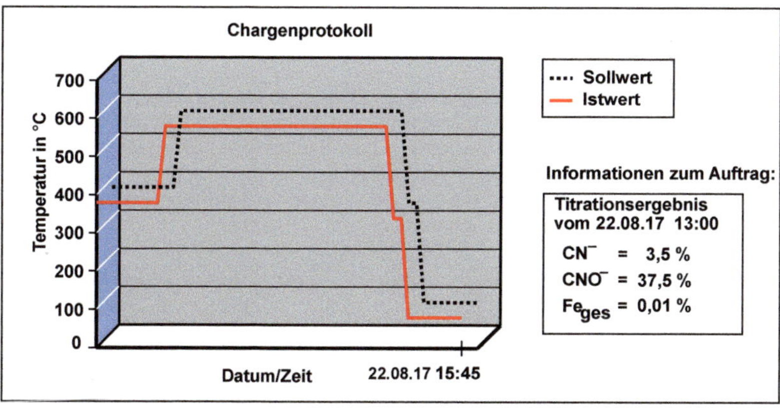

Bild 6-18: Beispiel einer Chargendokumentation

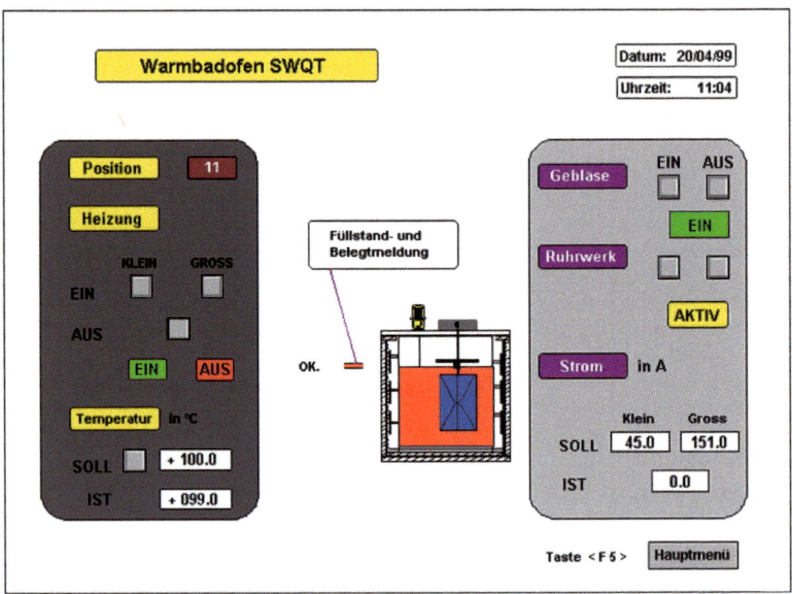

Bild 6-19: Bedienungsmenü für den AB1 Ofen

Vollautomatische Anlagen sind von vorne herein mit umfangreichen Programmen zur Prozessdatenerfassung ausgestattet, die jederzeit einen Überblick über den Zustand der Anlage selbst und den Behandlungsstatus verschiedener, gleichzeitig in der Anlage befindlicher Chargen erlauben, siehe Bild 6-19.

Bestimmung der Konzentrationen von Cyanat und Cyanid

Die Konzentrationen von Cyanat, Cyanid und Eisen können derzeit noch nicht mittels Sensoren direkt in der Schmelze gemessen und aufgezeichnet werden. Es gibt dafür noch keine geeigneten und genügend genauen Messgeräte. Die Daten müssen diskontinuierlich mit nasschemischen Methoden erfasst und in das Chargenprotokoll eingetragen werden. Allerdings ist die Zusammensetzung der Salzschmelzen so stabil, dass on-line Messungen auch nicht erforderlich sind.

Die einfachste Methode zur Bestimmung von Cyanat und Cyanid ist die so bezeichnete argentometrische Titration. Eine genau abgewogene Salzprobe wird in Wasser gelöst und mit 0,1 molarer Silbernitratlösung titriert. Zuvor müssen alle Carbonationen aus der Analysenlösung durch Zugabe von Calciumnitrat ausgefällt werden. Bei der Titration bildet sich zunächst Silbercyanid bzw. der Komplex $Na[Ag(CN)_2]$, der über einen pH-Sprung unter Verwendung von Thymolphthalein als Indikator detektiert wird. Anschließend bildet sich Silbercyanat. Der Endpunkt dieser Reaktion wird mit Kaliumchromat detektiert. Aus dem Verbrauch an Silbernitrat für beide Teilreaktionen erhält man durch einfache stöchiometrische Berechnung bzw. Vergleich mit Tabellenwerten die Konzentration von Cyanid und Cyanat.

Die Titration kann auch potentiometrisch in Titrationsautomaten (so bezeichneten Titrinos oder Titrationsprozessoren, Bild 6-20) ausgeführt werden. Zur Bestimmung der Endpunkte verwendet man eine kombinierte pH- und Redox-Elektrode, z.B. eine Silbertitrode. Auch andere Redoxelektroden können eingesetzt werden. Die Gerätehersteller beraten bei der Installation und Auswahl der Elektroden. Die Analysenmethode ist die gleiche wie bei der manuellen Titration, jedoch ist die potentiometrische Bestimmung der Endpunkte genauer, es wird Zeit gespart und die Cyanid- und Cyanatwerte werden vom Gerät direkt in Prozentgehalten ausgegeben.

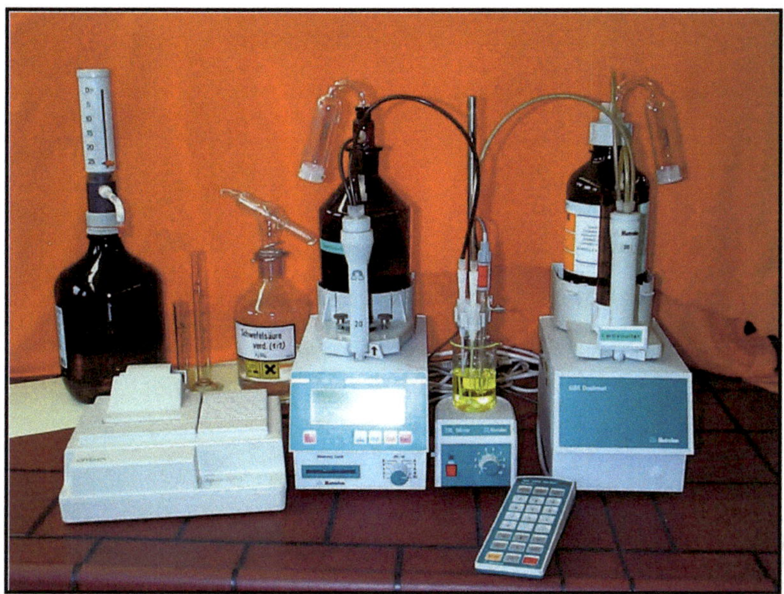

Bild 6-20: Titrationsprozessor

Die genaueste Methode zum Bestimmen von Cyanat ist die Bestimmung nach Kjeldahl. Man wendet sie bei sehr niedrigen Cyanatgehalten, zur Prüfung von Kalibrierstandards oder wenn störende Bestandteile in den Salzproben vermutet werden, an. Cyanat wird dabei durch eine Verseifungsreaktion chemisch in Ammoniak umgewandelt. Dieses wird durch Destillation ausgetrieben und bestimmt. Die Methode ist aufwendig, aber sehr genau. Es sind handelsübliche halbautomatische Geräte dafür erhältlich.

Bestimmung des Eisengehalts

Zum Erzielen porenarmer Verbindungsschichten muss der Eisengehalt der Nitrocarburiersalzschmelzen möglichst niedrig gehalten werden (vgl. 6.5. Filtration der Salzschmelzen). Die tolerierbaren Grenzwerte variieren je nach dem Badtyp und auch nach dem zu behandelnden Werkstoff. Bei den ARCOR® V/N-Verfahren spielt der Eisengehalt nur eine untergeordnete Rolle.

Früher wurde versucht, zwischen verschiedenen Formen des Eisens, komplexem Eisen, freiem Eisen, und Gesamt-Eisen zu unterscheiden. In der Praxis hat sich aber gezeigt, dass dieser Aufwand nicht notwendig ist und man mit der relativ einfachen Bestimmung des Gesamtgehaltes an Eisen genügend Information über den Zustand der Salzschmelze erhält.

Für die Messung der Eisenkonzentration bietet sich die photometrische Bestimmung an. Man nutzt dabei die Schwächung der Intensität eines Lichtstrahls beim Durchgang durch eine Küvette, die Eisen in Form eines wasserlöslichen, lichtabsorbierenden Salzes enthält. Die Lichtschwächung ist nach dem Lambert-Beer´schen Gesetz der Konzentration proportional. Es gibt handelsübliche Küvetten-Messgeräte, die zumeist in der Wasser- oder Abwasseranalytik eingesetzt werden, recht preiswert sind und mit hoher Genauigkeit arbeiten.

Luftmenge / Sauerstoff-Gehalt

Die in der Schmelze gelöste Menge an Sauerstoff beeinflusst das Cyanat-Cyanid-Gleichgewicht, vgl. Reaktionsgleichung (3) in Kapitel 6.2.4. Für die einzuleitende Luftmenge sind die vom Salzlieferanten herausgegebenen Tabellen mit Empfehlungen für die verschiedenen Größen der Salzbäder zu beachten.

Als Faustregel für die Mindestmenge an Luft gilt: Masse der Salzschmelze x 0,5 = Liter Luft/h, also für einen Salzbadtiegelofen mit 1000 kg Salzinhalt mindestens 500 l/h.

Die Luftmenge wird mit einem Strömungsmesser (Rotameter) oder besser einem Luftmengenmesser, z.B. einem Balgengaszähler, gemessen.

Die Konzentration der Kationen bzw. das Verhältnis von Kalium- zu Natriumionen und Additiven beeinflusst die Aktivität der Salzschmelze (vgl. 6.2.6.) Sie wird vom Hersteller des Salzes auf einen konstanten Wert eingestellt und bleibt gleich, solange die richtigen Salze im Verfahren verwendet werden. Mit der Atomabsortionsspektroskopie (AAS) oder der Inductive Coupled Plasma-Spektrometrie (ICP) kann eine genaue Bestimmung der Alkaliionen durchgeführt werden.

6.4.2 Die analytische Kontrolle der oxidierenden Salzschmelzen

Die Oxidationssalzschmelzen haben folgende Aufgaben:

- Erzielen einer hohen Korrosionsbeständigkeit durch Oxidation der nitrocarburierten Oberfläche im porösen Bereich der Verbindungsschicht
- Erzeugen einer dekorativen schwarzen Oberfläche
- Entgiften der Cyanidreste an den Bauteilen

Die Reaktionsgleichungen (8) und (9) beschreiben die genannten Abläufe.

$$Fe_3N + 4\,NaNO_3 \Rightarrow Fe_3O_4 + 4\,NaNO_2 + \tfrac{1}{2}\,N_2 \qquad (8)$$
$$5\,NaNO_3 + 2\,NaCN \Rightarrow 5\,NaNO_2 + Na_2CO_3 + CO_2 + N_2 \qquad (9)$$

Die Schmelzen enthalten Alkalihydroxid, -carbonat, -nitrit und -nitrat. Natriumnitrat ist das Oxidationsmittel, das Cyanid (und Cyanat) in rascher exothermer Reaktion (9) zu ungiftigem Natriumcarbonat umsetzt. Fehlt Natriumnitrat, so ist die Entgiftungsfunktion nicht mehr gewährleistet. Ist die Konzentration zu hoch, besteht die Gefahr eines rostroten Verfärbens der Werkstücke durch Überoxidation.

Natriumnitrit steht im Gleichgewicht mit Natriumnitrat und Luftsauerstoff.

$$NaNO_2 + \tfrac{1}{2}\,O_2 \Leftrightarrow NaNO_3 \qquad (10)$$

Es wirkt wie ein „Oxidations-Puffer“ und sorgt in erster Linie für die Ausbildung einer dekorativen gleichmäßig schwarzen Oberfläche, indem es die Bildung des erwünschten schwarzen Eisenoxids Fe_3O_4 fördert.

Natriumcarbonat (Na_2CO_3) entsteht als Endprodukt bei der Entgiftungsreaktion. Es wirkt wie ein Verdünner, mildert die Oxidationswirkung des Nitrats und wirkt der Bildung überoxidierter Oberflächen entgegen. Die Sättigungskonzentration einer AB1-Salzschmelze für Carbonat beträgt bei 380 °C bis 390 °C ca. 32 Masseprozent. Die besten Ergebnisse werden erzielt, wenn die Carbonatkonzentration in den Bädern um diesen Sättigungswert pendelt, also zwischen 32 Masse-% bis 35 Masse-% Natriumcarbonat bei 380 °C und circa 40 Masse-% bis 43 Masse-% bei 420 °C.

Zu Beginn der industriellen Anwendung oxidierender Salzschmelzen widmete man der analytischen Kontrolle der Oxidationsbäder wenig Aufmerksamkeit. Dies hing offenbar damit zusammen, dass die nasschemische Bestimmung von Nitrit neben Nitrat nicht einfach ist. Bei der Überwachung der Oxidationsschmelzen kommt es aber nicht auf höchste Genauigkeit an. Die Analytik muss nur sicherstellen können, dass z. B. der Nitratgehalt nicht unter ein gewisses Minimum sinkt. Eine Genauigkeit in der Größenordnung von 10 % des absoluten Wertes ist dafür völlig ausreichend.

Legt man diese maßvolle Genauigkeitsanforderung zugrunde, kann man die Nitrit- und Nitratkonzentration heute recht einfach mit Hilfe der Reflexionsphotometrie bestimmen. Dabei wird nach geeigneter Probenvorbereitung ein Teststreifen, der das Reagenz enthält, in die Probe getaucht. Die Verfärbung des Streifens wird durch Messung des vom Streifen reflektierten Lichts einer LED Diode gegen einen Weißstandard gemessen und ist der Konzentration proportional. Die notwendigen Geräte und Messstreifen sind recht preiswert, sie sind patentiert und werden durch die Firma Merck unter der Bezeichnung RQFlex® vertrieben.

Die Carbonatbestimmung in AB1-Schmelzen ist nicht erforderlich, sie kann aber sehr einfach durch direkte Titration mit 0,1 n Salzsäure gegen Thymolphthalein als Indikator erfolgen.

6.4.3 Prozesssteuerung

Die Analysenresultate sind die Basis für die Steuerung des Prozesses. Dazu listet man die Ergebnisse tabellarisch auf, setzt sie in Diagrammdarstellung um und definiert Eingriffsgrenzen für die Qualitätssicherung.

In der Nitrocarburiersalzschmelze gibt die Kontrolle des Eisengehalts Aufschluss über den Zustand und die Wirksamkeit der Filtration. Das Absinken des Cyanatgehalts kann mit häufigerer Regeneration oder Anheben der Regeneratormenge korrigiert werden. Zu hohe Cyanidgehalte können durch Erhöhen der Luftmenge zurückgedrängt werden, zu geringe Gehalte kann man mit dem Spezialsalz NSK einstellen.

Ähnliches gilt für die Salzschmelzen zur Nachoxidation. Eine zu hohe Carbonat-Konzentration wird durch Sedimentation bzw. Filtration der aus der gesättigten Schmelze auskristallisierten Carbonatkristalle beseitigt.

Zu geringe Nitratgehalte, die ein Absinken der Entgiftungs- und Oxidationswirkung der Schmelze zur Folge hätten, sind zu vermeiden. Durch Eintrag von Luftsauerstoff über Rührwerke oder gegebenenfalls durch direktes Einleiten von Luft werden Nitritionen in Nitrationen zurückoxidiert, vgl. Reaktionsgleichung (10). Ansonsten wird der Nitratverbrauch durch das Nachfüllsalz kompensiert, das einen höheren Nitratgehalt als die Schmelze aufweist.

Zum Einstellen einer bestimmten Verbindungsschichtdicke kann man sich an Nomogrammen orientieren, vgl. Bild 6-10. Gleiches gilt für die Nitrierhärtetiefe, vgl. Bild 6-11. Bei ausgefallenen Werkstoffen ist es empfehlenswert, die ausgewählten Prozessbedingungen durch einen Vorversuch zu überprüfen.

Das Salzbadnitrocarburieren, insbesondere nach dem TENIFER®-Verfahren, ist ein außerordentlich robuster Prozess und erlaubt beispielsweise für die Cyanatkonzentration eine Bandbreite von 3 %. Auch größere Streuungen des Cyanat- oder Cyanidgehalts führen nicht immer zwangsläufig zum Ausschuss des Behandlungsgutes.

6.5 Anlagentechnik

Das Salzbadnitrocarburieren lässt sich nicht nur manuell, sondern auch vollautomatisch durchführen. Die Anlagen bestehen entweder aus Einzelkomponenten für die einzelnen Behandlungsschritte oder aus kompletten Linien in halbgekapselter, d.h. bis zur Ofenhöhe verkleideter Form bzw. in komplett eingehauster Version. Letztere ist häufig anzutreffen, wenn die Anlage in der Nähe der Bearbeitungszentren aufgestellt wird. Aufgrund der kurzen Behandlungsdauer müssen keine großen Vorräte an fertig bearbeiteten, aber noch zu behandelnden Bauteilen vorgehalten werden. Dank des modularen Aufbaus lässt sich die Kapazität einer Anlage bereits durch die relativ geringe Investition eines weiteren Salzbad-Tiegelofens zum Nitrocarburieren verdoppeln. Weitere Module (siehe 6.5.1) sind normalerweise nicht erforderlich. Je nach Bedarf können bis zu 4 Nitrocarburieröfen in einer Linie betrieben werden [27].

6.5.1 Aufbau einer Salzbadnitrocarburieranlage

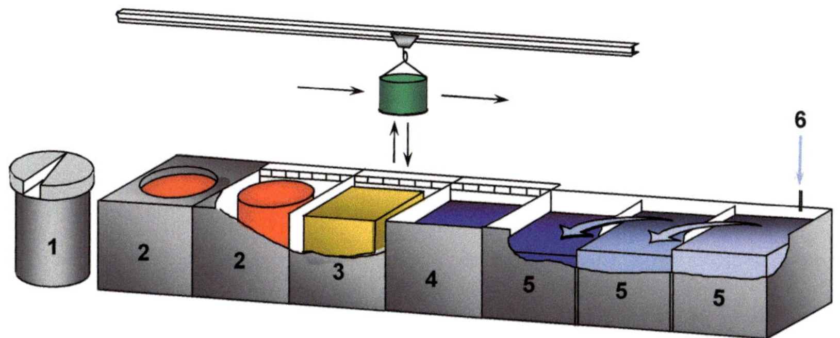

1: Vorwärmofen **4: Kaltwasserabschrecktank**

2: Nitrocarburierofen **5: Reinigungskaskade**

3: Oxidationsofen **6: Frischwasserzulauf**

Bild 6-21: Schema einer Nitrocarburieranlage mit oxidativer Abkühlung

Die Anlagen bestehen aus folgenden Modulen, siehe Bild 6-21:

- *Vorwärmofen*

Dieser ist elektrisch oder abgasbeheizt und besitzt für die gleichmäßige Wärmeübertragung ein Luftumwälzaggregat.

- *Salzbad-Tiegelofen zum Nitrocarburieren*

Dies ist ein elektrisch oder gasbeheizter Ofen mit wärmeisolierender Wandauskleidung in welchen ein Tiegel für die Salzschmelze eingesetzt wird.

Die Größe der Tiegel bewegt sich im Allgemeinen zwischen einem Durchmesser von 50 cm bis 120 cm und einer Tiefe von 80 cm bis 200 cm, in Einzelfällen auch bis 300 cm. Ferner sind die Öfen mit einer Belüftungseinrichtung für die Salzschmelze, bestehend aus einem Luftverteilerrohr, Luftmengenmesser und Manometer ausgerüstet.
Der bestgeeignete Tiegelwerkstoff für Nitrocarburiersalzschmelzen ist Titan mit einer Reinheit von 99,8 % oder höher. Der Einsatz von Titan wird nur begrenzt durch seine mäßige mechanische Festigkeit bei der Behandlungstemperatur. Für Salzbäder bis zu etwa 2 Tonnen Inhalt gibt es keinen besseren Tiegelwerkstoff.

Als Gestellwerkstoff ist Titan dagegen ungeeignet, da es in den hydroxidhaltigen Abschreckbädern angegriffen wird und dort einer gleichmäßigen Korrosion unterliegt.

Als alternativen Tiegelwerkstoff kann man Nickelbasislegierungen verwenden. Dabei ist zu beachten, dass diese Werkstoffe erst eine Passivität gegen die Nitrocarburiersalzschmelze aufbauen müssen. Fehlt die Passivierung, ist mit starker Lochfraßkorrosion zu rechnen. Als Gestellwerkstoffe – die ständig mit wechselnden Medien – Cyanatschmelze, Oxidationsschmelze, Wasser – in Berührung kommen – sind Nickelbasis-Legierungen dagegen sehr gut geeignet.

Tiegel aus Edelstahl oder chromlegiertem Stahl dürfen nicht verwendet werden, als Gestelle sind diese Werkstoffe aber einsetzbar.

- *Abkühlstation (Oxidationsofen und/oder Kaltwasserabschrecktank)*

Je nach Anforderung an die Werkstücke werden Wasserabschrecktanks mit Kühlvorrichtung oder geschlossene Tauchflutbehälter, oxidierend wirkende Abkühlsalzschmelzen, Kühlbehälter mit Luftgebläse bzw. evakuierbare Druckbehälter verwendet, die mit einer zusätzlichen Stickstoffkühlung versehen sein können. In vielen Anlagen sind mindestens zwei dieser Varianten zu finden.

Die oxidierende Abkühlsalzschmelze wird meist in einem rechteckigen Wannenofen mit Rührwerk und einer Sammelvorrichtung eingesetzt, in der sich das auskristallisierte Natriumcarbonat absetzt und entfernt werden kann. Da mit den heißen Bauteilen und durch die Oxidationsreaktionen Wärme eingetragen wird, verfügen die Öfen über eine Gebläseeinrichtung, welche die Wanne bei Bedarf von außen mit Luft kühlt. Die Beheizungsart ist im Allgemeinen elektrisch. Nur für sehr große Öfen mit einem Salzinhalt von mehr als 6 t wird auch eine Gas-Innenheizung (Strahlrohre) verwendet.

- *Reinigungsstation*

Diese besteht üblicherweise aus einer 3-stufigen beheizten und mit Rührwerken ausgerüsteten Reinigungskaskade. Sie bietet den Vorteil einer erheblichen Wassereinsparung bei verbesserten Reinigungsergebnissen gegenüber einzelnen Waschbehältern. Ferner erlaubt die Kaskadentechnik eine höhere Aufkonzentrierung des Abschreck- bzw. Spülwassers im ersten Behälter, so dass ein abwasserfreier Betrieb kostengünstiger wird [26].

Die Salzbadöfen und die offenen Abkühlstationen sind mit einer Absaugvorrichtung für die Abluft versehen, die entweder mittels Nasswäscher oder Trockenfilter gereinigt wird. Mit Hilfe eines Strahlungsverdunsters lässt sich die Anlage abwasserfrei betreiben (vgl. Kap. 6.6.).

6.5.2 Filtertechnik

Ein wesentlicher Kritikpunkt an den Salzbadverfahren war lange Zeit das umständliche manuelle Reinigen der Salzschmelze mit einem Sieblöffel. Durch Eintrag von Spänen und/oder Verunreinigungen bzw. durch Reaktion der Werkstückoberfläche mit der Schmelze entstehen während des Nitrocarburierens Eisenverbindungen, die in höheren Konzentrationen beim TENIFER®-Verfahren die Porosität der Verbindungsschicht beträchtlich erhöhen können. Die Eisenverunreinigungen liegen zum größten Teil in fester Form als ein Gemisch aus Eisenoxid und -nitrid vor und lassen sich mechanisch entfernen.

Um die Schmelze permanent rein zu halten und um die manuelle Reinigung auf Notfälle zu beschränken, stehen dem Anwender Filtrationsvorrichtungen zur Verfügung. Bei einer bevorzugten Ausführungsform wird hierbei die Salzschmelze kontinuierlich in einen außerhalb des Bades liegenden Behälter gepumpt und fließt durch einen speziellen Filter gereinigt wieder in den Ofentiegel zurück. Das Funktionsprinzip der außenliegenden Filtration ist in Bild 6-22 dargestellt. Diese Filter arbeiten so effektiv, dass der Eisengehalt in der Salzschmelze ständig im empfohlenen Konzentrationsbereich gehalten werden kann. Ferner wird die Ofenkapazität deutlich erhöht, da die Filtrationseinrichtungen unabhängig von der Ofenauslastung betrieben werden und keine Stillstandszeiten wie bei der manuellen Reinigung entstehen. Bei einer anderen Ausführung liegt der Filter innerhalb des Tiegels. Diese Filtration ist zwar wirksam, beansprucht aber wertvollen Tiegel-Nutzraum.

In Anlagen, die mit dieser Filtertechnologie ausgerüstet sind, lassen sich reproduzierbar deutlich porenärmere Schichten erzeugen, verglichen mit Anlagen, die ohne solche Filter arbeiten [20].

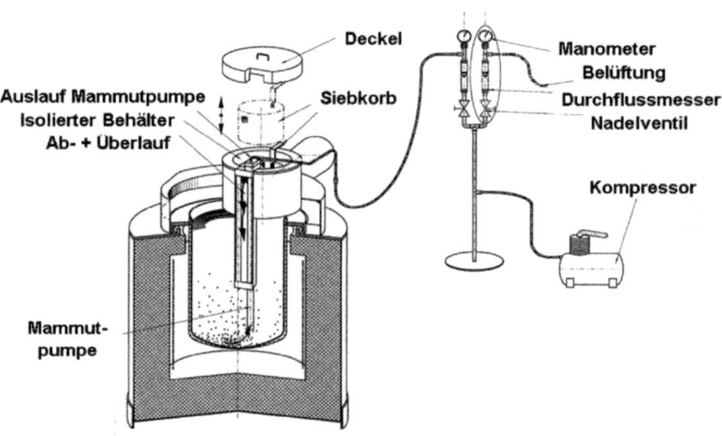

Bild 6-22: Außenliegende TENOCLEAN-Filtrationsvorrichtung

6.5.3 Vollautomatische Salzbadanlagen

Mittlerweile ist es selbstverständlich, dass die Wärmebehandlung in Salzschmelzen auch in vollautomatisierten und mikroprozessorgesteuerten Anlagen durchgeführt werden kann.

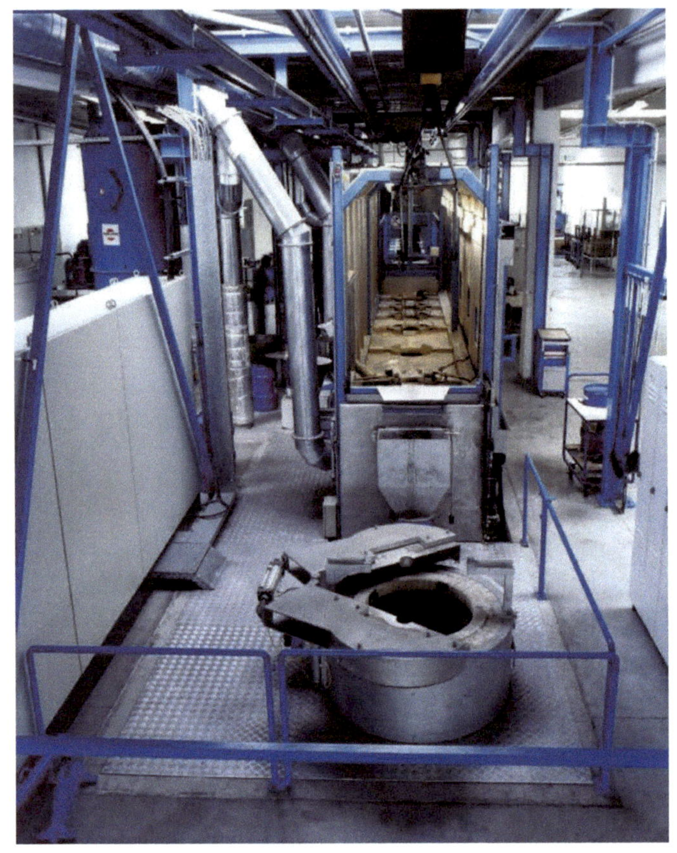

Bild 6-23: Tenifer®- Anlage in der Serienproduktion (Seitenansicht)

Der in Bild 6-23 gezeigte Automat zur Behandlung von Serienteilen befindet sich in einer Produktionshalle. Das Beladen der Chargiergestelle erfolgt bereits an den Bearbeitungszentren. Die PC-Steuerung erlaubt sowohl eine online-Überwachung der Anlagenparameter als auch eine umfassende Chargendokumentation. Der personelle Aufwand ist auf ein Minimum beschränkt. Neben der Chargeneingabe muss der Anlagenbediener lediglich ein- bis zweimal in der Woche die Filtrationseinrichtungen entleeren und die Betriebsstoffe auffüllen. Zu letzterem wird er über eine Meldung auf dem Bildschirm aufgefordert, da die Anlagenkomponenten mit entsprechenden Füllstandsüberwachungen ausgestattet sind. Die Zugabe der Nachfüllsalze bzw. des Regenerators erfolgt über außerhalb der Kapselung angebrachte Dosiervorrichtungen, so dass weder in den Wärmebehandlungsprozess eingegriffen noch direkt am Ofen gearbeitet werden muss. Die Konsequenz dieser Maßnahmen ist ein sauberes Arbeitsumfeld.

Ein anderer Automat, der in einer Lohnhärterei eingesetzt wird, ist in Bild 6-24 dargestellt. Wegen des großen Bauteilspektrums müssen sich sowohl eine unterschiedliche Behandlungsdauer von 45 min bis 180 min als auch verschiedene Abkühlvarianten realisieren lassen. Die Anlage verfügt zum Abkühlen neben einer oxidativen Abkühlsalzschmelze über Wasserabschrecktanks, Luft-Abkühlstationen sowie einen kombinierten Stickstoff-Vakuum-Behälter. Ferner ist für die Vorreinigung eine zweistufige Waschmaschine integriert. Der maximale Durchsatz des Automaten beträgt 1t pro Stunde und die Pufferkapazität im Chargierbahnhof eine Schicht.

Bild 6-24: TENIFER®-Multifunktionsanlage in einer Lohnhärterei (Frontansicht)

Die PC-Steuerung ist ausgerüstet mit einem selbst optimierenden Programm, das bezogen auf die Auslastung den günstigsten Chargenablauf sicherstellt. Bei der Aufgabe der Charge wird automatisch deren Gewicht ermittelt und die Brutto-Behandlungsdauer in den Nitrocarburieröfen berechnet. Sowohl die Überwachung der verfahrensrelevanten Behandlungsparameter als auch die Steuerung der einzelnen Komponenten erfolgt am Bildschirm in der Messwarte. Selektive Zugriffsrechte schützen vor unbefugten Eingriff. Die Eingabe der Behandlungsdaten kann mittels Strichcode-Leser erfolgen.

Wie an der zuerst vorgestellten Anlage erläutert, ist auch diese mit automatischen Füllstandsüberwachungen ausgerüstet und die Zugabe der Betriebsstoffe wird von außen durchgeführt. Die kontinuierliche Filtration der Schmelze geschieht außerhalb des Behandlungsraumes, so dass Filterwechsel ohne Eingriffe in den Behandlungsablauf erfolgen. Für Wartungsarbeiten ermöglichen große Schiebetüren einen einfachen Zugang zu den Anlagenkomponenten.

Die Anlage wird umweltfreundlich mit Erdgas beheizt. Um den Energieverbrauch zu minimieren, wird teilweise die Abwärme der Nitrocarburieröfen zum Beheizen des Vorwärmofens mit genutzt.

6.6 Sicherheit und Umweltschutz bei der Salzbadnitrocarburierung

6.6.1 Arbeitsschutz

Für den Umgang mit gefährlichen Arbeitsstoffen stellt in Deutschland das Chemikaliengesetz (ChemG) und die zugehörige Gefahrstoffverordnung (GefStoffV) die wichtigste Rechtsgrundlage dar. Darüber hinaus gibt es EU-Richtlinien und Technische Regeln für Gefahrstoffe (TRGS), die Gesetzescharakter tragen. Besonders zu erwähnen ist die EU-Richtlinie 2017/164 sowie die TRGS 900, in denen die maximalen Arbeitsplatzgrenzwerte (AGW) – in der Vergangenheit als Maximale Arbeitsplatzkonzentration (MAK) bezeichnet – festgelegt sind. Darüber hinaus findet auch die MAK-Liste der Deutschen Forschungsgemeinschaft (DFG) Anwendung. Die Konzentration der darin namentlich aufgeführten Stoffe oder Stoffgruppen darf bestimmte Werte während eines achtstündigen Arbeitstages am Arbeitsplatz nicht überschreiten, wenn die Gesundheit der beschäftigten Personen dauerhaft sicher gestellt sein soll. Die AGW-Werte einiger in der Härtereitechnik gebräuchlicher Stoffe sind in Tabelle 6-4 angegeben.

Tabelle 6-4: AGW-Werte einiger Stoffe in der Härtereitechnik

Chemische Formel	Chemischer Name	AGW mg/m³	AGW ppm
NaOCN	Natriumcyanat	na*	na
KOCN	Kaliumcyanat	na*	na
CO	Kohlenmonoxid	23	20
CO_2	Kohlendioxid	9100	5000
NH_3	Ammoniak (Gas)	14	20
HCN	Cyanwasserstoff	2,1	1,9
NO_2	Stickstoffdioxid	0,95	0,5
NO	Stickstoffmonoxid	2,5	2
KCN	Kaliumcyanid (als CN^-)	2 E	na
NaCN	Natriumcyanid (als CN^-)	2 E	na
$NaNO_2$	Natriumnitrit	na*	na
$NaNO_3$	Natriumnitrat	na*	na
NaOH	Natriumhydroxid	na*	na
CH_3OH	Methanol	270	200

Angaben Stand 07.06.2017 / ohne Gewähr
na : nicht anwendbar
na* : keine Angabe, es kann der allg. Staubgrenzwert verwendet werden
Gesamtstaub (einatembare Fraktion) : 10 mg/m³ E
Feinstaub (alveolengängige Fraktion) : 1,25 mg/m³ A
ppm = ml/m³

Es ist selbstverständlich, dass die AGW-Werte beim Salzbadnitrocarburieren einzuhalten sind bzw. unterschritten werden müssen. Sie sind gesetzliche Vorgabe. Erreicht wird dies dadurch, dass alle potentiellen Emissionsquellen, in erster Linie die Salzbadtiegel und die wassergefüllten Abschreckbehälter, mit Ringabsaugungen ausgestattet werden, deren Leistung auf Tiegelgröße und Durchsatz abgestimmt ist. Dadurch wird vermieden, dass Stäube, Aerosole oder Dämpfe in den Aufenthaltsbereich des Bedienungspersonals gelangen. In automatisierten Anlagen sind alle Salzbadtiegel und die Abschreckbehälter eingehaust und werden ständig abgesaugt. Das Nachfüllen der Salze und des Regenerators erfolgt in der Regel automatisch über Schnecken- oder Vibrationsdosiergeräte. Personen kommen nur noch in Ausnahmefällen, bei der Reinigung oder bei Instandhaltungsarbeiten, in die unmittelbare Nähe der Salzschmelzen.

Die Gefahren beim Umgang mit Härtesalzen oder oxidierend wirkenden Salzen werden vielfach überschätzt. Natürlich sind Cyanide und die in den oxidierenden Abkühlbädern verwendeten Nitrite, Nitrate oder Alkalihydroxide giftige, brandfördernde oder ätzende Gefahrstoffe. Diese Salze besitzen aber so gut wie keinen Dampfdruck und werden nicht über die Haut aufgenommen. Eine Vergiftung kann nur durch Verschlucken oder absolut unhygienische und sorglose Arbeitsweise erfolgen.

Kontakt mit Cyanid besteht beim Salzbadnitrocarburieren nur bei der Probenahme aus der Schmelze oder nach dem Ansetzen einer neuen Salzschmelze beim Einstellen auf die Gleichgewichtskonzentration. Die cyanathaltigen Ansetz- und Nachfüllsalze und die Regeneriermittel sind immer cyanidfrei und ungiftig.

Beim Umgang mit den Salzen zur Oxidation nach dem Salzbadnitrocarburieren muss neben der oxidierenden auch die stark ätzende Wirkung dieser Stoffe beachtet werden. Das Tragen persönlicher Schutzausrüstung wie Gesichtsschutz, Handschuhe und Schutzkleidung ist selbstverständlich und wird in den Betriebsanleitungen vor Ort festgelegt.

Der Umgang mit den Regeneratoren REG1 bzw. REG-N ist dagegen völlig unproblematisch, da diese Stoffe wasserunlöslich sind und kein toxisches Gefahrstoffpotenzial besitzen.

Eine für das Salzbadnitrocarburieren typische Gefahr ist der Eintrag von Wasser durch feuchte Werkstücke oder feucht gewordene Salze. In diesem Fall kommt es zu einem spontanen Verdampfen mit Verspritzen der Salzschmelze. Bauteile, Gestelle und Hilfsgeräte, die in Salzschmelzen eingetaucht werden, müssen daher grundsätzlich vorgewärmt und absolut trocken sein. Hohlkörper oder Werkstücke mit verschlossenen Hohlräumen dürfen wegen der latenten Gefahr versteckter Feuchtigkeit nicht behandelt werden.

Die spezifischen Gefahren beim Umgang mit Salzschmelzen und Maßnahmen zu ihrer Vermeidung sind in der DGUV Regel 109-007 „Wärmebehandlung von Metallen in Salzbädern", der Deutschen Gesetzliche Unfallversicherung, Berlin, beschrieben (früher bekannt als BGR/GUV-R153).

Spezifische Sicherheitsvorkehrungen für industrielle Thermoprozessanlagen enthält die DIN EN 746 Teil 1-8, Teil 5 befasst sich mit der Sicherheitstechnik von Salzbadanlagen.

6.6.2 Umweltschutz

Betrieblicher Umweltschutz soll verhindern, dass gefährliche Arbeitsstoffe in die Atmosphäre (Luft), Hydrosphäre (Gewässer) oder Lithosphäre (Boden) gelangen.

Für das thermochemische Behandeln von Stahl in Salzschmelzen existiert schon seit Jahren ein integriertes Umweltschutzkonzept [28], siehe Bild 25, das aus vier Elementen besteht:

- Vermeiden von Abfällen durch Regenerieren verbrauchter Salzschmelzen
- Überführen aller Abwässer in feste Rückstände durch Eindampfen
- Minimieren von Energie- und Stoffeinsatz durch prozessintegriertes Recycling
- Gesetzeskonformes, kontrolliertes und schadloses Beseitigen fester Abfallstoffe in Untertagedeponien

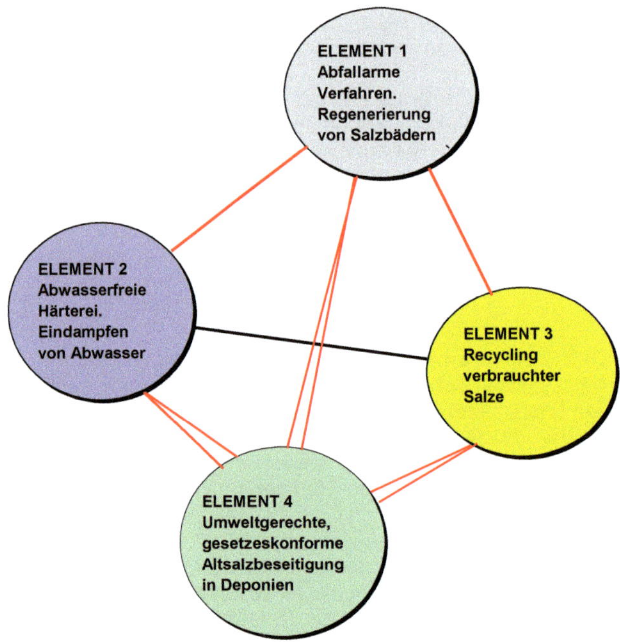

Bild 6-25: Integriertes Umweltkonzept in der Salzbadhärtetechnik

Dem Schutz der Atmosphäre wird vom Gesetzgeber besondere Bedeutung beigemessen, da gasförmige Emissionen schwer fassbar sind und sich – wie das Reaktorunglück von Tschernobyl zeigte – rasch über tausende von Kilometern ausbreiten können. Auch Abwässer sind mobil und unterliegen daher strikten Regelungen. Feste Abfälle sind dagegen wesentlich einfacher zu beherrschen.

Aus der Vielzahl der gesetzlichen Bestimmungen zum Schutz der Umwelt in Deutschland sind nachstehend einige genannt, die für Härtereibetriebe wichtig sind:

Für die Luftreinhaltung ist das Bundesimmissionsschutzgesetz (BImSchG) mit seinen Verordnungen und Verwaltungsvorschriften maßgeblich. Unter diesen ist vor allem die 1. BImSchVwV, besser bekannt als „TA Luft", zu beachten. Auch wenn die Salzbadhärterei kein nach dem BImSchG genehmigungspflichtiger Betrieb ist, greifen örtliche Genehmigungsbehörden, etwa Bauämter oder Umweltämter, auf diese Vorschrift zurück, wenn individuelle Bau- oder Betriebsauflagen erteilt werden.

Den Gewässerschutz regelt das Wasserhaushaltsgesetz (WHG). Die Länder erlassen Verwaltungsvorschriften zu diesem Gesetz. Diese definieren Mindestanforderungen an die zulässigen Schadstoffkonzentrationen beim Einleiten von Abwasser. Die Kommunen können über die Einleitbedingungen ihrer Abwassersysteme diese Bestimmungen weiter verschärfen.

Dem Bodenschutz dient in erster Linie das Kreislaufwirtschafts- und Abfallgesetz (KrW-/AbfG). In diesem Gesetz und seinen zugehörigen Verordnungen wird die Entsorgung von Abfällen und die mögliche Vermeidung und Wiederverwertung geregelt.

Für den Betreiber einer Salzbadnitrocarburieranlage ergeben sich aus diesen gesetzlichen Vorgaben folgende Konsequenzen:

Luftreinhaltung: Die aus den Bädern während des Betriebs ausgasenden Mengen an Kohlendioxid und Kohlenmonoxid sind so gering, dass die Einhaltung der Grenzwerte nach der TA Luft keine Probleme bereitet. Ammoniak entsteht nur durch Nebenreaktion während des Regenerierens, nicht aber aus dem Nitrocarburierprozess selbst. Die Dampfdrücke der Salze sind bei Betriebstemperatur so niedrig, dass keine kritischen Emissionen auftreten. Der Anwender hat somit im Allgemeinen keine Probleme, die gesetzlichen Vorgaben selbst ohne besondere Luftreinhaltungsmaßnahmen einzuhalten.

Wie bereits erwähnt, werden Salzschmelzen wegen des Arbeitsschutzes ständig abgesaugt, um hydroxidhaltige Aerosole, die beim Abschrecken der Bauteile im Wasser auftreten und geringe Mengen Ammoniak, die beim Regenerieren entstehen, vom Personal abzuhalten. Aus den Schmelzen werden durch den Luftstrom der Absaugung auch kleine Mengen an Salzstaub abgezogen. Es ist ein Gebot der Zeit, diesen Abluftstrom durch einen Feststofffilter zu führen oder über einen Rieselwäscher zu leiten, auch wenn gesetzliche Vorgaben dies nicht in jedem Fall vorschreiben.

Abwasser: Salzbehaftete Bauteile müssen gewaschen werden. Wird nach dem Nitrocarburieren in Wasser abgeschreckt, enthält das Waschwasser Cyanat, Carbonat und eine kleine Menge Cyanid. Letzteres kann mit Wasserstoffperoxid oder Chlorbleichlauge entgiftet werden. Werden die Bauteile im oxidierenden Salzbad abgeschreckt, enthält das Spülwasser kein Cyanid, jedoch Hydroxid, Carbonat, Nitrat und Nitrit. Letzteres kann man zu Nitrat aufoxidieren und nach Neutralisation in das Abwassersystem einleiten. Der Betreiber einer Salzbadnitrocarburieranlage muss dafür die Einleitbedingungen der genannten Anionen von der zuständigen Wasserbehörde, meist beim Umweltamt seiner Kommune, in Erfahrung bringen und prüfen, ob er die entsprechenden Grenzwerte einhalten kann [26].

Eine Alternative zum Entgiften bietet die abwasserfreie Verfahrensweise. Dabei wird die schon erwähnte Gegenstrom-Spültechnik (Kaskadenspülung) in der Anlage installiert, um mit einem Minimum an Spülwasser auszukommen. Im ersten Abschrecktank hinter den Salzbädern befindet sich die höchste Salzkonzentration (im Allgemeinen 10 Masse-% bis 20 Masse-%). Diesem Tank wird regelmäßig eine gewisse Wassermenge entnommen und mit der gleichen Menge Wasser aus der Spülkaskade aufgefüllt. Das entnommene Abwasser wird eingedampft. Dafür ist z. B. ein Infrarot-Strahlungsverdunster geeignet. Der feste Rückstand wird als ätzender, oxidierend wirkender Abfall behandelt und durch Einlagerung in einer Untertagedeponie entsorgt. Diesen Entsorgungsweg beschreitet heute eine Vielzahl der Salzbadanwender.

Konzentriert man das Abwasser vor dem Verdunster mit einem Vakuumverdampfer auf, kann das Destillat als Spülwasser verwendet und Energie eingespart werden.

Abfall : Für das Entsorgen der bei der Schmelzenfiltration anfallenden Schlämme, der beim Eindampfen erhaltenen festen Rückstände aus dem Waschwasser und für Abfallsalze, die bei Reinigungs- und Instandsetzungsmaßnahmen anfallen, wird in Deutschland unter anderem die Einlagerung in einer Untertagedeponie, z.B. in Herfa-Neurode empfohlen [29, 30]. Nur trockene, feste und nicht ausgasende Stoffe dürfen deponiert werden. Das Einlagern ist durch das Abfallmanagement des Betreibers, der Kali & Salz AG, vorbildlich geregelt. Aus den angelieferten Stoffen werden Stichproben gezogen und durch Schnellanalysen überprüft. Der Lagerort wird festgehalten und ist jederzeit wieder auffindbar. Gefährliche Abfälle aus der gesamten Industrie werden zum Verfüllen der ehemaligen Kalisalzgruben verwendet. Die vergleichsweise geringe Menge von Abfällen aus der Salzbadhärtetechnik spielt dabei eher eine untergeordnete Rolle.

Beim Entsorgen gefährlicher, überwachungsbedürftiger Abfälle müssen Verwertungs- oder Beseitigungsnachweise geführt werden. Den Transport solcher Abfälle dürfen nur zugelassene Spediteure unter Beachtung der Gefahrguttransportbestimmungen durchführen. Die festen Abfälle müssen nach Kategorien getrennt gesammelt und in zugelassene, bauartgeprüfte Stahltrommeln gefüllt werden. Diese Vorschriften muss der Betreiber beachten und befolgen. Die Salzhersteller bieten für das Abholen und Beseitigen der Härtesalzrückstände einen speziellen Service an. Dem Betreiber der Salzbadanlage wird dadurch ein Teil der Nachweispflichten erspart. Er kann seine Abfälle – trocken, getrennt und ordnungsgemäß verpackt – an die abholende Spedition übergeben, die ihm die Übernahme bescheinigt und alles weitere bis zur Einlagerung erledigt [31].

6.6.3 Ökobilanz des Salzbadnitrocarburierens

Im Jahr 2000 wurde in einer Studie der Universität Bremen eine Ökobilanz des Salzbadnitrocarburierens und des in Konkurrenz stehenden Gasnitrocarburierens aufgestellt [32]. Dabei wurden alle den Prozess umfassenden Energie- und Stoffströme von Grund auf erfasst und auf die Menge an Behandlungsgut bezogen. Anschließend erfolgte eine Bewertung durch Vergabe von „Schadenspunkten" für den Stoff- und Energieeinsatz ebenso wie für Abgase, Abwässer und Abfälle. Für die Bewertung wurden die Kriterien des Bundesamtes für Umwelt / Berlin (UBA) herangezogen. Bild 6-26 zeigt die Ergebnisse dieses Vergleichs. Daraus ist ersichtlich, dass das Salzbadnitrocarburier-Verfahren tendenziell günstiger bewertet wurde als das Gasnitrocarburieren. Daneben wurde in dieser Studie ermittelt, dass das Beheizen mit Erdgas aus ökologischer Sicht weitaus sinnvoller und weniger umweltschädlich ist als ein elektrisches Beheizen.

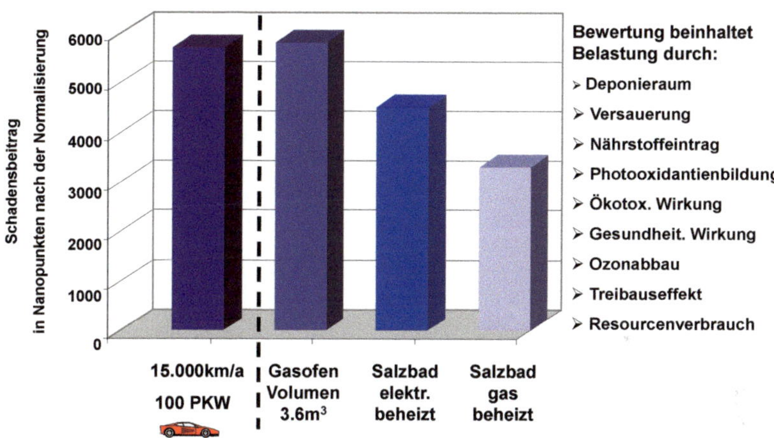

Bild 6-26: Ökobilanz der Nitrocarburier-Verfahren im Gas und in der Salzschmelze (nach [32])

6.7 Vor- und Nachteile des Salzbadnitrocarburierens

Vorteile

- Geeignet für alle Stähle und Gusseisen
- Sehr guter Korrosionsschutz und Verschleißwiderstand
- Sehr robuster, kaum störanfälliger Prozess
- Keine aufwendige Vorreinigung erforderlich
- Homogenes und sehr großes Stickstoffangebot in der gesamten Schmelze
- Schnelle und gleichmäßige Wärme- bzw. Stickstoffübertragung
- Nur wenige Prozessparameter sind zu beachten
- Chargenaufbau und -dichte haben kaum Auswirkungen

- Hohe Reproduzierbarkeit und Gleichmäßigkeit der Behandlungsergebnisse
- Kurze Prozessdauern erlauben geringe Pufferkapazitäten
- Einfach in den Fertigungsablauf integrierbar
- Einfache und automatisierbare Verfahrenstechnik
- Einsatz verschiedener Abkühlmedien von schroff bis mild möglich

Nachteile

- Partielle Behandlungen nur eingeschränkt möglich, da keine Isoliermittel gegen die Stickstoffaufnahme in den Salzschmelzen einsetzbar sind
- Nicht einsetzbar zum reinen Nitrieren ohne Kohlenstoffdiffusion
- Verhältnis Verbindungsschichtdicke zu Diffusionstiefe nicht beliebig variabel
- Hoher Salzaustrag bei stark schöpfenden Teilen
- Erhöhter Nachreinigungsaufwand bei tiefen Sacklochbohrungen

6.8 Literatur

[1] Kinzel, A.B., Egan J.J., Nitriding in Molten Cyanides, Trans. Amer. Soc. Steel Treatm. 16 (1929) S.175-182

[2] Finnern, B., Bad- und Gasnitrieren / Betriebsbücher Nr. 18, Carl Hanser Verlag, München 1965

[3] Krzyminski, H., Einfluss der Aushärtung durch Stickstoff in der Diffusionszone nitrierter, unlegierter Stähle auf Festigkeit, plastische Verformbarkeit und das Verhalten bei umlaufender Biegung, Dissertation TU Berlin, 1967

[4] Finnern, B., Kunst, H., Über ein neues, umweltfreundliches Salzbadnitrocarburierverfahren, Härterei-Techn. Mitt. 30 (1975) 1, S. 26 - 31

[5] Müller J., Das Nitrieren von Eisenlegierungen und seine Auswirkung auf den Verschleißwiderstand, Härterei-Techn. Mitt. 9 (1954) 3, S. 25 - 44

[6] Krzyminski, H., Entwicklung und praktische Anwendung des Tenifer-Verfahrens, Z. für wirtschaftliche Fertigung 70 (1975) S. 659 - 644

[7] Beyer, H.-H., Biberbach, P., Scondo, Chr. (Degussa AG, Frankfurt/M.) Verfahren zum Nitrieren von Eisen und Stahl in Salzbädern, DE 2 441 310 (1974), Verfahren zum Regenerieren von Nitrier- und Kohlungsbädern, DE 2 409 285 (1974), Verfahren zum Regenerieren von Nitrier- und Kohlungsbädern, DE 2 310 815 (1973)

[8] Kunst, H., Eigenschaften von Proben und Bauteilen nach Badnitrieren und Abkühlen in einem Salzbad, Härterei-Techn. Mitt. 33 (1978) 1, S. 21 - 26

[9] Wahl, G., Component Properties after Salt-Bath Nitrocarburising by the Tufftride Process, Heat Treatment of Metals, 3 (1995) S. 65 - 73

[10] Müller, J., Beyer, H.-H., Baudis, U., Océ-van-der-Grinten-Preis zur Förderung der Wissenschaften für die "Entwicklung abfallfreier Salzbadverfahren zum Nitrieren und Aufkohlen von Stahl", Bonn - Mühlheim/R., 11. Juni 1985

[11] Gaucher, A., Guilhot, G., Centre Stéphanois de Recherches Mécaniques, Hydromécanique et Frottement, DT 2 521 903 (1975)

[12] N.N., Traitement Thermique 120 (1977), S. 29 ff

[13] Guilhot, G. et al., Entropie 13 (1977) S. 34 ff

[14] Erfinder nicht benannt, Centre Stéphanois de Recherches Mécaniques, Hydromécanique et Frottement, Patentanmeldung, FR 72.05498 (18.02.1972)

[15] Sundermeyer, W., Salzschmelzen und ihre Verwendung als Reaktionsmedien, Z. Angew. Chemie 77 (1965) S. 241 - 258

[16] Janz, J., Physical Properties and Structure of Molten Salts, Journal of Chemical Education 39 (1962) S. 59 - 67

[17] Düsing, G., Chapter "Cyanates, Inorganic", S. 157 - 158, Ullmanns Encycl. Techn. Chemistry, 4th Ed. Vol. A 8

[18] Baudis, U., Prietzel, K.-O., Frank H., Untersuchungen zum Verständnis der chemischen Reaktionen beim Nitrocarburieren in Salzschmelzen, Härterei-Techn. Mitt. 58 (2003) 5, S. 251 - 256

[19] Schläpfer, H.W., Drei Salzbad(sulfo)nitrocarburierverfahren im Vergleich, Härterei-Techn. Mitt. 39 (1984) 6, S. 266 - 272

[20] Mainka, M., Boßlet, J., New Developments in Salt Bath Nitrocarburizing, Berichtsband 9. IFHTSE Konferenz, Warschau 2003, S. 269 - 275

[21] Grellet, B., Neue ferritische bzw. austenitische Nitrier- und Nitrocarburierverfahren, Berichtsband ATTT-AWT-SVW-VWT-Tagung 'Nitrieren', Aachen 2002, S. 187 - 195

[22] Alwart, Sh., Baudis, U., Tech. Spotlight / Low-Temperature Nitrocarburizing, Advanced Materials and Processes, Sept. Issue 1998

[23] Boßlet, J., Kreutz, M., Neuentwicklungen beim Salzbadnitrocarburieren, Durferrit - Technische Mitteilungen, Mannheim 1999

[24] Boßlet, J., Wahl, G., Vielseitigkeit und Vorzüge der Nitrocarburierung im Salzbad, Stahl (1992) 2, S. 89 - 92

[25] Boßlet, J., TENIFER / QPQ - Verfahren, Durferrit - Technische Mitteilungen, Mannheim 2015

[26] Stiefel, R., Anforderungen für Direkt- und Indirekteinleiter bei der Wärmebehandlung metallischer Werkstücke, Berichtsband AWT-Tagung 'Umweltschutz im Wärmebehandlungsbetrieb', Darmstadt 1993, S. 245 - 262

[27] Engelmann, R., Salzbadtechnik - Eine Herausforderung für das nächste Jahrtausend, Härterei-Techn. Mitt. 54 (1999) 4, S. 224 - 228

[28] Baudis, U., Wigger, S., Gock, E., Recycling von Härtesalzen, Härterei-Techn. Mitt. 52 (1997) 6, S. 388 - 395

[29] Bosse, K., Abfallrechtliche Regelungen für den Bereich der Wärmebehandlung, Härterei-Techn. Mitt. 48 (1993) 6, S. 363 - 366

[30] Kali & Salz AG, Kassel, Dienstleistungsbetrieb für den Umweltschutz, Informationsbroschüre der Untertage Deponie (UTD) Herfa-Neurode, 36266 Heringen / Werra

[31] Durferrit GmbH, Mannheim
Richtlinien für die Beseitigung von festen Härtesalzrückständen
Durferrit-Technische Mitteilungen, Mannheim 2013

[32] Buchgeister, J., Fritzsche, A., Horvath G., Wittkowsky, A., Ökobilanz von Nitrocarburierverfahren, Härterei-Techn. Mitt. 56 (2001) 1, S. 30 - 35

[33] Müller, J., Process for Nitriding Metals, US-Pat. 3 022 204 (1962)

[34] Gregory J., Sursulf, ein Verfahren zur Verbesserung der Beständigkeit von Eisenwerkstoffen gegen Abnutzung, Verschleiß, Abrieb und Ermüdung in einem nicht toxischen Salzbad,
Heat Treatment of Metals 2 (1975) Nr. 2, S. 55 - 64

[35] Kunst, H., Scondo, Chr. (Degussa AG, Frankfurt/M.),
Salzbad zur Abschreckung badnitrierter Bauteile, DE 2 514 398 (1975)

[36] Kunst, H., Scondo, Chr. (Degussa AG, Frankfurt/M.),
Verfahren zur Erhöhung der Korrosionsbeständigkeit nitrierter Bauteile aus Eisenwerkstoffen, DE 2 394 113 (1979)

7 Sonderverfahren zum Nitrieren/Nitrocarburieren

Dieter Liedtke

7.1 Pulvernitrocarburieren

Als Gegenstück zu Salzschmelzen und Gasgemischen zum Nitrocarburieren wurde 1970 ein pulverförmiges Mittel entwickelt, das den zu behandelnden Werkstücken Stickstoff und Kohlenstoff anbietet [1, 2].

Das körnige Pulver ist ein Gemisch aus Calciumcyanamid (Kalkstickstoff) und einem Aktivator, der den Zerfall des Cyanamids beschleunigt. Bewährt hat sich als Aktivator Wasser abgebende Tonerde. Im für das Nitrocarburieren üblichen Temperaturbereich finden dabei folgende Reaktionen statt:

$$CaCN_2 + 3\,H_2O \rightarrow CaO + CO_2 + NH_3$$

$$2 \cdot NH_3 \rightarrow 2\,N + 3 \cdot H_2$$

$$CO_2 + H_2 \rightarrow CO + H_2O$$

$$2\,CO \rightarrow C + CO_2$$

Aus dem Calciumcyanamid entsteht durch thermische Spaltung und unter der Einwirkung von Wasser neben Calciumoxid Kohlenstoffdioxid und Ammoniak. Ammoniak zerfällt in diffusionsfähigen atomaren Stickstoff und Wasserstoff. Kohlenstoffdioxid reagiert nach der Wassergasreaktion mit dem Wasserstoff unter Bildung von Kohlenstoffmonoxid. Wasser und Kohlenstoffmonoxid liefern nach der Boudouard-Reaktion diffusionsfähigen Kohlenstoff und Kohlenstoffdioxid.

Die zu behandelnden Werkstücke werden in Kästen aus hitzebeständigem Stahl in das Pulver gepackt und der Aktivator hinzugefügt. Die Kästen werden dann in Kammeröfen, ähnlich wie beim Pulveraufkohlen, auf die zum Nitrocarburieren üblichen Temperaturen erwärmt und mit der zum Erreichen der erforderlichen Verbindungsschichtdicke und/oder Nitriertiefe/Nitrierhärtetiefe notwendigen Dauer – die sich prinzipiell nicht von derjenigen bei Verwendung von Salzschmelzen oder Gasen unterscheidet – gehalten.

Es ist zweckmäßig, Öfen zu benutzen, die mit einer Luftumwälzung versehen sind sowie einer Beheizung mit einer Temperaturregelung, die möglichst geringe Abweichungen von der vorgegebenen Behandlungstemperatur im gesamten Ofennutzraum gewährleistet.

Für die Kästen wird empfohlen, hitzebeständige Stähle oder leicht passivierbare austenitische Stähle zu verwenden und sie mit einem gut schließenden Deckel zu versehen. Für Klein- und Massenteile haben sich runde Kästen bewährt, da sie ein rasches und relativ gleichmäßiges Erwärmen des Behandlungsgutes ermöglichen.

Der Vorteil dieser Verfahrenstechnik liegt in der Möglichkeit, relativ einfache Öfen zu benutzen und auch größere Werkzeuge, z. B. Matrizen zum Blechumformen, zu behandeln. Die Handhabung ist relativ einfach und die Umweltbelastung relativ gering. Nachteilig ist, dass das Pulver nur einmal verwendbar ist, was einen entsprechenden Abfall ergibt und dass ein rasches Abkühlen/Abschrecken der Teile aus dem Kasten heraus nicht möglich ist.

Das Pulvernitrocarburieren wird industriell gegenwärtig nur vereinzelt angewendet.

7.2 Nitrieren in wässriger Ammoniaklösung

Hierzu kann eine wässrige Ammoniaklösung benutzt werden, in die ein zu behandelndes Werkstück eingehängt und induktiv erwärmt wird. Zweckmäßig hat sich eine 13 %-ige Ammoniaklösung erwiesen [3, 4]. Die Induktionserwärmung kann mit Hochfrequenz oder Mittelfrequenz erfolgen. Das Nitrieren kann leicht auch oberhalb der sonst üblichen Temperaturen vorgenommen werden, wodurch sich die erforderliche Dauer deutlich verkürzen lässt. Allerdings muss beachtet werden, dass je nach Werkstoff bei Temperaturen über 590 °C unterhalb der Verbindungsschicht Austenit entsteht, vgl. Kapitel 1.

Der Vorteil dieser Methode ist darin zu sehen, dass das Nitrieren örtlich begrenzt vorgenommen und die Behandlung in den Takt von Fertigungsstraßen eingegliedert werden kann. Die Ergebnisse sind entsprechend dem „single piece flow"-Prinzip besonders gut reproduzierbar.

Nachteilig ist, dass der energetische Aufwand für Massenteile höher als für eine Behandlung der Werkstücke als Schüttgut ist und für jede Werkstückform zur optimalen Ankopplung ein optimal angepasster Induktor hergestellt werden muss.

Eine industrielle Anwendung ist gegenwärtig nicht bekannt.

7.3 Nitrieren und Nitrocarburieren in Wirbelbettanlagen

Das Behandeln in Wirbelbettanlagen ist im Prinzip eine Verfahrensvariante des Gasnitrierens/-nitrocarburierens. Als Stickstoff- und Kohlenstoffspender wird wie beim Gasnitrieren Ammoniak verwendet, zum Nitrocarburieren wird ein Kohlenstoffspender, z. B. Erdgas zugefügt. Diese Gase werden zusätzlich zum fluidisierenden Gas in die beheizte Retorte der Wirbelbettanlage eingeleitet.

Der Vorteil dieser Verfahrenstechnik ist eine günstigere Wärmeübertragung gegenüber Retortenschacht- oder -kammeröfen. Nachteilig wirkt ein relativ hoher Gasverbrauch, der den Wirbelbettanlagen systemimmanente Austrag des staubförmigen Fluids und eine örtliche Schattenwirkung der Eindiffusion von Stickstoff und Kohlenstoff bei Schüttgut sowie den im Schatten des durchströmenden Gases liegenden Werkstückbereichen [5].

Die Verfahrenstechnik hat in Deutschland industriell gegenwärtig keine Bedeutung.

7.4 Literatur

[1] Birk, P. — Die Pulvernitrierung in Theorie und Praxis
Microtechnic 24 (1970) 5, S. 185 - 189

[2] DPS 177 18 27 — Verfahren zum Nitrieren von Eisenlegierungen
Patentschrift 1973

[3] Palme, R./Track, W. — Nitrieren durch induktive Erhitzung in wäßriger Ammoniaklösung
HTM Härterei-Techn. Mitt. 16 (1961) 1, S. 20 - 27

[4] Seifert, W./Thieme, H./ Böhme, M. — Neue Erkenntnisse des Aufkohlens, Carbonitrierens und des Nitrierens metallischer Oberflächen durch induktive Erwärmung in flüssigen Medien
Z. Technik 23 (1968) S. 381 - 387

[5] Sommer, P./Truhla, K. — Wärmebehandlung von Stählen im Wirbelbett
HTM Härterei-Techn. Mitt. 37 (1982) 2, S. 58 - 63

[6] Chatterjee-Fischer, R. und 8 Mitautoren — Wärmebehandlung von Eisenwerkstoffen – Nitrieren und Nitrocarburieren
expert-verlag, Renningen, 2. Auflage 1995, S. 279 - 286

8 Nachbehandlung

Dieter Liedtke

8.1 Einleitung

Werkstücke, die im Gas nitriert oder nitrocarburiert und anschließend im Inertgas abgekühlt oder im Wasser abgeschreckt wurden, benötigen im Prinzip kein Reinigen. Trotzdem kann es, je nachdem welches Nitrier-/Nitrocarburier-Verfahren durchgeführt wurde, notwendig sein nachzubehandeln, um die nitrierten/nitrocarburierten Bauteile und Werkzeuge zu reinigen, wärmezubehandeln oder spanend zu bearbeiten. Dazu gibt es unterschiedliche Möglichkeiten [1 bis 7].

Waschen ist nach dem Salzbadnitrocarburieren notwendig, um die aus der Salzschmelze mitgeschleppten Salzreste oder die nach einem Nitrocarburieren mit Abschrecken in Öl anhaftenden Ölreste von den Werkstücken zu entfernen.

Die Erwartung, dass sich nach dem Nitrieren oder Nitrocarburieren die Werkstücke in einem einbaufertigen Zustand befinden, trifft nicht in jedem Anwendungsfall zu. Hierfür gibt es verschiedene Gründe. Im Ausgangszustand vorhandene Eigenspannungen, die beim Aufsticken ausgelöst werden oder eine ungünstige Formgestaltung der Werkstücke können zu nicht akzeptablen Maß- und Formänderungen führen.

Auch die Oberflächenfeingestalt kann sich so stark verändert haben, dass ein Nachbearbeiten nicht zu umgehen ist. Hierbei ist aber zu beachten, dass nur Feinstbearbeitungen in Frage kommen, wenn die Verbindungsschicht mehr oder weniger erhalten bleiben muss.

8.2 Reinigen

Das Reinigen der mit Salz-, Öl- oder Emulsionsrückständen behafteten Werkstücke erfolgt zweckmäßigerweise durch Waschen in wässrigen neutralen, alkalischen oder sauren Mitteln mit geeigneten Zusätzen.

Die Salzreste vom Nitrocarburieren sind zwar relativ leicht wasserlöslich, jedoch je nach Werkstückgeometrie nicht unbedingt leicht abzuwaschen. Um eine ausreichende Reinigungswirkung zu erreichen, ist es zweckmäßig Einrichtungen zu verwenden, die in einer Arbeitskammer ein Spritzen, Quellfluten, Auskochen, Bürsten sowie ein Bewegen oder Schwenken der Werkstücke ermöglicht und damit den Waschvorgang mechanisch unterstützt. Auch der zusätzliche Einsatz von Ultraschall erweist sich in vielen Fällen als nützlich.

Die in der Waschflotte zurückbleibenden Salz- und Ölreste müssen nach den Maßgaben des Umweltschutzes entsorgt werden, hierzu siehe Kapitel 6 [8]. Entsprechendes gilt auch für die benutzten Abschreckmittel, in die beim Salzbadnitrocarburieren Salzreste eingeschleppt werden. Gewaschene Werkstücke sind anschließend zu trocknen.

Werkstücke, die in Öl oder an Luft abgekühlt werden, verfärben sich, siehe Bild 8-1. Dabei handelt es sich um wenige Nanometer dicke Oxidschichten, die sich durch das Waschen nicht beseitigen lassen, andererseits aber die Gebrauchseigenschaften auch nicht beeinträchtigen. Sind derartige Veränderungen der Werkstückoberfläche aus dekorativen Gründen unerwünscht, muss in Inertgas, z. B. Stickstoff, oder in einer Unterdruckkammer abgekühlt oder nachträglich läppgestrahlt oder gebürstet werden.

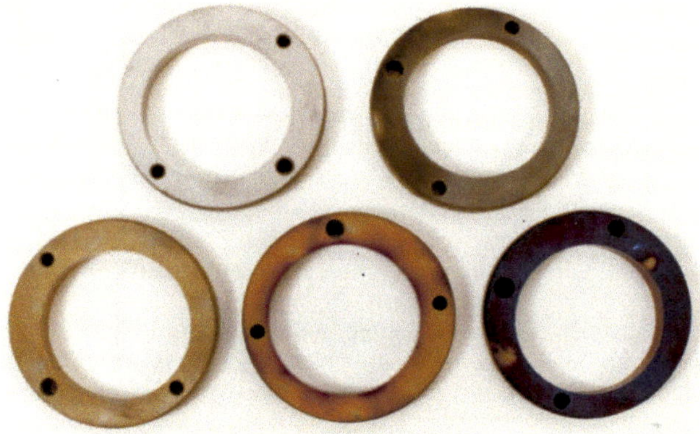

Bild 8-1: Beim Abkühlen nach dem Gasnitrocarburieren durch Oxidation verfärbte Teile

Ein Reinigen nitrierter oder nitrocarbrierter Teile ist auch dann erforderlich, um zum Isolieren aufgebrachten Schichten von Schutzmitteln zu entfernen. Dies kann entweder durch Waschen geschehen oder bei galvanisch aufgebrachten Schichten durch galvanisches oder mechanisches Abtragen vorgenommen werden. Beizen ist meist mit einer möglichen Beschädigung bzw. einem möglichen Abtrag der Verbindungsschicht verbunden und daher möglichst zu unterlassen.

8.3 Auslagern

Die Zähigkeit von nitrocarburierten Werkstücken aus unlegierten Stählen kann durch ein Auslagern erhöht werden. Dies setzt allerdings voraus, dass nach dem Nitrocarburieren rasch, d. h. z. B. in Wasser, abgeschreckt wird. Zum Auslagern sind Temperaturen von 120 °C bis 300 °C mit einer Haltedauer von höchstens einer Stunde erforderlich. Das Auslagern bewirkt ein Ausscheiden des durch das Abschrecken interstitiell im Ferrit gelösten Stickstoffs in Form von relativ groben und lichtmikroskopisch sichtbaren γ'-Nitriden, vgl. Kapitel 1.4.5.
Zu beachten ist, dass infolge der Nitridausscheidungen bei den unlegierten Eisenwerkstoffen die Randhärte und auch die Dauerschwingfestigkeit verringert werden.

8.4 Nachoxidieren

Obwohl die Verbindungsschicht auch dadurch gekennzeichnet ist, dass sie den Korrosionswiderstand erhöht, vgl. Kapitel 2.7, kann dieser durch ein nachträgliches Oxidieren noch weiter verbessert werden. Dazu hat sich ein Behandeln der nitrierten oder nitrocarburierten Werkstücke in Wasserdampf, Luft oder oxidativen Salzschmelzen, vgl. Kapitel 6, bei Temperaturen zwischen 350 °C und 550 °C bewährt. Dieses Oxidieren kann je nach Ofenanlage auch mit dem Abkühlen kombiniert werden. Dabei sollte die Oxidschicht nicht dicker als 0,5 µm sein. Bild 8-2 zeigt ein Beispiel dafür. Gleichzeitig werden auch die Poren der Verbindungsschicht mit Oxid gefüllt, Die Werkstückoberfläche erhält ein schwarzes, dekoratives Aussehen. Es ist nicht zu empfehlen, dickere Oxidschichten zu erzeugen, da diese relativ leicht abgerieben werden und die entstehenden Partikel die Funktionseigenschaften beeinträchtigen können.

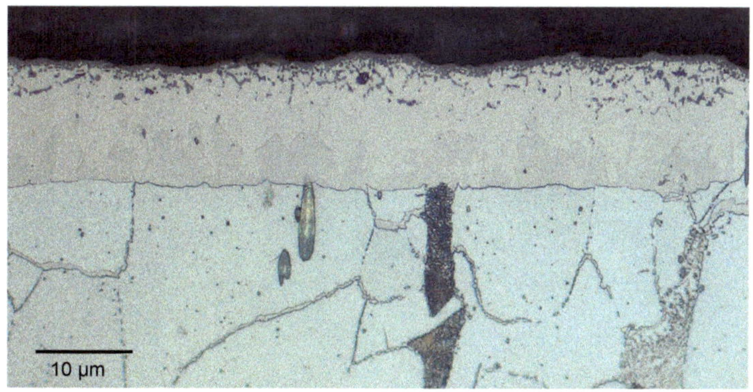

Bild 8-2: Verbindungsschicht mit Oxidschicht

Wird nach dem Oxidieren z. B. durch Scheuern („Gleitschleifen") oder Superfinishen nachbearbeitet, um die Oberflächenrauheit zu verringern, ist es zweckmäßig, erneut zu Oxidieren, um eine ausreichende Oxidschichtdicke zu erhalten. Ein zusätzliches Versiegeln der Werkstückoberfläche mit einem Schutzwachs, kann den Korrosionswiderstand weiter verstärken.

8.5 Diffusionsbehandeln

Werkstücke aus hochlegierten Werkstoffen weisen nach dem Nitrieren/Nitrocarburieren eine relativ hohe Oberflächen- und Randhärte auf. Je nach Art der Beanspruchung kann dies zu Ausbrüchen von Materialpartikeln aus der Randschicht führen. Es kann daher zweckmäßig sein, durch ein Diffusionsbehandeln das Stickstoff- und damit auch das Härteprofil so zu verändern, dass die Randhärte erniedrigt wird. Damit sinkt das Risiko von Defekten und die Zähigkeit wird erhöht. Die erforderliche Behandlungstemperatur sollte mindestens so hoch sein wie die Nitrier-/Nitrocarburiertemperatur oder etwas höher. Die erforderliche Haltedauer richtet sich nach dem angestrebten Härteprofil. Es ist jedoch nicht auszuschließen, dass sich durch das Diffusionsbehandeln je nach Temperatur und Haltedauer der Aufbau der Verbindungsschicht so verändert, dass ihr Verschleißverhalten beeinträchtigt wird. Bild 8-3 zeigt ein typisches Beispiel für den Einfluss eines Diffusionsbehandelns auf das Härteprofil und die Randhärte beim Stahl X40CrMoV5-1.

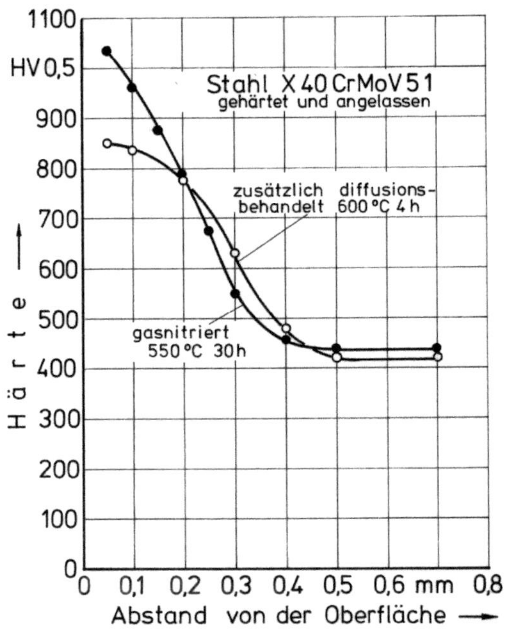

Bild 8-3: Einfluss eines Diffusionsbehandelns nach dem Nitrieren auf das Härteprofil

8.6 Spanendes Bearbeiten

Dieses kann erforderlich sein, um die für den Einbauzustand erforderliche Oberflächenfeingestalt zu erreichen, um Kantenaufwölbungen oder andere Formabweichungen zu beseitigen oder um gezielt einen Teil der Verbindungsschicht, z. B. den porösen Bereich, oder die ganze VS abzutragen. Hiernach richtet sich die Wahl des Bearbeitungsverfahrens.

Soll die VS möglichst weitgehend erhalten bleiben, kommt Honen, Superfinishen, Gleitschleifen oder Polieren in Frage. Schleifen ist nur zulässig, wenn die VS abgetragen werden darf oder muss. Müssen z. B. Werkstücke mit großer Abmessung geschliffen werden, weil sonst die geforderten Einbaumaße nicht eingehalten werden können, sollten entsprechend legierte Stähle verwendet werden, die nach dem Schleifen mit ihrer Diffusionsschicht noch eine ausreichende Randschichthärte aufweisen.

Durch Strahlen mit Glas- oder Quarzperlen kann ebenfalls ein Abtrag in der Größenordnung von 1 µm bis 2 µm vorgenommen werden. Ein Bürsten ergibt dagegen nur einen Reinigungseffekt.

8.7 Richten oder Kalibrieren

Achsen oder Wellen, die sich im Zusammenhang mit dem Nitrieren oder Nitrocarburieren verzogen haben, lassen sich, soweit sie aus unlegierten Stählen bestehen, in begrenztem Maße durch ein Biegen gerade richten. Auch ein vorsichtiges Glattwalzen zum Kalibrieren oder ein geringes Bördeln lässt sich bei solchen Werkstoffen durchführen. Von Vorteil ist in solchen Fällen nach dem Nitrieren/Nitrocarburieren rasch abzukühlen/abzuschrecken und ein Auslagern vorzunehmen, vgl. Kapitel 8.3. Bei legierten Werkstoffen besteht wegen der deutlich höheren Härte der Verbindungs- und Diffusionsschicht dagegen die Gefahr, dass Anrisse entstehen, wie in Bild 8-4 zu sehen ist.

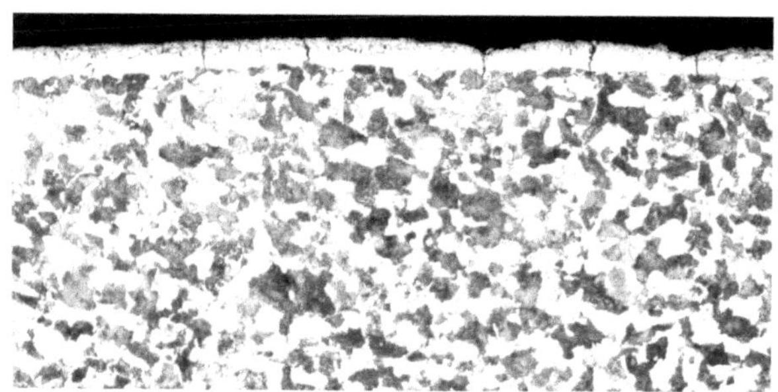

Bild 8-4: Randschicht des Stahls Ck45 nach Nitrocarburieren und Glattwalzens [9]

8.8 Korrosionsschutz

Die Verbindungsschicht verleiht den nitrierten und nitrocarburierten Werkstücken einen ausreichenden Schutz gegen Korrosion durch das übliche Industrieklima. Jedoch ist es notwendig, Werkstücke, die örtlich begrenzt nitriert oder nitrocarburiert und zu diesem Zweck mit einem Isoliermittel oder einer galvanisch aufgebrachten Schicht bedeckt werden, nach dem Entfernen der Isolierschicht, mit einem temporärem Korrosionsmittel gegen ein Rosten in den nicht aufgestickten Oberflächenbereichen zu schützen.

8.9 Literatur

[1] Bauckhage, K./ Haase, B./ Schreiner, A. — Aspekte der Reinigung von Bauteiloberflächen in der Werkstofftechnik
HTM Härterei-Techn. Mitt. 43 (1988) 3, S. 143 - 147

[2] Liedtke, D. — Über das Reinigen von Bauteilen und Werkzeugen vor und nach dem Wärmebehandeln
HTM Härterei-Techn. Mitt. 43 (1988) 2, S. 137 - 142

[3] Haase, B./ Bauckhage, K./ Schreiner, A. — Gibt es eine Patentlösung für die betriebliche Reinigung von Metalloberflächen
HTM Härterei-Techn. Mitt. 47 (1992) 2, S. 67 - 73

[4] Haase, B. — Reinigen von metallischen Oberflächen für die Wärmebehandlung
AWT-Tagung „Nitrieren und Nitrocarburieren" 1991, Tagungsband, S. 213 - 227

[5] Schreiner, A. — Eine neue Methode zur Reinigung von Kleinstteilen vor und nach der Wärmebehandlung
HTM Härterei-Techn. Mitt. 48 (1993) 2, S. 107 - 112

[6] Haase, B./ Luhede, J./ Irretier, O./ Bauckhage, K. — Rückstandsfreie Bauteilreinigung für die Wärmebehandlung, Teil 1: Reinigungsmittel, Verfahren, Anlagen
HTM Härterei-Techn. Mitt. 50 (1995) 2, S. 69 - 77

[7] Irretier, O./ Dong, J./ Haase, B./ Klümper-Westkamp, H./ Bauckhage, K. — Rückstandsfreie Bauteilreinigung für die Wärmebehandlung, Teil 2
HTM Härterei-Techn. Mitt. 50 (1995) 6, S. 344 - 351

[8] Altena, H./ Neubauer, W. — Umweltschonendes Reinigen in der Wärmebehandlung
HTM Härterei-Techn. Mitt. 52 (1997) 3, S. 156 - 162

[9] Hoffmann, F. — Mikrostruktur und Schwingfestigkeit von Ck45 nach kombinierter mechanischer und thermochemischer Randschichtverfestigung
Dissertation Universität Bremen 1986
VDI Fortschritt-Berichte, Reihe 5, Nr. 123

9 Hinweise zur Werkstoff- und Verfahrensauswahl

9.1 Hinweise zur Auswahl und Erzeugung beanspruchungsgerechter Nitrierschichten

Heinz-Joachim Spies

Aus dem Aufbau von Nitrierschichten resultiert ein extrem breites Eigenschaftsspektrum. Die bauteilspezifische Ausschöpfung dieses hohen Eigenschaftspotenzials erfordert ein kontrolliertes Nitrieren, d. h. die Erzeugung von Nitrierschichten mit einem definierten, beanspruchungsgerechten Schichtaufbau. Voraussetzungen dafür sind:

- Kenntnisse über den optimalen Schichtaufbau für eine gegebene Bauteilbeanspruchung, die Vorgaben für den Aufbau beanspruchungsgerechter Randschichten ermöglichen
- Kenntnisse über das Verhalten von Bauteilen beim Nitrieren in Abhängigkeit vom Werkstoff und den Nitrierbedingungen als Grundlage der Werkstoffauswahl und der Vorgabe technologischer Parameter für den Nitrierprozess
- die Überwachung und Regelung des Nitrierprozesses

Das Ergebnis einer Nitrierbehandlung ist von zahlreichen Einflussgrößen abhängig. Eine Vorstellung davon vermittelt Bild 9-1. Das Nitrierverhalten von Bauteilen wird danach vor allem durch die Wechselwirkung zwischen dem Bauteil und dem stickstoffabgebenden Wirkmedium sowie der Operationsenergie bestimmt, beim Gasnitrieren z. B. durch die Zusammensetzung des Reaktionsgases und die Temperatur beim Anwärmen, Halten und Abkühlen.

Bild 9-1: Einflussgrößen auf das Nitrierergebnis – Nitrierverhalten von Bauteilen

Neben der Nitrierbarkeit des Grundwerkstoffes beeinflussen der aus der Bauteilfertigung resultierende Aufbau der Randschicht, die Oberflächenrauheit, mögliche Reaktions- und Adsorptionsschichten, Eigenspannungen und andere schwer kontrollierbare Größen das Nitrierergebnis wesentlich [1]. Bei der Auswahl der Nitrierbedingungen und des Werkstoffes ist es deshalb erforderlich, sowohl die werkstoffspezifische Nitrierbarkeit als auch fertigungsspezifische Einflüsse möglichst vollständig zu berücksichtigen.

Aus den im Kapitel 2 erläuterten Zusammenhängen zwischen dem Aufbau und den Eigenschaften von Nitrierschichten ergeben sich die in Tabelle 9-1 zusammengefassten Hinweise für die Auswahl beanspruchungsgerechter Nitrierschichten. Für den konkreten Anwendungsfall sind sie auf der Grundlage einer Systemanalyse zu präzisieren. Das gilt sowohl für die Auswahl des Phasenaufbaus, der chemischen Zusammensetzung und der Dicke der Verbindungsschicht als auch für die stark durch den Grundwerkstoff und die Nitriertemperatur beeinflusste Härte- und Eigenspannungsverteilung in der Diffusionsschicht.

Tabelle 9-1: Hinweise zur Auswahl beanspruchungsgerechter Nitrierschichten

Beanspruchung	**Verbindungsschicht**		**Diffusionsschicht**
	Typ	Dicke (µm)	
Abrasion	$\varepsilon(\gamma')$-ox, $\varepsilon(\gamma')$, γ' ohne Verbindungsschicht	> 10	untergeordnet, hohe Randhärte
Adhäsion	$\varepsilon(\gamma')$, γ'	> 10	untergeordnet
Korrosion	$\varepsilon(\gamma')$-ox, $\varepsilon(\gamma')$	15 - 20	untergeordnet
Metallangriff	$\varepsilon(\gamma')$-ox	> 10	untergeordnet
Kontaktermüdung	$\varepsilon(\gamma')$, γ', ohne Verbindungsschicht	0 ... < 10	hohe Randhärte >600 HV 0,1 Tiefe der Randhärte >0,15 mm Nitrierhärtetiefe >0,35 mm hohe Zähigkeit [1]) hohe Druckeigenspannungen
Volumenermüdung	untergeordnet		hohe - Randhärte - Härtesteigerung - Nitrierhärtetiefe - Kernhärte - Druckeigenspannungen - Zähigkeit
thermische Ermüdung	untergeordnet		hohe - Randhärte >1000 HV 0,1 - Randhärtetiefe

[1]) hohe Zähigkeit→ Verbindungsschicht: ohne VS; γ'; ε ↓ ,H(VS) < 10 µm
Diffusionsschicht: vergüteter Ausgangszustand; entkohlt (Fe_3C) ↓

Die erforderliche Abstützung der Verbindungsschicht ist abhängig von der Flächenpressung. Bei niedriger Flächenpressung ist es möglich, als Grundwerkstoff unlegierte

Stähle bzw. Gusswerkstoffe einzusetzen. Mit zunehmender Flächenpressung steigen die Anforderungen an die Randhärte, die Härtesteigerung und die Härtetiefe. Das erfordert den Einsatz vorrangig mit Chrom und Aluminium legierter Eisenwerkstoffe. Der für einen hohen Widerstand gegen Kontaktermüdung, Volumenermüdung und thermische Ermüdung erforderliche Aufbau der Diffusionsschicht (hohe Druckeigenspannungen, hohe Randhärte und hohe Härtesteigerung) wird ebenfalls nur durch den Einsatz legierter Stähle erreicht.

Ausgewählte Beispiele für die Verbesserung des Gebrauchsverhaltens von Bauteilen durch das Nitrieren sind in Tabelle 9-2 zusammengestellt. Sie unterstreichen den sich aus Bild 2.1-1 ergebenden Hinweis auf die Anwendungsvielfalt des Nitrierens. Da die mögliche Verbesserung des Gebrauchsverhaltens auch bei vergleichbaren Teilen stark von dem spezifischen Beanspruchungsprofil abhängig ist, wird in Tabelle 9-2 die Wirkung der Nitrierung auf das Gebrauchsverhalten nur qualitativ angegeben.

Tabelle 9-2: Beispiele für die Verbesserung des Gebrauchsverhaltens von Bauteilen durch Nitrieren

Bauteil	**Werkstoff**	**Schichtaufbau Verbindungsschicht**		**Nitrierhärtetiefe**	**Verschleißwiderstand**[1]	**Schwing-festigkeit**[1]	**Temperaturwechselbeständigkeit**[1]	**Kor-rosions-beständigkeit**[1]
		Typ	**Dicke µm**	**[mm]**				
Kurbelwelle	C45, 42CrMo4, 31CrMoV9	$\varepsilon(\gamma')$	≈ 20	0,2 … 0,6	+ +	+ +		
Nockenwelle	GGL, Randschicht um-geschmolzen [2])	$\varepsilon(\gamma')$-ox.	≈ 20	untergeordnet[2]	+ +			
Getriebeteile	16MnCr5, 42CrMo4	γ'; ε	≦10	0,3 … 0,8	+ +	+ +		
Kolbenstange	S355	$\varepsilon(\gamma')$-ox.	≈ 20	untergeordnet	+			+ +
Keilnabe	C35	$\varepsilon(\gamma')$-ox.	≈ 20	untergeordnet	+ +			+ +
Reibahle	S 6-5-2	ohne VS		≦0,03	+ +			
Spiralbohrer	S 6-5-2	ohne VS		≦0,03	+ +		+	
Gesenk-einsatz	X38CrMoV5-1	$\varepsilon(\gamma')$	≦ 20	≦0,35	+		+ +	
Gewinde-walzwerkzeug	X155CrVMo12-1	ohne VS		≦0,1	+ +			
Druckguss-form	X38CrMoV5-1	$\varepsilon(\gamma')$-ox.	≧10	≈ 0,3	+ +		+ +	

[1] + Verbesserung gegenüber dem Grundwerkstoff,
[2] Stützwirkung übernimmt umgeschmolzene Randschicht

Hinweise für die Auswahl beanspruchungsgerechter Grundwerkstoffe ergeben sich bei Erfüllung der Anforderungen an die Volumeneigenschaften aus der Nitrierbarkeit, vor allem aus den Anforderungen an die Härtesteigerung. Sie kann aus dem bekannten Zusammenhang zwischen der chemischen Zusammensetzung und der Härtesteigerung unter Berücksichtigung der Nitrierbedingungen abgeschätzt werden. Der Wärmebehandlungszustand vor dem Nitrieren ist, ausgehend von den Anforderungen an die Volumeneigenschaften und die Schichtzähigkeit, auszuwählen. Hinweise zur Auswahl der Nitrierbedingungen können aus Bild 9.2-16 abgeleitet werden. Ein Algorithmus für die Auswahl des Grundwerkstoffes und der Nitrierbedingungen wird in Bild. 9-2 vorgestellt.

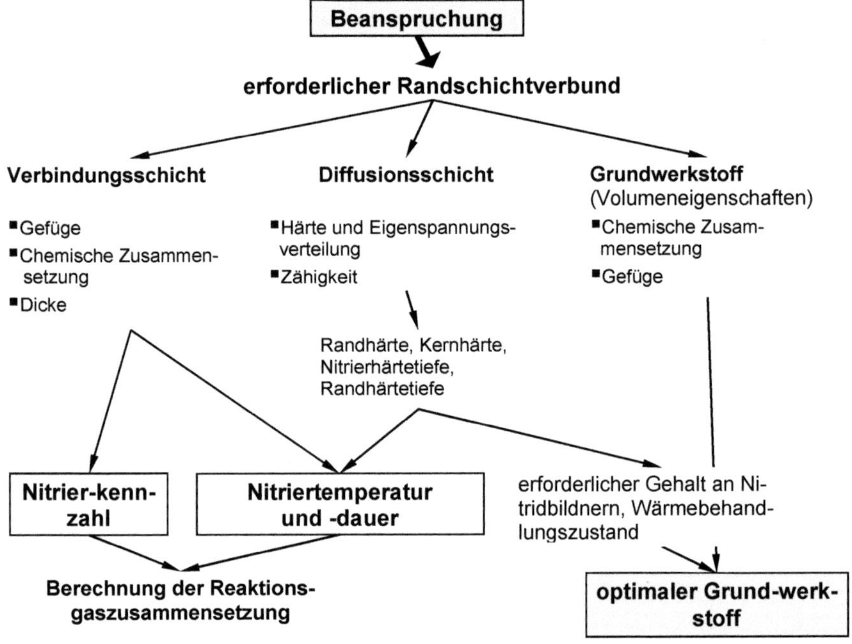

Bild 9-2: Algorithmus zur Auswahl des Grundwerkstoffs und der Nitrierbedingungen

Literatur

[1] Spies, H.-J.; Berg, H.-J.; Zimdars,H.: Fortschritte beim sensorkontrollierten Gasnitrieren und –nitrocarburieren.
HTM Werks. Wärmebeh. Fertigung 58 (2003) 4, S. 189 - 197

9.2 Nitrierbarkeit von Eisenwerkstoffen

Heinz-Joachim Spies

Die Nitrierbarkeit kann definiert werden als das Ansprechen eines Eisenwerkstoffes auf das Nitrieren, gekennzeichnet durch die Veränderung des stofflichen und strukturellen Aufbaues der Randschicht in Abhängigkeit von den Nitrierbedingungen. Sie beschreibt damit als Fertigungseigenschaft die Reaktion eines Eisenwerkstoffes auf definierte Nitrierbedingungen. Die Nitrierbarkeit ist als Eigenschaft des Grundwerkstoffes von seiner chemischen Zusammensetzung und seinem Gefüge abhängig. Bauteilspezifische Einflüsse auf das Nitrierergebnis, z. B. der aus der Bauteilfertigung resultierende Aufbau der Randschicht, die Oberflächenrauheit, mögliche Reaktions- und Adsorptionsschichten, Eigenspannungen und andere unkontrollierte Wirkungen werden dabei nicht berücksichtigt [1].

Ausgehend von der Definition der Nitrierbarkeit sind ihre Bewertung und die Beschreibung des Aufbaus nitrierter Randschichten als Einheit zu betrachten. Für Routineuntersuchungen hat sich die Kennzeichnung ihres Aufbaues durch metallographische Methoden, mikroanalytische Methoden und Härtemessungen bewährt. Die Härte ist dabei nicht als Eigenschaft, sondern als Indikator für die stofflichen und strukturellen Veränderungen der Randschicht aufzufassen. Für die Beschreibung des Aushärtevorganges beim Nitrieren sind besonders die Härtesteigerung (Höhe der Verfestigung), die Nitrierhärtetiefe (Gesamttiefe der Verfestigung) und die Tiefe des stark verfestigten Randbereiches (Randhärtetiefe) von Bedeutung.

Mit der Kennzeichnung der Nitrierbarkeit durch die Dicke und das Gefüge der Nitrierschicht sowie die Höhe und Tiefe der Verfestigung werden auch die für das Beanspruchungsverhalten der Randschicht wesentlichen Größen erfasst. Die Bewertung der Nitrierbarkeit schließt auf diese Weise die beanspruchungsgerechte Beschreibung des Schichtaufbaus ein. Bei der Diskussion der Nitrierbarkeit als Funktion der chemischen Zusammensetzung und des Gefüges des Grundwerkstoffes ist, ausgehend vom Schichtaufbau, zu unterscheiden zwischen der Beeinflussung des Gefüges der Verbindungsschicht sowie des Aushärtevorganges und des Gefüges der Diffusionsschicht.

Der grundsätzliche Zusammenhang zwischen der chemischen Zusammensetzung und dem Wachstum von $\varepsilon(\gamma')$-Verbindungsschichten wird durch Bild 9.2-1 [2] beschrieben. Danach nimmt mit wachsendem Legierungsgehalt bei konstanten Nitrierbedingungen die Dicke der Verbindungsschicht ab. Eine Ausnahme bildet lediglich das Aluminium, das die Schichtdicke vergrößert. Der Einfluss des Chroms ist relativ gering, bei Gehalten zwischen 3 Masse-% und 4,5 Masse-% ist er praktisch konstant. Die sich aus dem Bild 9.2-1 ergebenden Aussagen zum Einfluss der chemischen Zusammensetzung auf das Wachstum von Verbindungsschichten beim Nitrieren und Nitrocarburieren werden durch im Schrifttum veröffentlichte Wachstumskurven bestätigt.

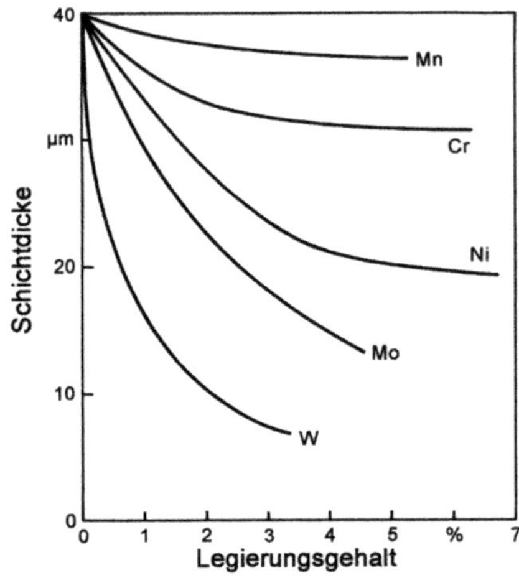

Bild 9.2-1:
Einfluss von Legierungselementen auf die Dicke der Verbindungsschicht; gasnitriert bei 550 °C/24 h [2]

Der Phasenaufbau und die Wachstumsrate von Verbindungsschichten werden auch im hohen Maße durch die vom Kohlenstoff- und Legierungsgehalt des Grundwerkstoffes, seinem Gefüge sowie die von der Nitriertemperatur abhängige innere Aufkohlung bestimmt (vgl. Kapitel 1.5). Sie führt z. B. vor allem bei legierten Stählen auch bei einem niedrigen Nitrierpotenzial des Wirkmediums zu ansteigenden ε-Carbonitridgehalten in Richtung auf die Phasengrenze Verbindungsschicht/Diffusionsschicht. Ein Beispiel dafür zeigt Bild 9.2-2, in dem die Phasenprofile der mit niedriger Nitrierkennzahl erzeugten γ'-Verbindungsschichten an den Stählen C20 und 20MnCr5 gegenübergestellt sind.

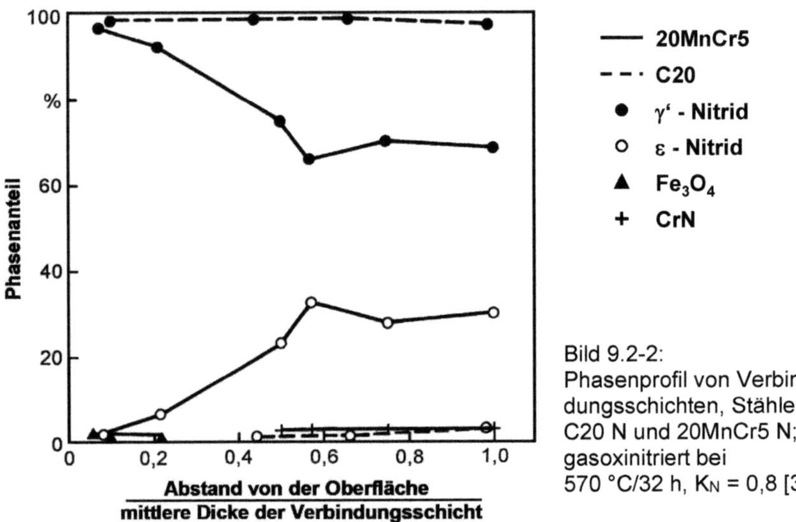

Bild 9.2-2:
Phasenprofil von Verbindungsschichten, Stähle C20 N und 20MnCr5 N; gasoxinitriert bei 570 °C/32 h, K_N = 0,8 [3]

Bei beiden Stählen besteht die Verbindungsschicht unmittelbar an der Oberfläche nahezu ausschließlich aus γ'-Nitrid. Im unteren Bereich der Verbindungsschicht treten beim Stahl C 20 ε-Carbonitridanteile bis zu 2 Masse-% auf, beim Stahl 20MnCr5 dagegen Anteile bis zu 30 Masse-%.

Die innere Aufkohlung begünstigt bei legierten Stählen das Wachstum der Verbindungsschicht und erklärt Abweichungen von den oben beschriebenen allgemeinen Zusammenhängen. Bei gleichem Legierungsgehalt nimmt die Dicke der Verbindungsschicht bei Stählen bis zu einem Kohlenstoffgehalt von 0,5 Masse-% mit wachsendem Kohlenstoffgehalt zu. Die erhöhte Wachstumsrate von Verbindungsschichten auf Cr-Al-legierten Stählen ergibt sich ebenfalls aus einem verstärkten Kohlenstofftransport zur Bauteiloberfläche. Die hohe Diffusionsgeschwindigkeit des Kohlenstoffs in der Ausscheidungsschicht aluminiumlegierter Stähle ist auf die durch die Ausscheidung von Aluminiumnitrid bedingte höhere Gitterverzerrung zurückzuführen [4]. Die starke innere Aufkohlung führt auch bei niedrigen Nitrierkennzahlen ($K_N < 0{,}8$) zu einem hohen Anteil von ε-Carbonitrid in der Verbindungsschicht.

Neben der chemischen Zusammensetzung beeinflusst der Wärmebehandlungszustand des Grundwerkstoffes ebenfalls das Gefüge und die Dicke der Verbindungsschicht. Die fein verteilten Anlasscarbide des vergüteten Zustands verhindern beim Nitrieren die Ausbildung des für Normalglühgefüge charakteristischen Diffusionsstengelkorns. Es entsteht ein Gefüge mit feiner Verteilung der Nitridphasen. Die Verbindungsschichtdicke kann bei normalgeglühtem Ausgangsgefüge bis zu 30 % über der Schichtdicke vergüteter Gefüge liegen. Der Übergang von der Verbindungsschicht zur Diffusionsschicht ist bei einer Nitrierung weicher, normalgeglühter Stähle häufig nicht als geschlossene Diffusionsfront ausgebildet. Charakteristisch dafür sind vielmehr von den Korngrenzen ausgehende in den Ferrit ragende plattenförmige Nitridbereiche [4, 12]. Ein Beispiel dafür zeigt Bild 9.2-3. Diese Gefügeausbildung ist ein Hinweis darauf, dass unter bestimmten Bedingungen das kontinuierliche Wachstum der Verbindungsschicht durch einen der Martensitumwandlung entsprechenden Scherprozess abgelöst wird [4].

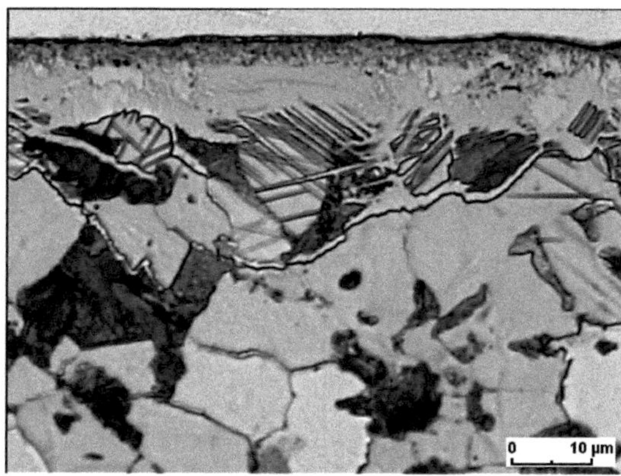

Bild 9.2-3: Gefüge der Nitrierschicht des normalgeglühten Stahls 16MnCr5, gasoxinitriert: 510°C/16h

Das Matrixgefüge von Gusseisen mit Kugelgraphit bestimmt vor allem bei niedrigem Nitrierpotenzial die Wachstumscharakteristik der Verbindungsschicht. Bei einer ferritischen Matrix bildete sich z. B. in 5 Stunden eine ca. 8 µm starke γ'-Nitridschicht, deren Dicke sich auch bei Verlängerung der Nitrierdauer um den Faktor 10 nicht änderte. Bei einer perlitischen Matrix entstand unter den gleichen Nitrierbedingungen (570 °C/K_N = 0,8) auf Grund des höheren Kohlenstoffgehaltes eine wachstumsfähige (ε+ γ')-Nitridschicht.

Die Härte von Verbindungsschichten wird durch den Anteil und die Verteilung der Poren sowie den Phasenaufbau bestimmt. Die Härte des porenfreien Bereiches nimmt mit dem Gehalt an Nitridbildnern zu (Bild 9.2-4). Bei unlegierten Stählen wurden die höchsten Werte an ε-Carbonitridschichten ermittelt.

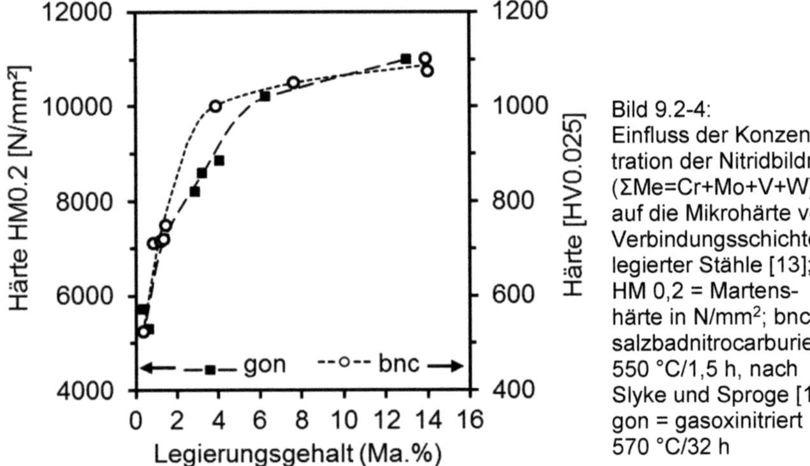

Bild 9.2-4: Einfluss der Konzentration der Nitridbildner (ΣMe=Cr+Mo+V+W) auf die Mikrohärte von Verbindungsschichten legierter Stähle [13]; HM 0,2 = Martenshärte in N/mm^2; bnc = salzbadnitrocarburiert 550 °C/1,5 h, nach Slyke und Sproge [14] gon = gasoxinitriert 570 °C/32 h

Zum Einfluss des Werkstoffs auf die Härteverteilung und das Gefüge im Bereich der Diffusionsschicht wurde im Schrifttum eine Fülle von Einzelergebnissen für die unterschiedlichsten Nitrierbedingungen und ein breites Werkstoffsortiment veröffentlicht. Beim Nitrieren mit Verbindungsschicht kann davon ausgegangen werden, dass das Wachstum der Diffusionsschicht nicht durch die Vorgänge an der Grenzfläche Wirkmedium/Werkstoff, sondern durch die Diffusionsreaktion des Stickstoffs in der ferritischen Matrix bestimmt wird. Die Stickstoffaufnahme je Flächeneinheit nimmt mit dem Legierungsgehalt zu. Sie erreicht z. B. bei gleichen Nitrierbedingungen (570 °C/16h) bei dem Stahl X38CrMoV5-1 mit 41 g/m^2 das 1,5fache der Stickstoffaufnahme des Stahls 20MnCr5 [5]. Die Abhängigkeit der Stickstoffaufnahme vom Legierungsgehalt bestätigt, dass der Stoffübergang an der Grenzfläche Wirkmedium-Metall keinen Einfluss auf die Geschwindigkeit der inneren Nitrierung hat. Unter diesen Bedingungen ergibt sich die Aushärtung in der Diffusionsschicht unabhängig vom Nitrierverfahren und dem Nitrierpotenzial des Wirkmediums aus der temperatur- und zeitabhängigen Wechselwirkung des Stickstoffs mit der Matrix. Bild 9.2-5 unterstreicht noch einmal eindrucksvoll, dass der Härteverlauf in der Diffusionsschicht durch die Zusammensetzung des Reaktionsgases nicht beeinflusst wird. Das ermöglicht eine zusammenfassende Erläuterung der Einflüsse auf die Ausbildung der Diffusionsschicht.

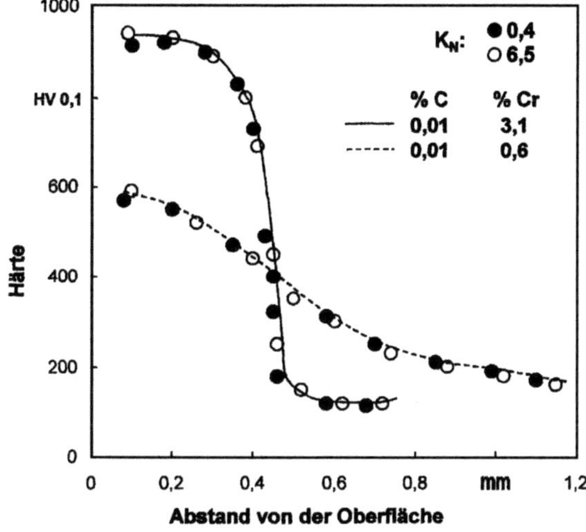

Bild 9.2-5:
Einfluss des Chromgehaltes und der Nitrierkennzahl auf den Härtetiefenverlauf in Nitrierschichten; gasoxinitriert: 570 °C/32h

Bei unlegierten Stählen führt die Verringerung der Diffusionsgeschwindigkeit des Stickstoffs durch den im Ferrit gelösten Kohlenstoff sowie die Behinderung der Diffusion mit wachsendem Perlitanteil zu einem Rückgang der Nitriertiefe mit steigendem Kohlenstoffgehalt [6], siehe Bild 9.2-6.

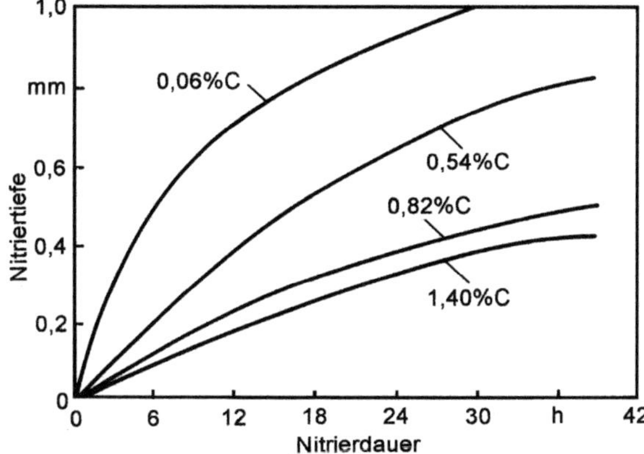

Bild 9.2-6:
Einfluss des Kohlenstoffgehaltes auf die Nitriertiefe, gasnitriert bei 550 °C [6]

Wenn außer dem Eisen weitere Nitridbildner fehlen, liegt der Stickstoff in der Diffusionsschicht in Abhängigkeit von der Abkühlungsgeschwindigkeit und der Alterung in Form von γ'-Nitriden und metastabilen α''-Nitriden vor oder ist noch interstitiell gelöst.

Die übersättigte Lösung des Stickstoffs ist aber schon bei Raumtemperatur instabil und unterliegt damit einer natürlichen Alterung.

Für die legierten Stähle ist seit langem bekannt, dass steigende Gehalte an nitridbildenden Elementen zu einer Zunahme der Oberflächenhärte und zu einer Verringerung der Dicke der Diffusionsschicht führen, vgl. die Bild 9.2-7 und 9.2-8. Als besonders wirksam erweisen sich dabei das Aluminium und das Chrom. Diese Elemente gehören deshalb zu den häufigsten in technischen Eisenlegierungen genutzten Nitridbildnern, sie haben einen spezifischen Einfluss auf ihre Nitrierbarkeit.

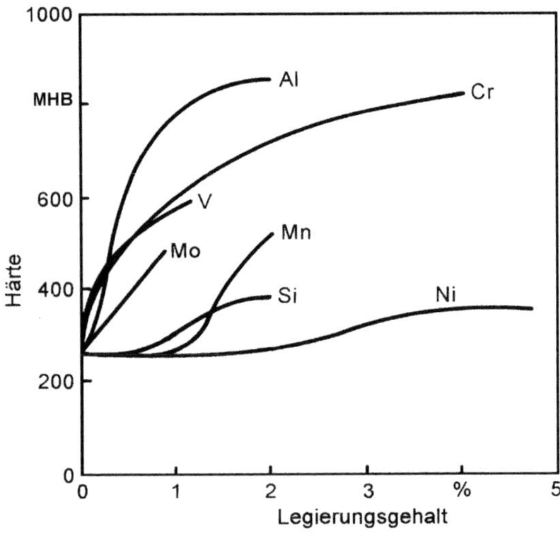

Bild 9.2-7:
Einfluss von Legierungselementen auf die Oberflächenhärte;
Gasnitriert bei 524 °C/48 h, MHB: Montron Brinellhärte, Prüfkraft für eine Gesamteindringtiefe von 9/5000" (0,0457 mm) [7]

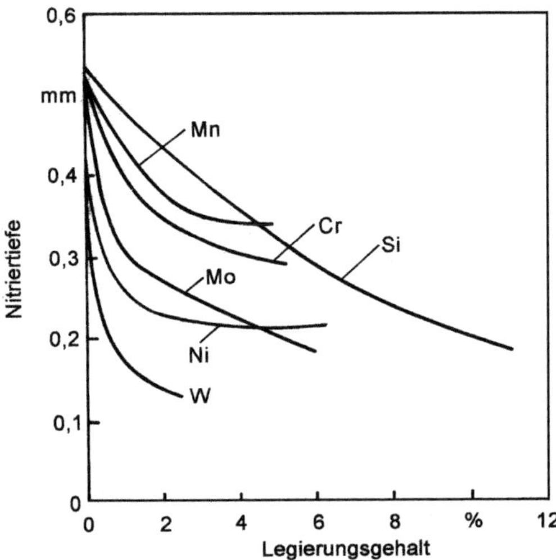

Bild 9.2-8:
Einfluss von Legierungselementen auf die Nitriertiefe, gasnitriert bei 550 °C/24 h [2]

Nitrierstähle enthalten zur Verbesserung der Anlassbeständigkeit und zur Verringerung der Empfindlichkeit gegenüber Anlassversprödung meist noch geringe Gehalte an Vanadium und Molybdän. Der Einfluss dieser Elemente auf die Nitrierbarkeit kann über die Summe des Stoffmengengehaltes der Nitridbildner erfasst werden, angesichts ihrer geringen Konzentration ist es möglich, ihre elementspezifische Wirkung zu vernachlässigen.

Die zum Einfluss von Chrom auf die innere Nitrierung an technischen Stählen ermittelten Ergebnisse können wie folgt zusammengefasst werden:

- Mit wachsendem Chromgehalt steigt der maximale Stickstoffgehalt in der Diffusionsschicht. Parallel zum Chromgehalt erhöht sich die Stickstoffaufnahme je Flächeneinheit.
- Die Härtesteigerung und die maximalen Druckeigenspannungen nehmen mit wachsendem Chromgehalt zu. Bei vergleichbarem Chromgehalt nimmt die Härtesteigerung mit zunehmendem Kohlenstoffgehalt ab, siehe Bild 9.2-9. Der parabolische Zusammenhang zwischen der Härte und dem Legierungsgehalt bestätigt die im Abschnitt 1.5 gemachte Aussage nach der die Festigkeitssteigerung der Quadratwurzel des Legierungsgehaltes (At-%) direkt proportional ist.

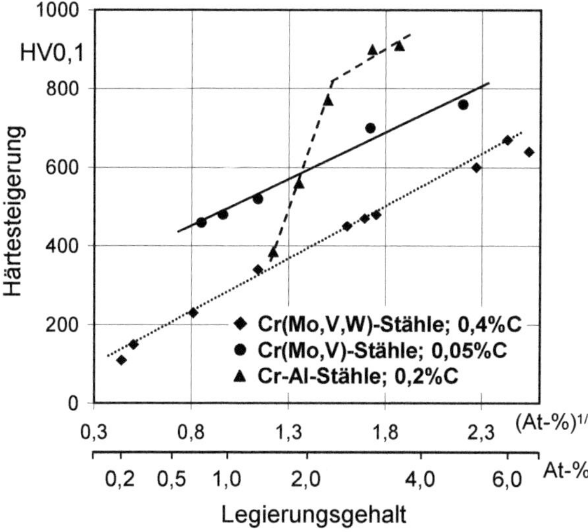

Bild 9.2-9: Härtesteigerung beim Gasnitrieren in Abhängigkeit vom Stoffmengengehalt an Nitridbildnern Cr(Mo, V, W)-Stähle (0,4 % C); 550 °C/32 h [5] Cr(Mo, V)-Stähle (0,05 % C); 550 °C/32 h [5] Cr,Al-Stähle (0,2 %C); 570 °C/48 h [10]

- Bei Chromstählen kann auf Grund der geringen Unterschiede zwischen den relativen Atommassen des Eisens und des Chroms der Stoffmengengehalt (At-%) in erster Näherung durch den Massengehalt (Masse-%) ersetzt werden. Bei Stählen mit Chromgehalten bis zu 5 Masse-% ist die Härtesteigerung stark vom Wärmebehandlungszustand des Grundwerkstoffs abhängig. Sie ist im normalgeglühten und im gehärteten Zustand am größten, siehe Bild 9.2-10. Anlasstemperaturen oberhalb 500 °C führen mit wachsendem Anlassparameter zu einem starken Rückgang der Härtesteigerung.

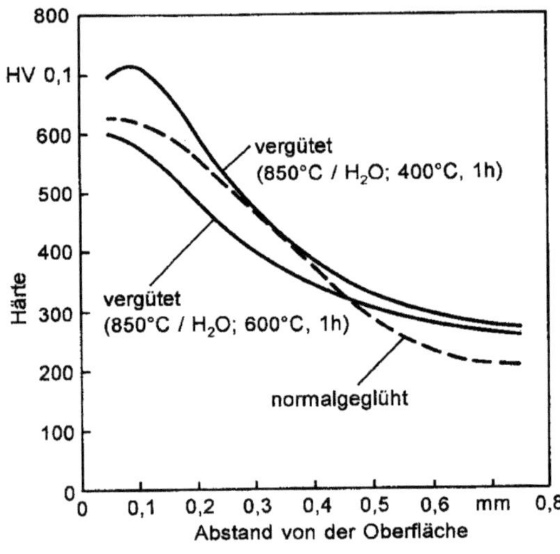

Bild 9.2-10: Einfluss des Wärmebehandlungszustandes auf den Härteverlauf; Stahlmarke: 41Cr4, gasoxinitriert bei 550 °C/32 h

Bei Stählen mit einem ferritisch-perlitischen Gefüge liegt die Härtesteigerung in den Perlitkörnern deutlich unter der Härtesteigerung in den Ferritkörnern, siehe Bild 9.2-11. Durch Abkühlung von hoher Austenitisierungstemperatur entstandene Gefüge, z. B. BY-Gefüge schmiedeperlitischer Stähle, haben gegenüber üblichen Normalglühgefügen eine deutlich höhere Verfestigung.

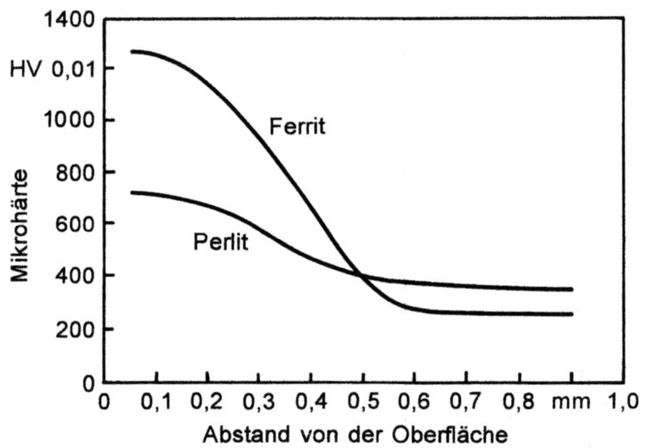

Bild 9.2-11: Härteverlauf im Ferrit und im Perlit einer Nitrierschicht des Stahls 42CrMo4, gasoxinitriert bei 570 °C/16 h

Mit steigendem Chromgehalt verringert sich die Nitrierhärtetiefe d entsprechend der Beziehung $d^2 \sim [\text{Atom-\% Cr}]^{-1}$ deutlich, wie Bild 9.2-12 zeigt.

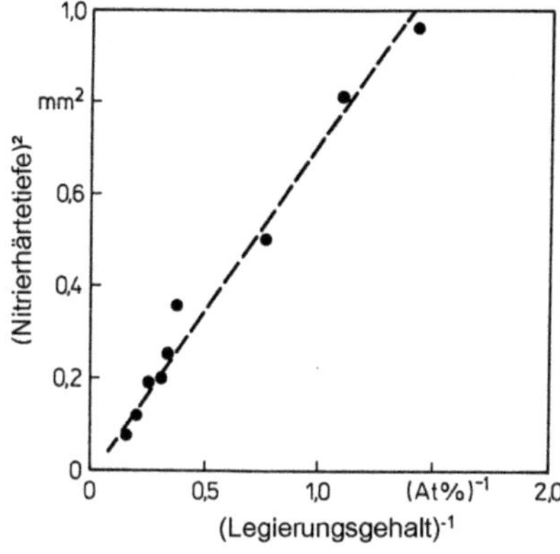

Bild 9.2-12:
Einfluss des Legierungsgehaltes auf die Nitrierhärtetiefe; vorrangig mit Chrom legierter Stähle, C-Gehalt: 0,01 ... 0,06 Atom-%, gasoxinitriert 550 °C/32 h

Der Einfluss des Kohlenstoffgehaltes und der Wärmebehandlung auf die Höhe der Verfestigung, ist zurückzuführen auf die Änderung des Gehaltes der im Ferrit gelösten Nitridbildner durch einen unterschiedlichen Anteil ihrer Abbindung als Carbid.

Kennzeichnend für das Gefüge der Nitrierschicht chromlegierter Stähle mit mehr als 2 Masse-% Cr sind Ausscheidungen an den ehemaligen Austenitkorngrenzen, mehr oder weniger parallel zur Oberfläche. Diese Ausscheidungen wurden früher als „Nitridfasern" bzw. Nitridausscheidungen bezeichnet und auf eine Übernitrierung zurückgeführt. Wie schon im Kapitel 1.5 erläutert, handelt es sich dabei aber um Zementitausscheidungen, die durch die Umverteilung des Kohlenstoffs beim Nitrieren entstehen [5, 8, 9]. Sie sind bei Nitrierpotenzialen, die zur Bildung von ε-Nitrid-Verbindungsschichten führen, praktisch unvermeidbar, da diese Schichten die Entkohlung der Diffusionsschicht hemmen.

Die Intensität der Ausscheidungen ist abhängig von der chemischen Zusammensetzung des Grundwerkstoffes und den Nitrierbedingungen. Die mit dem Chromgehalt zunehmende Gitterverzerrung erhöht die Diffusionsgeschwindigkeit des Kohlenstoffs und führt so zu einem mit dem Chromgehalt steigenden Anteil der Zementitausscheidungen. Die Verteilung der Zementitausscheidungen wird durch die Austenitkorngröße des Grundwerkstoffes bestimmt. Die orientierte Ausscheidung des Zementits kann durch nicht martensitische Ausgangsgefüge vor dem Nitrieren unterdrückt werden. Eine Beeinflussung der durch den Grundwerkstoff bedingten Ausscheidungen ist nur durch eine entkohlende Prozessführung möglich.

Charakteristisch für aluminiumlegierte Stähle ist eine hohe Verfestigung. Wie Bild 9.2-9 zeigt, führen schon geringe Zusätze von Aluminium in niedriglegierten Chromstählen zu einer deutlichen Erhöhung der Härtesteigerung [10, 11]. In Analogie zum Nitrierverhalten von Eisen-Titan- und Eisen-Vanadium-Legierungen zeichnet sich auch für das Aluminium ab, dass oberhalb eines bestimmten, von den Nitrierbedingungen abhängigen Gehaltes, nur noch eine geringe Zunahme der Härtesteigerung auftritt. Die gegenüber Chrom bei einem vergleichbaren Stoffmengengehalt größere Verfestigung, ein erhöhter Gehalt an Überschussstickstoff sowie die höhere Entkohlungsrate der aluminiumlegierten Stähle finden ihre Erklärung in einer größeren Verzerrung des Matrixgitters durch die ausgeschiedenen Aluminiumnitride.

Wie in Kapitel 1.5 erwähnt, bestehen in der Kinetik der Ausscheidung von Nitriden in Eisen-Chrom- und Eisen-Aluminium-Legierungen erhebliche Unterschiede. Die hexagonale Struktur des für den Gleichgewichtszustand erwarteten Aluminiumnitrids unterscheidet sich stark von der ferritischen Matrix. Deshalb ist seine Keimbildung stark gehemmt. Die veränderte Ausscheidungskinetik beeinflusst die Festigkeitsverteilung in der Diffusionsschicht Cr-Al-legierter Stähle erheblich. Nach einer, durch die Ausscheidung der Chromnitride bedingten, deutlichen Härtesteigerung kurz hinter der Diffusionsfront, erreicht die Härte ihren Maximalwert erst unmittelbar unter der Oberfläche, siehe Bild 9.2-13, Stahl 34CrAl6. Der Ausscheidungsbereich erstreckt sich damit über die gesamte Dicke der Diffusionsschicht.

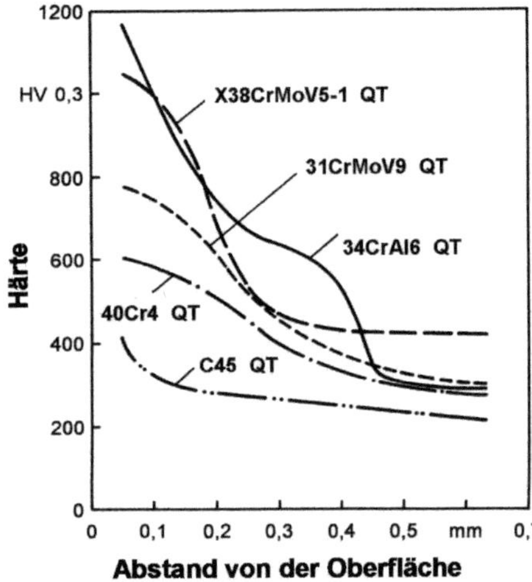

Bild 9.2-13: Härteverlaufskurven von Vergütungsstählen, gasoxinitriert bei 570 °C/16 h; QT = vergütet

Bei Cr-Al-legierten Stählen kann für Aluminiumgehalte oberhalb 0,4 Masse-% der Einfluss des Wärmebehandlungszustandes auf die Härtesteigerung vernachlässigt werden. Für die Diffusionsschicht dieser Stähle sind ebenso wie für die chromlegierten Stähle Zementitausscheidungen an den ehemaligen Austenitkorngrenzen charakteristisch.

Aus dem vorstehend erläuterten Einfluss der chemischen Zusammensetzung und des Wärmebehandlungszustandes des Grundwerkstoffes ergibt sich ein breites Spektrum an Möglichkeiten für eine beanspruchungsspezifische Variation des Härteverlaufs in der Diffusionsschicht. Eine Vorstellung von der Variationsbreite der Härteverlaufskurven vergütbarer Stähle vermitteln die Bilder 9.2-13 und 9.2-14. Mit wachsendem Legierungsgehalt erhöht sich die Härtesteigung. Bei den vorrangig mit Chrom legierten Stählen nimmt der Härtegradient zu, auf Grund der mit dem Chromgehalt zunehmenden Stärke der Wechselwirkung, siehe z. B. die Stähle 16MnCr5, 17CrMoV10 und

X6CrMo4. Das Verhältnis Tiefe der Randhärte zur Nitrierhärtetiefe wird größer. Der X6CrMo4 erreicht seine Randhärte schon dicht hinter der Diffusionsfront.

Ein Vergleich beider Bilder veranschaulicht den Einfluss des Kohlenstoffgehaltes auf das Härteprofil. Die Anwendung von Stählen mit einem Kohlenstoffgehalt unter 0,2 Masse-% ermöglicht bei vergleichbarem Legierungsgehalt und vergleichbarer Kernhärte eine deutliche Steigerung der Randhärte, vgl. z. B. die beiden Stähle 17CrMoV10 und 31CrMoV9. Die Härteverteilung des 12CrMoV4.3 ergibt sich sowohl aus dem niedrigen Kohlenstoffgehalt als auch der hohen Härtetemperatur. Die verstärkte Anwendung von Einsatzstählen und warmfesten Stählen für die Herstellung nitrierter Bauteile ermöglicht nach diesen Zusammenhängen eine bessere Ausschöpfung des Legierungspotentials. Für hohe Anforderungen an die Randhärte und die Kernfestigkeit hat sich besonders der anlassbeständige hochfeste Warmarbeitsstahl X38CrMoV5-1 bewährt.

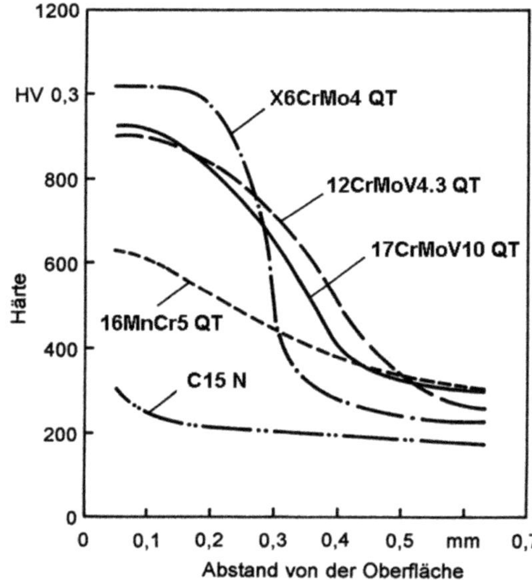

Bild 9.2-14: Härteverlaufskurven von Stählen mit C-Gehalten unter < 0,20 Masse-%, gasoxinitriert bei 570 °C/16 h; 12CrMoV4.3, Härtetemperatur: 980 °C

Beispiele für Härteverlaufskurven von Werkzeugstählen zeigen die Bilder 9.2-15 und 9.2-16. Die grundsätzlichen Zusammenhänge unterscheiden sich nicht von den Vergütungsstählen. Auch hier nimmt die Randhärte mit wachsendem Legierungsgehalt zu, die Breite des Ausscheidungsbereiches Δx verringert sich, vgl. z. B. 56NiCrMoV7 und X32CrMoV3-3. Aus beiden Abbildungen geht hervor, dass durch ein Nitrieren bei niedrigen Temperaturen Randschichten hoher Härte bei hoher Kernfestigkeit erzeugt werden können. Die Erhöhung der Anlassbeständigkeit durch Härten von einer höheren Temperatur führt bei dem Stahl X165CrMoV12.1 zu einem ähnlichen Ergebnis. Werkzeuge aus Schnellarbeitsstählen werden in der Regel verbindungsschichtfrei nitriert. Unter diesen Bedingungen kann die Randhärte und der Härteverlauf vor allem über die Nitrierdauer beeinflusst werden.

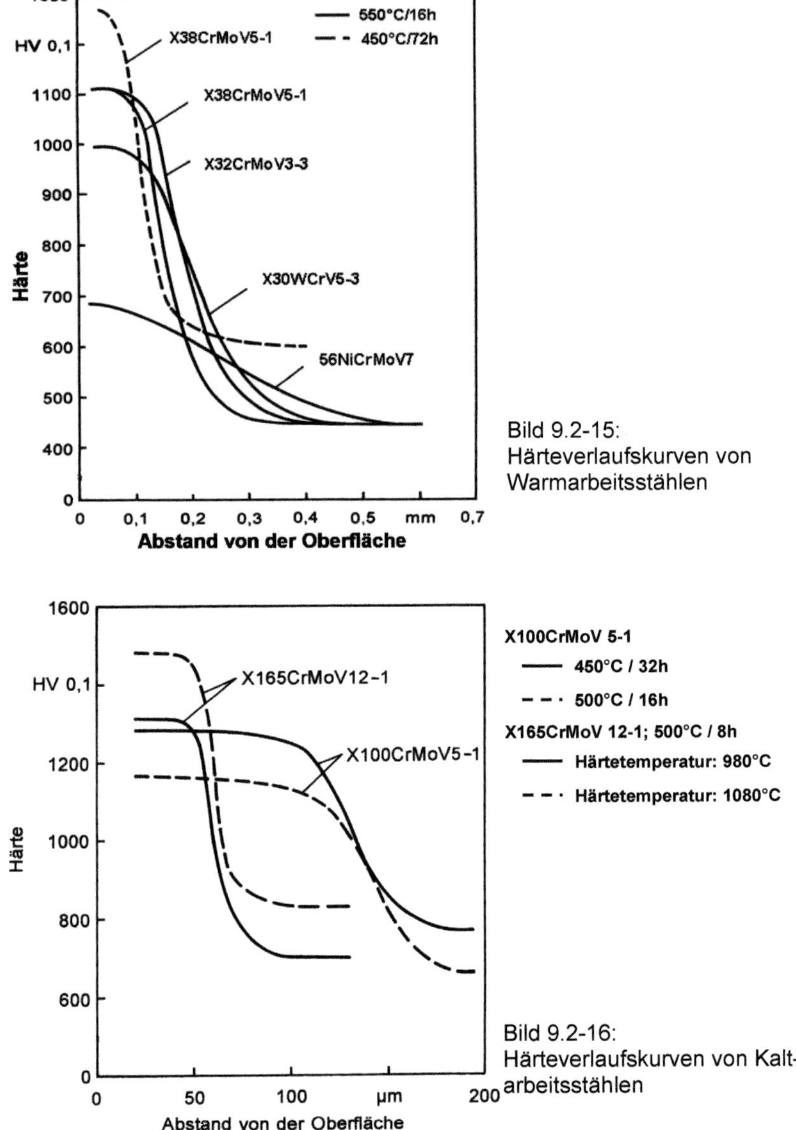

Bild 9.2-15:
Härteverlaufskurven von Warmarbeitsstählen

Bild 9.2-16:
Härteverlaufskurven von Kaltarbeitsstählen

Eine zusammenfassende Darstellung wesentlicher Einflussgrößen auf die Nitrierbarkeit chrom- und aluminiumlegierter Eisenwerkstoffe, charakterisiert durch die wichtigsten, das Gebrauchsverhalten bestimmenden Parameter, zeigt Bild 9.2-17. Der Parameter Δx/Nht kennzeichnet den sich aus der Stärke der Wechselwirkung ergebenden

Verlauf der Härte in der Diffusionsschicht. An der Übersicht wird noch einmal deutlich, dass der Aufbau der Diffusionsschicht bei einer Nitrierung mit Verbindungsschicht primär durch den Werkstoff sowie die Nitriertemperatur und -dauer beeinflusst werden. Das chemische Potenzial des Nitriermediums, im Bild beschrieben durch die für das Gasnitrieren gültige Nitrierkennzahl K_N, ist nur in Sonderfällen von Bedeutung, z. B. beim Unterdrücken von Zementitausscheidungen.

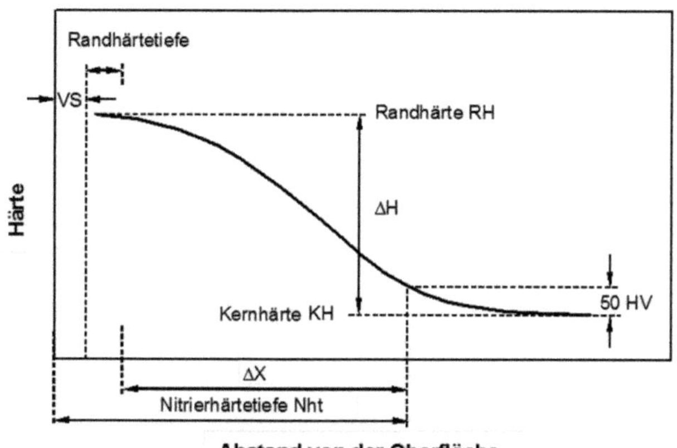

		VS	RH	ΔH	Nht	Rht	ΔX/Nht	E
Nitrierbedingungen	**T↑**	↑	=↓	=↓	↑	↑	=↓	↓
	t↑	↑	=↓	=↓	↑	↑	=↓	↓
	K_N↑	↑	=	=	=	=	=	=
Werkstoff								
Zusammensetzung.:	**Cr↑**	=↓	↑	↑	↓↓	↑	↓	↑
	Al↑	↑	↑↑	↑↑	=↓	↓	↑	↑↑
	C↑	=↑	↓	↓	=↓	↓	↑	↓
Gefüge:	**N**	=	=↑	↑	=	↑	↓	=↑
	V(T_A↑)	=	↓	↓	=	↓	↑	↓

Bild 9.2-17: Schematische Darstellung der Wirkung der Nitrierbedingungen und des Grundwerkstoffes auf das Nitrierergebnis; N: normalgeglüht, V: vergütet, T_A: Anlasstemperatur

Einen Sonderfall stellt die Nitrierbarkeit des „unlegierten" Gusseisens dar, das im Unterschied zu unlegiertem Stahl zwischen 0,4 Masse-% und 3,5 Masse-% Silizium enthalten kann. Von dem werkstofftypisch hohen Kohlenstoffgehalt, 2,4 Masse-% bis 4,0 Masse-% des Gusseisens, ist der größte Teil im Graphit gebunden, so dass der Matrixkohlenstoffgehalt und das daraus resultierende Gefüge: ferritisch, ferritisch-perlitisch u. a., dem der unlegierten Stähle ähnlich ist.

Aus diesem Grund wurde bis in die jüngste Vergangenheit immer wieder die Auffassung vertreten, dass die Nitrierbarkeit des unlegierten Gusseisens mit der unlegierter Stähle vergleichbar ist [15], obwohl z. B. schon aus frühen Arbeiten von *Lachtin et al.* [2, 16] hervorgeht, dass der Härteverlauf in nitrierten Randschichten von Gusseisen mit Kugelgraphit maßgeblich durch seinen Siliziumgehalt bestimmt wird, siehe auch die Bilder 9.2-1 und 9.2-8.

Auch Untersuchungen von *Keller* [17] bestätigen den Einfluss des Siliziums auf die Nitrierbarkeit des unlegierten Gusseisens. Wie Bild 9.2-18 zeigt, beträgt die Steigerung der Randhärte von Gusseisen mit Kugelgraphit GGG-42 mit 2,3 Masse-% bis 2,8 Masse-% Silizium durch ein Plasmanitrieren 18 Stunden bei 530 °C: 480 HV 0,2. Sie erreicht damit etwa die gleichen Werte wie niedrig mit Chrom legierte Nitrierstähle unter vergleichbaren Nitrierbedingungen. Bei weißem Temperguss GTW-40 mit einem Siliziumgehalt von nur 0,4 Masse-% bis 0,8 Masse-% wird die Randhärte nach der gleichen Behandlung nur um 93 HV 0,2 gesteigert.

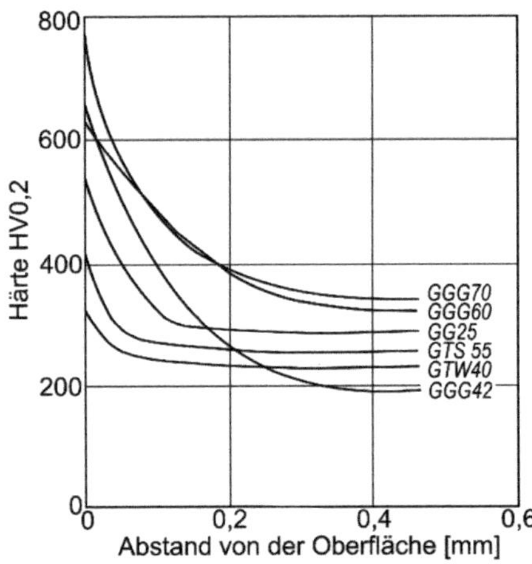

Bild 9.2-18: Härteverlaufskurven in der Randschicht plasmanitrierter Gusseisenwerkstoffe; T_N = 530 °C, t_N = 18 h [15]

Neuere Untersuchungen von *Buchwalder et al.* [18, 19] bestätigen diese Ergebnisse für ferritisches und perlitisch-ferritisches Gusseisen mit Kugelgraphit, gasoxinitriert 16 h bei 540 °C. Wie in Bild 9.2-19 zu erkennen, ist die Härtesteigerung, bezogen auf die Grundhärte umso höher, je höher der Si-Gehalt des Gusseisens ist. Des Weiteren ist die Stickstoff-Diffusionstiefe, respektive Diffusionsschichtdicke im ferritischen Matrixgefüge des GJS-400 etwas größer als im perlitischen des GJS-600.

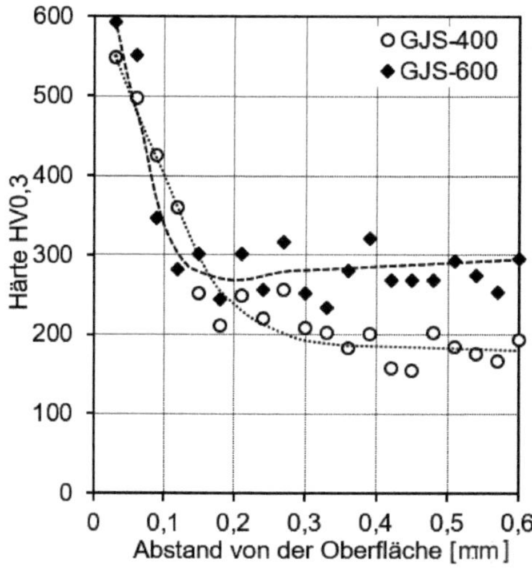

Bild 9.2-19: Härteverlauf in der Randschicht von gasoxinitriertem Gusseisen GJS-400 (2,67 Masse-% Si) und GJS-600 (2,33 Masse-% Si) T_N = 540 °C, t_N = 16 h [18]

Die Resultate ordnen sich sehr gut in den von Keller angegebenen Bereich der Gusseisensorten GGG-42 bis GGG-70 ein, vgl, Bild 9.2-18. Die große Streuung der Kernhärte des Werkstoffs GJS-600 resultiert aus den gefügespezifischen Inhomogenitäten – weicher Graphit, harter Perlit – die im Fall von großen Graphitkugeln besonders zum Tragen kommen.

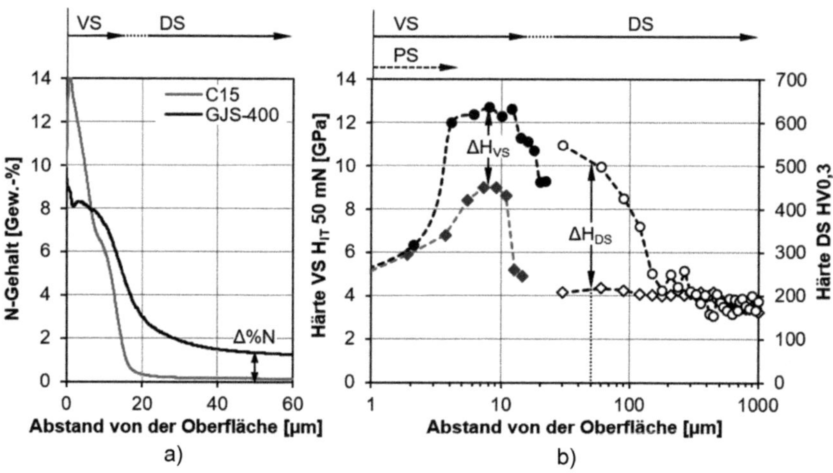

Bild 9.2-20: Konzentrationsprofile des Stickstoffs (a) und Härteprofile (b) in der Verbindungsschicht (VS) und Diffusionschicht (DS) des unlegierten Stahls C15 und von Gusseisen mit Kugelgraphit (GJS-400); gasoxinitriert T_N = 540 °C, t_N = 16 h [19]

In Bild 9.2-20 sind die Stickstoff- und Härteprofile in der Verbindungs- und Diffusionsschicht des unlegierten Stahls C15 und des Gusseisens mit Kugelgraphit GJS-400 gegenübergestellt. Es demonstriert den Einfluss des Siliziums auf die Nitrierbarkeit des Gusseisens noch einmal sehr deutlich. Die Stickstoffkonzentration in der Diffusionsschicht (Δ%N in a)), die Härte der Verbindungsschicht (ΔH_{VS} in b)), ausgenommen der Bereich des Porensaums (PS) und die Härte in der Diffusionsschicht (ΔH_{DS} in b)) liegen erheblich über den Werten des unlegierten Stahls.

Der rasche Abfall der Härte in den Nitrierschichten der Gusseisenwerkstoffe zeugt von einer weichen Wechselwirkung des Siliziums mit dem Stickstoff, siehe die Bilder 9.2-18 und -19. Sie ist, wie im Abschnitt 1.5 erläutert, auf die Hemmung der Nitridausscheidungen durch den großen Volumenunterschied zwischen der ferritischen Matrix und dem Siliziumnitrid zurückzuführen [20]. Das führt zu einer hohen lokalen Stickstoffübersättigung. Neben den die Härtesteigerung bewirkenden submikroskopischen Siliziumnitriden, die nur mittels TEM nachweisbar sind, vgl. [21], scheidet sich bei langsamem Abkühlen von Nitriertemperatur in dem an die Verbindungsschicht anschließenden Bereich der übersättigt gelöste Stickstoff als γ'-Nitrid in den Ferritkörnern aus, Bild 9.2-21. Dieser Vorgang tritt sonst nur in unlegierten Eisenwerkstoffen auf, denn bei einer starken Wechselwirkung zwischen dem Stickstoff und den Nitridbildnern kann die Stickstoffaktivität erst nach vollständiger Abbindung der Nitridbildner auf den für die Eisennitridbildung erforderlichen Wert ansteigen.

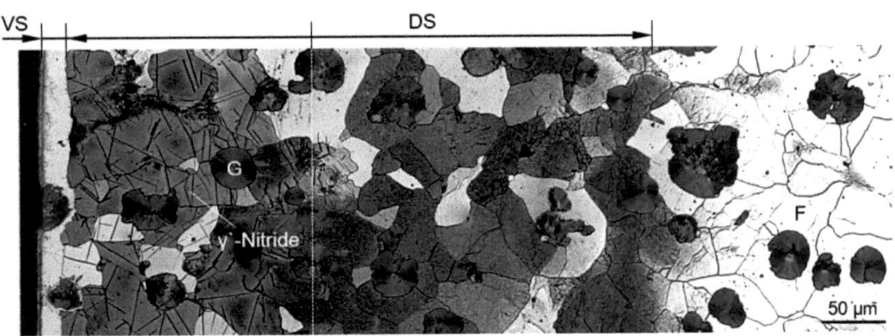

Bild 9.2-21: Gefüge der Nitrierschicht von ferritischem (F) Gusseisen mit Kugelgraphit (G) GJS-400; gasoxinitriert: T_N = 540 °C, t_N = 16 h; Ätzung: 3-% Nital [19]

Literatur

[1] Spies, H.-J., S. Böhmer: Beitrag zum kontrollierten Gasnitrieren von Eisenwerkstoffen.
HTM Härterei-Tech. Mitt. 39 (1984) 1, S. 1 - 6

[2] Lachtin, J. M.: Physikalische Grundlagen des Nitrierens. Maschgis Moskau, 1948. vgl. auch Lachtin, J. M., J. D. Kogan: Nitrieren von Stählen. Maschinostrojenije Moskau, 1976

[3] Schubert, T.: Variationsmöglichkeiten des Gefüges der Verbindungsschichten beim kontrollierten Gasnitrieren. Dissertation Bergakademie Freiberg 1986

[4] Wiedemann, R., H. Oettel, D. Bergner: Ungewöhnliche Verbindungs-schichtbildung beim Nitrieren Al-legierter Stähle und ihre Ursachen.
HTM Härterei-Tech. Mitt. 46 (1991) 5, S. 301 - 307 u. 47 (1992) 1, S. 14 - 20

[5] Spies, H.-J.; D. Bergner: Innere Nitrierung von Eisenwerkstoffen.
HTM Härterei-Tech. Mitt. 47 (1992) 6, S.346 - 356

[6] Eilender, W., O. Meyer: Über die Nitrierung von Eisen und Eisenlegierungen I.
Arch. Eisenhüttenwes. 4 (1930/31) S. 343 - 352

[7] Homerberg, V. O.: Nitriding.
The Iron Age 136 (1936) 15. October, S. 49 - 98

[8] Lightfoot, B. J., D. H. Jack: Kinetics of nitriding with and without white-layer formation.
Proc. Heat Treatment '73. Met. Soc. London, 1975, S. 59 - 66

[9] Mirdha, S., D. H. Jack: Characterization of nitrided 3 % chromium steel.
Metall Sci. 16 (1982) S. 398 - 404

[10] Wiedemann, R.: Einfluss des Leierungselementes Aluminium auf die Nitrierbarkeit von niedriglegiertem Stahl. Dissertation Bergakademie Freiberg 1988

[11] Fry, A.: The Theory and Practice of Nitrogen Case-Hardening.
J. Iron Steel Inst. 125 (1932) S. 191 – 222

[12] Homerberg, V.O.; Walsted, J.P.: A Study of the Nitriding Process, Part 1,
ASST Nitriding Symposium 1929, S. 56 - 99

[13] Spies, H.-J.: Nitrieren und Nitrocarburieren
HTM J. Heat Treatm. Mat. 68 (2013) 2, S. 86 - 96

[14] Slycke, J.; Sproge, L.: Kinetics of the gaseous nitrocarburizing process;
Surf. Eng. 5 (1989), S. 125 – 140

[15] Berns, H.; Theisen, W.: Eisenwerkstoffe, Springer Verlag, 2008, 4. Auflage

[16] Lachtin, J. M.; Semenov, R. A.: Nitrieren von hochfestem Gusseisen,
Mitom 8 (1975), S. 2 – 6

[17] Keller, K.: Ionitrierung von Gusseisenwerkstoffen, HTM Härterei-Tech. Mitt.
25 (1970) 2, S. 106 - 107

[18] Buchwalder, A.; Spies, H.-J.; Klose, N.; Zenker, R.; Jung, A.: Effects of Different Microstructural and Hardness Gradients Generated by Single and Combined Surface Treatments with a Nitriding Top Layer, Proc. of 23rd IFHTSE Congress, Savannah/USA, 18.-22. April 2016, S. 55 - 62

[19] Buchwalder, A.; Spies, H.-J.; Klose, N.; Hegelmann, E.; Zenker, R.: Contribution to the microstructural constitutions and properties of nitrided as-received and remelted cast irons: Proc. of 24th IFHTSE Congress, Nice, June 26-29 2017, CD

[20] Meka, S. R.; Mittemeijer, E. J.: Abnormal Nitride Morphologies upon Nitriding Iron-Based Substrates, JOM 65 (2013), S. 769 - 775

[21] Mittemeijer, E. J.; Biglari, M. H.; Böttger, A. J.; van der Pers, N. M.; Sloof, W. G.; Tichelaar, F. D.: Amorphous precipitates in a crystalline matrix; precipitation of amorphous Si_3N_4 in α-Fe, Scripta Materialia 41 (1999) 6, S. 625 - 630

9.3 Hinweise zum Vermeiden möglicher Beanstandungen an nitrierten und nitrocarburierten Teilen

Dieter Liedtke

9.3.1 Allgemeines

Wie in den vorangegangenen Kapiteln dargestellt, werden das Nitrieren und das Nitrocarburieren dazu benutzt, die Randschicht von Werkstücken aus Eisenwerkstoffen so zu verändern, dass im äußeren Bereich eine sehr harte und stickstoffreiche Verbindungsschicht und daran anschließend eine verfestigte Diffusionsschicht entstehen. Als wesentliche Zielgrößen für die Gebrauchseigenschaften ergeben sich daraus für das Nitrocarburieren die Verbindungsschichtdicke und für das Nitrieren die Nitrierhärtetiefe. Aber auch die Porosität der Verbindungsschicht und ihr Aufbau aus den Nitridphasen ε und γ', die Oberflächenhärte sowie das Maß- und Formänderungsverhalten und die Mikrogeometrie der Werkstückoberfläche können Gegenstand der Qualitätssicherung sein.

In der industriellen Praxis werden die vorgegebenen Zielgrößen aber nicht immer erreicht und die häufigsten Beanstandungen sind:

- Nitrierung/Nitrocarburierung ist nur stellenweise oder gar nicht erfolgt
- Nitrierhärtetiefe ist zu klein oder zu groß
- Verbindungsschicht ist zu dünn oder zu dick
- Verbindungsschicht ist zu porös
- Oberflächenhärte ist zu niedrig oder zu hoch
- Kernhärte ist zu niedrig
- Maß- und Formänderungen sind zu groß
- Risse sind vorhanden
- Oberflächenrauheit ist zu groß
- Oberfläche ist verfärbt.

Im Folgenden werden einige Beispiele für typische Ursachen von Beanstandungen und mögliche Abhilfemaßnahmen aufgezeigt. Dabei wird kein Anspruch auf Vollständigkeit erhoben und die vorgestellten Abhilfemaßnahmen wurden von den dargestellten Beispielen abgeleitet.

9.3.2 Häufige Beanstandungen an nitrierten und nitrocarburierten Werkstücken

Nitrierung/Nitrocarburierung nur stellenweise oder gar nicht erfolgt

Wie es für alle Diffusionsbehandlungen charakteristisch ist, auf das Nitrieren und Nitrocarburieren jedoch besonders zutrifft, ist der Zustand der Werkstückoberfläche maßgebend für die Eindiffusion von Stickstoff bzw. Stickstoff und Kohlenstoff. Daher müssen störende Rückstände der beim Bearbeiten benutzten Kühlschmiermittel oder der Konservierungsmittel von der Werkstückoberfläche vollständig entfernt werden, damit der Stickstoff ungehindert eindiffundieren kann, vgl. Kapitel 3. Jedoch auch Rückstände bestimmter Reinigungsmittel oder Nichteisenmetalle sowie Verschmutzungen können sich störend auswirken. Schließlich muss auch die Einwirkung des Luftsauerstoffs berücksichtigt werden, der speziell bei legierten und hochlegierten Stählen bei längerem Lagern an der Werkstückoberfläche wenige Nanometer dicke Oxidschichten bildet. Diese können dann die Oberfläche so passivieren, dass die Eindiffusion von Stickstoff be- oder sogar völlig verhindert wird. Dies wirkt sich in erster Linie auf die Dicke der Verbindungsschicht aus, siehe 9.3-1. Um derartige Störeinflüsse zu vermeiden, kommt es also darauf an, möglichst nur Werkstücke mit metallisch blanker und nicht passiver Oberfläche der Behandlung zuzuführen. Dabei erweist sich das Salzbadnitrocarburieren weniger empfindlich als die Gas- oder Plasmaprozesse. Oxidschichten lassen sich im Plasma entfernen.

Bild 9.3-1: Oberflächenpassivierung: ungleichmäßiges Ausbildung der Verbindungsschicht (1000:1, Nital)

Nitrierhärtetiefe zu gering und/oder Verbindungsschicht zu dünn

Für diese Beanstandung kommen mehrere Ursachen in Betracht:

- Temperatur beim Nitrieren/Nitrocarburieren zu niedrig
- Haltedauer beim Nitrieren/Nitrocarburieren zu kurz
- Nitrierwirkung zu schwach
- Isolierende Deckschicht auf der Werkstückoberfläche oder Oberflächenpassivierung.

Beanstandungen aufgrund falscher Temperaturen oder einer zu kurzen Haltedauer ergeben sich meist durch den Ausfall oder eines Defekts an der Ofenheizung oder an den Thermoelementen, was insbesondere bei den lang dauernden und über Nacht laufenden Gasnitrierprozessen kritisch ist. Zu niedrige Temperaturen und zu kurze Haltedauer führen zu geringerem Schichtwachstum, so dass vorgegebene Nitrierhärtetiefen nicht erreicht werden.

Eine zu geringe Nitrierwirkung liegt beim Gasnitrieren oder -nitrocarburieren vor, wenn die Nitrierkennzahl zu niedrig ist oder wenn die Gaszufuhr unterbrochen wird. Dies wirkt sich hauptsächlich auf das Wachstum der Verbindungsschicht aus. Beim Salzbadnitrocarburieren ist ein zu niedriger Cyanatgehalt und beim Plasmanitrieren können es ungeeignete Plasmaparameter sein, die hierfür in Frage kommen. Isolierende Deckschichten oder eine Oberflächenpassivierung können sowohl zu einer zu dünnen Verbindungsschicht als auch einer zu geringen Nitrierhärtetiefe führen.

Nitrierhärtetiefe zu groß und/oder Verbindungsschicht zu dick

Auch eine zu große Nitrierhärtetiefe oder eine zu dicke Verbindungsschicht können Gegenstand einer Beanstandung sein. Sie sind meist die Folge einer zu hohen Temperatur und/oder einer zu langen Haltedauer. Hinzu kommt möglicherweise eine zu starke Nitrierwirkung, d. h. eine zu große Nitrierkennzahl beim Nitrieren oder Nitrocarburieren im Gas, ein zu hoher Cyanatgehalt beim Salzbadnitrocarburieren oder falsche Parameter bei plasmaunterstützten Behandlungen. Speziell bei dünnwandigen Werkstücken führt eine zu große Nitrierhärtetiefe zu einer starken Versprödung und einem erhöhten Rissrisiko auch schon bei geringer Beanspruchung im eingebauten Zustand.

Eine zu dicke Verbindungsschicht bedeutet gleichzeitig auch eine stärkere Porosität, die in manchen Anwendungsfällen zu einem erhöhten Anfangsverschleiß oder zum Ausbrechen von Partikeln aus der Randschicht führen kann.

Verbindungsschicht zu porös

Für die Porosität der Verbindungsschicht sind im Wesentlichen die Behandlungsdauer und die Nitrierwirkung, beim Salzbadnitrocarburieren ein zu hoher Cyanatgehalt oder eine verschmutzte Salzschmelze, maßgebend. Tendenziell verstärkt auch eine gröbere Bearbeitung und eine größere Oberflächenrauheit die Porenbildung. Außerdem ist bei Gusseisen und viel Schwefel enthaltenden Stählen (Automatenstähle) mit einer stärkeren Porosität zu rechnen, vgl. Bild 9.3-2. Durch eine nicht zu dicke Verbindungsschicht sowie das bevorzugte Verwenden legierter anstelle unlegierter Stähle, lässt sich die Porosität minimieren.

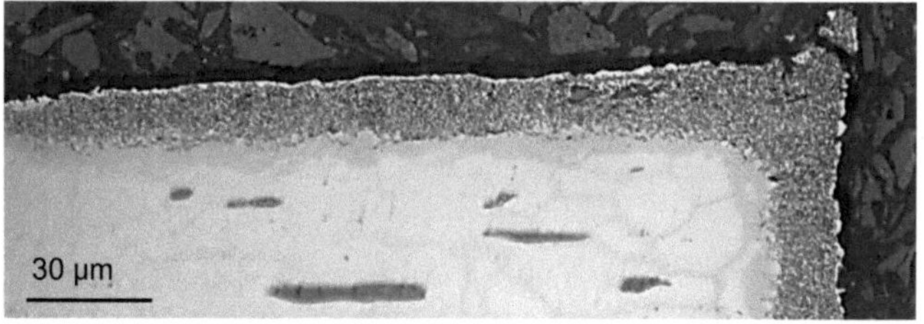

Bild 9.3-2: Verbindungsschicht mit starker Porosität (1000:1)

Oberflächenhärte zu niedrig

Obwohl die Oberflächenhärte in den meisten Anwendungsfällen für die Funktionseigenschaften von untergeordneter Bedeutung ist, kann ihre Prüfung Aufschluss über den korrekten Verlauf des Nitrier-/Nitrocarburierprozesses geben.

Für eine zu niedrige Oberflächenhärte kommen mehrere Ursachen in Betracht:

- Nitriertiefe bzw. Nitrierhärtetiefe für die gewählte oder vorgeschriebene Prüflast zu gering
- Nitriertiefe bzw. Nitrierhärtetiefe zu gering wegen zu kurzer Nitrierdauer
- Randhärte zu niedrig wegen zu hoher Temperatur beim Nitrieren oder Nitrocarburieren oder weil die Diffusionsschicht teilweise austenitisch ist
- Legierte vergütete Stähle zu hoch und/oder zu lange angelassen
- Unlegierte Stähle zu langsam abgekühlt

Die möglichen Gründe für eine zu geringe Nitriertiefe bzw. Nitrierhärtetiefe sind im vorangegangenen Text beschrieben. Bei Behandlungstemperaturen über 570 °C entsteht bei unlegierten Stählen unterhalb der Verbindungsschicht Austenit, vgl. Kapitel 1; bei legierten Stählen erfolgt dies erst bei höheren Temperaturen. Ist die Prüflast hoch genug, macht sich dies beim Messen der Oberflächenhärte in zu niedrigen Werten bemerkbar. In Anwendungsfällen mit einer hohen Oberflächenbelastung kann dies zum Ausfall des Werkstücks führen.

Werkstücke, die auf eine bestimmte Kernfestigkeit vergütet werden, müssen bei Temperaturen angelassen werden, die etwa 30 °C über der Temperatur beim Nitrieren/Nitrocarburieren liegen sollten. Dadurch lässt sich in den meisten Fällen sicherstellen, dass das Nitrieren/Nitrocarburieren kein zusätzliches Anlassen bewirkt und die eingestellte Kernfestigkeit erhalten bleibt.

Werden unlegierte ferritisch-perlitische Stähle nach dem Nitrocarburieren zu langsam abgekühlt, entstehen Nitridausscheidungen, welche zu einer geringeren Härte (aber auch geringerer Schwingfestigkeit führen, vgl. Kapitel 2.

Oberflächenhärte zu hoch

Die Temperatur beim Nitrieren beeinflusst die erreichbare Oberflächenhärte; dabei ergeben sich bei höheren Temperaturen in der Regel niedrigere Werte und umgekehrt, was auf einen anderen Charakter der Nitridausscheidungen zurückzuführen ist, vgl. Kapitel 1.5.

Eine zu hohe Oberflächenhärte kann auch vorliegen, wenn bei hochlegierten Werkzeugstählen oder bei mit Aluminium legierten Nitrierstählen ein vorgeschriebenes Diffusionsglühen nicht oder bei zu niedriger Temperatur oder mit zu kurzer Dauer durchgeführt wurde.

Kernhärte zu niedrig

Werden vergütete Stähle bei einer Temperatur, die bei der Anlasstemperatur oder nur wenig darüber liegt und/oder zu lange nitriert, kann dies bewirken, dass die beim vorangegangenen Vergüten eingestellte Kernhärte erniedrigt wird. Um dies zu vermeiden, sollte die Anlasstemperatur ca. 30 °C über der Nitriertemperatur liegen.

Zu große Maß- und Formänderungen

Im Regelfall sind die durch das Nitrieren und Nitrocarburieren hervorgerufenen Maß- und Formänderungen sehr gering und liegen in der Größenordnung von Mikrometern bis Hundertstel Millimetern. Sie werden ganz wesentlich durch die Werkstückgeometrie und dadurch bestimmt, dass keine größeren Eigenspannungen im Ausgangszustand vorhanden sind. Zum Einfluss der Geometrie siehe Kapitel 2.3 mit den Bildern 2.3-3 und 2.3-4.

Größere Maß- und Formänderungen können jedoch auftreten, wenn die Werkstücke nicht thermisch stabil sind, sondern Eigenspannungen besitzen oder wenn sie zu rasch oder ungleichmäßig erwärmt werden. Auch ein ungünstiges Positionieren der Werkstücke in der Ofencharge, so dass z. B. schlanke Wellen durch das Gewicht anderer Werkstücke belastet werden, kann bei langer Nitrierdauer zu einem Kriechen und damit zu Verzug führen. Hier schafft ein vorangehendes Spannungsarmglühen, ein langsameres Erwärmen, beim Salzbadnitrocarburieren kombiniert mit einem Vorwärmen, sowie ein entsprechendes Packen der Ofencharge Abhilfe, so dass Maß- und Formänderungen vermieden oder zumindest minimiert werden.

Auch ein zu schroffes Abkühlen oder eine bereichsweise ungleichmäßige Stickstoffaufnahme, z. B. wegen zu großer Temperaturunterschiede in der Behandlungscharge, kann unnötige Maß- und Formänderungen bewirken.

Risse

Risse an nitrierten oder nitrocarburierten Werkstücken können auftreten, wenn die Erwärm- oder die Abkühlgeschwindigkeit zu hoch ist. Sie treten meist bei großvolumigen Werkzeugen aus hochlegierten Stählen und mit geometrisch ungünstiger Form (Werkzeugstähle) oder Werkstücken aus Gusseisen auf. In diesen Fällen muss durch langsames Erwärmen und Abkühlen dem Entstehen thermisch bedingter ungünstiger Eigenspannungsverteilungen vorgebeugt werden.

Oberflächenverfärbungen

Dringt beim Gasnitrieren/-nitrocarburieren Luft in den Ofen ein, z. B. durch zu frühes Öffnen des Ofens oder ist der zum Abkühlen benutzte Stickstoff nicht frei von Sauerstoff, ist mit Verfärbungen der Werkstückoberfläche zu rechnen, vgl. Bild 8-1 im Kapitel 8. Es handelt sich dabei um wenige Nanometer dicke Oxidschichten, welche aber keineswegs die Funktionseigenschaften beeinträchtigen, sondern lediglich die Werkstückoberfläche unschön aussehen lassen.

Dopplungen in der Verbindungsschicht

Dopplungen in der Verbindungsschicht sind meist die Folge einer vor dem Nitrieren/Nitrocarburieren vorhandenen Oxidschicht. Diese kann beispielsweise im Zusammenhang mit einem Vergüten beim Anlassen entstehen, wenn die Werkstücke in einer oxidierenden Umgebung, z. B. im Luftumwälzofen oder in Öfen ohne Schutzatmosphäre, angelassen werden. Eine andere Ursache kann das Voroxidieren vor dem Nitrieren/Nitrocarburieren sein, wenn es bei Temperaturen über ca. 350 °C und/oder mit einer zu langen Haltedauer durchgeführt wird. In Bild 9.3-3 ist hierzu ein Beispiel abgebildet.

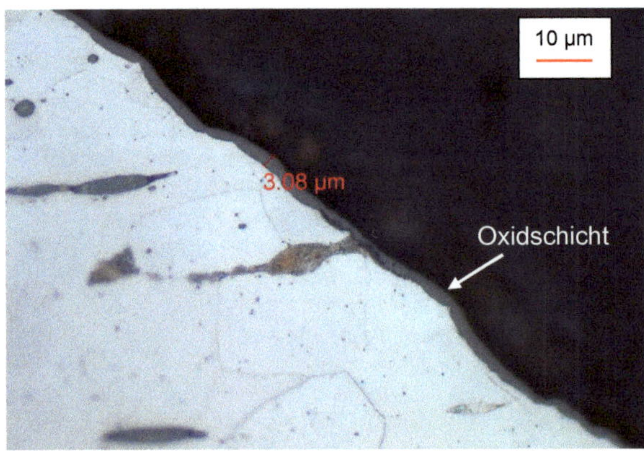

Bild 9.3-3: Dicke Oxidschicht (grau) nach Voroxidieren (1000:1)

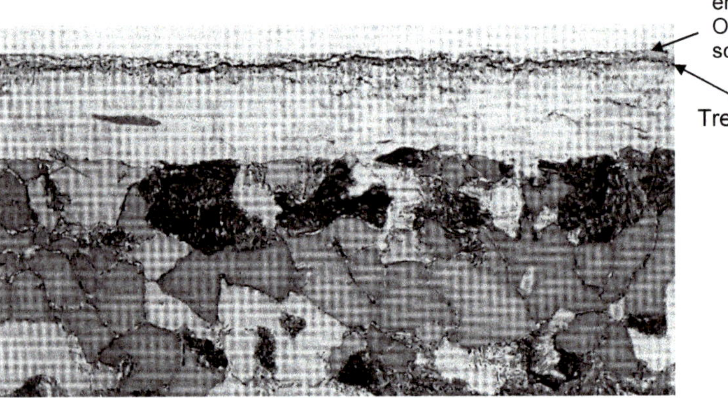

Bild 9.3-4: Verbindungsschicht mit Dopplung (1000:1, Nitalätzung)

Erfolgt dann das Nitrieren/Nitrocarburieren im Gas, wird die Oxidschicht durch den anwesenden Wasserstoff zu einer Eisenschicht reduziert, die mit dem Grundwerkstoff keine feste Haftung mehr besitzt. Durch die Eindiffusion von Stickstoff wird sie dann zu einer Nitrid-/Carbonitridschicht, die sich mehr oder weniger leicht von der Werkstückoberfläche abschieben oder abkratzen lässt oder bei einem Abschrecken abspringt. Im Bild 9.3-4 ist die lichtmikroskopische Aufnahme einer Verbindungsschicht mit Dopplung abgebildet. In Bild 9.3-5 ist dargestellt, wie durch einen aufgeklebten Tesafilmstreifen die äußere Schicht der gedoppelten Verbindungsschicht zusammen mit diesem von der Oberfläche abgezogen werden kann.

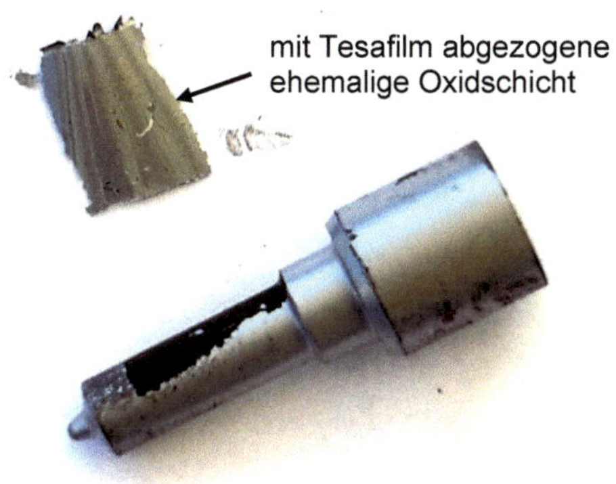

Bild 9.3-5: Abziehprobe der gedoppelten VS mittels Tesafilm

Eine Dopplung der Verbindungsschicht wirkt sich auch ungünstig auf ein nachfolgendes Polieren oder Läppen der Werkstückoberfläche aus, da hierbei der Abtrag unterschiedlich ist und zu einer Reliefbildung führen kann, vgl. Bild 9.3-6.

Bild 9.3-6: Reliefbildung nach dem Superfinishen infolge Dopplungen in der Verbindungsschicht am Kolben einer Axialkolbenpumpe

Eine andere Nachweismöglichkeit einer Dopplung der Verbindungsschicht kann durch eine Härteprüfung vorgenommen werden. Benützt man hierzu die Prüfung nach dem

Rockwell-C-Verfahren, dann wird in der Umgebung des Eindrucks des Indentors die Verbindungsschicht derart belastet und bleibend verformt, dass aus dieser Partikel herausgesprengt werden, siehe Bild 9.3-7.

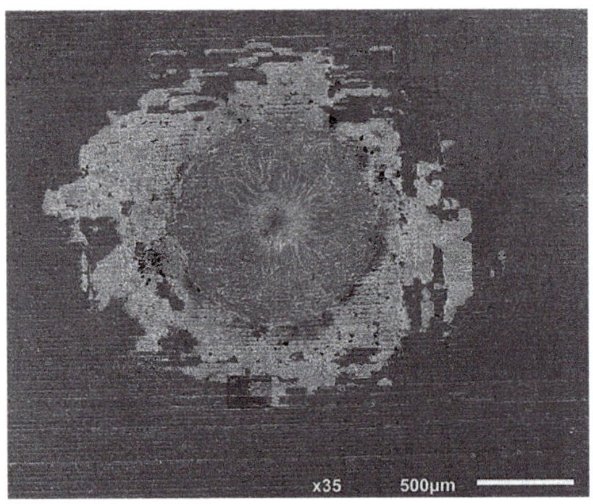

Bild 9.3-7: Oberfläche eines Indentor-Eindrucks mit dem Rockwell-C-Verfahren mit Ausbrüchen von Partikeln aus einer gedoppelten Verbindungsschicht

Fehlererscheinungen beim Oxinitrieren/nitrocarburieren im Gas

Das Oxinitrieren/nitrocarburieren erfolgt unter Zugabe von Sauerstoff abgebenden Komponenten z. B. Luft oder Lachgas zum Behandlungsgas. Dies soll bei Werkstücken aus legierten und hochlegierten Stählen die Oberfläche für die Stickstoffaufnahme aktivieren und das Wachstum der Nitrierschicht beschleunigen.

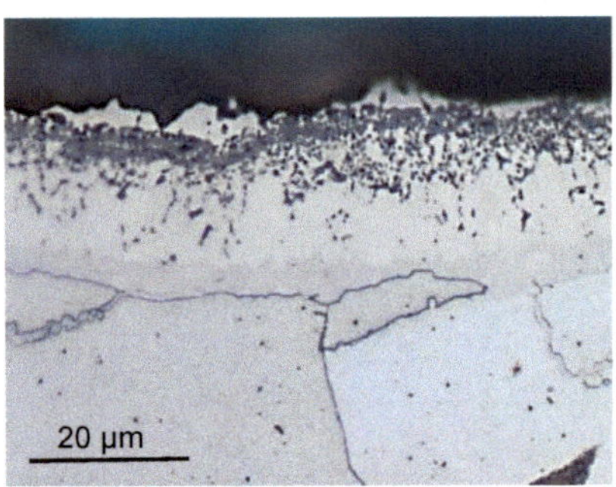

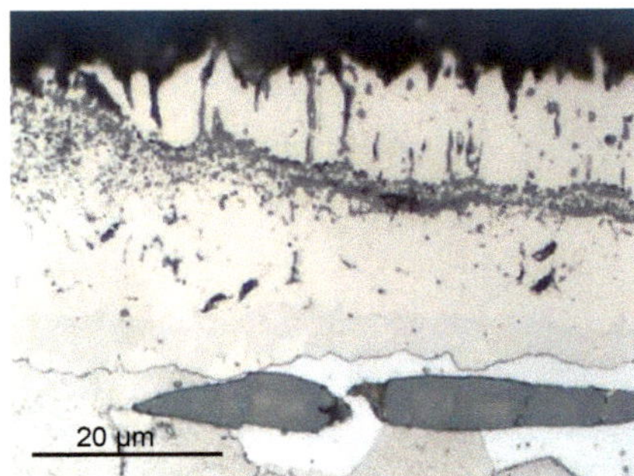

Bild 9.3-8: Anomale Nitrierschicht durch zu hohen Sauerstoffanteil im Ofengas; links schwach, rechts extrem stark ausgebildet (Nitalätzung)

Dabei wird oft jedoch mit zu großen Zugabemengen zu viel des „Guten“ getan. Statt einer ordentlich ausgebildeten Verbindungsschicht können sich der Stickstoffeindiffusion simultan durch einen zu hohen Sauerstoffanteil im Ofengas Oxidationsvorgänge, und durch den Wasserstoffgehalt aus der Ammoniakdissoziation, Reduktionsvorgänge überlagern. Die Ausbildung der Werkstückrandschicht kann dabei anomale Formen annehmen, wie im Bild 9.3-8 zu sehen ist. Hier ist die eigentliche Verbindungsschicht mit einer – für die Betrachtung im Lichtmikroskop kaum anätzbaren – „weißen“ Schicht überzogen. Diese hat gleich hohe Härte wie die Verbindungsschicht und besitzt eine spießige Oberfläche wie ein „Nagelbrett“, siehe Bild 9.3-8. Ihre Haftung ist gering und es ist zu erwarten, dass abgeriebene harte Partikel das Verschleißverhalten beeinträchtigen.

Fehler beim Nachoxidieren

Durch ein nach dem Nitrocarburieren durchgeführtes Oxidieren, lässt sich das Korrosionsverhalten der Verbindungsschicht weiter verbessern, vgl. Kapitel 6.3.5. Dabei sollte darauf geachtet werden, dass die entstehende Oxidschicht höchstens 0,5 µm bis 1,0 µm dick wird. Die Temperatur für das nachträgliche Oxidieren, das separat oder in Kombination mit dem Abkühlen erfolgen kann, sollte dabei im Bereich zwischen 450 °C und 500 °C liegen. Ein Beispiel für die optimale Ausbildung ist im Kapitel 8, im Bild 8-2 zu sehen.

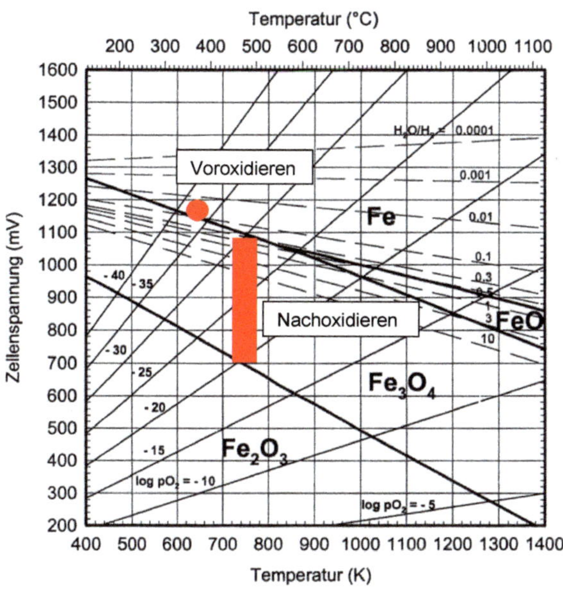

Bild 9.3-9: Existenzbereich der Eisenoxide (nach Weissohn) und Empfohlene Behandlungstemperaturen

9.4 Anwendungsbeispiele

D. Liedtke, J. Boßlet, U. Baudis, U. Huchel,
H. Klümper-Westkamp, W. Lerche, H.-J. Spies

Das Nitrieren und Nitrocarburieren von Bauteilen und Werkzeugen aus Stahl, Gusseisen und Sinterstahl wird industriell in vielen Bereichen und in großem Maßstab erfolgreich zum Verbessern der Gebrauchseigenschaften angewendet. Aus der Vielzahl der industriellen Anwendungsbeispiele können im Folgenden nur einige wenige typische Beispiele dargestellt und beschrieben werden. Dies soll sowohl Entscheidungshilfe als auch Anregung für das Anwenden des Nitrierens oder Nitrocarburierens bei Bauteilen und Werkzeugen sein.

9.4.1 Bauteile

9.4.1.1 Antriebs- und Fördertechnik

Erfolgsberichte über Bauteile aus der Antriebs- und Fördertechnik nennen Zahnräder, Zahnkränze und -stangen, Ritzel, Schrauben-, Steuer-, Synchron-, Schneckenräder, Schnecken, Schneckengetriebe und -wellen, Differentialgehäuse, Extruderschnecken und -zylinder, Förderketten, Leit-, Gewinde-, Transport-, Stellspindeln, Führungen, Steuerstangen, Achsschenkel, Kupplungslamellen, Schaltgabeln, Synchronkörper, Tachometerantriebe, Treibachsen für Elektrolokomotiven, Seiltrommelscheiben, Rütteltöpfe u.v.a.m..

Bild 9.4-1 zeigt Antriebs- bzw. Transportelemente aus dem Kamera- und Projektorenbau.

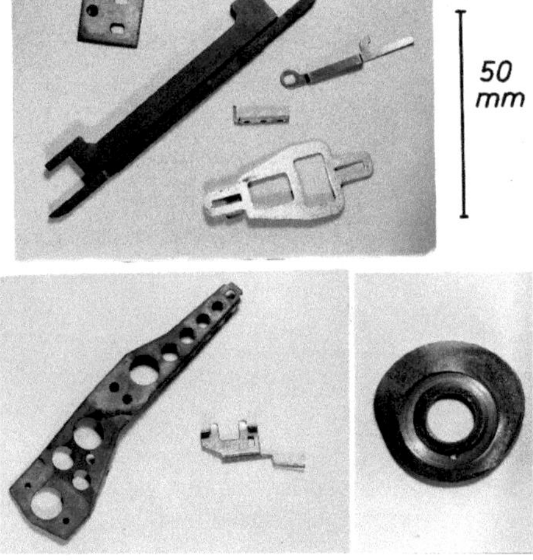

Bild 9.4-1: Beispiele für das verzugsarme Nitrocarburieren von Blechteilen

Bei diesen spezifisch auf abrasiven Verschleiß beanspruchten Teilen kommt es auf eine Wärmebehandlung an, die zu möglichst geringen Maß- und Formänderungen führt. Die dünnwandigen Teile aus unlegierten Stählen erhalten beim Umformen und Stanzen Eigenspannungen. Diese werden beim Wärmebehandeln je nach Behandlungstemperatur mehr oder weniger vollständig ausgelöst und führten beispielsweise bei dem vorher angewendeten Einsatzhärten zu einem zu großen Verzug. Dieser lässt sich durch Richten ohne Rissgefahr nicht beseitigen. Auch das Schleifen scheidet bei den Blechteilen aus. Dagegen sind die bei einem Nitrocarburieren eintretenden Maß- und Formänderungen vernachlässigbar gering und die Nitrierschicht gewährleistet einen ausreichenden Verschleißwiderstand.

Der in Bild 9.4-2 abgebildete Steuernocken aus einem Automateneinsatzstahl erfordert am Umfang für das Herstellen der Steuerfläche ein relativ aufwendiges Feinkopierdrehen. Die Steuerfläche wird radial und axial von einem harten Stift abgetastet. Nach einem Härten oder Einsatzhärten zwingen die Maß- und Formänderungen zu einem Schleifen oder Hartdrehen. Dies ist wegen der komplizierten Form der Steuerfläche jedoch nicht möglich. Eine wirtschaftliche Lösung brachte dagegen ein dreistündiges Nitrocarburieren bei 570 °C, mit dem ein ausreichender Schutz gegen den adhäsiven und abrasiven Verschleiß durch den Taststift erreicht wurde. Auf ein Nachbearbeiten konnte wegen der minimalen Maß- und Formänderungen verzichtet werden.

Bild 9.4-2: Nitrocarburierter Steuernocken aus 10SMn28

9.4.1.2 Fahrzeug- und Motorenbau

Hier wird das Nitrocarburieren und Nitrieren für Zylinderköpfe, -blöcke, -laufbüchsen, Einlass- und Auslassventile, Pleuel, Kolbenringe und -bolzen, Kurbelwellen, Kipphebel, -brücken und -achsen, Ventilhebel, Lagerschalen, Nocken und Nockenwellen, Stößelführungen u. a. angewendet.

Das Ventil eines PKW-Motors aus dem Stahl X50CrMnMoNiNbN21.9 in Bild 9.4-3 wurde zur Erhöhung der Dauerschwingfestigkeit und des Verschleißwiderstands nitriert. Auch der Stahl X45CrSi9.3 wird für diese Art Ventile verwendet. Wegen der möglichen Oberflächenpassivierung dieser hochlegierten Stähle, empfiehlt sich ein Plasmanitrieren oder Salzbadnitrocarburieren. Die Behandlung wird so durchgeführt, dass z. B. eine 10 µm bis 13 µm bzw. 21 µm bis 24 µm dicke Diffusionsschicht erzeugt wird.

Aufgrund der relativ niedrigen Nitriertemperatur ergibt sich eine hervorragende Maß- und Formbeständigkeit. Das Plasmanitrieren bei 500 °C vermeidet darüber hinaus einen Härteabfall, wenn der Ventilkopf vorher gehärtet wurde. Dies stellt eine kostengünstige Alternative zu verchromten Ventilen dar.

Bild 9.4-3: Plasmanitriertes PKW-Motorventil

Sinterteile nehmen wegen ihrer geringeren Dichte und der vorhandenen Poren wesentlich größere Menge Stickstoff auf als Stahl. Auch die Nitriertiefe ist deutlich größer. Dies verursacht wesentlich größere Maß- und Formänderungen. Mit dem Plasmanitrieren/-nitrocarburieren lässt sich dies verbessern. Die Stickstoffaufnahme, bezogen auf das Volumen, ist geringer. Außerdem lassen sich in den Poren noch vorhandene Schmierstoffreste vom Kalibrieren durch das Erwärmen im Vakuum der Plasmanitrieranlage durch Ausdampfen leichter entfernen. Die Synchronkörper in Bild 9.4-4 werden bei 550 °C 6 h lang nitriert, so dass sie eine Verbindungsschichtdicke von ca. 10 µm erreichen.

Bild 9.4-4: Plasmanitrierte Synchronkörper aus Sinterstahl

Die in Bild 9.4-5 abgebildeten Antriebsachsen für Scheibenwischer wurden früher zum Korrosionsschutz meist galvanisch verzinkt oder mit Nickel beschichtet. Dies hat jedoch nicht immer gegen das Rosten ausgereicht. Nahezu alle führenden Automobilhersteller wenden heute das Salzbadnitrocarburieren mit nachträglichem Oxidieren an, z. B. das Arcor C- oder Arcor V-Verfahren. Dabei wird ein Korrosionswiderstand entsprechend einer Beständigkeit im Salzsprühtest von bis zu 400 Stunden erreicht. Die Achsen erhalten außerdem eine höhere Festigkeit und durch einen geringeren Reibungskoeffizienten in den Führungsbuchsen aus Aluminium ist auch das Verschleißverhalten günstiger. Die Teile wurden früher meist verzinkt oder mit Nickel beschichtet.

Bild 9.4-5: Scheibenwischer-Antriebsachsen, salzbadnitrocarburiert 570 °C 90 min und oxidiert 430 °C 15 min

Ein wichtiges Anwendungsgebiet für das Nitrocarburieren im Bau von Motoren aller Art sind heute wie vor 40 Jahren Kurbelwellen. Ziel ist eine höhere Dauerschwingfestigkeit, ein größerer Verschleißwiderstand und günstigere Reibungsbedingungen an den Lagerstellen. Die poröse Verbindungsschicht erleichtert das Einlaufverhalten und bietet zudem gute Notlaufeigenschaften. Je nach den Anforderungen werden gegenwärtig Kurbelwellen mit allen Verfahren sowohl nitrocarburiert als auch nitriert.

In Bild 9.4-6 ist eine gasnitrocarburierte Kurbelwelle aus dem Nitrierstahl 31CrMoV9 zu sehen. Mit einer Nitrierhärtetiefe von rd. 0,4 mm konnte die Gestaltfestigkeit bei Torsion und Biegung um mindestens 20 % gesteigert werden.

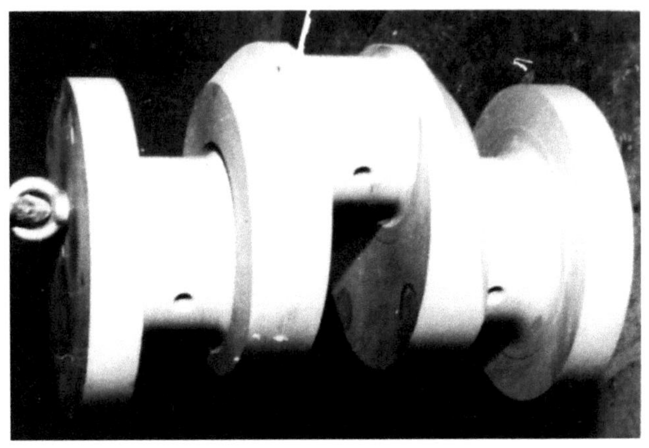

Bild 9.4-6: Kurbelwelle aus 30CrMoV9, gasnitrocarburiert

In Bild 9.4-7 sind Kurbelwellen für Kfz-Motoren abgebildet, bei denen die Dauerschwingfestigkeit erhöht und das Verschleißverhalten durch Salzbadnitrocarburieren bei minimalen Maß- und Formänderungen erfolgreich verbessert wurde.

Bild 9.4-7: Salzbadnitrocarburierte Kurbelwellen für Kfz-Motoren

Die in Bild 9.4-8 abgebildeten Tassenstößel aus dem Werkstoff 16MnCrS5 werden tiefgezogen, carbonitriert und anschließend gasnitrocarburiert. Das Carbonitrieren unterstützt die Verbindungsschicht, die aus Verschleißgründen im Vordergrund steht.

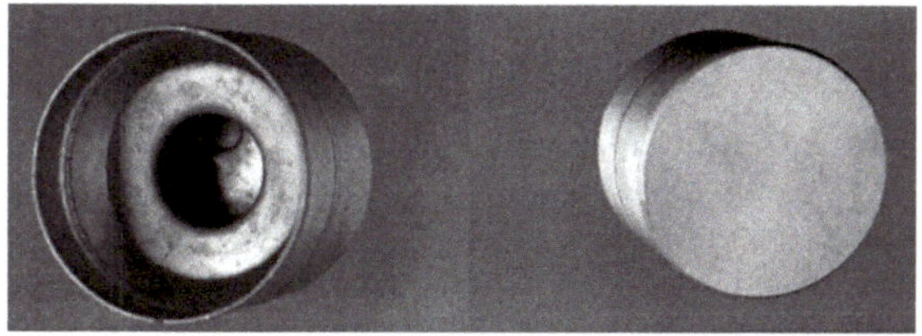

Bild 9.4-8: Gasnitrocarburierte Tassenstößel

In Lenksystemen werden häufig Kugelzapfen wie der in Bild 9.4-9 abgebildete, verwendet. Dort werden sie tribologisch und korrosiv beansprucht. Meist wird als Werkstoff der Stahl 42CrMoS4 verwendet. Die Zapfen werden vergütet und dann nitrocarburiert und nachoxidiert. Beim Nitrocarburieren wird eine Verbindungsschicht mit einer hohen Stickstoff- und Kohlenstoffkonzentration angestrebt. Das mittels Sauerstoffsonde geregelte Nachoxidieren erfolgt bei 450 °C unter Bildung einer definierten Magnetitschicht (Fe_3O_4) mit einer Dicke von 0,5 µm bis 2 µm und einem dekorativen Aussehen.

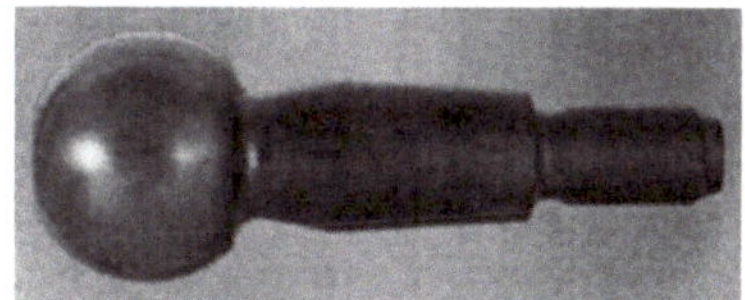

Bild 9.4-9: Gasnitrocarburierter Kugelbolzen aus 42CrMoS4

Bei dem Anwendungsbeispiel in Bild 9.4-10 handelt es sich um Gasdruckfeder-Kolbenstangen aus vergütetem Stahl C45, die in der Automobil- und Luftfahrtindustrie, im Maschinenbau oder in Bürostühlen eingesetzt werden.

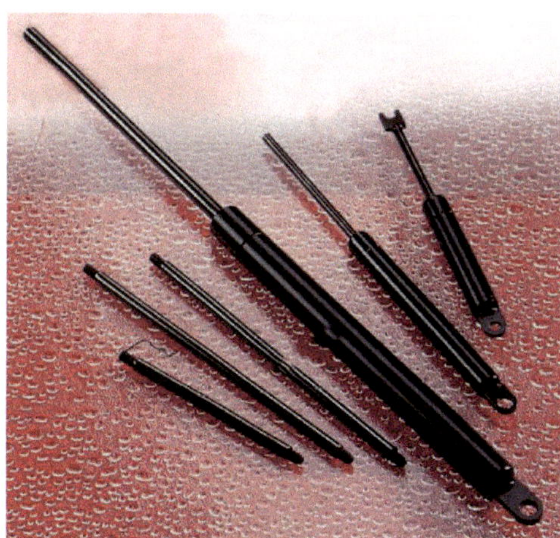

Bild 9.4-10: Salzbadnitrocarburierte Gasdruckfeder-Kolbenstangen

Sie werden vorteilhaft salzbad- oder gasnitrocarburiert und zur Verbesserung des Korrosionsschutzes oxidiert. Damit lassen sich kostengünstig Chromschichten ersetzen.

Ein weiteres interessantes Anwendungsbeispiel sind vergütete Federn, deren Festigkeit durch Nitrieren weiter erhöht werden kann. Die meisten Federnwerkstoffe sind jedoch nicht besonders anlassbeständig, so dass das Nitrieren bei möglichst niedrigen Temperaturen durchgeführt werden muss, um die beim Vergüten eingestellte Festigkeit nicht herabzusetzen. Dies gelingt am besten durch ein Plasmanitrieren, das unterhalb der üblichen Temperaturen, minimal bei 400 °C, durchgeführt werden kann. In Bild 9.4-11 sind hierzu Ventilfedern abgebildet, die so nitriert werden, dass sich eine Nitrierhärtetiefe von ca. 100 µm einstellt. Von Vorteil ist außerdem, dass durch die Nitrierschicht die Auflageflächen der Federn gegen Verschleiß besser geschützt sind.

Bild 9.4-11: Plasmanitrierte Ventilfedern

9.4.1.3 Hydraulikindustrie

In diesem Industriesektor sind es Ventile, Ventil- und Steuerschieber, Pumpenritzel, -wellen, -zylinder, -körper, Kolben, Gleitteile, Pumpengehäuse, Verstell- und Hydraulikzylinder, Dichtungsringe, die sehr erfolgreich hauptsächlich gegen Verschleiß und Korrosion nitrocarburiert oder nitriert werden.

Die Bilder 9.4-12 und 9.4-13 zeigen typische Bauteile aus dem Hydraulikpumpenbau. Es handelt sich hier um Zylinder und Kolben, die aus einem unlegierten Vergütungsstahl hergestellt wurden. Bei den Zylindern in Bild 9.4-13 ersetzte das Nitrocarburieren – 570 °C 3 h – das teurere Einschmelzen von Bronzebuchsen. Außerdem wird dadurch die notwendige Schwingfestigkeit im Bereich des Keilwellenprofils erreicht.

In Bild 9.4-12 ist ein dazugehöriger Pumpenkolben aus C45 abgebildet. Problematisch erwies sich, dass er durch das Nitrocarburieren aufgrund des an einem Ende geschlossenen Bodens zwangsläufig einige µm konisch wurde. Dies lässt sich durch ein entsprechendes Vorhalten beim Schleifen vor dem Nitrocarburieren oder ein nachträgliches Kalibrieren durch ein Superfinishen einigermaßen beherrschen.

Bild 9.4-12: Nitrocarburierter Kolben einer Hydraulikpumpe

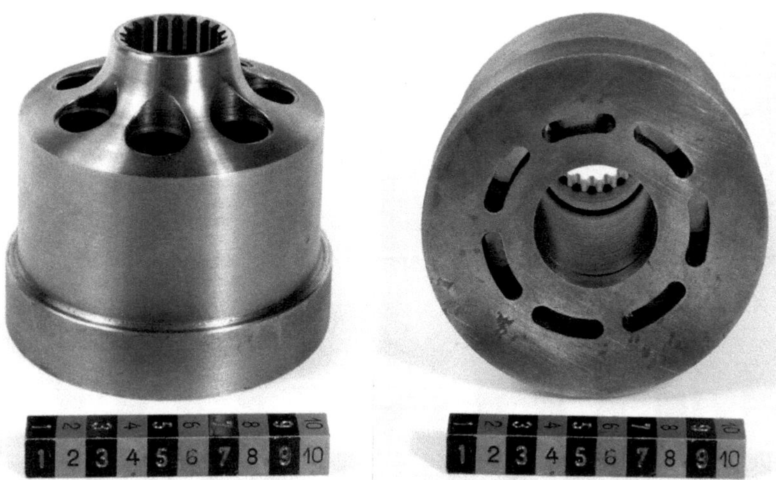

Bild 9.4-13: Nitrocarburierter Pumpenzylinder einer Axialkolben-Hydraulikpumpe

Bei Kolbenstangen, Hydraulikzylindern oder Führungsbüchsen tritt meist Verschleiß in Kombination mit Korrosion auf. Als Werkstoffe kommen Baustähle, unlegierte oder niedrig legierte Stähle zum Einsatz. Gefordert wird meist ein Korrosionswiderstand im Salzsprühtest entsprechend einer Dauer von 144 Stunden ohne Korrosionspunkt. Durch Nitrocarburieren in Verbindung mit einem oxidierenden Nachbehandeln lässt sich im Einzelfall sogar eine Beständigkeit von 400 Stunden erreichen.

9.4.1.4 Maschinenelemente:

Unter den Maschinenelementen sind es hauptsächlich Zahnräder, Federn, Passfedern, Federbeine, -führungen, -teller, Stifte, Bolzen, für die es zahlreiche erfolgreiche Anwendungsbeispiele für ein Nitrieren oder Nitrocarburieren gibt. In den Bildern 9.4-14 und 9.4-15 sind hierfür typische Beispiele zu sehen.

Bild 9.4-14: Gasnitrierte Zahnräder aus 31CrMoV9

Bild 9.4-15: Gasnitriertes Zahnrad aus 42CrMo4 vergütet für ein Schiffsgetriebe (Werkfoto: Härterei Huber-Gommann, Remscheid)

Fast immer werden für Zahnräder legierte Vergütungsstähle oder Nitrierstähle verwendet und vor dem Nitrieren oder Nitrocarburieren vergütet. Durch die Nitrierschicht wird die Flankentragfähigkeit erhöht, so dass die Wälzermüdung bei hoher Flächenpressung zu einer größeren Überrollungszahl verschoben wird und ausreichende Dauerwälzfestigkeit erreicht wird. Bei geringer Flächenbelastung wirkt sich primär der geringere Gleitverschleiß aus, der ein Fressen verhütet. Die in Bild 9.4-14 abgebildeten Zahnräder wurden aus dem Stahl 31CrMoV9 hergestellt, vergütet und 32 Stunden gasnitriert. Gegenüber einem Einsatzhärten ergeben sich dadurch wesentlich geringere Maß- und Formänderungen, so dass auf Fertigmaß bearbeitet werden kann und nach dem Nitrieren oder Nitrocarburieren keine Nachbearbeitung mehr erforderlich ist.

Bei dem in Bild 9.4-15 abgebildeten Groß-Zahnrad handelt es sich um ein schräg verzahntes Stirnrad für ein Schiffsgetriebe. Es besaß einen Außendurchmesser von 3,91 m und wurde aus vergütetem 42CrMo4 hergestellt. Das Gasnitrieren in einem Schachtofen dauerte 84 Stunden bei 500 °C und ergab eine Nitrierhärtetiefe von 0,65 mm.

9.4.1.5 Sonstige Bauteile

Darunter fallen Führungsbolzen, -büchsen, Gabel- und Messerführungen, Gelenkkörper, Gleitbahnen, Türangeln, Lagerschalen, Nadellagerkäfige, Drucklagerringe, Anlaufscheiben, die erfolgreich nitriert oder nitrocarburiert werden und bei denen sich bessere Gebrauchseigenschaften bei günstigeren Fertigungskosten als Vorteil erwiesen haben.

Interessant sind die Anwendungsmöglichkeiten des Nitrierens oder Nitrocarburierens für verschleißbeanspruchte Bauteile, deren elektromagnetische Eigenschaften durch ein Wärmebehandeln nicht beeinträchtigt werden dürfen, die sich also nicht zum Härten oder Einsatzhärten eignen. Im Bild 9.4-16 ist ein Magnetschalter abgebildet, in dem die unten zu sehende Achse und die Scheibe, beide aus unlegiertem Stahl, durch ein Nitrocarburieren 570 °C 2 h den notwendigen Verschleißwiderstand erhielten. Dadurch ergab sich, dass sich die Koërzitivkraft nur wenig veränderte.

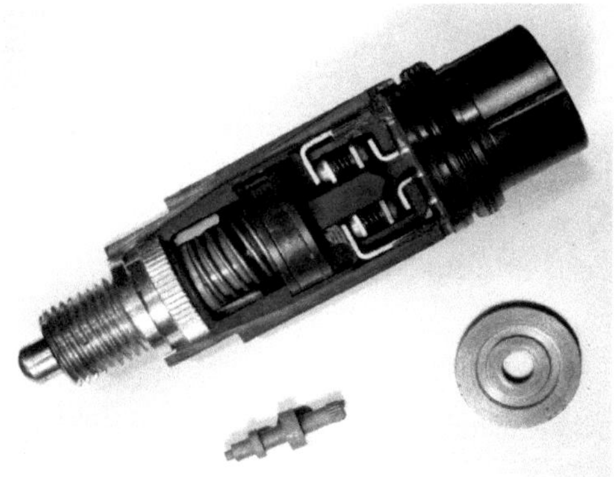

Bild 9.4-16: Nitrocarburierter Anker und Scheibe aus einem Steuerventil

Oftmals müssen nitrierte oder nitrocarburierte Werkstücke geschweißt werden. Die Nitrierschicht wirkt dabei störend, da aus dem aufgeschmolzenen Bereich Stickstoff ausgast und dadurch Blasen entstehen. Derartige Bereiche müssen gegen die Stickstoffaufnahme isoliert werden, was beim Plasmanitrieren und -nitrocarburieren durch eine mechanische Abdeckung mit einer Maske, einer Hülse o. ä. leicht realisiert werden kann. Die Lamellenträger in Bild 9.4-17 werden so aufeinandergesetzt, dass dadurch die Stirnflächen beim Nitrieren isoliert sind und keinen Stickstoff aufnehmen.

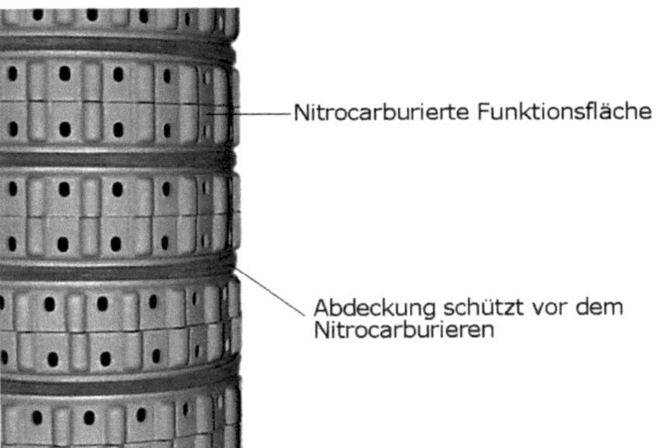

Bild 9.4-17: Lamellenträger mit örtlich begrenzter Nitrierschicht

Das örtlich begrenzte Nitrieren oder Nitrocarburieren kann auch aus Gründen der Maß- und Formänderungen zweckmäßig sein. In Bild 9.4-18 ist ein Zahnrad mit einer Längsnut zu sehen. Durch Isolieren der Aufnahmebohrung gegen Aufstickung, beim Gasnitrieren durch eine Paste, beim Plasmanitrieren durch einen Dorn, kann die sonst auftretende Unrundheit auf Grund der Asymmetrie durch die Längsnut verhindert werden.

Bild 9.4-18: Zahnrad mit Längsnut in der Bohrung (Asymmetrie)

9.4.2 Werkzeuge

Auch auf dem Werkzeugsektor gibt es zahlreiche Beispiele für die seit Jahrzehnten erfolgreiche Anwendung vorzugsweise, des Salzbadnitrocarburierens, zur Standzeiterhöhung und damit Kostensenkung. Nachstehend werden einige typische Anwendungsbeispiele dargestellt.

9.4.2.1 Kaltarbeitswerkzeuge

Werkzeuge, deren Oberflächentemperatur bei ihrer Verwendung im Allgemeinen unter 200 °C liegt, werden als Kaltarbeitswerkzeuge bezeichnet. Hierunter fallen Zieh-, Biege-, Roll-, Stanz-, Schnitt-, Press-, Fließpress- und Lochwerkzeuge. Gefordert werden von ihnen wird hauptsächlich

- eine hohe Druckfestigkeit (Härte, Widerstand gegen Schlag),
- eine hohe Zähigkeit (Biegefestigkeit),
- ein hoher Verschleißwiderstand (Schneidhaltigkeit) und teilweise
- eine geringe Kaltschweißneigung.

Die Kaltarbeitsstähle können zwar durch das Härten eine ausreichende Härte und Druckfestigkeit erhalten, sie sind jedoch gegenüber der üblichen Behandlungstemperaturen beim Nitrieren und Nitrocarburieren nicht ausreichend anlassbeständig. Falls ein Plasmanitrieren, bei dem auch bei Temperaturen unterhalb von 500 °C nitriert oder nitrocarburiert werden kann, nicht in Frage kommt, muss eine geringere Kernfestigkeit und damit auch eine geringere Druckfestigkeit in Kauf genommen werden.

Durch das Nitrieren oder Nitrocarburieren auch der ledeburitischen Werkzeugstähle kann das Aufkleben und Verschweißen von Metallpartikeln des verarbeiteten Materials, z. B. nichtrostende austenitische Stähle, deutlich verbessert werden. Um eine hohe Grundhärte der Werkzeuge zu erreichen, kann es zweckmäßig sein, vorzugsweise die ledeburitischen, mit 1 Masse-% bis 2 Masse-% Vanadium legierten Stähle zu benutzen, die nach dem Nitrocarburieren noch eine Härte von 59 HRC bis 60 HRC aufweisen oder auf Schnellarbeitsstähle auszuweichen.

Bewährt hat sich in den meisten Anwendungsfällen eine Behandlungsdauer von 30 min bis 4 h, je nach Werkzeugtyp, Werkstoff und Beanspruchung.

In Bild 9.4-16 ist ein typisches Kaltarbeitswerkzeug zum Tiefziehen von Stahlblech aus unlegiertem Stahl abgebildet. Bei der Verarbeitung solcher Stähle entsteht Adhäsionsverschleiß. Dadurch erhöht sich die Reibung, der Ziehvorgang wird erschwert und die Oberfläche der Ziehteile verschlechtert sich. Durch Nitrieren und Nitrocarburieren kann die Standzeit signifikant erhöht werden. Im vorliegenden Fall wurde ein Kaltarbeitsstahl mit 12 Masse-% Chrom benutzt, gehärtet, bei 600 °C angelassen und bei 570 °C 3 h lang salzbadnitrocarburiert.

Bild 9.4-19: Nitrocarburierter Ziehring zum Herstellen von Näpfen

9.4.2.2 Warmarbeitswerkzeuge

Warmarbeitswerkzeuge sind Werkzeuge, deren Oberflächentemperatur bei ihrer Verwendung im Allgemeinen über 200 °C liegt. Dies trifft auf Spritzguss-, Druckgieß-, Strangpress- und Schmiedewerkzeuge zu. Für die Gebrauchsfähigkeit werden gefordert:

- eine hohe Anlassbeständigkeit,
- eine hohe Warmfestigkeit,
- ein ausreichender Warmverschleißwiderstand,
- eine hohe Zähigkeit,
- eine hohe Wärmeleitfähigkeit,
- eine geringe Warmrissempfindlichkeit,
- gute Gleiteigenschaften der Oberfläche und
- geringe Neigung zu Materialansatz durch Kleben.

Durch Nitrieren und Nitrocarburieren kann die Temperaturbeständigkeit verbessert werden, was sich in einem zeitlich verzögerten Auftreten der typischen Warmrisse äußert. Zusätzlich wird das Reibverhalten verbessert und die bei den relativ hohen Arbeitstemperaturen stärkere Klebneigung wird durch die geringere Neigung zur Adhäsion und das günstigere Gleitverhalten verringert.

Es muss jedoch beachtet werden, dass bei Arbeitstemperaturen, die über der Nitrier-/Nitrocarburiertemperatur liegen, die Nitrierschicht verändert wird, da – je nach Temperatur – im Laufe der Zeit eine Stickstoffdiffusion und -effusion eintritt. Daher kann es notwendig sein, Schmiede- Strangpress- oder Druckgusswerkzeuge, nachdem sie gründlich von Resten des verarbeiteten Materials und der Oxidhaut gereinigt worden sind, erneut zu nitrieren oder nitrocarburieren, was sogar mehrmalig möglich ist.

In Bild 6.4-20 sind typische Strangpressmatrizen abgebildet. Bei diesen werden durch das Nitrieren oder Nitrocarburieren die Ziehbedingungen ebenfalls günstig beeinflusst.

Üblicherweise werden die Warmarbeitsstähle X38CrMoV5-1 oder X40CrMoV5-1 verwendet, gehärtet und bei 600 °C angelassen. Das Nitrocarburieren erfolgt bei 570 °C bis 580 °C, ein Nitrieren bei ca. 550 °C. Damit kann die Standzeit verdoppelt oder verdreifacht werden. Dies vergrößert den Zeitraum, bis zu dem ein zeitraubender Werkzeugausbau zum Reinigen von angeklebten Resten des verarbeiteten Materials vorgenommen werden muss. Durch die verringerte Klebwirkung und die geringere Reibung lassen sich die Pressgeschwindigkeit erhöhen und der Pressdruck verringern. Ähnliche Erfolge sind auch mit nitrocarburierten Warmpressgesenken erreichbar.

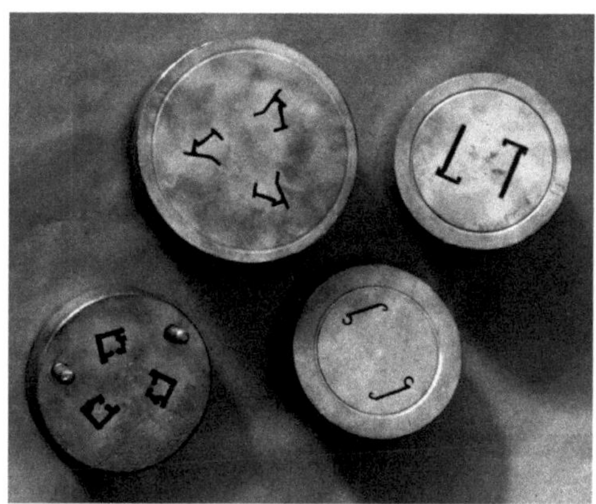

Bild 9.4-20: Nitrocarburierte Strangpressmatrizen

Beachtliche Erfolge werden mit dem Nitrieren und Nitrocarburieren auch bei Spritz- und Druckgießwerkzeugen erreicht. Die aufgestickte Oberfläche ist gut polierbar und erhält einen zusätzlichen Korrosionsschutz, der bei der Verarbeitung korrodierend wirkender Kunststoffe besonders von Vorteil ist.

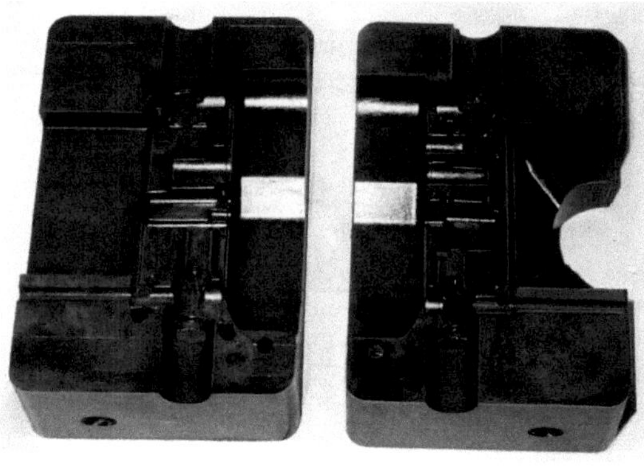

Bild 9.4-21: Druckgussform aus dem Stahl X40CrMoV5-1 nitrocarburiert 570 °C 3 h/Luft

Bild 9.4-22:
Einsatz für Druckgussform aus X40CrMoV5-1, nitrocarburiert

Bei den Druckgusswerkzeugen, Bilder 6.4-21 und 6.4-22 zeigen typische Beispiele, wird durch die Nitrierschicht die Oberflächengüte der Gussteile verbessert, die Klebneigung verringert und ein leichteres Entformen der Gussteile (Auswerfen) erreicht. Außerdem wird die Druckgussform gegen den Angriff der flüssigen Metallschmelze geschützt. Dies verlängert die Lebensdauer, verkürzt die Taktzeiten und erhöht die Ausbringung.

Die übliche Behandlungsdauer beträgt beim Salzbadnitrocarburieren 2 h bis 3 h. Wird wie bei Druck- oder Spritzgussformen, wo relativ hohe Schließdrücke vorliegen, eine hohe Kernfestigkeit verlangt, ist ein Gas- oder Plasmanitrocarburieren zu empfehlen. Hier kann bei Temperaturen unterhalb 570 °C gearbeitet werden, so dass die vorher beim Härten und Anlassen eingestellte Kernfestigkeit nicht reduziert wird.

Der Einfluss der Arbeitstemperaturen während des Einsatzes der Warmarbeitswerkzeuge bewirkt eine mehr oder weniger intensive Diffusion und Effusion des Stickstoffs in der Nitrierschicht. Im zeitlichen Verlauf wird dadurch das Stickstoff- und Konzentrationsprofil verändert und der Verschleißwiderstand lässt nach. Es kann daher zweckmäßig sein, nach einer gewissen „Schusszahl“ das Nitrocarburieren zu wiederholen. Dabei muss jedoch darauf geachtet werden, dass die Reste des verarbeiteten Materials sorgfältig entfernt werden, da insbesondere Nichteisenmetallreste die Eindiffusion des Stickstoffs be- oder sogar völlig verhindern können.

9.4.2.3 Werkzeuge aus Schnellarbeitsstählen

Schnellarbeitsstähle werden in erster Linie für Werkzeuge der Zerspantechnik, also für Bohrer, Fräser, Senker Räumnadeln, Gewindeschneidwerkzeuge, Reibahlen, Dreh-, Form- und Abstechstähle usw. verwendet. Hier stellen sich Arbeitstemperaturen teilweise bis über 600 °C ein. Die optimale Funktion der Werkzeuge verlangt daher

- eine hohe Warmfestigkeit,
- ein hoher Warmverschleißwiderstand und
- eine hohe Zähigkeit.

Bei Schneidwerkzeugen kann durch die Nitrierschicht die Reibung vermindert und damit dem Kolkverschleiß entgegengewirkt werden, wodurch die Schnitt-Temperaturen verringert und die Standzeiten verlängert werden.

Wegen der hohen Härte der Verbindungsschicht bei Werkzeugen aus Schnellarbeitsstahl dürfen Werkzeuge mit feinen Schneiden nur kurzzeitig nitriert oder nitrocarburiert werden, so dass keine Verbindungsschicht entsteht. Beim Gasnitrieren muss dazu die Nitrierkennzahl geregelt werden. Beim Nitrocarburieren darf dazu die Behandlung nur wenige Minuten dauern. In Bild 6.4-23 sind typische Formbohrer und Gewindebohrer abgebildet, deren Lebensdauer durch Salzbadnitrocarburieren signifikant erhöht werden konnte. Wegen der hohen Härte, die bei Schnellarbeitsstählen in der Randschicht entsteht und der daraus resultierenden Empfindlichkeit von Schneidkanten ist das Nitrieren oder Nitrocarburieren allerdings nur bei nicht unterbrochenem Schnitt zu empfehlen.

Bild 9.4-23: Salzbadnitrocarburierte Schneidwerkzeuge aus Schnellarbeitsstahl

Eine andere interessante Anwendung sind Räumnadeln aus Schnellarbeitsstahl, die in Salzbadtiegelöfen oder Retorten- oder Schachtöfen gasnitriert werden.

Während das Nitrocarburieren von Schneidwerkzeugen vor ca. 35 Jahren noch weit verbreitet war, wird heute statt dessen ein Beschichten nach dem PVD-Verfahren mit Titan- oder Chromnitrid, Titancarbonitrid, Aluminiumoxid u. a. m. durchgeführt und hat das Nitrieren und Nitrocarburieren von Schneidwerkzeugen in den letzten Jahren nahezu vollständig abgelöst.

10 Nitrierte und nitrocarburierte Werkstücke – Darstellung und Angaben in Zeichnungen und anderen Fertigungsunterlagen

Dieter Liedtke

10.1 Zweck der Angaben

Unvollständige, missverständliche, falsche oder gar fehlende Angaben über den wärmebehandelten Werkstoffzustand und die Durchführung der Wärmebehandlung sind häufig der Grund für schadhafte Werkstücke und Ausschuss.

Dies hängt zum einen damit zusammen, dass die prüfbaren Eigenschaftsmerkmale der wärmebehandelten Werkstücke nicht direkt mit den zu erwarteten Gebrauchseigenschaften korrelieren. Zum anderen sind es häufig mangelnde oder fehlende Kenntnisse darüber, wie der wärmebehandelte Zustand der Werkstücke zweckentsprechend gekennzeichnet werden soll.

Für Zeichnungen ist DIN ISO 15787[1], „Technische Produktdokumentation – Wärmebehandelte Teile aus Eisenwerkstoffen – Darstellung und Angaben" maßgebend. Für Fertigungsunterlagen wie z. B. Prozessvorschriften, Arbeitspläne u. ä. gibt es den Vordruck Wärmebehandlungs-Anweisung – WBA, s. DIN 17023.

10.2 Woraus bestehen die Angaben in Zeichnungen?

Die Angaben in Zeichnungen sollen sowohl den nitrierten/nitrocarburierten Zustand kennzeichnen als auch auf den dahin führenden Weg hinweisen. Sie sollen *allgemeinverständlich*, möglichst *vollständig*, *eindeutig* und vor allem *prüfbar* sein.

Weil in der industriellen Praxis die mit dem Nitrieren/Nitrocarburieren angestrebten Eigenschaften wie das Verschleiß-, Festigkeits- oder Korrosionsverhalten sich einer unmittelbaren und direkten Prüfung nach dem Wärmebehandeln entziehen, kommt es also darauf an, statt dessen charakteristische Eigenschaftsmerkmale festzulegen und diese zu prüfen.

Bei nitrierten und nitrocarburierten Werkstücken ergeben sich die Gebrauchseigenschaften im wesentlichen aus der Dicke und der Beschaffenheit der Nitrier-/Nitrocarburierschicht. Im Unterschied zum Randschichthärten oder zum Einsatzhärten hängen diese Merkmale und auch die Härte in charakteristischer Weise nicht nur von der Werkstoffzusammensetzung, sondern auch vom Ausgangsgefügezustand, den Prozessparametern Temperatur und Dauer sowie Art und Wirkung des Behandlungsmittels ab. Dabei wird vorausgesetzt, dass keine die Stickstoffaufnahme behindernden Oberflächenzustände vorliegen.

---

[1] DIN ISO 15787 ersetzt die frühere DIN 6773

Die gleichzeitige Vorgabe von Härtesollwerten und der Nitriertiefe bzw. Nitrierschichtdicke ist wenig sinnvoll. In Anwendungsfällen, in denen die Dauerschwingfestigkeit oder die Wälzfestigkeit im Vordergrund stehen, ist eine Vorgabe der Nitrierhärtetiefe NHD[2] wesentlich. Die Oberflächenhärte und das Härteprofil ergeben sich zwangsläufig aus der Werkstoffzusammensetzung, dem Ausgangsgefüge und der Behandlungstemperatur.

In den Fällen, in denen das Verschleißverhalten im Vordergrund steht, kommt es vorrangig auf die Dicke, den Aufbau und die Beschaffenheit (Porosität) der Verbindungsschicht an. Hierüber besitzt eine Härteprüfung keine Aussagekraft. Die Härte der Verbindungsschicht ergibt sich aus der Werkstoffzusammensetzung, ihr Aufbau und ihre Dicke aus den Prozessparametern Temperatur und Dauer sowie der Wirkung des Stickstoffspenders. Dementsprechend ist die Angabe der Verbindungsschichtdicke und in speziellen Fällen darüber hinaus der Porosität bzw. Dicke des porösen Bereichs und eventuell Angaben über die anteilige Menge der Nitridphasen ε und γ' sinnvoll.

10.3 Zeichnungsangaben

Allgemeinverbindliche Regeln für Zeichnungsangaben sind in der DIN ISO 15787 festgelegt. Dabei wird vorausgesetzt, dass der Werkstoff entsprechend DIN 17006 bzw. 10027, gegebenenfalls mit Angabe des Werkstoffzustands, z. B. „vergütet", mit Angabe der Werkstoffnummer sowie eventuell vorhandener betrieblicher Bezeichnungen in der Zeichnung oder einer begleitenden Stückliste angegeben ist.

Die Angaben zur Wärmebehandlung sollen unmittelbar in der Nähe des dargestellten Werkstücks angebracht werden und nur ***prüfbare*** Werte enthalten. Verfahrenstechnisch wichtige Angaben wie z. B. die Prozessparameter oder die Zusammensetzung des Behandlungsmittels gehören ***nicht*** in die Zeichnung! Gegebenenfalls müssen dafür ergänzende Unterlagen wie die Wärmebehandlungsanweisung (WBA) nach DIN 17023, auf die in der Zeichnung hingewiesen werden soll, oder ein Wärmebehandlungsplan erstellt werden.

10.3.1 Angabe des Werkstoffzustands

Für die in der Zeichnung zu verwendenden Begriffe ist die DIN EN 10052 bzw. ISO 4885 heranzuziehen. Der nach dem Nitrieren vorliegende Zustand wird durch die Wortangabe:

„nitriert"

und der nitrocarburierte Zustand durch die Wortangabe:

„nitrocarburiert"

---

[2] Das Kurzzeichen NHD (nitriding hardness depth) ist in DIN ISO 15787 festgelegt, für das Ermitteln der Nitrierhärtetiefe ist jedoch DIN 50190-3 mit dem Kurzzeichen Nht gültig. Eine internationale Norm, mit welcher die DIN 50190-3 abgelöst werden soll, ist mit der ISO 18203 in Vorbereitung

gekennzeichnet. Für die Verfahren des Oxinitrierens/-nitrocarburierens oder des Sulfonitrierens/-nitrocarburierens gelten die jeweils entsprechenden Wortangaben. Soll auf die Art des Behandlungsmittels z. B. Gas oder Salzschmelze hingewiesen werden, sind die Bezeichnungen:

„gasnitriert“, *„gasnitrocarburiert“* oder *„salzbadnitrocarburiert“*

Zu benutzen. Analoges gilt für das Plasmanitrieren/-nitrocarburieren.

Ist es für den Gebrauchszustand notwendig, dass nitrierte oder nitrocarburierte Werkstücke zusätzlich ausgelagert oder oxidiert werden, muss dies in der Zeichnung ebenfalls vermerkt werden. Die Wortangaben lauten dann:

„nitrocarburiert und ausgelagert“ oder

„nitrocarburiert und oxidiert“

10.3.2 Angabe der Härte

Wie oben bereits dargestellt, erübrigt sich meist die Angabe einer Oberflächenhärte. Soll trotzdem die Oberflächenhärte geprüft werden, dann ist die Angabe einer Vickershärte gemäß DIN EN ISO 6507 oder einer Rockwellhärte gemäß DIN EN ISO 6508 vorzunehmen. Dabei wird im Regelfall der Mindestwert mit einer Toleranz angegeben. Die Toleranz kann auf unterschiedliche Weise als „±“, als „+“ oder als „-„ Abweichung angegeben werden. Weitere Möglichkeiten siehe Tabelle 1 in DIN ISO 15787. Beispiel für die Schreibweise:

„(850 ±50) HV10“ oder *„850 HV10 ± 50 HV10“*

Zu beachten ist beim Festlegen der Härtewerte, dass die Prüfkraft der erwarteten Härtetiefe angepasst werden muss, wenn der „Eierschaleneffekt“ vermieden und die wahre Oberflächenhärte ermittelt werden soll. Angaben über die zulässigen Prüfkräfte in Abhängigkeit von der jeweiligen Nitrierhärtetiefe NHD sind in der DIN ISO 15787:2018 nicht mehr zu finden. Es ist vorgesehen, sie in eine Prüfnorm für die Ermittlung der Härtetiefe – voraussichtlich ISO 18203 – aufzunehmen[3].

10.3.3 Angabe der Nitrierhärtetiefe NHD (= **n**itriding **h**ardness **d**epth)

Die Nitrierhärtetiefe ist ein Maß für das Festigkeitsverhalten insbesondere bei schwingender Beanspruchung oder für Wälzverschleißbeanspruchungen und für das Verhalten gegen Abrasions- oder Furchungsverschleiß. Die Ermittlung der Nitrierhärtetiefe ist in DIN 50190-3 festgelegt, vgl. Kapitel 2 und 11. Es handelt sich um den senkrechten Abstand von der Oberfläche, an dem die Härte noch 50 HV über der Kernhärte liegt. Sie wird aus dem Härteprofil entnommen und es wird kein Unterschied zwischen nitrierten und nitrocarburierten Teilen gemacht. Laut DIN ist die Grenzhärte zum Bestimmen der Nht anzugeben, und zwar hinter dem Kurzzeichen, z. B.:

---

[3] Danach erfordert z. B. das Prüfen der Härte nach HV10 eine Mindest-NHD von 0,25 mm.

„NHD350 = 0,35 ±0,05“.

Für die zulässige Grenzabweichung gilt dasselbe wie für die Angabe der Härte. Die Angabe der Dimension „mm“ erübrigt sich in Zeichnungen.

Wird das Härteprofil über den Querschnitt nicht wie im Regelfall mit einer Prüfkraft von 4,9 N (HV0,5) ermittelt, so ist dies hinter dem Kurzzeichen anzugeben, Beispiel:

NHD HV0,3 = 0,15 ±0,05

Die in einer früheren Version der DIN ISO 15787 enthaltene Tabelle mit empfohlenen NHD-Werten und oberen Grenzabweichungen sind in der derzeitig gültigen Version nicht mehr enthalten. Es ist zu empfehlen, die einhaltbare Grenzabweichung mit der Härterei, die das Nitrieren durchführt, für den jeweiligen Anwendungsfall zu vereinbaren.

Werden nitrierte Werkstücke anschließend geschliffen, um z. B. einen Teil der bei hochlegierten Stählen extrem harten Randschicht abzuarbeiten oder Maß- und Formänderungen zu egalisieren, ist es notwendig anzugeben, wie groß die NHD vor und nach dem Schleifen sein soll. Es ist dann zweckmäßig, die Angabe der NHD mit dem Zusatz *„vor dem Schleifen NHD = ...“* und *„nach dem Schleifen NHD = ...“* zu ergänzen, vgl. DIN ISO 15787.

10.3.4 **Angabe der Verbindungsschichtdicke CLT** (= compound layer thickness)

Soll die Dicke der Verbindungsschicht ermittelt werden, so ist in Schiedsfällen eine zerstörende Prüfung erforderlich. Dazu wird von der zu prüfenden Stelle ein polierter und geätzter Querschliff angefertigt und im Lichtmikroskop die Dicke gemessen, vgl. Kapitel 11. Sinnvollerweise sollte dies an mindestens 10 verschiedenen Stellen und vorzugsweise mit einer 1000-fachen Vergrößerung erfolgen. Das arithmetische Mittel daraus soll dann im vorgegebenen Schichtdicken-Sollbereich liegen. Die Vorgehensweise ist in DIN 30902 – „Lichtmikroskopische Bestimmung der Dicke und Porigkeit der Verbindungsschicht nitrierter und nitrocarburierter Werkstücke“ festgelegt.

Auch für die Dicke der Verbindungsschicht sind in der gültigen DIN ISO 15787 sind keine Angaben für eine Vorzugs-Richtreihe und obere Grenzabweichungen mehr zu finden. Hier ist ebenfalls zu empfehlen, einhaltbare Grenzabweichungen mit der Härterei, die das Nitrocarburieren oder Nitrieren durchführt, für den jeweiligen Anwendungsfall zu vereinbaren. Für die Angabe einer Grenzabweichung gilt dasselbe wie für die Nitrierhärtetiefe. Das Kurzzeichen für die Verbindungsschichtdicke ist nach DIN ISO 15787:2018: CLT. Beispiel:

„CLT = (15 ±5) µm“ oder *„CLT = 15 µm ± 5 µm“*

In manchen Anwendungsfällen ist es erforderlich, auch den Zustand der Verbindungsschicht hinsichtlich ihrer Porosität zu anzugeben. Hierbei geht es meist um das Ermitteln der Dicke des porösen oder des porenfreien Bereichs der CLT. Dies wird in entsprechender Weise durchgeführt, wie das Ermitteln der Schicht-Gesamtdicke.

10.3.5 Kennzeichnung der Prüfstelle

Hiermit ist die Stelle am Werkstück gemeint, an der die Härte, die Nitrierhärtetiefe oder die Dicke der Verbindungsschicht geprüft bzw. bestimmt werden. Beim Prüfen der Oberfächenhärte ist dies deswegen zweckmäßig, weil durch den Eindringprüfkörper ein Eindruck erzeugt wird, der eine Kerbe darstellt. Dies kann das Festigkeitsverhalten des nitrierten Werkstücks beeinträchtigen. Hinsichtlich der NHD oder der Dicke der Verbindungsschicht muss auf jeden Fall gewährleistet sein, dass an einer maßgebenden oder repräsentativen Stelle geprüft wird.

Das Kennzeichnen erfolgt gemäß DIN ISO 15787 durch das in Bild 10-1 links gezeigte Symbol, dessen Lage gegebenenfalls zu bemaßen ist. Sind mehrere Prüfstellen vorhanden, sind diese zu nummerieren, siehe Bild 10-1 rechts.

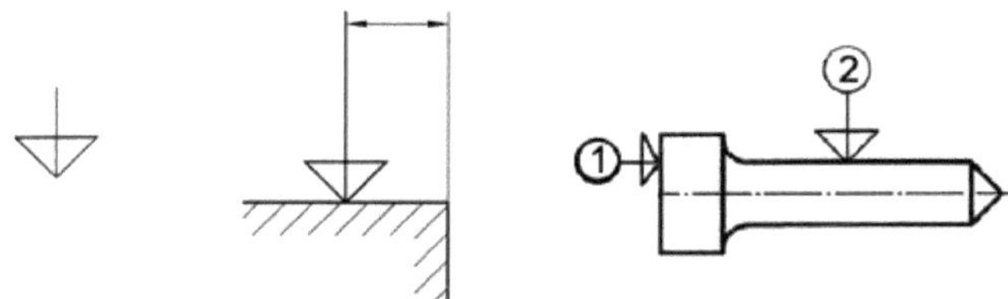

Bild 10-1: Kennzeichnen und Bemaßen von Prüfstellen nach DIN ISO 15787

10.3.6 Örtlich begrenztes Nitrieren/Nitrocarburieren

In manchen Fällen kann es notwendig sein, ein Bauteil oder Werkzeug nur örtlich begrenzt zu nitrieren/nitrocarburieren. Dies bedeutet natürlich einen entsprechenden Aufwand, entweder für das Isolieren oder das Entfernen der Nitrier-/Nitrocarburierschicht. Im Unterschied zum Randschichthärten sind solche Bereiche kleiner als der Bereich eines Werkstücks, der nitriert/nitrocarburiert sein muss, z. B. der Gewindezapfen einer Welle oder eine Bohrung. Die Kennzeichnung des Bereichs, der nicht nitriert oder nicht nitrocarburiert ist bzw. sein darf, erfolgt durch eine breite Punktlinie außerhalb der Körperkontur des Werkstücks In der Legende ist die Linie mit der Angabe „nicht nitriert/nitrocarburiert" einzufügen, siehe die Bilder 10-4 und 10-5.

10.3.7 Wärmebehandlungsbild

Wird die Darstellung eines Bauteils oder Werkzeugs in der Zeichnung durch die Angaben zum Nitrieren/Nitrocarburieren unübersichtlich, ist es angebracht, zusätzlich eine vereinfachte Darstellung des Werkstücks oder eines Teils des Werkstücks in die Nähe des Zeichnungs-Schriftfeldes zu setzen. Sie erhält die Überschrift „Wärmebehandlungsbild“ und wird zur Kennzeichnung des nitrierten/nitrocarburierten Zustands benützt.

10.4 Ausführungsbeispiele

Für das Kennzeichnen nitrierter oder nitrocarburierter Werkstücke in Zeichnungen zeigen die Bilder 10-2 bis 10-5 Beispiele nach DIN ISO 15787.

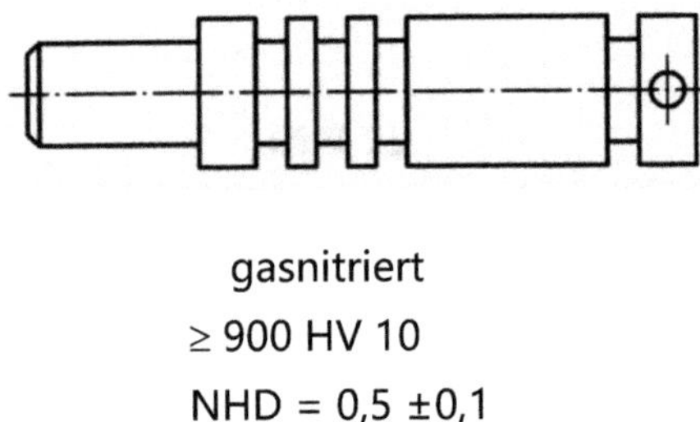

Bild 10-2: Beispiel für die Zeichnungsangabe eines gasnitrierten Werkstücks (nach DIN ISO 15787)

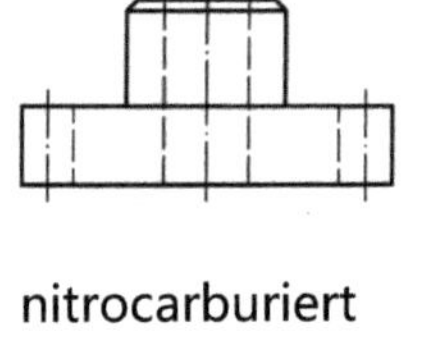

Bild 10.3: Beispiel für die Zeichnungsangabe eines nitrocarburierten Werkstücks (nach DIN ISO 15787)

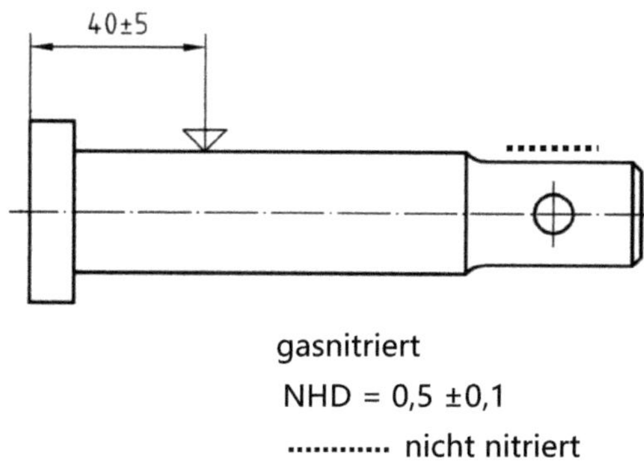

Bild 10-4: Beispiel für örtlich begrenztes Nitrieren und Kennzeichnung der Messstelle (nach DIN ISO 15787)

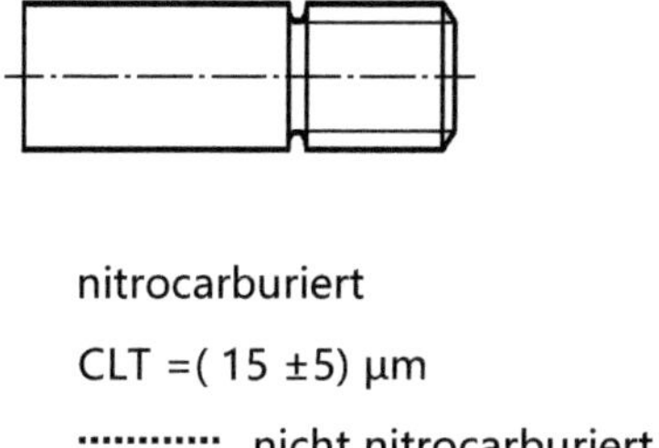

Bild 10-5: Beispiel für örtlich begrenztes Nitrocarburieren (nach DIN ISO 15787)

Die Art und Weise, auf welchem Wege der vorgeschriebene Zustand zu erreichen ist, kann in ergänzenden Unterlagen, z. B. einer Wärmebehandlungs-Anweisung (WBA, siehe DIN 17023) oder einem Wärmebehandlungs-Plan (WBP) angegeben werden.

10.5 Angaben in Fertigungsunterlagen – Wärmebehandlungsanweisung (WBA) und Wärmebehandlungsplan (WBP)

Aus den Zeichnungsangaben geht im Einzelnen nicht hervor, wie der nitrierte/nitrocarburierte Zustand erreicht wird. Dies ist am behandelten oder nachbearbeiteten Werkstück meist auch nicht nachprüfbar. Aus diesem Grunde ist es nicht sinnvoll, in die Zeichnung Angaben über Temperaturen, Haltedauer, Nitrierkennzahl, Zusammensetzung des Behandlungsmittels o. ä. einzutragen.

In vielen Anwendungsfällen werden die Gebrauchseigenschaften der Werkstücke vom Einhalten bestimmter Zeit-Temperatur-Folgen oder dem Verwenden bestimmter Behandlungsmittel oder deren Zusammensetzung bestimmt. Auch ergibt die Kenntnis und Registrierung von Prozessabläufen entscheidende Hinweise für eine eventuelle Fehlersuche bzw. Ansätze für Prozessoptimierungen. In solchen Fällen erweist sich ein Wärmebehandlungsplan (WBP) oder eine Prozessvorschrift, in welcher der Prozessablauf in der Härterei detailliert dargestellt ist, als besonders nützlich.

Typische Daten in einem WBP sind Angaben über die Chargengröße und Packungsart, Temperaturen, Erwärmgeschwindigkeiten, verwendeter Ofen, Haltedauer, Art und Zusammensetzung des Behandlungsmittels, Abschreckmittel und Abkühlverlauf, Sollwertvorgaben für die Prozessregelung u. v. a. m. Die Daten des Wärmebehandlungsplans können dann auch zur die Kostenkalkulation herangezogen werden.

Nicht ganz so weitgehende Angaben enthält die Wärmebehandlungs-Anweisung (WBA) nach DIN 17023. Sie lässt der Härterei einen gewissen, die Qualität trotzdem gewährleistenden Spielraum und hat sich seit vielen Jahren als ein spezifisches Mittel der Qualitätssicherung in der Praxis bewährt.

10.6 Literatur

[1] DIN ISO 15787 — Technische Produktdokumentation – Wärmebehandelte Teile aus Eisenwerkstoffen – Darstellung und Angaben (DIN ISO 15787:2018)

[2] DIN 50190-Teil 3 — Härtetiefe wärmebehandelter Teile – Ermittlung der Nitrierhärtetiefe

[3] DIN 17023 — Wärmebehandlung von Eisenwerkstoffen – Wärmebehandlungs-Anweisung (WBA) – Vordruck

[4] DIN EN 10052 — Wärmebehandlung von Eisenwerkstoffen – Begriffe

[5] DIN EN ISO 4885 — Wärmebehandelte Eisenwerkstoffe – Begriffe

[6] DIN 30902 — Lichtmikroskopische Bestimmung der Dicke und Porigkeit der Verbindungsschicht nitrierter und nitrocarburierter Werkstücke

11 Prüfen nitrierter/nitrocarburierter Werkstücke

Heinrich Klümper-Westkamp

11.1 Einleitung

Zur Sicherung der gleichbleibenden Produktionsqualität sowie zur Beurteilung von Zusammenhängen zwischen Randschichten und deren technologischen Eigenschaften werden verschiedene Prüfverfahren eingesetzt. Auch die ISO 9000ff fordert, die Qualität nitrierter und nitrocarburierter Randschichten von Bauteilen zu prüfen und zu belegen. Oft wird diese Prüfung an einfachen Vergleichsproben (Cuponproben) durchgeführt. Dabei ist die Vergleichbarkeit zwischen Cuponprobe und Bauteil nicht nur bezüglich Werkstoff und dessen Wärmebehandlungszustand, sondern auch vom Oberflächenzustand, der durch die Fertigung und Reinigung geprägt wird, von enormer Bedeutung. Einflussfaktoren wie Oberflächenrauhigkeit, Randschichtverformung, Eigenspannungen, Passivschichten, Oberflächenverunreinigungen und Rückstände wirken sich auf das Nitrierergebnis aus und können so zu gänzlich anderen Nitrierergebnissen führen.

Zum Prüfen der nitrierten Cuponproben und Bauteile werden im Wesentlichen nachfolgend aufgelistete Methoden eingesetzt. In den anschließenden Ausführungen werden diese Methoden beschrieben und ihre Auswertemethodik, Eigenheiten und Einsatzgrenzen aufgezeigt.

- ***visuelle Kontrolle***
  - Sichtkontrolle
  - Tüpfelprobe

- ***metallographische Methoden***
  - Härtemessung
  - Quer-, Längsschliff (LiMi, REM, TEM, Rastertunnel)

- ***physikalisch chemische Methoden***
  - Elementverlauf/-verteilung (GDOS, EDX, Mikrosonde, ESCA)
  - Phasen und Eigenspannungen (XRD)

- ***technologische Methoden***
  - Korrosionsprüfung
  - Verschleißprüfung
  - Festigkeitsprüfung
  - Zähigkeitsprüfung

- ***zerstörungsfreie Prüfung***
  - elektromagnetische Methoden
  - röntgenographische Methoden
  - weitere Verfahren

11.2 Visuelle Kontrolle

11.2.1 Sichtkontrolle

Nachdem die nitrierten Bauteile abgekühlt und gegebenenfalls gereinigt sind, werden sie üblicherweise ohne Hilfsmittel begutachtet. Dabei lässt sich schnell erkennen, ob die nitrierten Bauteile ein einheitliches gleichmäßiges Erscheinungsbild haben. Flecken deuten oft auf Rückstände aus der Reinigung hin, Verfärbungen haben oft ihre Ursachen in der Oxidation beim Abkühlen. Ungleichmäßiges Aussehen kann, muss aber nicht zwingend ein Hinweis auf ungleichmäßige Nitrierung sein. Grundsätzlich muss betont werden, dass das optische Erscheinungsbild näherungsweise durch reine Oberflächeneffekte bedingt ist. Oberflächenstrukturen in der Größenordnung der Wellenlänge ebenso wie optische Oberflächeneigenschaften, die sich lokal unterscheiden können, prägen das Aussehen. Folgende Effekte kommen zum Tragen:

Tabelle 11-1: Mögliches optisches Aussehen nach dem Nitrieren und dessen Ursachen

Erscheinungsbild	Ursache
bunte Farben	Interferenz an dünnen transparenten gleichmäßigen Oxidschichten
eher Grautöne	Interferenz, Beugung, Absorption an regelmäßigen Oberflächenstrukturen
eher dunkel blau	Absorption an dicken Oxidschichten
metallischer Glanz	Reflektion an optisch ebenen, elektrisch leitfähigen Oberflächen ohne Topographie

Diese Aufzählung erhebt nicht den Anspruch auf Vollständigkeit. Sie soll lediglich einen Hinweis geben, welche Ursachen für Veränderungen im optischen Aussehen wirksam sein können. Das optische Erscheinungsbild nach dem Nitrieren kann eingeschränkt einen Hinweis auf den Prozess geben, insbesondere auf die Abkühlbedingungen. Mit lichtoptischen Methoden ist es ohne Schliffherstellung grundsätzlich nicht möglich, das Werkstoffinnere zu betrachten. Die Wechselwirkung des Lichts mit dem metallischen Werkstoff erfolgt in den ersten Nanometern der Oberfläche.

Das oft angeführte typisch graue Aussehen eines nitrierten Werkstücks sagt fast nichts aus über die Qualität der Randschicht und schon gar nichts über die Dicke der Verbindungsschicht. Es ist in der Regel ein Hinweis auf eine mikroskopisch feine noppige, fast isotrope Oberflächentopographie, wie sie an porigen metallischen Oberflächen beobachtet wird.

Wird jedoch eine metallisch glänzende Oberfläche nach dem Nitrieren beobachtet, kann das ein Hinweis darauf sein, dass die Probe gar nicht nitriert wurde oder eine optisch sehr ebene Oberfläche aufweist, die z. B. bei Verbindungsschichten mit geringer Dicke oder beim Fehlen der Verbindungsschicht beobachtet wird, wenn nicht eine anschließende Oxidation den Effekt überdeckt.

Wenn nach dem Nitrieren die Werkstoffoberfläche mit Sauerstoff in Berührung kommt, bilden sich Oxide des Eisens und der Legierungselemente mit zunehmender Dauer und Temperatur zu Oxidschichten aus, die für das lichtoptische Erscheinungsbild bestimmend sind und alle anderen Effekte überdecken. Buntes Aussehen nitrierter Proben bedeutet in diesem Zusammenhang lediglich, dass unterschiedlich dicke (<1 µm) transparente Oxidschichten vorliegen, wie sie durch unkontrollierten, ungleichmäßigen, geringen Sauerstoffeintrag beim Abkühlen entstehen. Oberflächige Rückstände aus der Bauteilreinigung werden ebenfalls oxidiert und können zu einem bunten, eher fleckigen Aussehen führen.

Rückstände und Flecken aus der Bauteilreinigung müssen nicht zwangsläufig zu einer Beeinträchtigung der Stickstoffeindiffusion führen. Zum Beurteilen dieses Einflusses sind weiterführende Analysenmethoden notwendig, s. u.

11.2.2 Tüpfeltest

Der Tüpfeltest dient der visuellen Kontrolle, ob ungebundenes reaktionsfähiges Eisen an der Oberfläche vorliegt. Mit dieser Methode kann nachgewiesen werden, ob eine geschlossene Verbindungsschicht, also kein reaktionsfähiges Eisen vorliegt. Jedoch ist zu bedenken, dass auch Passivschichten auf der Oberfläche keine Reaktion mit dem Eisen zulassen. Weiterhin kann durch unsachgemäßes Abkühlen nach dem Nitrieren ein Entsticken stattfinden, das reaktionsfähiges Eisen hinterlässt.

Zum Durchführen des Tüpfeltests wird auf die fettfreie, anpolierte Oberfläche ein Tropfen einer 10%igen wässrigen Kupferammoniumchloridlösung (Farbe: türkis-blau) aufgebracht. Kommt es im benetzten Bereich zu einer Kupferabscheidung (Farbe: rot), liegt reaktionsfähiges Eisen vor. Kupferammoniumchlorid reagiert unter Bildung eines Eisenkomplexes. Das dabei frei werdende metallische Kupfer zeigt durch seine rote Farbe die erfolgte Reaktion an [12].

11.3 Härte

Die Härte eines Stoffes ist definiert als der Widerstand, den der Werkstoff dem Eindringen eines härteren Körpers entgegensetzt. Zur Messung werden mit definierten Prüfkörpern unter definierten Randbedingungen Verformungen vorgenommen. Der Grad der bleibenden Verformung ist das wesentliche Maß für die Härte. Die gebräuchlichsten und genormten Eindringprüfverfahren sind:

- das Vickers-Verfahren (DIN EN ISO 6507)
- das Rockwell-Verfahren (DIN EN ISO 6508)
- das Knoop-Verfahren (ISO 4545, DIN ISO 4516)
- die Messung der Martenshärte (EN ISO 14577-1)
- das Brinell-Verfahren (DIN EN ISO 6506)

Das Brinell-Verfahren, hier der Vollständigkeit halber erwähnt, ist für die Prüfung nitrierter und nitrocarburierter Randschichten jedoch nicht relevant. In der Tabelle 11-2 wird eine Übersicht über die wesentlichen Merkmale der gebräuchlichsten Härtemessverfahren gegeben.

Tabelle 11-2: Übersicht über die gebräuchlichsten Härtemessverfahren

Verfahren	Vickers	Rockwell	Knoop	Martens
Anwendungsbereich	Werkstoffe von sehr geringer bis sehr hoher Härte: bis über 4000 HV	mittlere bis hohe Härte: 20 HRC bis 70 HRC	siehe Vickers	Nano- bis Makrobereich
Besonderheiten	kleine Prüffläche, kleines Wechselwirkungsvolumen	große Prüffläche, großes Wechselwirkungsvolumen	Für schmale Proben und Randnähe geeignet	Temperatureinflüsse und Erschütterungen vermeiden
Durchführung	hoher Aufwand	geringer Aufwand	hoher Aufwand	automatisierbar
Präparation der Prüffläche	Polieren	Feinschleifen	Polieren	Polieren
Prüfkörper	Diamantpyramide, Flächenwinkel 136°	Diamantkegel, Kugel	Diamantpyramide mit rhombischer Grundfläche	Eindringkörper mit Vickers-, Knoop-, Berkovich- oder Cube Corner -Geometrie
Ermittlung der Härte aus	Eindruckdiagonale	Bleibende Eindringtiefe	lange Eindruckdiagonale, Diagonalenverhältnis 7:1	Eindringtiefe unter Last
Schreibweise	200 HV 50	60 HRC	200 HK	1200 HM0,5

11.3.1 Oberflächenhärte

Das Messen der Härte einer Oberfläche ist zunächst die naheliegende Prüfmethode bei randschichtbehandelten Bauteilen. Auch nach dem Nitrieren und Nitrocarburieren wird die Oberflächenhärte geprüft, um zu kontrollieren, ob die Behandlung zu der angestrebten Randschichtveränderung geführt hat. Das lässt sich mittels Härtemessung quantifizieren. Aus der Härtemessung sind jedoch keine direkten Aussagen über die Zielgrößen (VS, CLT, NHD oder Nht) ableitbar.

Zum Messen muss der Härteeindruck in die zu prüfende Oberfläche eingebracht und ausgewertet werden. Zuvor ist die Prüffläche so zu präparieren, dass ein präzises Ausmessen des Härteeindrucks möglich ist. Dabei ist so sorgfältig zu präparieren, dass keine Eigenspannungen erzeugt werden und keine Wärme eingebracht wird, was den Randschichtzustand beeinflussen und die Härteprüfung verfälschen kann. Grundsächlich ist außerdem zu beachten, dass die Wechselwirkungstiefe rd. das 10-fache der Eindringtiefe des Härteeindrucks beträgt. So ist in der Regel der ermittelte Oberflächenhärtewert ein Mischwert der Härte der verschiedenen Randschichtbereiche. Beim Nitrieren setzt er sich zusammen aus der Härte der Verbindungsschicht, der Diffusions- oder Ausscheidungsschicht und bei zu hoher Prüfkraft auch des Kernwerkstoffs. Je geringer die Prüfkraft, umso geringer ist die Eindrucktiefe.

Damit verschiebt sich das Wechselwirkungsvolumen zum Rand hin und die damit verbundene höhere Gewichtung der Härte der Verbindungsschicht führt in der Regel zu höheren Messwerten. Um vergleichbare Qualitätsaussagen zu gewinnen, ist es wichtig, in den Prüfvorschriften die zweckmäßige Prüfkraft festzulegen. In DIN ISO 15787[1] waren bisher in Tabelle A.1 die maximal zulässigen Prüfkräfte (HV Werte) abhängig von der NHD und Oberflächenhärte angegeben, vgl. Tabelle 11-3, damit die gemessene Härte weitestgehend einen realistischen Messwert des durch das Nitrieren und Nitrocarburieren beeinflussten Randbereichs darstellt.

Das Wechselwirkungsvolumen beim Messen der Oberflächenhärte reicht in der Regel bis in die Diffusionsschicht. Das bedeutet, dass sich abhängig von den Abkühl- oder Auslagerungsbedingungen, Ausscheidungen (α"-Nitride, u.a.) bilden, die die Oberflächenhärte beeinflussen können.

Üblicherweise wird die Oberflächenhärte mit einer Kraft von 49 N (HV 5) gemessen. Lediglich bei sehr dünnen und weniger harten Randschichten ist die Kraft niedriger zu wählen.

In manchen Fällen kann das Messen der Oberflächenhärte mit mindestens zwei unterschiedlichen, zweckmäßig aufeinander abgestimmten Kräften dazu benutzt werden, die Nitrierhärtetiefe abzuschätzen.

Tabelle 11-3: Empfohlene maximale Prüfkräfte zum Messen der Oberflächenhärte, abhängig von der NHD und der erwarteten Oberflächenhärte nach Vickers

Mindest-Nitrierhärtetiefe (mm)	***Erwartete Oberflächen-Mindesthärte (HV)***						
	200 -300	***300-400***	***400-500***	***500-600***	***600-700***	***700-800***	***über 800***
0,05	-	-	-	HV 0,5	HV 0,5	HV 0,5	HV 0,5
0,07		HV 0,5	HV 0,5	HV 0,5	HV 0,5	HV 1	HV 1
0,08	HV 0,5	HV 0,5	HV 0,5	HV 0,5	HV 1	HV 1	HV 1
0,09	HV 0,5	HV 0,5	HV 0,5	HV 1	HV 1	HV 1	HV 1
0,1	HV 0,5	HV 1	HV 1	HV 1	HV 1	HV 1	HV 3
0,15	HV 1	HV 1	HV 3	HV 3	HV 3	HV 3	HV 5
0,2	HV 1	HV 3	HV 5	HV 5	HV 5	HV 5	HV 5
0,25	HV 3	HV 5	HV 5	HV 5	HV 10	HV 10	HV 10
0,3	HV 3	HV 5	HV 10	HV 10	HV 10	HV 10	HV 10
0,4	HV 5	HV 10	HV 10	HV 10	HV 10	HV 30	HV 30
0,45	HV 5	HV 10	HV 10	HV 10	HV 30	HV 30	HV 30
0,5	HV 10	HV 10	HV 10	HV 30	HV 30	HV 30	HV 30
0,55	HV 10	HV 10	HV 30	HV 30	HV 30	HV 50	HV 50
0,6	HV 10	HV 10	HV 30	HV 30	HV 50	HV 50	HV 50
0,65	HV 10	HV 30	HV 30	HV 50	HV 50	HV 50	HV 50
0,7	HV 10	HV 30	HV 50	HV 50	HV 50	HV 50	HV 50
0,75	HV 30	HV 30	HV 50	HV 50	HV 50	HV 100	HV 100
Es sind die jeweils höchstzulässigen Werte aufgeführt. Selbstverständlich dürfen auch niedrigere Prüfkräfte angewendet werden, z. B. HV 10 anstelle von HV 30.							

[1] Die Tabelle 11-3 ist der Vorgängernorm der DIN ISO 15787:2018 entnommen, jedoch in der z. Z. gültigen Fassung nicht mehr enthalten, soll aber in eine neue Prüfnorm aufgenommen werden

11.3.2 Nitrierhärtetiefe NHD (DIN 50190-3: Nht)

Die Nitrierhärtetiefe (DIN 50190-T3)[2] ist definiert als der senkrechte Abstand von der Oberfläche eines nitrierten Werkstückes bis zu dem Punkt, an dem die Härte einem zweckentsprechend festgelegten Grenzwert entspricht. Der Grenzwert im Sinne der genannten Norm ist ein Härtewert: die Grenzhärte. Sie soll im Regelfall als Vickershärte HV 0,5 nach DIN EN ISO 6508 festgelegt werden und es gilt:

Grenzhärte GH = (Ist-Kernhärte + 50) HV

wobei auf 10 HV zu runden ist. Nach Vereinbarung dürfen auch von HV 0,5 abweichende Prüfkräfte im Bereich HV 0,3 bis HV 2 angewendet werden.

Die Ist-Kernhärte wird als Mittelwert aus mindestens 3 Härteeindrücken im Abstand der dreifachen Nitrierhärtetiefe vom Rand in HV 0,5 ermittelt.

Am polierten Querschliff eines nitrierten Werkstücks wird senkrecht von der Oberfläche mit HV 0,5 in unterschiedlichen Abständen entsprechend DIN 50190-3 die Härte gemessen. Zwischen der Mitte jedes Härteeindrucks und dem Rand des benachbarten Eindrucks muss ein Abstand von mindestens dem 2,5-fachen der mittleren Länge der beiden Eindruckdiagonalen eingehalten werden. Dieser Abstand sollte auch vom Rand eingehalten werden.

Bei sehr kleinen Nitrierhärtetiefen kann davon abgewichen werden. Es kann dann auch mit kleineren Kräften geprüft oder alternativ auf die Härteprüfung nach dem Knoop-Verfahren gewechselt werden.

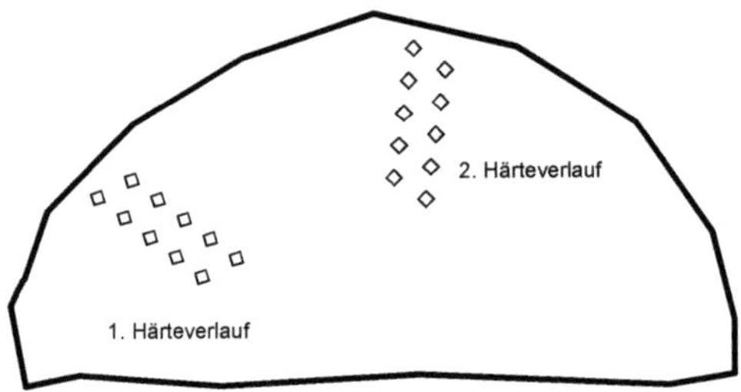

Bild 11-1: Anordnung der Härteprüfeindrücke

Die ermittelten Härtewerte werden als Funktion des Randabstandes graphisch als so bezeichnete Härteverlaufskurve dargestellt. Aus dieser wird der Randabstand ermittelt, bis zu dem die Grenzhärte GH vorliegt. Dieser Randabstand entspricht der Nitrierhärtetiefe NHD. Die Angabe der Nitrierhärtetiefe besteht aus dem Kurzzeichen NHD[3] mit dem Zahlenwert der Grenzhärte, im Regelfall als HV 0,5 gemessen und dem Betrag der Nitrierhärtetiefe in mm.

Beispiel: NHD 400 HV 0,5 = 0,30 mm, oder in Kurzschreibweise: 0,30 NHD HV 0,5.

[2] Die DIN 50190-3 „Ermittlung der Nitrierhärtetiefe Nht“ soll zurückgezogen und durch eine neue internationale Norm (ISO 18203) zur Ermittlung von Härtetiefen ersetzt werden

[3] Gemäß DIN ISO 15787, der Nachfolgenorm der DIN 6773-3

Beim Vorbereiten der Prüfflächen ist darauf zu achten, dass der Werkstoffzustand nicht beeinflusst wird. Die Prüfflächen müssen eben und so fein bearbeitet sein (poliert), dass die Härteeindrücke einwandfrei ausgemessen werden können.

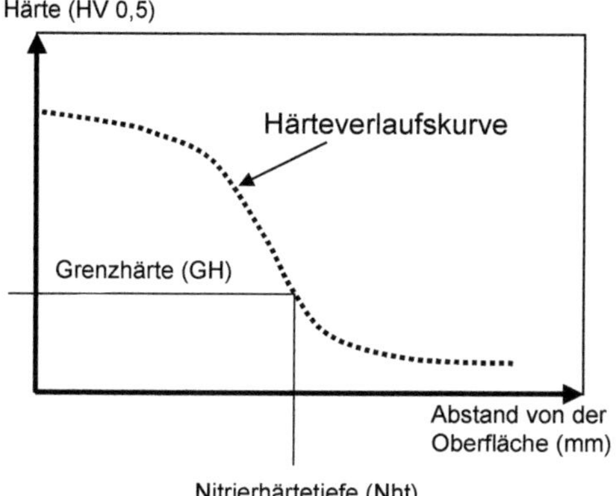

Bild 11-2: Ermittlung der NHD nach DIN 50190-3

Zum Abschätzen der Nitrierhärtetiefe aus den Behandlungsdaten wird von Harris [8] eine Wurzelfunktion der Behandlungsdauer angegeben. Sie gilt für unlegierte Kohlenstoffstähle. Der Temperatureinfluss wird über einen temperaturabhängigen Vorfaktor berücksichtigt:

$$NHD = K \cdot \sqrt{t} \quad \text{mm}$$

Mit der Behandlungsdauer t in Stunden und K in Abhängigkeit von der Temperatur:

Nitriertemperatur °C	K-Wert
500	0,0533
515	0,0585
540	0,0655

11.3.3 Härte der Verbindungsschicht

Die Verbindungsschicht ist nach dem Nitrieren die äußere harte, dünne Randschicht, die bei Verschleißbeanspruchung als direkter Verschleißpartner als erstes belastet wird. Demzufolge ist besonderes Augenmerk auf deren Eigenschaften zu legen. Eine wesentliche Größe zur Charakterisierung des Verschleißwiderstandes ist die Härte der Verbindungsschicht. Die Härte der Verbindungsschicht lässt sich am sichersten im polierten Querschliff mit niedrigen Kräften ermitteln. Härtewerte von 700 HV bei unlegierten bis über 1200 HV bei hochlegierten Stählen werden im porenfreien Bereich der

Verbindungsschicht erreicht. Prinzipiell werden solche dünnen Schichten, wie die Verbindungsschicht, mittels Mikro- bzw. Ultramikrohärteprüfung geprüft. Dabei sind folgende Grenzen zu beachten:

- minimal auswertbare Vickers-Eindruck-Diagonale d_{min} = 3 µm bei herkömmlichen Mikrohärteprüfungen (max. Fehler im Härtewert = 33 % nach Bückle)

- minimal auswertbare Vickers-Eindruck-Diagonale d_{min}= 2 µm bei Hochleistungslichtmikroskopen mit integrierter Ultramikrohärteprüfung und Übervergrößerungsmöglichkeit bis 3000-fach

Die minimale Grenzdicke für eine Härtemessung in der Verbindungsschicht liegt bei 5 µm. Um Randbeeinflussungen zu vermeiden, sollte ein Abstand vom Rand bzw. zum Übergang zur Diffusionsschicht vom 1,25-fachen der Eindruckdiagonale bis zur Mitte des Härteprüfeindrucks eingehalten werden. Zwischen zwei Eindrücken sollte der Abstand vom Rand des einen Eindrucks bis zur Mitte des benachbarten mindestens das 2,5-fache der mittleren Eindruckdiagonalen betragen [3].

Das Messen der Martenshärte HM ist ein neues alternatives Härteprüfverfahren, bei dem Prüfkraft-Eindringtiefen-Verläufe gemessen und ausgewertet werden. Der wesentliche Vorteil dieses Verfahrens ist das automatische Registrieren der Eindringtiefe. So entfällt jegliches Ausmessen des Härteprüfeindrucks. Weiterhin sind zusätzliche Informationen aus den Verläufen zu gewinnen, anhand derer eine weitergehende Charakterisierung der Werkstoffeigenschaften möglich ist (EN ISO 14577-1).

11.4 Metallographische Prüfmethoden

11.4.1 Lichtmikroskopie – der Schliff

Für die Kontrolle eines technischen Bauteils ist zunächst nur die durch Formgebung und äußere Einflüsse modifizierte Oberfläche zugänglich. Erst die Betrachtung des metallographischen Schliffs mit dem Lichtmikroskop erlaubt Einblicke in den inneren Gefügezustand des Bauteils. Das Gefüge ist zusammengesetzt aus verschiedenen Bestandteilen. Diese haben vielfach bereits unterschiedliche, oft wellenlängenabhängige optische Eigenschaften (Reflexion, Absorption, Polarisation). Üblicherweise werden jedoch die verschiedenen Gefügebestandteile durch spezielle chemische Reagenzien (Ätzmittel) hervorgehoben und nachgewiesen. Dabei wird die zuvor polierte Fläche für eine bestimmte Zeit einem Ätzmittel ausgesetzt. Danach lassen sich Art, Größe, Verteilung und Menge der einzelnen Gefügebestandteile im Lichtmikroskop ermitteln und photographisch dokumentieren.

Je nach Lage der Schlifffläche zu einer Bezugsachse (z. B. Walzrichtung) und Art des Schliffs unterscheidet man zwischen Querschliff, Längsschliff, Flachschliff, Schrägschliff und Kalottenschliff.

Probenahme

Zur mikroskopischen Betrachtung des Werkstoffzustandes wird dem zu prüfenden Bauteil an einer repräsentativen bzw. der kritischen Stelle ein Probestück entnommen. Beim Beurteilen der mikroskopischen Aufnahme, insbesondere bei Schlussfolgerungen für das ganze Bauteil, sollte bedacht werden, dass nur ein sehr kleiner Ausschnitt betrachtet wird. Gegebenenfalls sind Aufnahmen an mehreren Stellen notwendig. Bei der Probenahme sollten folgende Dinge beachtet und möglichst dokumentiert werden:

- Lage der Probe im Bauteil, Ort der Entnahme
- Lage der Schliffebene zur Oberfläche

Beim Heraustrennen einer Probe aus dem Bauteil ist zu beachten, dass der Probenzustand nicht beeinflusst und verfälscht wird. Das kann insbesondere durch hohe Wärmeeinwirkung, Verformung und Verschmutzung verursacht werden. Da es sich bei nitrierten Proben um harte und spröde Randschichten handelt, ist hier besonders sorgfältig vorzugehen, damit keine Fehlbeurteilung erfolgt.

Präparation

Außer beim Kalottenschliff ist es meistens für die Anfertigung eines Schliffes erforderlich, die Probe einzubetten. Das spaltfreie Einbetten erfolgt in speziellen, kalt oder warm aushärtenden Kunstharzen unter Zuhilfenahme von Einbettpressen. Es dient zur besseren Handhabung der Probe und zur Erzielung einer entsprechenden Randschärfe beim Schleifen und Polieren, um die Verbindungsschicht vollständig und unbeschädigt im Lichtmikroskop beurteilen zu können [2]. Hier werden immer wieder bereits bei der Präparation Fehler gemacht. Da die Verbindungsschicht sehr hart, spröde und im äußersten Rand porenbehaftet ist, kann eine unsachgemäße Präparation insbesondere zu Ausbrüchen von Teilen der Verbindungsschicht führen. Die Ursachen für Ausbrüche sind teilweise auch bereits durch die Probenahme bedingt.

Darstellung des nitrierten/nitrocarburierten Randbereichs

Der nitrierte Randbereich setzt sich zusammen aus der Verbindungsschicht und der sich darunter anschließenden Diffusionsschicht. Die erste Beurteilung der Verbindungsschicht kann bereits im polierten und ungeätzten Zustand erfolgen. Ein Beispiel ist im Bild 11-3 in 1000-facher Vergrößerung dargestellt. Der graue Bereich ist die Verbindungsschicht. Man erkennt die Grenze zur Diffusionsschicht ebenso wie den porösen äußeren Bereich. Die Einbettmasse erscheint hier schwarz. Eine Beurteilung des porösen Anteils sowie eine Beschreibung der Porenausbildung sollten vorzugsweise im ungeätzten Zustand erfolgen, da das Ätzen zu Verfälschungen führen kann.

Die einfachste und üblichste Art und Weise bei niedriglegierten und unlegierten Stählen die Verbindungsschicht wie auch die Diffusionsschicht sichtbar zu machen, ist ein Ätzen mit Nital. Das ist eine 1%ige bis 3%ige alkoholische HNO_3-Lösung. Im Bild 11-4 ist die Randschicht des mit Nital geätzten Stahls 42CrMo4 in 100-facher Vergrößerung abgebildet. Die Verbindungsschicht erscheint weiß, d. h. sie wird vom Ätzmittel Nital nicht angegriffen. Im angloamerikanischen Sprachraum wird aus diesem Grund die Verbindungsschicht auch als „white layer“ bezeichnet. In internationalen Normen hat man sich auf die Bezeichnung „compound layer thickness“ (CLT) geeinigt.

Bild 11-3: Stahl Ck15 nitriert, Aufnahme im ungeätzten Zustand, 1000:1

Das Gefüge der sich unter der Verbindungsschicht anschließenden Diffusionsschicht erscheint im angeätzten Zustand dunkler. In der Diffusionsschicht liegen ausgeschiedene Nitride vor. Diese sind bei unlegierten Stählen und langsamer Abkühlung als nadelförmige Fe_4N-Nitride sichtbar. Anhand des dunkler gefärbten Randbereichs unter der Verbindungsschicht lässt sich insbesondere bei niedriglegierten Stählen die mit Stickstoff angereicherte Tiefe abschätzen und in Korrelation zur Nitrierhärte setzen.

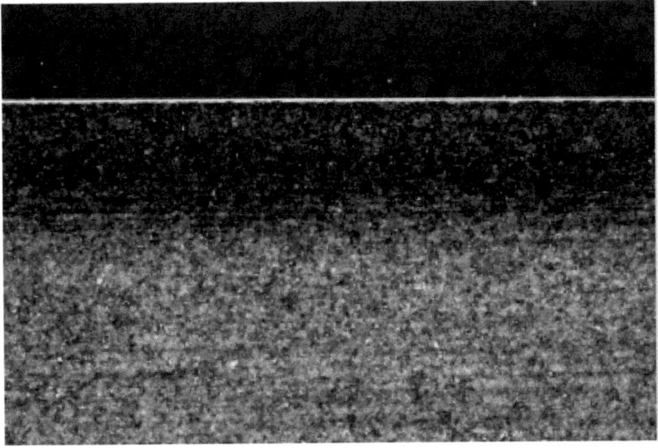

Bild 11-4: Stahl 42CrMo4 nitriert, Nital Ätzung, 100:1

Zum Beurteilen der Verbindungsschicht ist eine mindestens 500-fache Vergrößerung erforderlich, besser noch eine 1000-fache Vergrößerung. Mit dieser lässt sich auch die Verbindungsschichtdicke ausreichend gut ausmessen.

Bei geschickter Präparation und Aufnahmetechnik lässt sich in einigen Fällen bereits am mit Nital geätzten Schliff eine Phasenstruktur und Phasenunterscheidung aufzeigen, wie sich im Bild 11-5 an den unterschiedlich grauen Strukturen in der Verbindungsschicht andeutet.

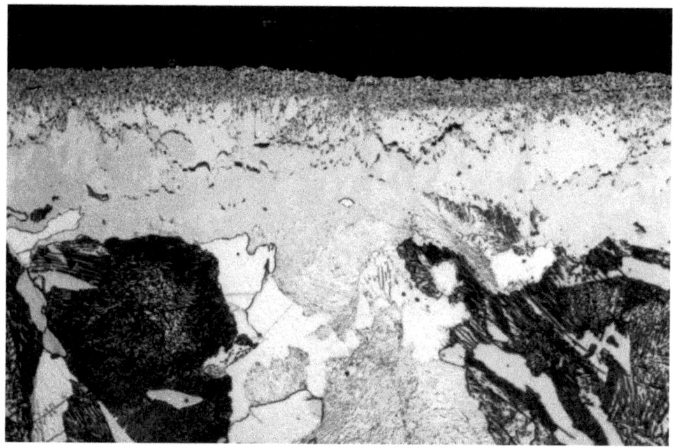

Bild 11-5: Stahl Ck45 nitriert, 15 s in 3 %iger alkoholischer HNO_3-Lösung (Nital) geätzt, (Vergrößerung: 1000:1)

Zum Beurteilen des Anteils der $Fe_{2-3}N$-Phase im Querschliff kommt häufig die Marble-Ätzung zum Einsatz, siehe Bild 11-6. Die Rezeptur ist in der Tabelle 11-4 angegeben. Die $Fe_{2-3}N$-Phase wird dunkel eingefärbt, die Fe_4N-Phase wie auch der Grundwerkstoff bleiben hell. Dieser Nachweis ist nur bei ausreichend dicken (>5 µm) Verbindungsschichten praktikabel. Vorsicht ist geboten, falls ein Spalt zwischen Einbettmasse und zu untersuchendem Teil beim Einbetten zurückgeblieben ist. In diesem Fall wird die Verbindungsschicht auch vom Ätzmittel in der Spaltfläche her angegriffen und unter gegebenen Umständen die Verbindungsschicht abgetragen, so dass eine zu dünne Schichtdicke ermittelt würde. Die weiteren in der Tabelle 11-4 aufgeführten Ätzmittel, insbesondere die fett gedruckten, eignen sich zur zusätzlichen Analyse der Struktur und der Zusammensetzung der Verbindungsschicht. Dabei sind die angegebenen Daten je nach Werkstoff vor allem in der Ätzdauer anzupassen.

Weitere Methoden zum Sichtbarmachen der Verbindungsschichtbestandteile sind in [32] beschrieben. Danach kann auch das Oberhoffer'sche Reagenz zur Unterscheidung von ε- und γ′-Phase verwendet werden. Ein nachfolgendes Ätzen mit Natriumpikrat dient allgemein zum Zementitnachweis und kann zusätzliche Hinweise auf Kohlenstoffumverteilungen während des Nitrierprozesses geben.

Eine Unterscheidung von ε- und γ′-Carbonitrid ist auch mit dem Ätzmittel „Murakami“ möglich, das die unterschiedliche Kohlenstofflöslichkeit beider Phasen sichtbar macht.

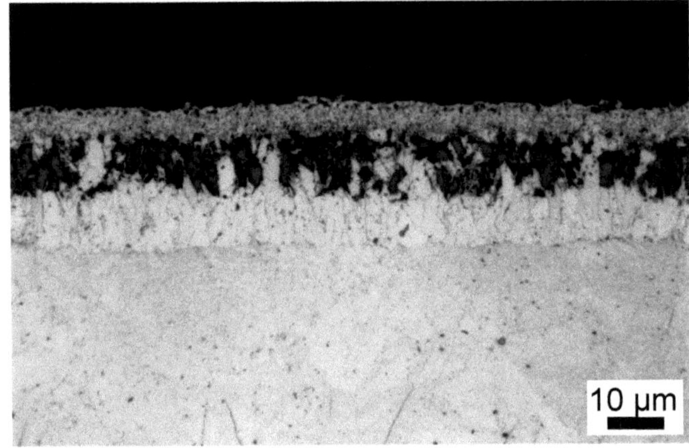

ε-Phase dunkel
γ'-Phase hell

Bild 11-6: Stahl Ck15 nitriert, Marble-Ätzung, 1 min, 1000:1 (vgl. Bild 11-9)

Grundsätzlich ist anzumerken, dass einige Erfahrungen und eine optimale Geräteausstattung notwendig sind, um diese Nachweisätzungen erfolgreich durchzuführen. Einige Einflussfaktoren wie z. B. Stahlsorte und Nitrierparameter können die Nachweisätzung beeinflussen. Deswegen ist es ratsam, weitere begleitende Mess- und Prüfmethoden einzusetzen, um den eindeutigen Nachweis für das Vorliegen bestimmter Phasen zweifelsfrei zu erbringen.

In diesem Zusammenhang wird darauf hingewiesen, dass zusätzlich zu den Aufnahmen unter dem Lichtmikroskop auch ergänzende Aufnahmen unter dem Rasterelektronenmikroskop weitere Informationen liefern und somit für einen tieferen Einblick in die Struktur der Verbindungsschicht ermöglichen. Ein Beispiel dafür ist in den Bildern 11-6 (LiMi) und 11-9 (REM) dokumentiert.

Auswertung der Verbindungsschichtdicke am Querschliff

In DIN 30902 „Lichtmikroskopische Bestimmung der Dicke und Porigkeit der Verbindungsschichten nitrierter und nitrocarburierter Werkstücke" ist die Vorgehensweise für die Ermittlung der Verbindungsschichtdicke und der Dicke des porösen Bereichs festgelegt. Die Auswertung sollte mit einem Lichtmikroskop bei 1000-facher Vergrößerung an einer repräsentativen Probenstelle erfolgen. Die Entnahmestelle der Probe und die Prüfstelle an der Probe sollen definiert und dokumentiert werden. Damit die Messwerte korrekt ermittelt werden können, ist ein sorgfältig präparierter und randscharfer Schliff unerlässlich. Die Verbindungsschicht sollte am geätzten (1%-ige bis 2 %-ige alkoholische HNO_3) randscharfen Querschliff und der poröse Bereich im ungeätzten aber polierten Querschliff bewertet werden.

Es ist darauf zu achten, dass nur dort gemessen wird, wo eine randscharfe Präparation vorliegt und die Verbindungsschicht keine Abplatzungen, Ausbrüche oder Risse aufweist.

Die Dicke der Verbindungsschicht und des porösen Bereichs ist als Mittelwert von 10 Messungen anzugeben, dabei sollte, falls nicht anders vereinbart, ein Bereich von mindestens 10 mm bestrichen werden. Der Verschiebeweg zwischen den Messstellen sollte gleichmäßig verteilt sein und ist zu dokumentieren. Die Einzelwerte der Messung werden auf 1 µm gerundet. Das Auswerten kann entweder direkt mit der im Okular befindlichen Messskala im Mikroskop erfolgen oder an einem Fotoabzug.

Die Einzelwerte werden arithmetisch gemittelt und mit einer Stelle hinter dem Komma notiert. Der kleinste und der größte Messwert sind ebenfalls zu dokumentieren, gegebenenfalls auch die Standardabweichung. Kurzzeichen für die Verbindungsschichtdicke ist gemäß DIN ISO 15787 „CLT“, **c**ompound **l**ayer **t**hickness.

Beispiel:

$CLT = 14{,}7\ \mu m$
$CLT_{min} = 10\ \mu m$
$CLT_{max} = 17\ \mu m$

Weitere Ausführungen hierzu siehe DIN 30902.

Kalottenschliff

Neben dem Querschliff ist vor allem der *Kalottenschliff* aufgrund seiner einfachen und schnellen Durchführung von praktischem Interesse. Mit einer harten rotierenden Kugel und Diamantpaste als Abrasionsmittel wird eine Kalotte in die zu prüfende Oberfläche geschliffen und die Kalotte anschließend geätzt. In dem sich ergebenden Bild, siehe Bild 11-7, ist die Verbindungsschicht als weißer Ring zu erkennen und auszumessen. Anhand der geometrischen Bedingungen und dem Kugeldurchmesser lässt sich die Verbindungsschichtdicke bestimmen: CLT= (X•Y)/Kugeldurchmesser.

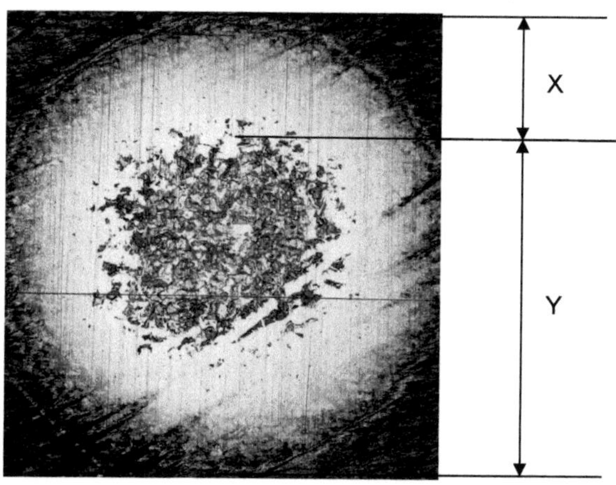

Bild 11-7: Lichmikroskopische Aufnahme eines mit Nital geätzten Kalottenschliffs am nitrierten Stahl Ck 45

Tabelle 11-4 Verschiedene Ätzmittel zur Kontrastierung von nitrierten Werkstoffen

Nr.	Bezeichnung	Zusammensetzung	Ätzdauer	Anwendung
1 1),2)	**Nital**	1% - 3% alkoholische Salpetersäurelösung	5 s – 20 s	Verbindungsschicht bleibt weiß, erst nach langer Zeit wird ε-Phase angegriffen
2 2),3)	Jonck bzw. Klemm	100 ml Methanol, 0,1 ml HCl, $FeCl_3$ einige Körnchen, Jodzugabe bis zur Gelbfärbung der Lösung		Fe_4N rotbraun (Nitridausscheidungen)
3 1), 3)	**Marble** (1)	1,25 g $CuSO_4$, 2,5 g $CuCl_2$, 10 g $MgCl_2$, auflösen in100ml dest. H_2O und 2 ml HCl, auf 1 l mit Ethylalkohol auffüllen	ca. 1 min - 3 min bei Raumtemp.	färbt nur ε-Phase dunkel, Unterscheidung von $Fe_{2-3}N$ und Fe_4N
4 1), 2)	Pikrin	3-4 g Pikrinsäure in 100 ml Alkohol	60 s	Korngrenzen der ε-Phase werden angeätzt
5 1)	**Oberhoffer**	1 g $CuCl_2$, 30 g $FeCl_3$, 0,5 g SnCl, 50 ml HCl, 500 ml dest. H_2O, 500 ml Ethylalkohol	2 s - 5 s 20 s - 30 s	löst ε-Phase auf, Unterscheidung von $Fe_{2-3}N$ und Fe_4N Carbid-angereicherte Zone
6 1)	Kalling	5 g CuCl, 100 ml HCl, 100ml Ethylalkohol, 100 ml dest. H_2O	20 s - 30 s, für Korngrenzen Fe_3C 10 s	nitrierte Randschicht wird dunkel eingefärbt
7 1)	Villela	1 g Pikrinsäure, 5 ml HCl, 100 ml Ethylalkohol	8 s	ätzt die Korngrenzen der ε-Phase an und färbt die γ´-Phase Chrom-Vanadium und Nitrierstähle
8 1)	**Pikrat**	2 g Pikrinsäure, 25 g NaOH, 100 ml dest. H_2O	2 min - 5 min in gekochter Lösung abgekühlt auf 50 °C - 85 °C	Nachweis für Zementit, Korngrenzenzementit
9 1), 2)	Ferricyanide Murakami und Honda	3 g Kaliumferrizyanid, 10 g Kaliumhydroxid, 100 ml dest. H_2O	30 min in kochender Lösung	färbt nicht die nitrierte Randschicht, sondern den Rest
10[1)]	Pikrin-Nital	10:1	70 s - 80 s	
11[2)]	Curran´sche (nach Marble)	10 g $CuSO_4$, 50 ml dest. H_2O, 50 ml Ethylalkohol	30 s - 60 s	
12[2)]	Fry	1 g $CuCl_2$, 65ml HCl, 50 ml dest. H_2O, 40 ml Ethylalkohol	30 s - 60 s	färbt Fe_4N und Braunit dunkel
13[4)]	Mittemeijer	Nital + Murakami	5 s 1% Nital + 5 min 50 °C Murakami	
14[4)]	Mittemeijer	Phasenkontrast	10 s 1% Nital	
15[(3)]	Elektrolytisch-potentiometrisches Ätzen	10-normale NaOH		

1) Mridha, S., Jack, D.H.: Etching Techniques for nitrided iron and Steels. Metallography 15, (1982) S. 163
2) Beckert, M., Klemm, H.: Handbuch der metallographischen Ätzverfahren – stickstoffhaltige Stähle und Nitrierschichten. 2. Auflage, VEB Leipzig, 1966
3) Chatterjee, R.: Wärmebehandlung von Eisenwerkstoffen: Nitrieren und Nitrocarburieren. 2. Auflage, Expert-verlag 1995, S. 343
4) Mittemeijer, J.E.: interner Bericht (1990)

11.4.2 Rasterelektronenmikroskopie (REM)

Der Strahlengang im *Rasterelektronenmikroskop* ähnelt dem im Lichtmikroskop. Die Abbildung erfolgt mittels Elektronen. Das Bild wird im Gegensatz zum Lichtmikroskop jedoch Punkt für Punkt aufgebaut, also gerastert. Da Elektronen im kV-Bereich statt Licht zu Abbildung genutzt werden, ist theoretisch mehr als eine um den Faktor 10000 höhere Auflösung zu erreichen [2].

Das REM ist heute ein Standardgerät zum Darstellen von Oberflächentopographien. Mit dem REM sind Aufnahmen mit hoher Tiefenschärfe möglich, wesentlich höher als mit dem Lichtmikroskop. Im Vergleich zu anderen stark vergrößernden Abbildungstechniken ist der Aufwand für die Probenpräparation relativ gering. Die Proben müssen trocken, sauber und elektrisch leitend sein, gegebenenfalls sind sie mit elektrisch leitendem Material zu bedampfen. Die Proben werden in die evakuierbare Probenkammer des Rasterelektronenmikroskops eingeschleust. Diese begrenzt gleichzeitig auch die maximale Probengröße. Ab einem Druck von 10^{-4} mbar kann ein Bild erzeugt werden.

Die Primärelektronen können einige µm tief in die Probe eindringen. Aufgrund der vielfältigen Wechselwirkung der Elektronen mit der Probe stehen verschiedene Informationsquellen zur Bildgewinnung zur Verfügung:

Sekundärelektronen (SE)

Zum Abbilden von Oberflächentopographien sind vor allem die *Sekundärelektronen* hervorragend geeignet. Aufgrund der geringen Energie stammen sie aus einem sehr oberflächennahen Bereich, bei Metallen aus maximal 5 nm Tiefe. Das Auflösungsvermögen wird vor allem vom Durchmesser des Primärstrahls bestimmt. Um Rasterbilder hoher Auflösung zu erhalten, muss mit einem Elektronenstrahl mit einem Durchmesser von 10 nm gearbeitet werden. Das erreicht man nur durch sehr niedrige Strahlströme mit 10^{-11} A. Da die Sekundärelektronen stark winkelabhängig emittiert werden, führt eine Neigung der Probe zur Steigerung des Topographiekontrastes.

Rückstreuelektronen (RE)

Rückgestreute Elektronen haben eine deutlich höhere Energie als die Sekundärelektronen und stammen demzufolge auch aus tieferen Randbereichen. Abhängig von der Beschleunigungsspannung der Primärelektronen, der Ordnungszahl und der Dichte der Proben lässt sich für Eisen die RE-Austrittstiefe bei 40 kV mit rd. 1000 nm abschätzen.

Die Intensität der rückgestreuten Elektronen ist abhängig von:

- der mittleren Ordnungszahl der abgebildeten Probenstelle (Kompositionskontrast)
- Abschattungseffekten durch Oberflächenrauhigkeit (Topographiekontrast)

Diese Abhängigkeiten können direkt durch Helligkeitsunterschiede im Bild sichtbar gemacht werden. Kleinste Ordnungszahlunterschiede von dZ < 0,1 können in neueren Geräten in Helligkeitsunterschiede umgesetzt werden.

Charakteristische Röntgenstrahlung

Durch die Wechselwirkung der hochenergetischen Primärelektronen mit der Probe entsteht unter anderem auch *charakteristische Röntgenstrahlung*, die zur Elementidentifikation im Mikrobereich geeignet ist. Das angeregte Mikrovolumen liegt in der Größenordnung einiger μm^3. Die entstehende Röntgenstrahlung kann auf zwei verschiedene Arten spektral analysiert werden: durch das wellenlängendispersive Spektrometer (WDS) und durch das energiedispersive Spektrometer (EDS). Das Verfahren wird *Röntgenmikrobereichsanalyse* (RMA), das Gerät *Mikrosonde* genannt und zur punkt-, linien- und flächenhaften Darstellung der Elementverteilung benutzt. Während das WDS eine wesentlich höhere Nachweisempfindlichkeit insbesondere bei den leichten Elementen hat, ist die benötigte Zeit für die Analyse mit dem EDS deutlich kürzer. Für den Nachweis und die Verteilung im Mikrobereich von Stickstoff, Kohlenstoff und Sauerstoff kann auf das WDS kaum verzichtet werden.

In den nachfolgenden Bildern 11-8 bis 11-11 und 11-13 sind einige Beispiele für verschiedene Aufnahmen und Aufnahmetechniken an Beispielen nitrierter Randschichtzustände zusammengestellt und in den Bildunterschriften erläutert.

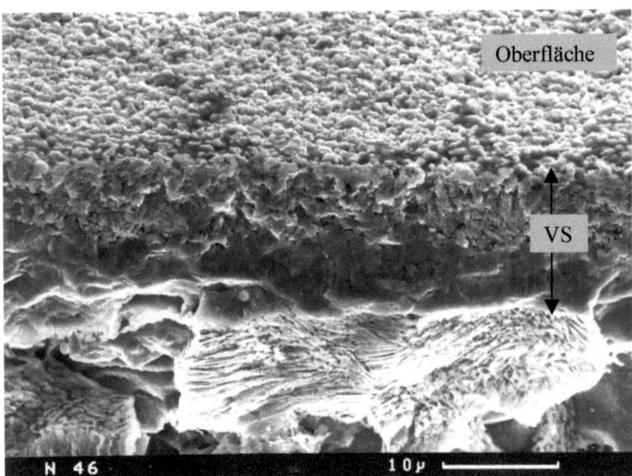

Bild 11-8: REM-Aufnahme einer Bruchprobe, Sekundär-Elektronen-Bild, Stahl Ck45, nitriert

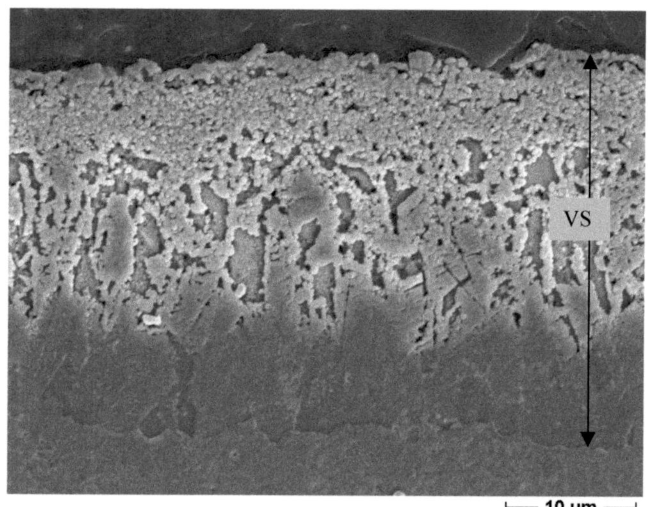

Bild 11-9: REM Aufnahme eines polierten und geätzten Querschliffs (Marble Ätzung)

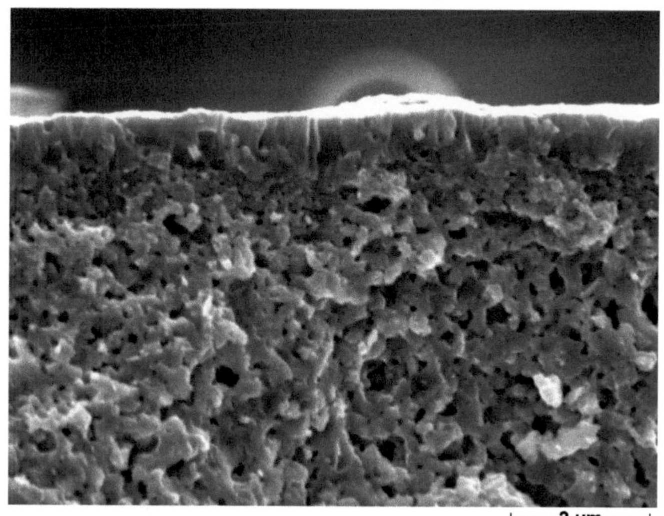

Bild 11-10: REM Aufnahme einer Bruchprobe SE-Bild (Stahl 42CrMo4, nitrocarburiert – Porensaum und Oxidschicht)

Bild 11-11: REM-Aufnahme der Oberfläche einer nitrierten Probe, Sekundär-Elektronen-Bild, Porenöffnungen

11.4.3 Transmissionselektronenmikroskopie (TEM)

Das *Transmissionselektronenmikroskop* ist ein Elektronenmikroskop, das im Aufbau dem REM ähnelt, jedoch nicht seriell, sondern abbildend arbeitet. Das Objekt wird durchstrahlt (Abbildung in Transmission), entsprechend dünn muss es präpariert werden. Im Wesentlichen wird es für die Grundlagenforschung eingesetzt. Durch die Wechselwirkung der Elektronen mit den Strukturen dünner, wenige Atomlagen dicker durchstrahlbarer Präparate, können diese abgebildet werden. So können feinste Ausscheidungen bis hinab zur Versetzung und letztendlich, bei höchstauflösenden Geräten, Atomanordnungen sichtbar gemacht werden. Mittels Elektronenbeugung werden anhand der Beugungsbilder Gitterabstände und Phasen bestimmt. Die Probenpräparation ist sehr aufwendig, ebenso der Betrieb des TEM. Für die Interpretation der Ergebnisse sind Erfahrung und spezielle Fachkenntnis erforderlich [2].

11.5 Physikalisch-chemische Prüfmethoden

Die chemische Analyse im Elektronenmikroskop mittels EDX und Mikrosonde sind bereits im Kapitel 11.2.3 unter den metallographischen Verfahren behandelt. Alle weiteren Verfahren folgen in den nachstehenden Kapiteln.

11.5.1 Glimmentladungsspektrometrie GDOS

Die optische Emissionsspektroskopie in der Glimmanregung (GDOS: **G**low **D**ischarge **O**ptical **S**pectroscopy) wird zur tiefenaufgelösten quantitativen Elementanalyse von Randschichten eingesetzt, wie sie z. B. durch Nitrier- und Nitrocarburierbehandlungen erzeugt werden. Als schnelles und halbautomatisches Messverfahren findet es zunehmend Verbreitung in der Prozesskontolle des Nitrierens und Nitrocarburierens.

Die laterale Auflösung der GDOS liegt im Makrobereich. Je nach Gerät und Anode wird üblicherweise mit einer kreisförmigen Analysenfläche zwischen 0,8 mm^2 und 50 mm^2 gearbeitet, was einem Brennfleckdurchmesser von 1 mm bis 8 mm entspricht, siehe Bild 11-12.

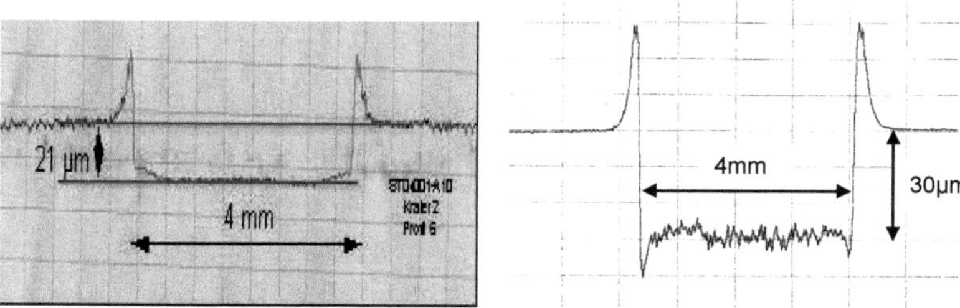

Bild 11-12: Profilschrieb über den GDOS-Brennfleck; links: optimale Einstellung, rechts: unsymmetrisch und tiefe Ränder

Die Tiefenauflösung geht bis in den Nanobereich. Je nach Entladungsbedingungen der anomalen Glimmentladung und Geräteausstattung erreicht man Werte bis deutlich unter 10 nm. Der großflächige Abtrag ermöglicht es, die Elementkonzentration mit hoher statistischer Sicherheit und höherer Nachweisempfindlichkeit als mit Verfahren der Mikrobereichsanalyse zu erfassen. Man erhält sehr genaue Konzentrationsprofile, welche die verfahrensbedingten Einflüsse der Randschichtherstellung wiedergeben.

Die in den Analysengeräten eingebaute Glimmentladungsquelle besteht aus einer zylindrischen auf Massepotential liegenden Anode und einer durch einen isolierenden O-Ring in kurzem Abstand gegenüberliegenden kathodisch geschalteten Probenoberfläche. Zwischen Anode und Kathode wird eine anomale Glimmentladung gezündet, ionisierte Edelgasatome (Argon) werden auf die Probe hin beschleunigt und schlagen Atome aus der Probenoberfläche heraus. Diese Atome werden durch weitere Wechselwirkung mit dem Plasma zur optischen Emissionen angeregt. Das entstehende Licht wird im nachgeschalteten Spektrometer spektral zerlegt und die Intensität der einzelnen Linien, die charakteristisch für die verschiedenen Elemente sind, mittels Photomultiplier ermittelt. Je nach Spektrometer können simultan bis zu 50 Elemente des Periodensystems einschließlich Wasserstoff ermittelt werden. Zur Quantifizierung der Konzentrationen werden die Intensitätsverhältnisse, wie sie am Multiplier gemessen werden, von Probe zu Standardprobe ins Verhältnis gesetzt. Durch die Einwirkung der Glimmentladung entsteht ein zeitproportionaler Abtrag. Durch Kalibrierung mittels

Profilschrieb über den Brennfleck kann das zeitabhängige Signal in eine tiefenabhängige Konzentration umgerechnet werden. Dabei ist zu beachten, dass die Abtragraten, auch Sputterraten genannt, abhängig vom Zerstäubergas, von den Entladungsbedingungen und vom Werkstoff sind.

Während das Zerstäubergas und die Entladungsbedingungen konstant gehalten werden, müssen die Abtragsraten für die verschiedenen Werkstoffe kalibriert werden. Dies ist insbesondere bei Schichten zu beachten, die andere Sputterraten aufweisen als der Grundwerkstoff, z. B. TiN auf Stahl [3, 4].

Die Tiefenauflösung wird meist begrenzt durch die Oberflächenrauhigkeit des Substrates oder durch die Ausbildung einer ungünstigen Form des Sputterkraters.

Für die Analyse mit der GDOS ist eine ebene Oberfläche im Bereich der den Entladungsraum begrenzenden Kathodenfläche der Probe erforderlich (einschließlich Dichtring).

Prinzipiell besteht jedoch die Möglichkeit, Teile mit kleinen lateralen Dimensionen mit einer Presse in Blei einzubetten, um die erforderliche Vakuumdichtheit herzustellen. Damit ist es möglich, bei gekrümmten Oberflächen nahezu ebene Bereiche für kleine Anodendurchmesser zu präparieren.

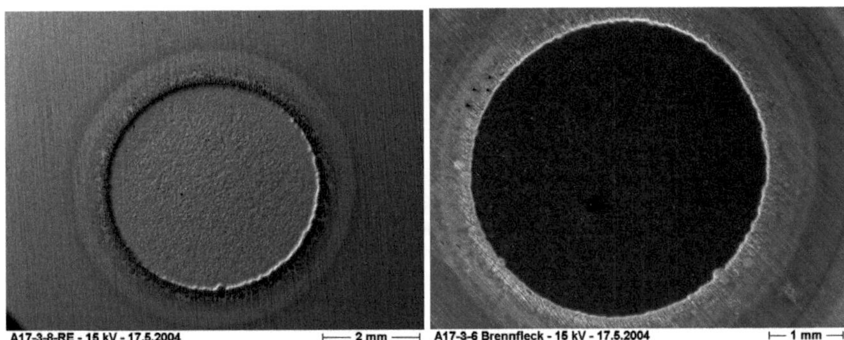

Bild 10-13: Rasterelektronenmikroskopische Aufnahme eines GDOS-Brennflecks (links Rückstreuelektronenbild, rechts Sekundärelektronenbild

Tabelle 11-5: Eigenschaften der Analyse mittels GDOS

Informationstiefe (nm)	50 nm - 100 nm
Simultananalyse von Elementen	Je nach Kanalzahl bis 60 Elemente
Zerstörung der Oberfläche	ja
Typische Nachweisgrenze	10^{-1} – 10^{-4} Masse-%
Dynamischer Bereich Tiefenprofile	100 nm bis 100 um
Tiefenauflösung	ca. 10% der abgetragenen Tiefe
Brennfleckdurchmesser	1 bis 8 mm

Dünne Folien können mittels temperaturbeständigem Kleber (mind. 150 °C) auf entsprechende Präparate aufgeklebt und so analysiert werden.

Bei der Analyse von leichten Elementen, die auch gasförmig vorkommen, ist besonders darauf zu achten, dass der Entladungsraum frei ist von entsprechenden Adsorptionsschichten, die aus der umgebenden Atmosphäre stammen und sich während der Standzeit ablagern können. Aus diesem Grund, wird die vorgereinigte Probenoberfläche vor der Analyse durch kurzzeitiges Vorsputtern (1 min) gereinigt.

Auswertung der Tiefenverläufe

Die GDOS ist eine Relativmessmethode und bedarf demzufolge eines Kalibrierens mittels Standardproben, deren Konzentration sehr genau bekannt sein muss. Die Qualität der Element-Tiefenverläufe hängt demzufolge sehr stark von der Qualität der Kalibrierung ab. Wenn eine hohe Tiefenauflösung erreicht werden soll, ist es erforderlich, dass die Ausgangsoberflächenrauheit sehr gering ist. Soll die Verbindungsschichtdicke mittels GDOS auf 1 µm genau ermittelt werden, sollte die gemittelte Rauhtiefe der Proben mindestens in derselben Größenordnung liegen.

Aus den gemessenen Elementtiefenverläufen lassen sich weitere quantitative Kenngrößen der nitrierten Randschicht ermitteln. Dabei muss jedoch immer bedacht werden, dass über den Brennfleckquerschnitt gemittelt wird.

Beispiele für Elementtiefenverläufe sind in den Bildern 11-14 und 11-15 wiedergegeben.

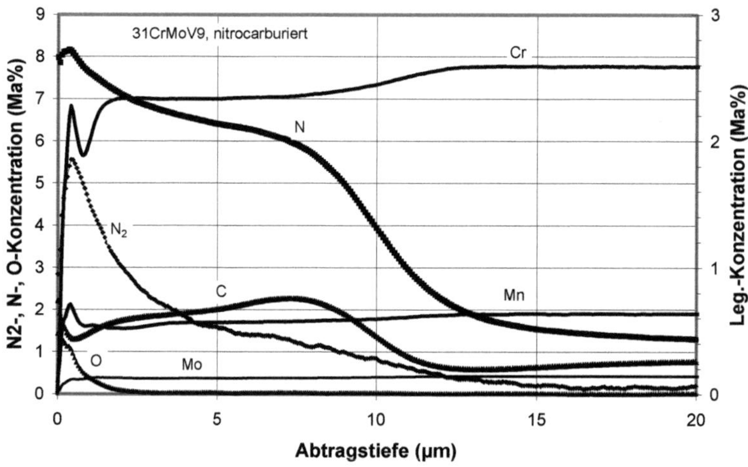

Bild 11-14: Element-Tiefenverlauf einer nitrocarburierten Probe aus dem Stahl 31CrMoV9, (550 °C, K_N = 0,8, 2,5 % CO_2)

In der Praxis hat es sich bewährt und durch vergleichende metallographische Untersuchungen wurde es abgesichert, das Streuband der *Verbindungsschichtdicke* bei niedrig und unlegierten Stählen an zwei Größen festzumachen: erstens am Kohlenstoffmaximum und zweitens an der Stickstoffkonzentration bei 2 Masse-% bis 3 Masse-%. Wendet man das auf das Messergebnis im Bild 11-15 an, ergibt sich eine Verbindungsschichtdicke von 21 µm bis 25 µm. Im Unterschied zum Querschliff stellt dieses Messergebnis bereits eine Mittelung über den gesamten Brennfleckquerschnitt dar. Eine entsprechende Aussage lässt sich auch aus dem Verlauf der Dichte, siehe Bild 11-15, gewinnen.

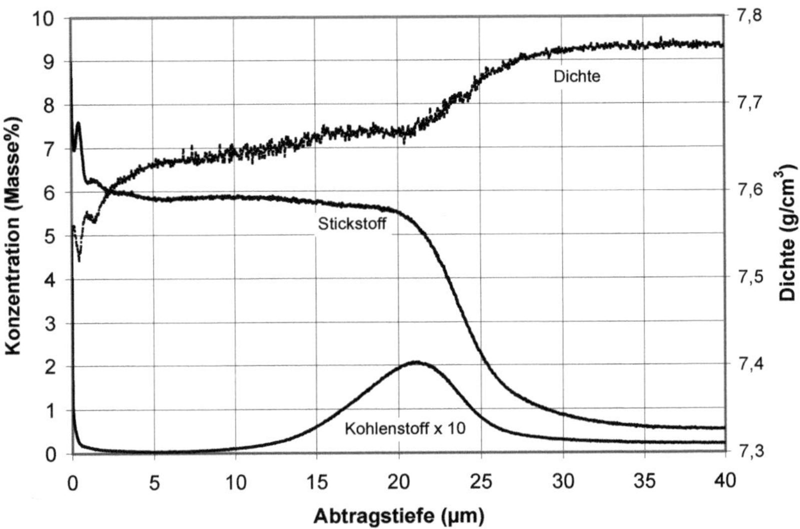

Bild 11-15: Element- und Dichte-Tiefenverlauf einer nitrierten Probe, Stahl Ck15

Aus der Stickstoff- und Kohlenstoffkonzentration lässt sich des Weiteren abschätzen, welche Nitridphasen vorliegen. Nach dem Zweistoffsystem liegt oberhalb von 6,1 Masse-% Stickstoff die ε-Phase vor. Weiterhin kann die γ′-Phase maximal 0,2 Masse-% Kohlenstoff aufnehmen. Bei höheren Kohlenstoffkonzentrationen in der Verbindungsschicht muss die ε-Phase zumindest anteilsmäßig vorliegen. Erst bei sehr hohen Kohlenstoffkonzentrationen ist nach dem Dreistoffsystem auch die Bildung von Zementit möglich. Mit diesen Aussagen lassen sich die möglichen Nitridphasen eingrenzen. Wendet man das auf die Verbindungsschicht im Bild 10-14 an, so ist aufgrund der Kohlenstoffkonzentration ein höherer Anteil an ε-Phase zu erwarten. Die analysierte Verbindungsschicht im Bild 11-15 dagegen deutet auf einen hohen Anteil γ′-Phase bzw. eine reine γ′-Schicht hin.

Weiterhin lässt sich mit der GDOS der molekulare Stickstoffgehalt ebenso wie der Wasserstoffgehalt in der Randschicht ermitteln [4]. Diese Analysen sind bislang nur qualitativ auszuwerten. Das Auftreten von molekularem Stickstoff wird in Korrelation zur Porenbildung gebracht.

Schließlich werden bei entsprechend ausgerüstetem Analysengerät simultan auch die Legierungselemente, die Verunreinigungen im Stahl sowie der Sauerstoffgehalt mit der GDOS quantitativ mit erfasst. Anhand der Sauerstoffkonzentration lässt sich die Oxidschichtdicke abschätzen, wie sie in vielen Anwendungen durch Nachoxidation auf die Verbindungsschicht aufgebracht wird.

Vor der Analyse sollten die zu untersuchenden Flächen gereinigt werden, um oberflächigen Kohlenstoff- und Sauerstoffeintrag z. B. durch Fingerabdrücke zu vermeiden. Trotz alledem ist in der Regel davon auszugehen, dass die ersten analysierten Atomlagen durch adsorbierten Sauerstoff, Kohlenstoff, Stickstoff und Wasserstoff geprägt sind. Die ersten 0,1 µm bis 0,5 µm eines Elementtiefenverlaufs einer Verbindungsschicht können abhängig von der Oberflächenrauhigkeit durch Einschwingvorgänge des Sputterprozesses fehlerbehaftet sein und sollten nicht in die Auswertung einfließen.

11.5.2 Elektronenspektroskopie zur chemischen Analyse (ESCA)

Die *Photoelektronenspektroskopie*, deren Analysengrundlage der Photoeffekt ist, wird auch XPS (X-Ray Photoelectron Spectroscopy) oder UPS (Ultraviolet Photoelectron Spectroscopy) genannt. Seriell wird Punkt für Punkt die zu untersuchende Oberfläche mit Photonen (Röntgenstrahlung oder UV Strahlung) angeregt. Durch die Wechselwirkung mit den Rumpfelektronen des Festkörpers werden diese ionisiert und über einen entsprechenden Detektor bezüglich ihrer Energie analysiert. Durch diese diskrete Elektronenenergie ist nicht nur die Zuordnung zu den chemischen Elementen möglich sondern auch zu dem Bindungszustand, also ob z. B. das Eisen als Oxid oder Nitrid oder als elementares Eisen im Festkörpergitter vorliegt. Gemessen wird im Ultrahochvakuum unterhalb von 10^{-10} mbar, die Informationstiefe ist mit weniger als 5 nm sehr gering und die laterale Auflösung von Standardgeräten liegt im Bereich von 1 mm bis 5 mm.

Das Verfahren ist aufgrund der geringen Eindringtiefe der Photonen sehr hochauflösend, jedoch auch aufwendig und teuer. Es eignet sich unter anderem für die Untersuchung von Passivschichten und flächenhaften Fertigungs- und Reinigerrückständen. Tiefenverläufe werden durch sukzessives Sputtern und Messen ermittelt. Zu untersuchende Proben sollten eine sehr geringe Rauhtiefe aufweisen, sauber sein und sorgfältig gehandhabt werden, um Einflüsse durch Fingerabdrücke u. ä. zu vermeiden [2, 3].

11.5.3 Röntgenfeinstrukturanalyse (XRD) [3]

Wesentlich besser und eindeutiger als mit der GDOS oder am Querschliff lassen sich die Phasenbestandteile der Verbindungsschicht mittels Röntgenbeugung bestimmen. Außerdem arbeitet die Röntgenfeinstrukturanalyse zerstörungsfrei.

Das Prinzip beruht auf der Beugung des Röntgenstrahls an den Netzebenen des Kristallgitters entsprechend der Bragg'schen Gleichung:

$$\lambda = 2 \cdot d_{hkl} \cdot \sin \theta_{hkl}$$

mit: λ = Wellenlänge der Röntgenstrahlung
θ_{hkl} = Beugungswinkel des Reflexes *hkl*
d_{hkl} = Ebenenabstand der Netzebenenschar *hkl*

Alle kristallinen Bestandteile lassen sich so anhand ihrer Netzebenenabstände identifizieren.

Je nach gewünschter Eindringtiefe des Röntgenstrahls kommen verschiedene Röntgenröhren zum Einsatz, denn bei gegebener Probenzusammensetzung ist die Eindringtiefe stark wellenabhängig. In Tabelle 11-6 sind für gängige Röntgenstrahlungen deren Eindringtiefe z_e im ferritischen Werkstoff zusammengestellt. Da die Strahlung exponentiell mit der Weglänge durch die Probe abgeschwächt wird, wird in der Praxis die Eindringtiefe als die Weglänge durch die Probe definiert, bis zu der die Intensität auf 1/*e* abgefallen ist. Da bei einem Beugungsexperiment jedoch die Strahlung nicht senkrecht auf die Probe auftrifft, ist die effektive Informationstiefe des Beugungsexperimentes kleiner als z_e und hängt von den Winkeln ab, die der einfallende und der gebeugte Strahl jeweils mit der Probennormalen einschließen und damit u. a. vom Beugungswinkel $2\theta_{hkl}$.

Tabelle 11-6: Eindringtiefe verschiedener Röntgenstrahlen im ferritischen Stahl [(2)]

Strahlung –Wellenlänge[(1)]	**Eindringtiefe z_e in Ferrit**
Cu $K\alpha$, - 1,5418 Å	2,1 µm
Cr $K\alpha$, - 2,2909 Å	5,6 µm
Co $K\alpha$, - 1.7902 Å	11,1 µm
Mo $K\alpha$, - 0,7107 Å	16,8 µm

[(1)]Mittelwerte der K_α-Wellenlängen, [(2)]Angaben von A. Leineweber, MPI Stuttgart

Die Analysenfläche kann durch Blenden im Primärstrahlengang variiert werden. Sie hat je nach Messaufgabe einen Durchmesser von zwischen 1 mm und 10 mm und vergrößert sich entsprechend der Projektion bei kleinen Beugungswinkeln. Bei der röntgenographischen Phasenanalyse wird abhängig vom Beugungswinkel die Intensität der gebeugten Röntgenstrahlung gemessen. Ein Beispiel für eine Verbindungsschicht mit reiner γ'-Fe_4N-Phase, gemessen mit Cr-Strahlung, ist im Bild 11-16 dargestellt, ein weiteres für Cu-Strahlung im Bild 11-17.

Die Beugungsreflexe können den einzelnen Phasen über standardisierte Datenblätter, die Powder Diffraction files, die vom International Centre for Diffraction Data (ICDD) herausgegeben werden, zugeordnet werden. Eine Zusammenstellung für die wichtigsten Eisennitridphasen ist in den Tabellen 11-7 und 11-8 für zwei verschiedene Strahlungen enthalten.

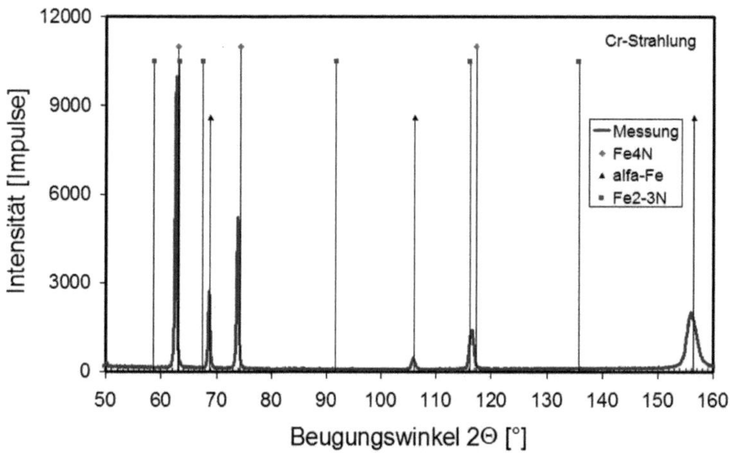

Bild 11-16: Röntgenbeugungsdiagramm einer nitrierten Ck15 Probe mit Cr-Strahlung

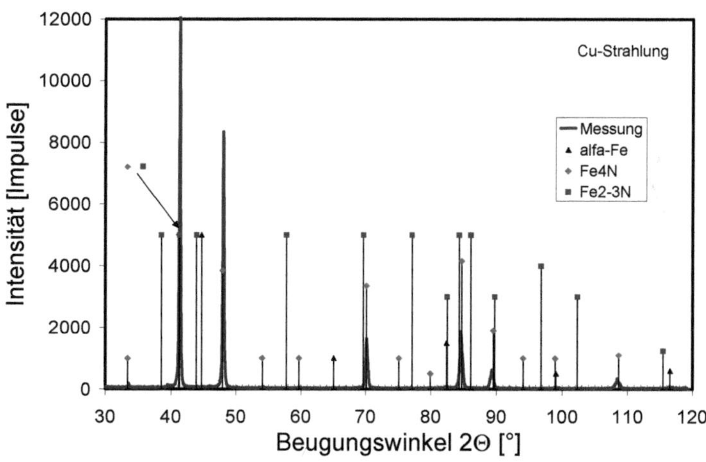

Bild 11-17: Röntgenbeugungsdiagramm einer nitrierten Probe aus dem Stahl Ck15 mit Cu-Strahlung

Tabelle 11-7: Beugungsreflexe verschiedener Nitridphasen für Cr-Strahlung

Cr-Strahlung	$2\theta_{hkl}$ [°]	I/I_{max} [%]	hkl		$2\theta_{hkl}$ [°]	I/I_{max} [%]	hkl
***α*-Eisen**	68,83	100	110	***γ'*-Fe_4N**	63,10	100	111
	106,11	20	200		74,33	55	200
	156,39	30	211		117,38	25	220
***ε*-$Fe_{2\text{-}3}N$**	58,37	18	100	**CrN**	37,53	80	111
	63,09	24	002		43,73	100	200
	67,19	100	101		63,53	80	220
	91,31	16	102		76,15	60	311
	115,25	12	110		80,10	30	222
	135,01	100	103		96,30	30	400

Tabelle 11-8: Beugungsreflexe verschiedener Nitridphasen für Cu-Strahlung

Cu-Strahlung	$2\theta_{hkl}$ [°]	I/I_{max} [%]	hkl		$2\theta_{hkl}$ [°]	I/I_{max} [%]	hkl
***α*-Eisen**	44,71	100	100	***γ'*-Fe_4N[c)]**	23,47	2	100
	65,08	20	200		33,43	1	110
	82,41	30	211		41,26	100	111
	99,05	10	220		48,01	55	200
	116,53	12	310		54,11	0,3	210
					59,77	0,3	211
***ε*-$Fe_{2\text{-}3}N$[a)b)]**	38,32	18	100		70,25	25	220
	41,23	24	002		75,21	0,1	221
	43,73	100	101		80,07	0,1	310
	57,54	16	102		84,85	20	311
	69,28	13	110		89,60	7	222
	76,90	12	103				
	83,92	10	112				
	85,62	8	201				

[a)] Reflexlagen entsprechen denen für eine Zusammensetzung von Fe_3N. Durch Zunahme der Gitterkonstanten mit dem Stickstoffgehalt können sich die Reflexe signifikant zu kleinen Winkeln verschieben.

[b)] Schwache Überstrukturreflexe sind nicht aufgeführt

[c)] Im Gegensatz zur Tabelle 11-7 sind hier Überstrukturen aufgeführt, von denen einzelne in Bild 11-17 zu erkennen sind.

Während mit Chromstrahlung relativ große Randbereiche der Verbindungsschicht integral erfasst werden, also über eine Verbindungsschichtdicke von fast 10 µm gemittelt wird, kann man mit Cu-Strahlung sehr dünne Bereiche selektiv analysieren und mittels sukzessiver elektrochemischer Abtragungen tiefenabhängige Phasenkonzentrationsverläufe über die Verbindungsschicht ermitteln. Ein weiteres Kriterium für die Wahl bestimmter Strahlung ist die Linienlage der entsprechenden Reflexe.

Beim gleichzeitigen Vorliegen mehrerer Phasen kann es zu Überlagerungen der Reflexe unterschiedlicher Phasen kommen. Durch die geschickte Wahl der Wellenlänge der Röntgenstrahlung können Überlagerungen manchmal vermieden werden.

Die Reflexe aller Phasen verschieben sich bei Änderung der Wellenlänge gleichartig. Die instrumentelle Auflösung hängt vom Winkel und zum Teil von der Wellenlänge ab. Dadurch können die Reflexe besser voneinander unterschieden werden. Durch Verringern der Eindringtiefe kann man im Prinzip Reflexe eines tieferliegenden Substrates ausblenden, die sonst Reflexe der Verbindungsschicht überlagern können.

Die Phasenanalyse lässt sich im Prinzip quantifizieren. Die Fläche unter dem entsprechenden Reflex stellt ein Maß für den Phasenanteil dar. Oft werden auch Verhältnisse von Peakflächen oder auch maximale Intensitäten der Beugungslinien zweier Phasen als Maß verwendet. Für eine absolute Quantifizierung sind weitere Werkstoff- und Gerätekonstanten zu berücksichtigen.

11.5.4 Eigenspannungsmessungen mit Röntgenstrahlung

Durch das Nitrieren und Nitrocarburieren entstehen in der Randschicht Eigenspannungen. Eigenspannungen sind Spannungen, die im Inneren eines Werkstücks ohne Einwirkung äußerer Kräfte vorliegen. Innerhalb eines Bauteils existieren demzufolge Bereiche mit Zugeigenspannungen, die mit Bereichen, in denen Druckeigenspannungen vorliegen, im Gleichgewicht stehen. Eigenspannungen überlagern sich additiv den Lastspannungen und können, wie im Fall von Druckeigenspannungen im Randbereich durch das Nitrieren, die Dauerschwingfestigkeit von Bauteilen erheblich steigern.

Basierend auf dem Prinzip der Röntgenbeugung können an kristallinen Stoffen Gitterabstände zerstörungsfrei sehr präzise vermessen werden. Mittels einem Auswerten nach der $\sin^2 \Psi$-Methode lassen sich daraus Eigenspannungen ermitteln. Bei Zugeigenspannungen liegt ein aufgeweitetes Gitter vor, bei Druckeigenspannungen sind die Gitterabstände verringert.

In der Praxis unterscheidet man zwischen Makro- und Mikroeigenspannungen. *Makroeigenspannungen* werden nach der $\sin^2 \Psi$-Methode ausgewertet und sind über mehrere Körner ausgedehnt, *Mikroeigenspannungen* sind die Folge von Gitterstörungen wie Versetzungen, Fremdatomen, Korngrenzen und Ausscheidungen. Sie äußern sich im Beugungsdiagramm in Form einer Linienverbreiterung und können als Halbwertsbreite ermittelt werden.

Je nach Messaufgabe werden Röntgenstrahlen mit unterschiedlicher Eindringtiefe eingesetzt. Bei Eindringtiefen, die größer sind als die Verbindungsschichtdicke, ist die gleichzeitige Messung von Eigenspannungen in der Verbindungsschicht und Diffusionsschicht möglich. Durch sukzessives elektrochemisches Abtragen werden darüber hinaus Eigenspannungs-Tiefenverläufe ermittelt. Dabei kann an mehreren Phasen parallel gemessen werden.

Zum Ermitteln der Eigenspannungen muss der Messort dem einfallenden und gebeugten Röntgenstrahl zugänglich sein. Der Messfleckdurchmesser liegt je nach Blende im Bereich von 1 mm bis zu mehreren mm. Heute stehen stationäre und mobile Messeinrichtungen zur Verfügung [3].

11.5.5 Weitere Untersuchungsmethoden

Die in den vorangegangenen Kapiteln aufgeführten Methoden zum Untersuchen der physikalisch-chemischen Eigenschaften von mit Stickstoff angereicherten Randschichten werden mehr oder weniger häufig in der industriellen Praxis eingesetzt. Darüber hinaus gibt es weitere Methoden, die in der Forschung zwar ihren Platz haben, jedoch nur selten in der Qualitätskontrolle und -sicherung eingesetzt werden. Der Vollständigkeit halber sind sie nachstehend aufgelistet, nähere Informationen finden sich in der Literatur [2, 3].

- *SIMS* (Sekundärionen-Massenspektrometrie)
- *AES* (Auger-Elektronenspektroskopie)
- *ARRAM* (akustische Reflexions-Rastermikroskopie)
- *Mössbauer-Spektrometrie*
- *Rastertunnelmikroskopie*
- *Neutronenbeugung*

11.6 Technologische Prüfungen

Neben den metallographischen und physikalisch-chemischen Kenngrößen zur Beurteilung des Werkstoffrandzustandes ist es für das Auslegen und Beurteilen des technischen Einsatzes nitrierter und nitrocarburierter Bauteile und Werkzeuge von größter Bedeutung, den Einsatzfall mit dem bauteiltypischen Beanspruchungskollektiv im Modellversuch vorab zu testen. Je nach Bauteil ist unter dem Beanspruchungskollektiv neben der mechanische Last auch der Verschleiß und die Korrosion zu verstehen. In vielen Anwendungen treten diese Beanspruchungen sowohl in Kombination als auch in Wechselwirkung untereinander auch bei höheren Temperaturen auf. Mit Modellprüfsystemen können im Labor bereits wesentliche Betriebskenngrößen gewonnen werden, die durch abschließende, allerdings deutlich kostspieligere Betriebsversuche, abgerundet werden.

11.6.1 Verschleißprüfung

Eines der wichtigsten Ziele für die Anwendung des Nitrierens und des Nitrocarburierens ist die Steigerung der Bauteillebensdauer bei Verschleißbeanspruchungen. Verschleiß muss als Systemeigenschaft verstanden werden; neben der Werkstoff- und Bauteilpaarung spielt der Schmierstoff eine zentrale Rolle. Die stofflichen Elemente, ihre physikalisch chemischen Eigenschaften sowie ihre Wechselwirkung untereinander prägen das Tribosystem [5].

Es wurde eine Vielzahl von Modellprüfsystemen entwickelt. Im Bild 11-18 ist eine Auswahl zusammengestellt. Es wird unterschieden, ob es sich um eine Prüfung des Verschleißes von Werkstoffpaarungen handelt, ob der abrasive Verschleißwiderstand oder die Randschichtermüdung geprüft werden soll. Die bekanntesten Verfahren sind Stift-Scheibe, Schleifteller sowie Scheibe – Scheibe (Amsler).

Viele dieser Prüfsysteme kann man instrumentieren, d. h. es werden Sensoren angebracht, die fortlaufend wichtige Kenngrößen wie z. B. Reibwerte, Temperatur, Verschleißmenge usw. erfassen. Ansonsten werden feste Prüfparameter wie Kräfte und Drehzahlen eingestellt und die entstandenen Verschleißmarken optisch bzw. der anfallende Abrieb gravimetrisch ausgewertet. Tribometerversuche sind geeignet, an Modellproben relative und auf das Tribosystem bezogene Aussagen über das Verschleißverhalten zu gewinnen. Die Ergebnisse sind nicht ohne weiteres und nicht ohne Einschränkungen auf reale Bauteile in der Praxis übertragbar. Hier werden in der Regel zusätzliche Bauteilprüfungen beim realen Einsatz in Betriebsversuchen oder auf Prüfständen notwendig.

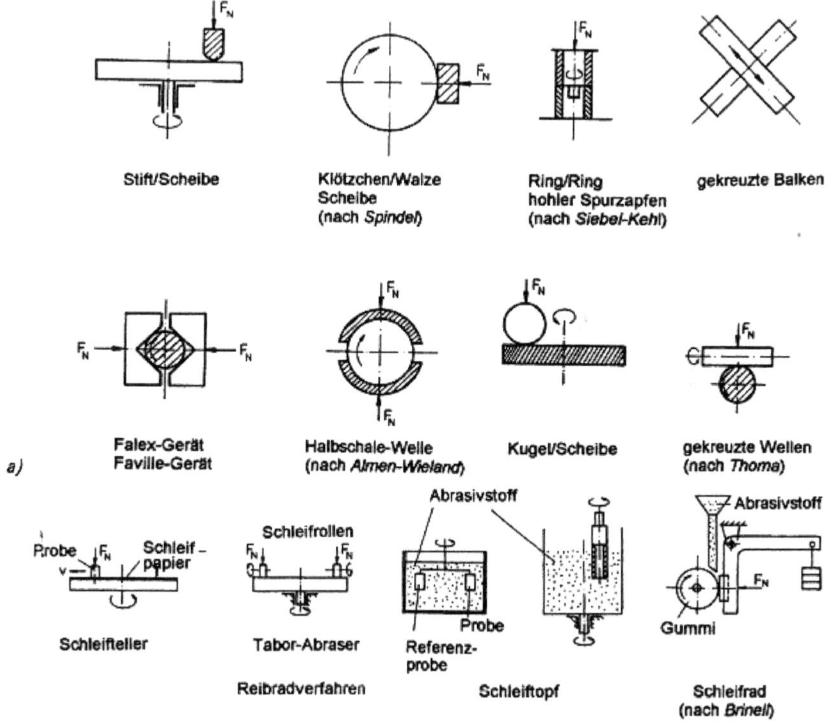

Bild 11-18a: Verschiedene tribologische Modellprüfsysteme: Prüfung des Verschleißverhaltens von Werkstoffpaarungen

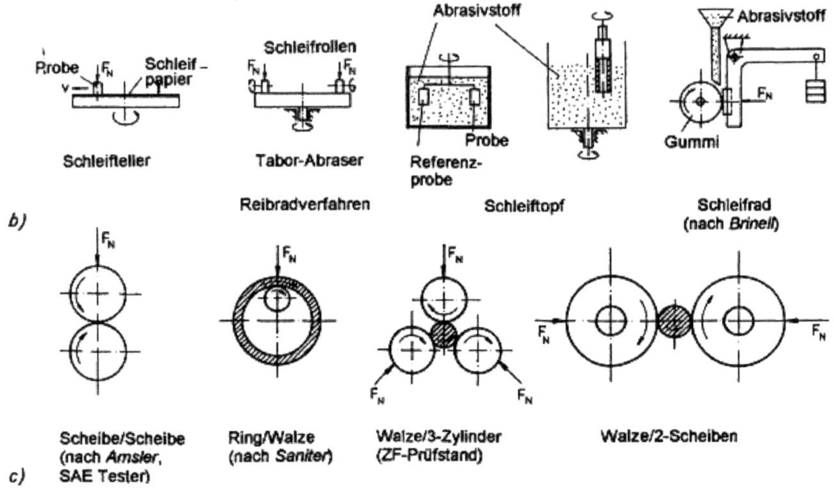

Bild 11-18b: Verschiedene tribologische Modellprüfsysteme
b) Prüfung des abrasiven Verschleißes
c) Prüfung der Randschichtermüdung

11.6.2 Korrosionsprüfung

Das Nitrieren und Nitrocarburieren, insbesondere in Verbindung mit dem Nachoxidieren, wird in zunehmendem Maße als Korrosionsschutzmaßnahme bei Bauteilen mit leichter Korrosionsbeanspruchung eingesetzt. Verschiedene Untersuchungen z. B. [24] bis [28] haben das große Potential aufgezeigt und verfahrenstechnische Hinweise zum Optimieren des Nitrocarburierens und eines anschließenden Nachoxidierens gegeben. Verschiedenartige Werkstoffe, Werkstoffrandschichten und unterschiedliche Korrosionsmedien bedingen eine große Vielseitigkeit der Korrosion und seiner Prüfmethoden. Um die Ergebnisse solcher Untersuchungen aussagefähig und vergleichbar zu gestalten, sind feste Regeln für die Korrosionsprüfung unbedingt notwendig. Die grundlegenden Regeln sind in den entsprechenden Normen festgelegt:

DIN 50905 Korrosion der Metalle: Korrosionsuntersuchungen – Grundsätze
DIN 50900 Korrosion der Metalle: Begriffe

Die wichtigsten Korrosionsprüfmethoden sind die elektrochemische Korrosionsprüfung und die Sprühnebelprüfung mit Natriumchloridlösungen im so bezeichneten Salznebelsprühtest. Sie sind als vergleichende Prüfmethoden anzusehen. Weitere Prüfmethoden sind in der Literatur zu finden [6].

Sprühnebelprüfung mit Natriumchloridlösungen (DIN 50021)

Sprühnebelprüfungen erfolgen in einer geschlossenen Klimakammer mit Druckausgleich bei einer kontinuierlich versprühten wässrigen, 5%-igen Natriumchloridlösung als korrosivem Mittel. Alternativ kann Essigsäure und Kupferchlorid zugesetzt werden, siehe DIN 50021. Die Prüftemperatur beträgt 35 °C bzw. 50 °C. Der Versuch wird als Dauerversuch durchgeführt. Begleitend werden die Proben nach festen Zeitintervallen optisch inspiziert und optional gravimetrisch wird der Masseverlust bestimmt. Anhand festgelegter Kriterien wird der Korrosionswiderstand bzw. das Fortschreiten der Korrosion beurteilt, z. B. nach welcher Prüfdauer mit dem bloßen Auge erste punktförmige Stellen von Lochfraß sichtbar sind. Das typische Prüfkriterium ist die Korrosionsdauer, bei der erste Rostpunkte auftreten. Die Prüfdauern betragen bis zu einigen 100 h [6].

Elektrochemische Korrosionsprüfung (DIN 50918)

Elektrochemische Korrosionsuntersuchungen gehen über die phänomenologische Beschreibung des Korrosionsfortschrittes wie beim Salznebelsprühtest hinaus. Es werden die Mechanismen der chemischen Reaktionen erfasst und zur Beurteilung des Korrosionsvorgangs herangezogen [29].

Bei elektrochemischen Korrosionsuntersuchungen sind die vorrangigen Ziele:

- die Untersuchung der Potentialabhängigkeit der Korrosionsreaktionen
- die Ermittlung der Art und Geschwindigkeit der Teilreaktionen
- die Aufklärung von Reaktionsmechanismen
- die Ermittlung von elektrochemischen Größen, insbesondere Elektrodenpotentiale zur Beurteilung des elektrochemischen Schutzes

Man unterscheidet folgende Methoden:

- Potentialmessungen
- Strommessungen
- Polarisationsmessungen

Während bei der Potential- und Strommessung ohne äußere Stromquellen gearbeitet wird, kommt bei der Polarisationsmessung der zusätzlichen äußeren Stromquelle besondere Bedeutung zu. Das Messergebnis wird u. a. als Summenstromdichte-Potentialkurve dargestellt und ausgewertet. Zum Einsatz kommen verschiedene Schaltungen und Elektrolyte, wobei eine Kenngröße in der Regel konstant gehalten wird [7, 28].

Im Bild 11-19 ist schematisch ein typisches Beispiel einer Summenstromdichte-Potential-Messung dargestellt. Man unterteilt die Kurve in den aktiven, den passiven und den transpassiven Zustand mit entsprechenden Übergangsbereichen. Nicht jeder Werkstoff weist jeden Bereich auf. Im aktiven und transpassiven Zustand wird Metall aufgelöst, im passiven Zustand werden Oxidschichten ausgebildet.

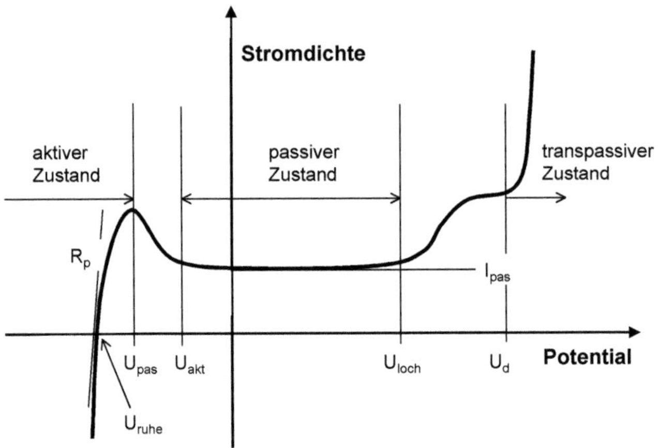

R_p = Polarisationswiderstand
U_{pas} = Passivierungspotential
U_{loch} = Lochfraßpotential
I_{pas} = Passivstromdichte
U_{ruhe} = Ruhepotential
U_{akt} = Aktivierungspotential
U_d = Durchbruchpotential

Bild 11-19: Kenngrößen und typischer Verlauf einer Summenstromdichte-Potentialkurve

Bei größeren Potentialen als dem Lochfraßpotential geht der ebenmäßige Korrosionsabtrag in den punktförmigen über. Ab dem Durchbruchpotential findet eine intensive Sauerstoffentwicklung statt.

Die Passivstromdichte kennzeichnet die Qualität der Schutzwirkung der Passivschicht. Je geringer die Passivstromdichte, umso besser ist die Schutzwirkung.

Das Ruhepotential ist das freie Korrosionspotential einer homogenen Mischelektrode, die Stromdichte ist null.

Der Polarisationswiderstand ist definiert als die Steigung der Tangente am Ruhepotential:

$$R_P = \left(\frac{dU}{di}\right)_{U=U_{ruhe}}$$

Der reziproke Polarisationswiderstand dient zur Kennzeichnung der Kinetik der flächigen Korrosion.

Im Bild 11-20 sind Beispiele gemessener Stromdichte-Potential-Kurven von nitrierten und nitrocarburierten Proben wiedergegeben. Während der Grundwerkstoff 16MnCr5 aktiv in Lösung geht, werden die nitrierten und nitrocarburierten Oberflächen durch anodische Polarisation passiviert. Je nach Variante ist die Passivstromdichte sehr unterschiedlich, ebenso das Lochfraßpotential, weitere Einzelheiten hierzu in [24 bis 28].

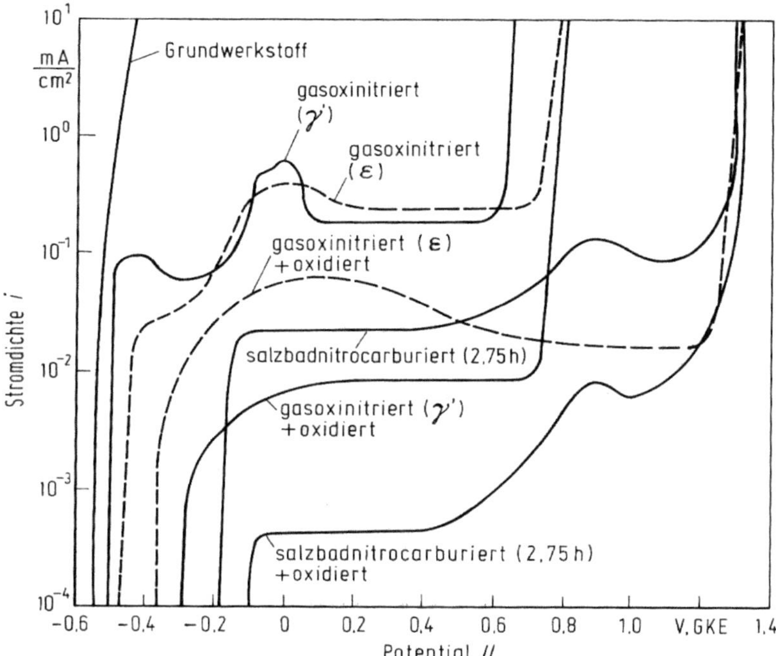

Bild 11-20: Stromdichte-Potential-Kurven verschieden nitrierter Proben aus dem Stahl 16MnCr5 in 0,9 M NaCl-Lösung [24]

11.6.3 Festigkeitsprüfung

Das Prüfen der mechanischen Eigenschaften nitrierter und nitrocarburierter Proben und Bauteile ist ein weites Feld. Je nach Bauteil und Anwendung sind sehr unterschiedliche Prüfungen möglich [9, 10]. Da jedoch durch das Nitrieren und Nitrocarburieren die Festigkeitseigenschaften besonders im Randbereich verändert werden, kommen vor allem der statische Biegeversuch (DIN 50111, DIN EN ISO 7438) sowie der dynamische Dauerschwingversuch (DIN 50100), z. B. als Umlaufbiegung, in Frage.

Metallische Werkstoffe zeigen bei schwingender Beanspruchung, dass wiederholte Belastungen nicht beliebig häufig ertragen werden, selbst dann nicht, wenn die Spannungsamplitude unterhalb der Streckgrenze liegt. Die ertragbare Beanspruchung wird abhängig von der Schwingspielzahl.

Das Ergebnis von Schwingversuchen stellt man typischerweise als Wöhlerkurve dar. Zur Aufnahme prüft man je nach Genauigkeit mindestens 30 Proben eines Werkstoffes mit einheitlicher Oberflächenbeschaffenheit bei konstanter Mittelspannung und bei verschiedenen Spannungshorizonten bis zum Bruch. Die so ermittelten Wertepaare σ_a, N_B werden in ein halblogarithmisches Diagramm eingetragen. Als Ausgleichskurve ergibt sich die Spannungs-Wöhlerkurve – siehe Bild 11-21.

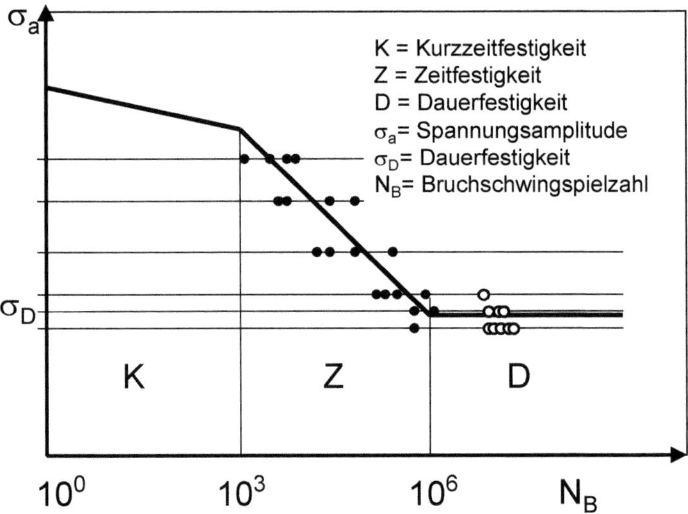

Bild 11-21: Beispiel Wöhlerkurve (offene Kreise sind „Durchläufer", geschlossene Kreise sind Brüche)

In der Regel genügt es, metallische Werkstoffe mit kubisch raumzentrierter Struktur bis max. 10^7 Lastwechsel zu prüfen. Die Spannungsamplitude, die ein Werkstoff bis zu dieser Grenzlastspielzahl ohne Bruch erträgt, wird als Dauerfestigkeit σ_D bezeichnet. Für den Belastungsfall ohne Mittelspannung spricht man von Wechselfestigkeit σ_W. Metallische Legierungen mit kubisch flächenzentrierter Struktur weisen auch nach 10^7 Lastwechsel eine weitere Entfestigung auf, sie besitzen keine echte Dauerfestigkeitsgrenze. Ersatzweise wird die bis 10^7 Lastwechsel ertragene Spannungsamplitude als Dauerfestigkeitswert angenommen. Der Zeitaufwand zum Erstellen einer Wöhlerkurve ist nicht unerheblich, prüft man z. B. mit 50 Hz, benötigt man für 10^7 Lastwechsel rd. 2,5 Tage.

11.6.4 Zähigkeitsprüfung

Für ein vergleichendes Beurteilen der Zähigkeit von Verbindungsschicht und Diffusionsschicht kann man den Ritztest heranziehen. Beim Ritztest wird mit einem Vikkersdiamanten unter steigender Last ein Spur in die zu prüfende Oberfläche geritzt. Die gleichzeitige Schallemissionsanalyse ebenso wie die optische Beurteilung der Ritzspur gibt Hinweise auf das Anrissverhalten. Daraus kann eine kritische Last ermittelt werden, die sich für eine quantitative Bewertung der Zähigkeit eignet [18].

Ein weiteres Verfahren zur Beurteilung der Zähigkeit ist die Auswertung von Vickershärte-Eindrücken nach Palmquist. Die vom Härteeindruck ausgehenden Radialrisse werden zur quantitativen Kennzeichnung der Zähigkeit genutzt [14].

Der Kerbschlagbiegeversuch (DIN 50115, DIN EN ISO 14556) wird zum Beurteilen der Duktilität des ganzen Bauteils, also der Gesamtheit aus Verbindungsschicht, Diffusionsschicht und Grundwerkstoff, herangezogen. An genormten Proben wird die Kerbschlagarbeit und die Kerbschlagbiegekraft bei hoher Formänderungsgeschwindigkeit ermittelt [15, 16].

Wesentlich sensibler auf die Randschicht reagiert jedoch der 3-Punkt-Biegeversuch an ungekerbten Rundproben. Mit deutlich geringerer Formänderungsgeschwindigkeit als beim Kerbschlagbiegeversuch und zusätzlicher Schallemissionsanalyse gelingt es so, Unterschiede in der Zähigkeit, abhängig vom Aufbau und der Struktur der Verbindungsschicht, aber auch den Abkühl- und Auslagerungsbedingungen, zu analysieren [17].

Als weitere Prüfmethoden sind der Zugversuch (DIN EN 10002-1) und der Torsionsversuch zu nennen, die mit geringer Formänderungsgeschwindigkeit prüfen und neben den mechanischen Kennwerten auch Informationen über Zähigkeitseigenschaften liefern [31]. Diese Prüfverfahren sind weniger randschichtempfindlich und somit in ihrer Aussagekraft bezüglich der Zähigkeit nitrierter Randschichten eingeschränkt.

11.6. 5 Zerstörungsfreie Prüfung

Nitrierte und nitrocarburierte Randschichten lassen sich durch verschiedene Methoden zerstörungsfrei prüfen. Als industrierelevante Methoden kommen dazu die Röntgenbeugung und die Wirbelstrommessung in Frage. Weitere Verfahren wie mikromagnetische Messung, harmonische Analyse und thermische Kontaktspannungsmessung sind industriell noch nicht nutzbar.

Röntgenbeugung (siehe auch Kap. 11.5.3 und 11.5.4)

Mittels Röntgenbeugung kann man die Phasenbestandteile der Randschicht nitrierter und nitrocarburierter Proben zerstörungsfrei bestimmen. Jede Strahlung hat ihre spezifische Eindringtiefe. Stimmt man diese auf den zu untersuchenden Randbereich ab, lässt sich aus dem Peak-Verhältnis von α-Phase zu ε/γ'-Phase die Dicke der Verbindungsschicht zerstörungsfrei über eine entsprechende Kalibrierung ermitteln [22].

Wirbelstromverfahren

Bei den Wirbelstromverfahren, den mikromagnetischen Messungen und auch den harmonischen Analysen findet eine elektromagnetische Wechselwirkung mit dem Randbereich der zu untersuchenden Probe statt. Da alle Eisennitride ferromagnetisch sind und unterschiedliche Curietemperaturen besitzen, kann man diese Effekte zur Analyse der Nitrierschicht nutzen. Wirbelstromsensoren sind auch in Nitrieröfen einsetzbar, so dass direkt aus dem laufenden Prozess Informationen über den aktuellen Werkstoffrandschichtzustand gewonnen werden können [23]. Dabei ist zu beachten, dass es sehr viele verschiedene werkstoffbezogene Faktoren gibt, z. B. Korngröße, chemische Zusammensetzung, Gefügezustand, Ausscheidungen usw., die ebenfalls die elektromagnetische Wechselwirkung beeinflussen. Kann man alle Begleitfaktoren konstant halten und variiert nur einen nitriertypischen Faktor, ist ein Kalibrieren auf die Verbindungsschichtdicke und die Nitrierhärtetiefe möglich. Der typische Einsatzfall ist somit in der Serienfertigung gleicher Teile gegeben. Schwierig wird die eindeutige Kalibrierung, wenn mehrere Einflussfaktoren variieren können [19, 23].

Mikromagnetische Verfahren

Prinzipiell ist es möglich, mit der Veränderung des magnetischen Barkhausenrauschens die Nitrierhärtetiefe und die Dicke der Verbindungsschicht nitrierter Bauteile zerstörungsfrei zu messen. Die maximale Amplitude des Rauschens nimmt mit der Zunahme der Härtetiefe ab, da die Rauschsignale des Grundwerkstoffes beim Passieren der harten Randschicht gedämpft werden. Diese Dämpfung liefert ein Maß für die Dicke der verfestigten Randschicht. Die Ergebnisse experimenteller Untersuchungen an gas- und plasmanitrierten Prüfkörpern aus den Stählen 14CrMoV6.9, 31CrMoV9 und 34CrAlNi7 bestätigten die Möglichkeit und Zuverlässigkeit der Prüfung der Nitrierhärtetiefe durch Aufnahme von Profilkurven des Barkhausenrauschens. Die Korrelation zwischen der maximalen Amplitude des Barkhausenrauschens und der Dicke der Verbindungsschicht ermöglicht mit diesem Messverfahren auch das Bestimmen der Verbindungsschichtdicke [20].

Harmonische Analyse von Wirbelstromsignalen

Wird ferromagnetisches Material einem elektromagnetischen Wechselfeld ausgesetzt, so werden Wirbelströme induziert, die ihrerseits wieder ein Wechselfeld erzeugen, was als Wirbelstromsignal gemessen wird. Regt man mit einem sinusförmigen Signal an, so wird dies durch die Wechselwirkung mit dem ferromagnetischen Werkstoff verzerrt, es entstehen höher frequente Schwingungsanteile. Diese werden bei der harmonischen Analyse genutzt, um Informationen über den Werkstoffrandbereich zu erhalten. Durch die geschickte Wahl von Kalibrierproben und Anwendung der mehrdimensionalen nichtlinearen Regressionsanalyse werden Kalibrierkurven erstellt, die den Zusammenhang der Wirbelstromsignale zur Nitrierhärtetiefe und Verbindungsschichtdicke je nach Anwendungsfall und Werkstoff herstellen. Dabei ist zu beachten, dass viele verschiedene werkstoffbezogene Faktoren diese Korrelation beeinflussen können [21].

Thermische Kontaktspannungsmessung

Das Messen der thermischen Kontaktspannung liefert eine Information über die Thermospannung des Messobjektes. Da die Thermospannungen von Eisennitriden, Eisenoxiden und reinem Eisen sich z. T. deutlich unterscheiden, ist hier eine eindeutige Differenzierung möglich. Das Messergebnis informiert allerdings nur über die äußerste Oberfläche, den Kontakt; Aussagen über Schichtdicken sind daraus nur schwer abzuleiten [13].

Laufzeitmessung von Ultraschall

Ein weiteres zerstörungsfreies Messverfahren zum Bestimmen der Nitrierhärtetiefe beruht auf der Dispersion der Schallgeschwindigkeit von Ultraschall-Rayleigh-Wellen. Am Beispiel von plasmanitrierten Kurbelwellen aus 30CrMoV9 wurde die prinzipielle Einsetzbarkeit dieser Messmethode nachgewiesen. Zum Messen der Schallgeschwindigkeit in Umfangsrichtung von Kurbelwellen wurden Keilwandler eingesetzt, bei denen auf einer keilförmigen Vorlaufstrecke ein konventioneller 90-deg-Prüfkopf aufgesetzt war. Konstruiert wurde ein Sender-Empfänger-Prüfkopf von 4 MHz aus zwei derartigen Wandlern. Ausgewertet wurde direkt die Laufzeit. Eine Kalibrierkurve gibt den Zusammenhang von Nitrierhärtetiefe und Ultraschall-Laufzeit mit einem Vertrauensbereich von $\pm$ 0,07 mm an [30].

11.7 Literatur

[1] Huchel, U.; Klümper-Westkamp, H., Liedtke, D.: Bestimmung der Verbindungsschichtdicke nach dem Nitrieren und Nitrocarburieren
Der Wärmebehandlungsmarkt (2006) Nr.1, S. 5 - 8 und Nr. 2, S. 5 - 9

[2] Hunger, H.-J.(Hrsg): Werkstoffanalytische Verfahren – Eine Auswahl.
Deutscher Verlag für Grundstoffindustrie, Leipzig, 1995

[3] Jehn, H.; Reiner, G.; Siegel, N.: Charakterisierung dünner Schichten.
DIN Fachbericht 39, Beuth Verlag, Berlin, 1993

[4] Rose, E.: Möglichkeiten der analytischen Erfassung von molekularem Stickstoff mit der Glimmentladungsspektroskopie (GDOS) in Verbindung nitrierter und nitrocarburierter Eisenwerkstoffe.
Fortschr.-Ber. VDI Reihe 5 Nr. 329, VDI Verlag Düsseldorf, 1993

[5] Habig, K-H.: Verschleiß und Härte von Werkstoffen.
Hanser Verlag, München, 1980

[6] DIN Deutsches Institut für Normung e.V.
DIN Taschenbuch 219, Korrosion und Korrosionsschutz. Beuth-Verlag, 1987

[7] Heitz, E.; Henkhaus, R.; Rahmel, A.: Korrosionskunde im Experiment – Untersuchungsverfahren, Messtechnik, Aussagen.
Verlag Chemie, Weinheim, 1983

[8] Pye, D.: Practical Nitriding and Ferritic Nitrocarburizing. ASM International, 2003, S. 69 ff

[9] W. Schmidt, W.; Dietrich, H.: Praxis der mechanischen Werkstoffprüfung. Kontakt und Studium, Band 585, Expert-Verlag, Renningen, 1999

[10] Dietrich, H.: Mechanische Werkstoffprüfung: Grundlagen, Prüfmethoden, Anwendungen. Expert-Verlag, Renningen, 1994

[11] DIN Deutsches Institut für Normung e.V.: DIN Taschenbuch 218: Werkstofftechnologie 1, Wärmebehandlungstechnik, Normen. Beuth-Verlag, Berlin, 2001

[12] Chatterjee-Fischer, R.(Hrsg.): Wärmebehandlung von Eisenwerkstoffen – Nitrieren und Nitrocarburieren. 2. Auflage, Expert-Verlag, Renningen, 1995

[13] Hoppe, S., Schröter, W., Aha, P.: Zerstörungsfreie Prüfung von Nitrierschichten mittels Thermospannungsmessung.
Berichtsband der AWT-Tagung „Nitrieren", 10.-12.4.2002, Aachen, S. 141 - 150

[14] Spies, H.-J.: Zähigkeit von Nitrierschichten auf Eisenwerkstoffen.
HTM Härterei-Tech. Mitt. 41 (1986), 6, S. 365 - 372

[15] Grosch, J.; Liedtke, D.: Duktilität von Nitrierschichten.
Berichtsband der AWT-Tagung „Nitrieren", Darmstadt 1991, S. 365 - 373

[16] Liedtke, D., Grosch, J.: Über das Formänderungsverhalten nitrocarburierter Stähle.
HTM Härterei-Tech. Mitt. 41 (1986), 6, S. 373 - 386

[17] Burger, W.: Optimierung des Verbindungsschichtaufbaues zur Verminderung der Rissbildung bei Formänderungen gasnitrocarburierter Kohlenstoffstähle. Dissertation Universität der Bundeswehr München, Institut für Werkstoffkunde, 1990

[18] Irretier, O.: Eignung des Ritztests zur Charakterisierung von Verbindungsschichten beim Salzbadnitrocarburieren. Diplomarbeit Uni Bremen, FB Produktionstechnik, 1992

[19] Ott, A.: Fortschritte in der Dickenmessung von Nitrid- und Boridschichten durch mikrocomputergesteuertes Messverfahren.
HTM Härterei-Tech. Mitt. 38 (1983), Seite 268 ff.

[20] Altpeter, I., Detemple, I., Kern, R., Kopp, M., Huber-Gommann, U., Rühe, S.: Zerstörungsfreie Prüfung von Nitrierschichten.
HTM Härterei-Tech. Mitt. 51 (1996) 6, Seite 386 - 389

[21] Stegemann, D., Reimche, W., Feiste, K.-L., Reichert, C., Marques-Fetter, P.: Determination of hardness and hardness penetration depth of metal components by non linear harmonics analysis. Nondestructive Characterization of Materials IX. Proc. of the Ninth Int. Symp. on Nondestructive Characterization of Materials Sydney, AUS, June 28 - July 2, 1999, Seite 228 ff

[22] Werner, G.; Ziese, J.: Anwendung physikalischer Oberflächenmeßmethoden an gegossenen Nockenwellen mit dem Ziel, durch definiertes Nitrieren und Oxidieren die Lebensdauer zu erhöhen.
HTM Härterei-Tech. Mitt. 39 (1984) 4, S. 156 ff

[23] Klümper-Westkamp, H.: Entwicklung und Anwendung eines Nitriersensors zur in-situ-Erfassung des Nitrierprozesses.
Dissertation Uni Bremen, Fortschr. Ber. VDI, Reihe 5, Nr. 160, VDI Verlag, Düsseldorf, 1989

[24] Ebersbach, U.; Friedrich, S.; Nghia, T.; Spies, H.-J.: Elektrochemische Korrosionsuntersuchungen an gasoxinitriertem und salzbadnitrocarburiertem Stahl in Abhängigkeit vom Aufbau der Nitrierschicht.
HTM Härterei-Tech. Mitt. 46 (1991), 5 Seite 339 - 349

[25] Ebersbach, U.; Naumann, J.; Zimdars, H., Spies, H.-J.: Einfluss der Wasserdampfbehandlung auf das Korrosionsverhalten von nitriertem und nitrocarburiertem Stahl 20MnCr5.
HTM Härterei-Tech. Mitt. 52 (1997), 3, Seite 178 - 188

[26] Ebersbach, U.; Vogt, F.; Naumann, J.; Zimdars, H.: Einfluss der Wasserdampfbehandlung auf das Korrosionsverhalten von nitriertem und nitrocarburiertem Stahl 20MnCr5, Teil 2.
HTM Härterei-Tech. Mitt. 53 (1998) 1, Seite 56 - 62

[27] Ebersbach, U.; Vogt, F.; Naumann, F.; Zimdars, H.: Lochfraßbeständigkeit von oxidierten Verbindungsschichten in Abhängigkeit von (N+C)-Gehalt der ε-Phase.
HTM Härterei-Tech. Mitt. 54 (1999) 4, Seite 241 - 248

[28] Ebersbach, U.; Naumann, J.: Bewertung der Lochkorrosionsbeständigkeit von nitrocarburiertem und oxidiertem Stahl – Salzsprühversuche und elektrochemische Korrosionsuntersuchung.
HTM Härterei-Tech. Mitt. 55 (2000) 5, Seite 345 – 352

[29] Matthaei, E. Härteprüfung mit kleinen Prüfkräften und ihre Anwendung bei Randschichten. Deutsche Gesellschaft für Metallkunde e.V. 1987

[30] Pohl, J.: Ultraschall misst Nitrierhärte an Kurbelwellen.
Materialprüfung Band 34 (1992) Heft 4

[31] DIN Deutsches Institut für Normung e.V.: DIN Taschenbuch 19, Materialprüfnormen für metallische Werkstoffe, Beuth Verlag, 2003

[32] Schubert, T.; Oettel, O.; Oettel, H.; Bergner, D.: Kombination von Methoden zur Verbindungsschichtuntersuchung an gasnitrierten Stählen.
Neue Hütte 30 (1985) S. 455 - 460

Sachregister

Dides, M.	Untersuchungen zur Stickstoffaufnahme von Stahl und Eisen im Ammoniak unter besonderer Berücksichtigung des Anfangsstadiums Dissertation TU Bergakademie Freiberg, 1975
Jentzsch, W.-D.	Mathematische Modellierung der Ausbildung von Stickstoff Konzentrationsprofilen und des Wachstums der γ'-Nitride (Fe_4N) während der Nitrierung mit Ammoniak-Wasserstoff-Gemischen Dissertation TU Bergakademie Freiberg, 1976
Lerche, W./ Spengler, A.	Entwicklung und Erprobung eines Kurzzeitgasnitrierverfahrens einschließlich Untersuchungen zur verschleißmindernden dauerfestigkeitssteigernden Wirkung dieses Verfahrens an Prüfkörpern und Bauteilen Dissertation TU Bergakademie Freiberg, 1976
Bahre, K.	Über das Verhalten nitrierter Stähle bei Wechselbeanspruchung unter dem Einfluss verschieden hoher Temperaturen Dissertation TH Darmstadt, 1977
Kersten, J./ Freitag, R.	Untersuchungen zur thermischen Beanspruchung von Strangpressmatrize und zur Beeinflussung ihres Standzeitverhaltens durch Nitrieren Dissertation TU Bergakademie Freiberg, 1977
Edenhofer, B.	Erzeugung, Aufbau und Wachstum von Plasma-Nitrierschichten an Stählen im Temperaturbereich zwischen 400 °C und 700 °C Dissertation Montanuniversität Leoben, 1978
Frank, E.	Untersuchungen zum Einfluss von Nitrierbehandlungen auf das Ermüdungsverhalten der Stähle Ck15 und 42CrMo4 bei niedrigen Spannungsamplituden Dissertation TU Berlin, 1982
Schreiner, A.	Einfluss des Oberflächenzustandes und des Randkohlenstoffgehaltes auf Nitrocarburierschichten aus der Gasphase Dissertation TU Muenchen 1984
Brock, K.	Beitrag zur Kennzeichnung und Beeinflussung der Zähigkeit von Nitrierschichten Dissertation TU Bergakademie Freiberg, 1985

Griesbach, R. | Untersuchungen zur Wirkung des Nitrierens auf das Ermüdungsverhalten von Vergütungsstählen Dissertation TU Bergakademie Freiberg, 1985

Ehrentraut, B. | Beitrag zur Strukturcharakterisierung von Nitrierschichten auf niedrig- und unlegierten Stählen mit Hilfe der Röntgenstrukturanalyse Dissertation TU Bergakademie Freiberg, 1985

Lampe, T. | Plasmawärmebehandlung von Eisenwerkstoffen in stickstoff- und kohlenstoffhaltigen Gasgemischen Dissertation TU Braunschweig, VDI-Verlag Düsseldorf, 1985

Trubitz, P. | Beitrag zum Umwandlungsverhalten des nitrierten Warmarbeitsstahl 38CrMoV21.14 Dissertation TU Bergakademie Freiberg, 1985

Berg, H.-J. | Analysen von Gasen und festen Reaktionsprodukten zur Erfassung des Zustandes im System ammoniakhaltiges Reaktionsgas-Eisenwerkstoff-Eisennitrid Dissertation TU Bergakademie Freiberg, 1986

Ibendorf, K. | Zum Einfluss substitutioneller Elemente, insbesondere Chrom, auf die Ausbildung nitridhaltiger Diffusionsschichten in eisenreichen Legierungen Dissertation TU Karl-Marx-Stadt, 1986

Liedtke, D. | Beitrag zum technisch-wirtschaftlichen Optimieren des Nitrocarburierens von Bauteilen Dissertation TU Berlin, 1986

Claus, R. | Beitrag zum Bruchverhalten nitrierter Stähle für hochbeanspruchte Kaltarbeitswerkzeuge Dissertation TU Bergakademie Freiberg, 1987

Fritsch, H.-U. | Experimentelle Untersuchungen und mathematische Simulationen von thermochemischen Prozessen an Eisenlegierungen Dissertation TU Clausthal, 1987

Hoffmann, F. | Makrostruktur und Schwingfestigkeit von CK 45 nach kombinierter mechanischer und thermochemischer Randschichtverfestigung Dissertation Uni Bremen, VDI Verlag Düsseldorf, 1987

Hofmann, W.	Der Einfluss des Nitrierens auf die Eigenschaften von gehärtetem Schnellarbeitsstahl und Möglichkeiten bei der Nutzung zur Leistungssteigerung von Werkzeugen Dissertation TU Bergakademie Freiberg, 1987
Möhler, W.	Untersuchungen zur Bruchzähigkeit und zum Wälzverschleißverhalten nitrierter Stähle Dissertation TU Bergakademie Freiberg, 1987
Scharf, M.	Untersuchungen zum Zusammenhang zwischen dem Ermüdungsverhalten und dem Aufbau der Randschichten nitrierter Stähle unter besonderer Berücksichtigung der Eigenspannungsverteilung Dissertation TU Bergakademie Freiberg, 1987
Schubert, T.	Variationsmöglichkeiten des Gefüges der Verbindungsschicht beim kontrollierten Gasnitrieren ausgewählter unlegierter und niedriglegierter Stähle Dissertation TU Bergakademie Freiberg, 1987
Vogt, F.	Beitrag zum Nitrieren von Warmarbeitswerkzeugen Dissertation TU Bergakademie Freiberg, 1987
Zimdars, H.	Technologische Grundlagen für die Erzeugung nitridhaltiger Schichten in stickstoffangereicherten Nitrieratmosphären Dissertation TU Bergakademie Freiberg, 1987
Lange, B.	Kennzeichnung der mechanischen Eigenschaften von Nitrierschichten mit Hilfe der registrierenden Härtemessung Dissertation TU Bergakademie Freiberg, 1988
Schlötermann, K.	Auslegung nitrierter Zahnradgetriebe Dissertation TU Aachen, 1988
Wiedemann, R.	Einfluss des Legierungselements Aluminium auf die Nitrierbarkeit von niedriglegiertem Stahl Dissertation TU Bergakademie Freiberg, 1988
Winkler, H.-P.	Korrosionsverhalten nitrierter Stähle unter Berücksichtigung eines verschleißbedingten Schichtabtrages Dissertation TU Bergakademie Freiberg, 1988

Eckert, A.	Randschichtmorphologie und dynamisches Verhalten von salzbadnitrocarburierten und nachfolgend variiert abgekühlten Prüflingen aus Stahl und Gußeisen mit Kugelgraphit Dissertation TU Berlin, 1989
Kirimtay, C.	Untersuchungen zum Ermüdungsverhalten salzbadnitrocarburierter Stahlprüflinge auf der Basis der Grenzschwingspielzahl 10^8 Dissertation TU Berlin, 1989
Klümper-Westkamp, H.	Entwicklung und Anwendung eines Nitriersensors zur in-situ-Erfassung des Nitrierprozesses Dissertation Universität Bremen, 1989, VDI-Fortschr.-Ber. Reihe 5, Nr. 160, Düsseldorf, VDI- Verlag
Somers, M.	Internal and external nitriding and nitrocarburizing of iron and iron based alloys PH.D. Thesis TU Delft, 1989
Burger, W.	Optimierung des Verbindungsschichtaufbaues zur Verminderung der Rissbildung bei Formänderungen gasnitrocarburierter Kohlenstoffstähle Dissertation Universität der Bundeswehr München, 1990
Heger, D.	Die mathematische Modellierung des Stickstoffkonzentrationsprofils der Ausscheidungsschicht nitrierter Eisenlegierungen am Beispiel von Fe-Cr-Legierungen in Abhängigkeit der Nitrierparameter Dissertation TU Bergakademie Freiberg, 1990
Tan, N. D.	Untersuchungen des Zusammenhanges zwischen dem Aufbau von Nitrierschichten und der Schwingfestigkeit gekerbter Proben Dissertation TU Bergakademie Freiberg, 1990
Cramer, H.	Untersuchungen zur Beeinflussung des Gefüges der Ausscheidungsschicht von Nitrierschichten und der Bewertung ihrer Zähigkeit Dissertation TU Bergakademie Freiberg, 1991
Franke, R.	Vergleichende Untersuchungen zum tribologischen Verhalten von mit unterschiedlichen Technologien erzeugten Nitridschichten Dissertation TU Bergakademie Freiberg, 1991

Langenhan, B. | Beitrag zum Verschleißverhalten von Nitrierschichten auf Eisenwerkstoffen
Dissertation TU Bergakademie Freiberg, 1991

Biker, Georg | Lebensdauervorhersage plasmanitrierter bauteilähnlicher Proben mit Hilfe normierter Wöhlerstreubänder
Dissertation TH Darmstadt, 1992

Kern, T.-U. | Untersuchungen zum Ermüdungsverhalten und zum oberflächentechnischen Größeneinfluss von nitrierten Proben mit verschiedenen Querschnittsabmessungen, Querschnittsformen, Kerbgeometrie und Beanspruchungswechsel
Dissertation TU Bergakademie Freiberg, 1992

Khani, M.-K. | Untersuchungen zur Schwingungsrißkorrosion salzbad-nitrocarburierter Vergütungsstähle
Dissertation TU Berlin, 1993

Rose, E. | Möglichkeiten der analytischen Erfassung von molekularem Stickstoff mit der Glimmentladungsspektroskopie (GDOS) in Verbindungsschichten nitrierter und nitrocarburierter Eisenwerkstoffe
Dissertation Uni Bremen, VDI-Verlag Düsseldorf, 1993

Biglari, M. H. | Precipitation of AlN in an Fe-Al alloy during internal nitriding PH.D. Thesis
Dissertation TU Delft, 1994

Maser, D. | Eignung des Reibschweißens zum Verbinden thermisch und thermo-chemisch behandelter Komponenten aus Stahl
Dissertation RWTH Aachen, 1994, Shaker Verlag

Park, H. D. | Untersuchungen zum Dauerschwingverhalten NIOX-behandelter Stähle
Dissertation TU Berlin, 1994

Friedrich, S. | Korrosionsverhalten gasoxinitrierter Oberflächen des Stahles 20MnCr5 in Abhängigkeit vom strukturellen und morphologischen Aufbau der Verbindungsschicht
Dissertation TU Bergakademie Freiberg, 1995

Kooi, B. | Iron-Nitrogen Phases: thermodynamics, long range order and oxidation behavior
PH.D. Thesis TU Delft, 1995

Mädler, K. — Einfluss des austenitischen und ferritischen Nitrocarburierens von Stahl auf die Randschichtmorphologie und das dynamische Verhalten unter inerten und korrosiven Bedingungen
Dissertation TU Berlin, 1995

Nghia, T. T. — Korrosions- und Verschleißuntersuchungen von nitrierten und nitrocarburierten sowie nachbehandelten Stählen im Zusammenhang mit dem Aufbau der Verbindungsschicht
Dissertation TU Bergakademie Freiberg, 1995

Irretier, O. — Zum Einfluss von Reinigerrückständen auf das Gasnitrieren
Dissertation Uni Bremen, Shaker Verlag Aachen, 1996

Pietzsch, S. — Beitrag zu den Einflussgrößen beim Gasnitrieren auf den Aufbau der Verbindungsschicht unter besonderer Berücksichtigung ihrer Porosität
TU Bergakademie Freiberg, 1996

Schneider, R. — Schichtwachstum beim Hochtemperaturgasnitrieren von Stählen
Dissertation Montanuniv Leoben, 1997

Dong, J. — Untersuchungen von passiv wirkenden Schichten an Metalloberflächen beim Gasnitrieren
Dissertation Uni Bremen, 1998

Graat, P. — The initial oxidation of iron and iron nitride
PH.D. Thesis TU Delft, 1998

Schell, S. — Ionenstrahlnitrierung von austentischen Edelstählen bei erhöhter Temperatur zur Verbesserung der tribologischen Eigenschaften bei gleichzeitig hoher Korrosionsbeständigkeit im Vergleich mit der Plasmanitrierung von austenitischen Stählen
Dissertation Uni Heidelberg, 1998

Jung, M. — Entwicklung eines geregelten Drucknitrierprozesses
Dissertation Uni Bremen, Mensch & Buch Verlag Berlin, 1999

Karim, K. — Ermüdungsverhalten randschichtwärmebehandelter Stähle ohne bzw. mit Korrosionseinfluß
Dissertation TU Berlin, 1999, Mensch & Buch Verlag

Menthe, E.	Bildung, Struktur und Eigenschaften der Randschicht von austenitischen Stählen nach dem Plasmanitrieren Dissertation TU Braunschweig, 1999, Herbert Utz Verlag München
Stucky, T.-T.	Zur plasmagestützten Oberflächenmodifikation und Beschichtung metallischer Werkstoffe Dissertation TU Braunschweig, 1999, Shaker Verlag
Blawert, C.	Plasmanitrieren von Stählen bei der Plasmaimmersions-Ionenimplantation Dissertation TU Clausthal, 2000, Papierflieger Clausthal-Zellerfeld
Bußmann, M.	Beitrag zur Grenzflächenkonditionierung im Plasmanitrier-Arc-PVD-Hybridprozeß Dissertation Uni Dortmund, 2000
Friehling, P.B.	Nucleationand growth of the compound layer during gasous nitriding of iron; the effect of preoxidation PH.D. Thesis TU of Denmark, 2000
Juse, R.-L.	Aspekte des Randaufstickens nichtrostender Stähle – Prozeß, Gefüge, Eigenschaften Dissertation Ruhr-Univ Bochum, 2000 VDI-Verlag Düsseldorf, 2000
Larisch, B.	Untersuchungen zur Erzeugung und Bewertung von Duplexschichten des Typs Nitrierschicht/Hartstoffschicht Dissertation TU Bergakademie Freiberg, 2000
Leineweber, A.	Ordnungsverhalten von Stickstoff sowie Magnetismus in binären Nitriden einiger 3d-Metalle: Mn/N, Fe/N und Ni/N Dissertation Uni Dortmund, 2000 Cuvillier Verlag Göttingen
Chang, S. Y.	Innere Oxidation und Nitrierung als Folge einer nicht schützenden Oxidschicht auf Nickelbasis-Legierungen Dissertation Uni Siegen, 2001

Haasner, M.	Oberflächenoxidation und ihre Auswirkungen auf die Stickstoffaufnahme beim Gasnitrieren Dissertation Uni Bremen, 2001, Shaker Verlag Aachen
Parascandolo, S.	Nitrogen transport during ion nitriding of austenitic stainless steel Dissertation Forschungszentrum Rossendorf, 2001
Bader, M.	Beitrag zur Charakterisierung der Wälzbeanspruchung von Gradientenschichten – am Beispiel von Nitrierschichten Dissertation TU Bergakademie Freiberg, 2002
Kage, R.	Maximale Beanspruchbarkeit und statische Kerbempfindlichkeit einsatzgehärteter Zahnräder Dissertation TU Dresden, 2002
Müller, D.	Oberflächenmodifikation von austenitischem Edelstahl mit gepulsten Ionenstrahlen Dissertation Uni Heidelberg, 2002
Ciossek, A.	Einsatz von Specklekorrelationsverfahren im Nitrierprozess Dissertation Uni Bremen, 2003 VDI-Verlag Düsseldorf
Lindemann, K.	Temperaturgeregeltes Laserstrahl-Nitrieren von Titan Dissertation Uni Hannover 2003
Günther, D.	Einfluss unterschiedlicher Chromgehalte auf die Ausbildung von Eigenspannungen und Phasenzusammensetzungen beim Gasnitrieren von Stählen Dissertation Uni Bremen, 2004, Shaker Verlag Aachen
Lewatter, H. B.	Untersuchung der Nitridierung V-Al-intermetallischer Phasen Dissertation Uni Frankfurt, 2004
Pant, M.	Erhöhung der Standzeit von durch Thermoschock und Verschleiß hoch beanspruchten Warmarbeitswerkzeugen aus Stahl 1.2365 Dissertation RWTH Aachen, 2004, Shaker Verlag

Reinhold, B. — Untersuchungen zum Einfluss des Sauerstoffpartialdrucks beim Plasmanitrieren von Aluminiumlegierungen und chromlegierten Stählen
Dissertation TU Bergakademie Freiberg, 2004

Schacherl, R. E. — Growth kinetics and microstructure of gaseous nitrided iron chromium alloys
Dissertation Uni Stuttgart, 2004

Liapina. T. — Phase transformation in interstitial Fe-N alloys
Dissertation Uni Stuttgart, 2005

Dinyati, A. — Elektronenmikroskopische Untersuchungen zum Einfluss der nitrierenden Glühung auf das Verzinkungsverhalten höherfester Stähle
Dissertation RWTH Aachen, 2006

Hosmani, S. — Nitriding of iron-based alloys: the role of excess nitrogen
Dissertation Uni Stuttgart, 2006

Vives Diaz, N. — Nitriding of iron-based alloys; residual stresses and internal strain fields
Dissertation Uni Stuttgart, 2007

Clauß, A. R. — Nitriding of Fe-Cr-Al alloys: nitride precipitation and phase transformations
Dissertation Uni Stuttgart, 2008

Höche, D. — Direkte Lasersynthese von Funktionsschichten: Untersuchung physikalischer Prozesse des Lasernitrierens anhand des Modellsystems TiN
Dissertation Uni Göttingen, 2008

Nikolussi, M. — Cementite in the Fe-N-C system
Dissertation Uni Stuttgart, 2008

Münter, D. — Struktur und Korrosionsverhalten nichtrostender Stähle nach einer chemisch-thermischen Behandlung bei tiefen Temperaturen
Dissertation TU Bergakademie Freiberg, 2009

Radis, R. — Numerical simulation of the precipitation kinetics of Nitrides and carbides in microalloyed steels
Uni Graz 2010

Kyung, K. S. — Nitriding of iron-based ternary alloys: Fe-Cr-Ti and Fe-Cr-Al
Dissertation Uni Stuttgart, 2011

Meka, S. R. — Nitriding of iron-based binary and ternary alloys: microstructural development during nitride precipitation
Dissertation Uni Stuttgart, 2011

Wöhrle, T. — Thermodynamics and kinetics of phase transformation in the Fe-N-C system
Dissertation Uni Stuttgart, 2012

Selg, H. — Nitriding of Fe-Mo alloys and maraging steel: structure, morphology and kinetics of nitride precipitation
Dissertation Uni Stuttgart, 2013

Brink, Bastian; Somers, Marcel A. J.; Christiansen, Thomas Lundin; Ståhl, Kenny — Synthesis and characterization of homogeneous interstitial solutions of nitrogen and carbon in iron-based lattices
Ph.D. thesis, Technical University of Denmark, DTU 2015

Dalke, A. — Beitrag zur kombinierten Randschichtbehandlung von Aluminiumlegierungen: Elektronenstrahlumschmelz-legieren mit Fe-Basis-Zusatzstoffen und Plasmanitrieren
Dissertation TU Bergakademie Freiberg, 2016

Hoja, S. — Schmiedegerecht nitrierte Gesenke
Dissertation Universität Bremen, 2017
http://nbn-resolving.de/urn:nbn:de:gbv:46-00106106-13

Autorenverzeichnis

Dr.-Ing. Dieter Liedtke
Ludwigsburg
Früher: Robert Bosch GmbH, Stuttgart

Dr. Ulrich Baudis
Durferrit GmbH
Mannheim

Dr. Joachim Boßlet
Durferrit GmbH
Mannheim

Dr.-Ing. Uwe Huchel
Eltropuls GmbH
Baesweiler

Dr.-Ing. Heinrich Klümper-Westkamp
Institut für Werkstofftechnik
Bremen

Dr.-Ing. Wolfgang Lerche
Früher: Ipsen Industries International
Kleve

Prof. Dr.-Ing. Heinz-Joachim Spies
Früher:TU Bergakademie
Freiberg

Zum Inhalt

Mit diesem bewährten Fachbuch wird dem Leser eine kurzgefasste Information über den gegenwärtigen technischen Stand der speziellen Wärmebehandlungsverfahren Nitrieren und Nitrocarburieren geboten.

Nach der Darstellung der Entstehung, des Aufbaus und des Gefüges von Nitrierschichten werden ihre Eigenschaften im Hinblick auf die praktische Anwendung beschrieben: Verbesserung des Verschleiß-, Festigkeits- und Korrosionsverhaltens. Die derzeit wichtigsten industriell angewendeten Verfahren Gas- und Plasmanitrieren und -nitrocarburieren sowie das Salzbadnitrocarburieren und die dafür erforderlichen Behandlungsmittel und die Verfahrens- und Anlagentechnik werden vorgestellt. Für die praktische Anwendung sind Hinweise zur Verfahrensauswahl, zur Vor- und Nachbehandlung, zur Nitrierbarkeit, Möglichkeiten zum Vermeiden typischer Fehler und Anwendungsbeispiele enthalten. Eine Darstellung der Vorgehensweise für Zeichnungsangaben und der für die Qualitätskontrolle maßgebenden Prüfmethoden runden das Werk ab.

Die Autoren sind oder waren aktive Mitarbeiter im AWT-Fachausschuss 3: »Nitrieren und Nitrocarburieren« und sind als Wärmebehandlungsfachleute in Industrie, Lehre und Forschung tätig.

»Eine gelungene Mischung als metallkundlichen Grundlagen, verfahrenstechnischen Erklärungen und praxisnahen Anwendungen.« *Der Wärmebehandlungsmarkt*

»Ein umfassendes und dennoch anschauliches Nachschlagewerk.« *METALL*

»Für angehende Praktiker ist das Buch ein nutzbringendes Arbeitsmittel. Zudem kann es als Nachschlagewerk für all jene in der Werkstofftechnik dienen, die mit ihren Aufgaben wachsen wollen.« *konstruieren und giessen*